普通高等院校环境科学与工程类系列规划教材

环境工程实验技术与应用

王娟　主编

中国建材工业出版社

图书在版编目(CIP)数据

环境工程实验技术与应用 / 王娟主编. —北京 ：
中国建材工业出版社，2016.8
普通高等院校环境科学与工程类系列规划教材
ISBN 978-7-5160-1569-8

Ⅰ. ①环… Ⅱ. ①王… Ⅲ. ①环境工程-实验 Ⅳ.
①X5-33

中国版本图书馆 CIP 数据核字（2016）第 158370 号

内 容 简 介

本书是根据目前环境工程、环境科学、给水排水专业知识体系与学科发展方向编制而成。全书分为四篇，第一篇是基础篇，包括实验设计、实验数据分析处理、样本采集与保存；第二篇是基础实验篇，包含水、气、固废方向的常规性监测实验，另外还包括环境工程原理、微生物的专业基础实验；第三篇是专业实验篇，包含水、气、固废、物理性污染控制方向的专业实验；第四篇为创新与拓展篇，包含水、气、噪声、固废的综合拓展性实验示例以及工艺模拟实验。

本书可作为高等院校环境工程专业、环境科学专业、给水排水专业以及其他相关专业的实验教学用书，也可供从事上述专业的科研及工程技术人员参考。

环境工程实验技术与应用
王娟 主编

出版发行：中国建材工业出版社
地 址：北京市海淀区三里河路 1 号
邮 编：100044
经 销：全国各地新华书店
印 刷：北京雁林吉兆印刷有限公司
开 本：787mm×1092mm 1/16
印 张：18.5
字 数：460 千字
版 次：2016 年 8 月第 1 版
印 次：2016 年 8 月第 1 次
定 价：39.80 元

本社网址：www.jccbs.com.cn 微信公众号：zgjcgycbs
本书如出现印装质量问题，由我社市场营销部负责调换。电话：（010）88386906

前言

本书根据目前环境工程、环境科学、给水排水专业知识体系与学科发展方向，为促进创新型人才培养而编制。该书是在总结作者所在单位创办环境工程专业35年来本科教学经验的基础上，认真汲取其他院校的教学经验，既保留传统可靠的实验技术，又融入学科发展的新技术、新理论，力求体现实用性、科学性、系统性和先进性，历时近两年编写而成。

全书分为四篇，第一篇是基础篇，包括实验设计、实验数据分析处理、样本采集与保存。第二篇是基础实验篇，包含常规性实验21个，其中水质监测实验9个，大气监测实验10个，固废监测实验2个；环境工程原理实验2个；微生物实验8个。第三篇是专业实验篇，包含水处理实验19个、大气污染控制实验9个、固体废物处理实验7个、物理性污染控制实验6个。第四篇是创新与拓展篇，包含水处理综合设计性实验示例7个、大气综合设计性实验示例5个、噪声综合设计性实验示例1个、固废综合设计性实验示例2个和工艺模拟实验18个。本书在满足环境工程、环境科学、给水排水专业实验教学的基础上，注重大学生自主创新能力的培养，以适应当今科技发展趋势及创新型人才需求。由于环境工程实验课程涉及面广，值得开设的实验种类多，而学生只能选择其中一部分做实验，因此各校在安排教学实验时，可根据自身条件，选择性地开设部分实验项目。

书中各章的编写人员如下：第一、二章、附录由王娟、唐沂珍、范凌菲整理和编写；第三、四、五章由王娟、范迪编写；第六章由宋建国、李捷编写；第七、十一章由王娟、范迪、王玉军编写；第八、九、十、十二章由王娟、范迪、范凌菲编写。

本书可作为高等院校环境工程专业、环境科学专业、给水排水专业以及其他相关专业的实验教学用书，也可供从事上述专业的科研及工程技术人员参考。

本书编写过程中，得到了作者所在单位诸多同事的支撑和帮助，在此表示衷心感谢。由于编者水平有限，书中疏漏和不妥之处在所难免，敬请读者批评指正。

编者

2016年5月

作者简介

王娟，青岛理工大学环境科学与工程实验室主任，从事本科教学及实验室工作 30 年，期间获得多项发明专利，多项山东省，青岛市科技进步奖、技术发明奖，获第五届青岛市青年科技奖。

目录

第一篇 基础篇

第二篇 基础实验篇

第三篇　专业实验篇

第四篇　创新与拓展篇

中国建材工业出版社
China Building Materials Press

第一篇 基础篇

第一章 实验设计

第一节 概 述

实验设计是实验研究的重要环节，实验设计是否合理直接关系到能否得到满意的实验结果及发现事物的内在规律。通过实验设计，可以使实验安排在最有效的范围内，以保证用较少的实验步骤达到预期的实验效果。

优化实验设计，就是在进行实验之前，根据实验中可能遇到的不同问题，利用数学原理科学地安排实验，以求迅速地找到最佳方案。其中，单因素的 0.618 法和分数法、多因素的正交实验设计法在科学实验中已得到广泛应用，并取得了良好的效果。

一、实验设计的基本概念

1. 指标

在实验设计中用来衡量实验效果好坏所采用的标准称为实验指标，或简称指标。例如，在进行染料配水的臭氧氧化实验时，为了探讨臭氧的氧化能力及脱色效果随反应时间的变化情况，我们选定水样的色度作为评定不同时段实验效果好坏的标准；在混凝实验中，为了确定最佳混凝剂和最佳投药量，我们选定水样的剩余浊度作为评定各次实验效果好坏的标准。因此，水样的色度即为臭氧氧化实验的指标，浊度即为混凝实验的指标。

2. 因素

在实验中，对实验指标有影响的条件称为因素。例如，在染料配水的臭氧氧化实验中，如果改变原始水样的浓度，不同氧化时段水样色度将会发生改变，如果改变原始水样的 pH 值，不同氧化时段的水样色度也会改变，则原始水样的浓度、pH 值均为该实验的影响因素。同样，混凝剂的种类和投药量的改变均对混凝实验中水样的剩余浊度产生影响，因此，混凝剂的种类和投药量均为混凝实验的影响因素。

有一类因素，在实验中可以人为地加以调节和控制，称为可控因素。例如，臭氧氧化实验中的原始水样浓度与 pH 值、混凝实验中混凝剂的种类和投药量均为可控因素。另一类因素，由于技术、设备和自然条件的限制，暂时还不能人为地调节和控制，称为不可控因素。例如，气温、风对沉淀效率的影响是不可控因素。在实验设计中一般只考虑可控因素，因此，本书中提到的因素，如无特殊说明均指可控因素。

3. 水平

因素在实验中所处的各种状态称为因素的水平。某个因素在实验中需要考察它的几种状态，就称它是几水平的因素。例如，污泥比阻实验中，要考察药剂种类、药剂投加量、真空压力 3 个因素，其中，药剂投加量考察 5mg/L、10 mg/L、15mg/L，这里的 5mg/L、10 mg/L、15mg/L 就是药剂投加量这一因素的 3 个水平。

因素的水平中有的可用数量来表示，这类因素被称为定量因素；有的则不可用数量来表示，这类因素被称为定性因素。例如，前述臭氧氧化实验中的原始水样浓度与 pH 值的水平、混凝实验中混凝剂投药量的水平均可用数量来表示，均为定量因素；而混凝实验中混凝剂种类的水平则不可用数量来表示，为定性因素。在多因素实验中，若遇到定性因素，只要对每个水平规定具体含义，就可与定量因素一样对待。

二、实验设计的步骤

实验设计的步骤一般如下：

1. 明确实验目的，确定实验指标

在实验之前应首先确定本次实验主要解决的是哪一个或哪几个问题，并确定相应的实验指标。

2. 挑因素

根据确定的实验目的及实验指标，分析影响实验指标的因素有哪些，从中挑选可能对实验指标影响较大的因素来进行考察，而对那些对实验指标影响不大的因素或已经掌握的因素则固定在某一状态。

3. 选定实验设计法

因素选定后，根据研究对象的具体情况选用实验设计方法。若考察单个因素对实验指标的影响，就选用单因素实验设计法；若同时考察两个因素对实验指标的影响，就选用双因素实验设计法；若同时考察的因素多于两个，则选用正交实验设计法。

4. 实验安排

根据选定的实验设计方法可确定实验位置，并可开展实验工作。

第二节 单因素的优化实验设计

对于只考察一个影响因素的实验，称为单因素实验。本节介绍的单因素实验设计法包括均分法、对分法、0.618 法和分数法。

一、均分法

均分法的做法是：首先根据经验确定实验范围，设实验范围在（a，b）之间，如果要做 n 次实验，就把实验范围等分成 $n+1$ 份，在各个分点上做实验。各个分点计算见式（1-1）。

$$x_i = a + \frac{b-a}{n+1}i \quad i = (1, 2, \cdots, n) \tag{1-1}$$

把 n 次实验结果进行比较，最优结果对应的实验点即为最优点。

均分法的优点是只需要把实验放在等分点上，实验可同时安排，也可单个安排；其缺点是实验次数较多，代价较大。

二、对分法

采用对分法时，首先要根据经验确定实验范围。设实验范围在 (a,b) 之间，第一次实验点安排在 (a,b) 的中点 $x_1\left(x_1 = \dfrac{a+b}{2}\right)$，若实验结果表明 x_1 取大了，则去掉大于 x_1 的一半，第二次实验点安排在 (a,x_1) 的中点 x_2 $\left(x_2=\dfrac{a+x_1}{2}\right)$；如果第一次实验结果表明 x_1 取小了，则去掉小于 x_1 的一半，第二次实验点就取在 (x_1,b) 的中点 $\left(x_2=\dfrac{x_1+b}{2}\right)$，依此进行下去，直至得到满意结果。

对分法的优点是每做一次实验便可去掉实验范围的一半，且取点方便；其缺点是要求每次实验要能确定出下一次实验的方向。它适用于预先已经了解所考察因素对实验指标的影响规律，能够从一个实验的结果直接分析出该因素的取值是大了还是小了。例如水处理实验中酸碱度的调整就可采用对分法。

三、0.618 法

科学实验中有一类实验，其目标函数只有一个峰值，在峰值的两侧实验效果都差，将这样的目标函数称为单峰函数，如图 1-1（a）、（b）所示。0.618 法适用于目标函数为单峰函数的情形。

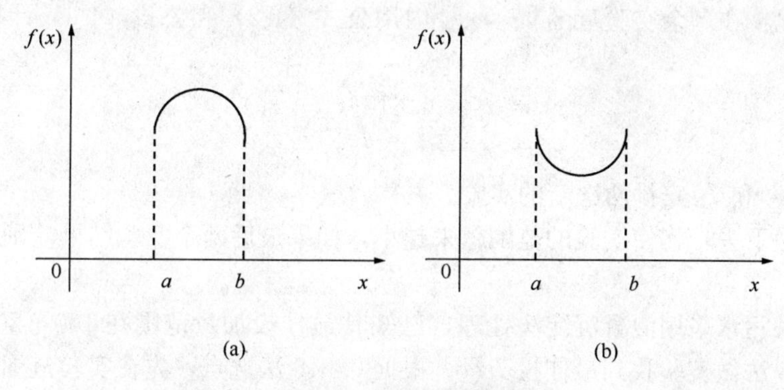

图 1-1　单峰函数情形

（a）上单峰函数；（b）下单峰函数

0.618 法是根据黄金分割原理设计的，所以又称之为黄金分割法。其做法如下：

设实验范围为 (a,b)，第一个实验点 x_1 选在实验范围的 0.618 处，见式（1-2）。

$$x_1=a+0.618(b-a) \tag{1-2}$$

第二个实验点选在第一个实验点 x_1 的对称点 x_2 处，即实验范围的 0.382 处，见式（1-3）。

$$x_2=a+0.382(b-a) \tag{1-3}$$

实验点 x_1 和 x_2 如图 1-2 所示。

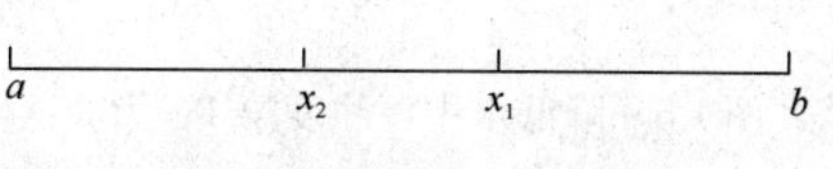

图 1-2　0.618 法第一个及第二个实验点分布

设 $f(x_1)$ 和 $f(x_2)$ 为 x_1 和 x_2 两点的实验结果，且 $f(x)$ 值越大，效果越好，则存在以下三种情况：

第一种情况：如果 $f(x_1)>f(x_2)$，根据“留好去坏”的原则，去掉实验范围 $[a,x_2]$ 部分，在剩余范围 $[x_2,b]$ 内继续做实验。

第二种情况：如果 $f(x_1)<f(x_2)$，根据“留好去坏”的原则，去掉实验范围 $[x_1,b]$ 部分，在剩余范围 $[a,x_1]$ 内继续做实验。

第三种情况：如果 $f(x_1)=f(x_2)$，去掉两端，在剩余范围 $[x_2,x_1]$ 内继续做实验。

根据单峰函数性质，上述三种做法都可使好点留下，去掉的只是部分坏点，不会发生最优点丢掉的情况。

对于上述三种情况，继续做实验，新的实验点分别如下：

第一种情况：在剩余实验范围$[x_2,b]$内用公式（1-2）计算新的实验点x_3：

$$x_3 = x_2 + 0.618(b - x_2)$$

如图 1-3 所示，在实验点x_3安排一次新的实验。

第二种情况：在剩余实验范围$[a,x_1]$内用公式（1-3）计算新的实验点x_3：

$$x_3 = a + 0.382(x_1 - a)$$

如图 1-4 所示，在实验点x_3安排一次新的实验。

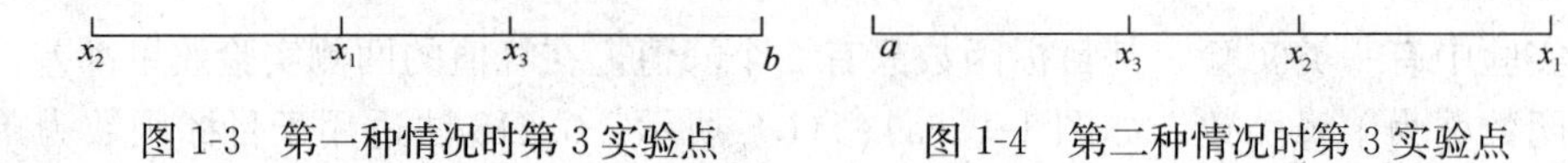

图 1-3　第一种情况时第 3 实验点　　图 1-4　第二种情况时第 3 实验点

第三种情况：在剩余实验范围$[x_2,x_1]$内用公式（1-2）和公式（1-3）计算两个新的实验点x_3和x_4：

$$x_3 = x_2 + 0.618(x_1 - x_2)$$

$$x_4 = x_2 + 0.382(x_1 - x_2)$$

在实验点x_3和x_4安排两次新的实验。

如此反复做下去，将使实验的范围越来越小，如果最后两个实验结果差别不大，就可停止实验。

例如，对某污水采用混凝沉淀法处理，已知其最佳投加量范围在 100～200mg/L 之间，现要通过 0.618 法做实验找到最佳投药量。根据 0.618 法选点，先在实验范围的 0.618 处做第 1 次实验，其投加量可由式（1-2）计算出来。再在实验范围的 0.382 处做第 2 次实验，其投加量可由式（1-3）计算出。如图 1-5 所示。

$$x_1 = 100 + 0.618\ (200 - 100) = 161.8\text{mg/L}$$

$$x_2 = 100 + 0.382\ (200 - 100) = 138.2\text{mg/L}$$

比较两次实验结果，如果第二点比第一点好，则去掉 161.8mg/L 以上的部分；如果第一点较好，则去掉 1382g 以下部分。假定实验结果第一点较好，那么去掉 138.2mg/L 以下的部分，在留下部分找出第一点的对称点x_3做第 3 次实验，x_3=176.4mg/L，如图 1-6 所示。

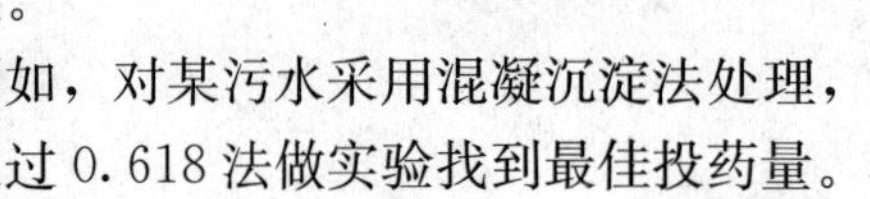

100　138.2　161.8　200　　138.2　161.8　176.4　200

x_2　x_1　　x_2　x_1　x_3

图 1-5　降低水中浑浊度第 1、第 2 次实验投加量 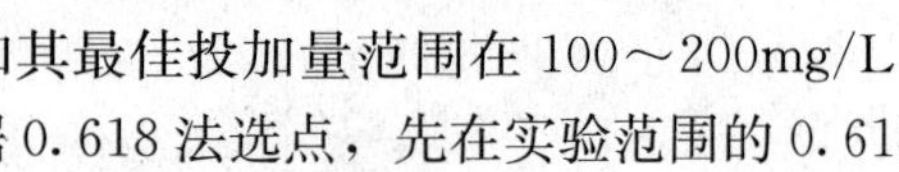　图 1-6　降低水中浑浊度第 3 次实验投加量

如果仍然是x_1点好，则去掉 176.4mg/L 以上的部分，在留下部分找出第一点的对称点x_4做第 4 次实验，x_4=152.8mg/L，如图 1-7 所示。

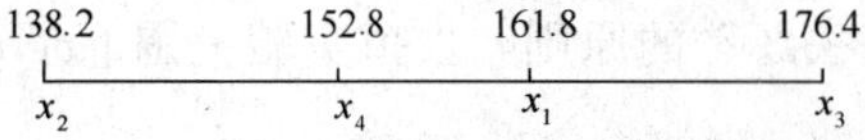

138.2　152.8　161.8　176.4

x_2　x_4　x_1　x_3

图 1-7　降低水中浑浊度第 4 次实验投加量

如果是x_4比x_1点好，则去掉 161.8mg/L 到 176.4mg/L 这一段，在留下部分按同样方法继续做下去，如此重复最终即能找到最佳点。

因此，0.618 法的优点是简便易行，每次可去掉实验范围的 0.382，可用较少的实验次数迅速找到最佳点。其缺点是效率不如对分法高，只适用于单峰函数的情形。

四、分数法

分数法也称为菲波那契数列法，它是利用菲波那契数列进行单因素优化实验设计的一种方法。当实验点只能取整数、或者限制实验次数、或者实验范围由不连续点组成、或者只能取特定值的情况下，采用分数法较好。它与 0.618 法相似，也是适用于单峰函数的情形。

1. 菲波那契数列

1、1、2、3、5、8、13、21、34、55、89、144…，称为菲波那契数列。它们是符合从第 3 项起每一项都是它前面的两项之和的数，即 F_n 在 $F_0=F_1=1$ 时符合 $F_n=F_{n-1}+F_{n-2}$（n=2，3，4……）。

2. 分数法实验点位置

分数法实验点位置见表 1-1。

表 1-1　分数法实验点位置

实验次数	2	3	4	5	6	7	…	n
等分实验范围的份数	3	5	8	13	21	34	…	F_{n+1}
第一次实验点的位置	$\frac{2}{3}$	$\frac{3}{5}$	$\frac{5}{8}$	$\frac{8}{13}$	$\frac{13}{21}$	$\frac{21}{34}$	…	$\frac{F_n}{F_{n+1}}$

表 1-1 中的 F_n 及 F_{n+1} 即为“菲波那契数列数”。因此，表 1-1 的第三行从分数 $\frac{2}{3}$ 开始，以后的每一分数的分子都是前一分数的分母，而其分母则是前一分数的分子与分母之和。照此方法不难写出所需要的第一次实验点的位置。

分数法各实验点的位置，可用下列公式求得：

$$\text{第一个实验点}=(\text{大数}-\text{小数})\times\frac{F_n}{F_{n+1}}+\text{小数} \tag{1-4}$$

$$\text{新实验点}=(\text{大数}-\text{中数})+\text{小数} \tag{1-5}$$

式中　中数——已实验的实验点数值。

3. 分数法的应用举例

例 1-1　某污水处理厂拟投加新型药剂来改善污泥脱水的性能，根据初步实验，药剂的投加量在 80mg/L 以下，要求通过 4 次实验确定最佳投药量。

解：具体计算方法如下：

（1）根据式（1-4）可求得第一个实验点的位置：

$$x_1=(80-0)\times\frac{5}{8}+0=50(\text{mg/L})$$

（2）根据式（1-5）可求得第二个实验点的位置：

$$x_2=(80-50)+0=30(\text{mg/L})$$

（3）假如第一个实验点比第二个实验点的结果好，则丢掉（0，30）部分，在新的实验范围（30，80）内找第三个实验点，即

$$x_3=(80-50)+30=60(\text{mg/L})$$

（4）若第三个实验点与第一个实验点的结果一样，根据单峰函数的性质，取实验范围的

中点作为第四个实验点进行实验，实验结果即为最优。

第三节 双因素优化实验设计

一、从好点出发法

此法是先把一个因素 x 固定在实验范围内的某一点 x_1(0.618 点处或其他处)，然后用单因素实验设计法对另一因素 y 进行实验，得到最佳实验点 $A_1(x_1, y_1)$；再把因素 y 固定在好点 y_1 处，用单因素实验设计法对因素 x 进行实验，得到最佳实验点 $A_2(x_2, y_1)$。若 $x_2 < x_1$，因为 A_2 比 A_1 好，可以去掉大于 x_1 的部分；若 $x_2 > x_1$，则去掉小于 x_1 的部分。然后，在剩下的实验范围内，再从 A_2 出发，把 x 固定在 x_2 处，对因素 y 进行实验，得到最佳点 $A_3(x_2, y_2)$，于是再沿直线 $y=y_1$ 把不包含 A_3 的部分范围去掉，如此进行下去，能较好地找到需要的最佳点(图 1-8)。

二、平行线法

如果双因素问题的两个因素中有一个因素不易改变，宜采用平行线法。具体方法如下：

设因素 y 不易调整，我们就把 y 先固定在其实验范围的 0.5（或 0.618）处，过该点做平行于 Ox 的直线，并用单因素实验设计法找出因素 x 的最佳点 A_1。再把因素 y 固定在 0.25 处，用单因素实验设计法找出因素 x 的最佳点 A_2。比较 A_1 和 A_2，若 A_1 比 A_2 的实验结果好，则沿直线 $y=0.25$ 将下面的部分去掉，然后在剩下的范围内用对分法找出因素 y 的第三点 0.625。第三次实验将因素 y 固定在 0.625 处，用单因素实验设计法找出因素 x 的最佳点 A_3，若 A_1 比 A_3 的实验结果好，则又可将直线 $y=0.625$ 以上的部分去掉。如此一直做下去，就可以找到满意的结果（图 1-9）。

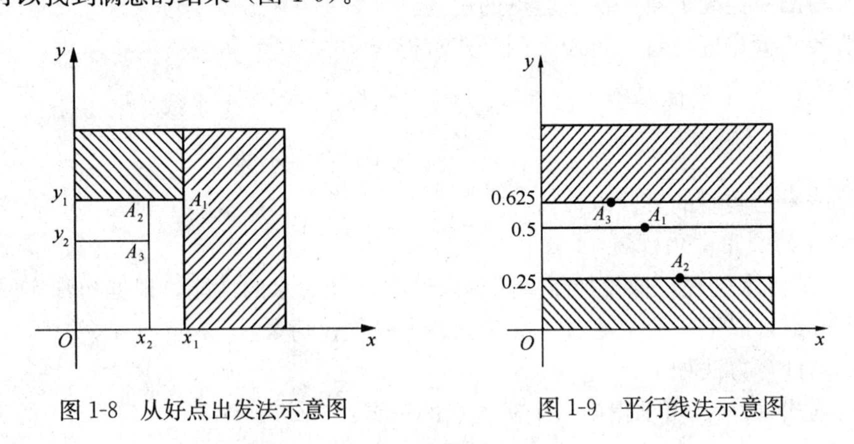

图 1-8 从好点出发法示意图　　图 1-9 平行线法示意图

第四节 多因素正交实验设计

在实际生产中，影响实验的因素往往是多方面的，且各个因素具有不同的状态。如果对每个因素的每个水平都互相搭配进行全面实验，需要做的实验次数就会很多。比如某企业拟采用填料吸收塔处理工业废气中的 SO_2，经分析后决定考察 4 个因素——气体流速、不同吸收剂、吸收剂的浓度和不同填料对处理效果的影响，而每个因素分别要考察 3 种不同状态，如果 4 个因素的各个水平都互相搭配进行全面实验，就要做 $3^4=81$ 次实验，才能找到最优组合，这显然是不经济的，有时甚至是不可能的。上述实验若采用正交设计法安排实验，只要经过 9 次实验便可得到满意的结果。因此，采用正交实验设计可以达到事半功倍的效果。

通过正交实验设计，可以较好地解决多因素实验中的两个突出问题：一个是全面实验次数与实际可行的实验次数之间的矛盾；另一个是实际所做的少数实验与全面掌握事物内在规律之间的矛盾。

1. 正交表

正交设计的主要工具是正交表。正交实验设计利用“正交表”科学地安排与分析多因素实验，其主要优点是能够在很多实验方案中挑选出代表性强的少数实验方案，通过对少数实验方案的实验结果用统计分析方法进行综合处理，得出结果。

(1) 正交表的表示方法

正交表是利用任意两列均衡搭配的原理构列出的一张排列整齐的表格，它以统一的记号来表示，即：L_n (r^m)；

其中　L——正交表代号；

n——正交表横行数（实验次数）；

r——因素的水平数（每列中的字码数）；

m——正交表纵列数（最多能安排的因素个数）。

常用的正交表有：$L_4(2^3)$、$L_9(3^4)$、$L_8(4\times2^4)$等(见附录一)。

(2) 正交表的特点

①每列中各数字出现的次数相等；

②任何两列所构成的各有序数对出现的次数相等。

2. 正交设计法安排多因素实验的步骤

(1) 明确实验目的，确定实验指标

首先，要明确实验要解决的问题，同时，选用能定量、定性表达的突出指标作为实验指标。指标可以是 1 个也可以是多个。

(2) 挑因素、选水平，列出因素水平表

根据已有的专业知识和相关文献资料以及实际情况，挑选主要因素，挑选那些可能对实验指标影响大、但又没有把握的可控因素作为考察对象，并根据经验定出它们的实验范围，在此范围内选出每个因素的水平，即确定水平的个数和各个水平的数值。因素和水平确定后，便可列出因素水平表。

(3) 选用正交表

常用的正交表有很多，可以经过综合分析后灵活选用。一般是根据因素和水平的多少、实验的工作量大小及允许条件而定。实际安排实验时，挑选因素、水平和选用正交表等步骤往往是相互结合进行。

(4) 确定实验方案

根据因素水平表及所选用的正交表，确定实验方案。

① 因素顺序上列。按因素水平表中因素的次序，将各因素一一放到正交表的各列中；

② 水平对号入座。因素上列后，把相应的水平放入正交表；

③ 确定实验条件。因素、水平均放入正交表后，表中的每一横行即代表一种实验条件，横行数即为实验的次数。

(5) 实验

按正交表中每横行所规定的条件做实验，记录、分析、整理出每组条件下的评价指标值。

3. 正交实验结果的直观分析

实验获得大量数据后，通过科学地分析这些数据，得到正确的结论是正交实验设计不可或缺的重要组成部分。

正交实验结果直观分析可解决：

(1) 挑选的因素中哪些影响大，哪些影响小，因素对指标影响的主次关系如何；

(2) 各影响因素中，哪个水平能得到满意的结果，从而找到最佳的管理运行条件。

直观分析法的步骤具体如下：

(1) 填写实验指标

将每组实验的数据分析处理后，求出相应的评价指标值，并填入正交表的右栏实验结果内。

(2) 计算各列的水平效应值 K_i 、$\overline{K_i}$ 和极差 R 值，并填入表中。

各列的 K_i ＝该列中 i 水平相对应的指标值之和。

$$\text{各列的}\ \overline{K_i} = \frac{K_i}{\text{该列中}\ i\ \text{水平的重复次数}}$$

各列的极差 R＝该列中 $\overline{K_i}$ 中最大值与最小值之差。极差 R 是衡量数据波动大小的重要指标，R 值越大的因素越重要。

(3) 比较各因素的 R 值，根据其大小，即可排出因素的主次关系。

(4) 比较同一因素下的各水平效应值 $\overline{K_i}$ ，能使指标达到满意结果的值（最大或最小）为较理想的水平值。因此，可以确定最佳运行条件。

(5) 做因素和指标关系图，即以各因素的水平值为横坐标，其相应的 $\overline{K_i}$ 值为纵坐标，在直角坐标纸上做图，可以直观反映出因素及水平对实验结果的影响。

4. 正交实验设计及分析举例

例 1-2　对某废水进行混凝气浮处理，混凝药剂采用 PAC 和 PAM，气浮采用部分回流水加压溶气气浮流程。原水 SS 约 300mg/L，水温 22℃。拟用正交实验法进行实验。

(1) 实验方案确定及实验

①确定实验目的及实验评价指标。为了找出影响混凝气浮处理效果的主要因素及确定较理想的运行条件，本实验以出水 SS 为评价指标。

② 挑选因素。根据有关文献资料及经验，对混凝部分主要考察药剂（PAC、PAM）的投加量，对气浮部分主要考察溶气压力 P 及溶气水量占处理水量的比值 R。

③ 确定各因素水平。为了能减少实验次数，又能说明问题，每个因素选 3 个水平，根据经验确定出每个水平的数值，由此可列出因素水平表见表 1-2。

表 1-2　混凝气浮实验因素水平表

因素＼水平	1	2	3	4
	PAC 投量（mg/L）	PAM 投量（mg/L）	P（MPa）	R（%）
1	10	0.5	0.4	20
2	20	1	0.3	30
3	30	2	0.2	35

④选择正交表。根据以上所选的因素和水平，确定选用 L_9（3^4）正交表，如表 1-3 所示。

表 1-3　L_9（3^4）正交表

实验号	列号			
	1	2	3	4
1	1	1	1	1
2	1	2	2	2
3	1	3	3	3
4	2	1	2	3
5	2	2	3	1
6	2	3	1	2
7	3	1	3	2
8	3	2	1	3
9	3	3	2	1

⑤确定实验方案。根据已定的因素、水平及所选正交表，则得出实验方案表见表 1-4。

表 1-4　混凝气浮正交实验方案表

实验号	因素			
	PAC 投量（mg/L）	PAM 投量（mg/L）	P（MPa）	R（%）
1	10	0.5	0.4	20
2	10	1	0.3	30
3	10	2	0.2	35
4	20	0.5	0.3	35
5	20	1	0.2	20
6	20	2	0.4	30
7	30	0.5	0.2	30
8	30	1	0.4	35
9	30	2	0.3	20

根据表 1-4，共需组织 9 次实验，每次具体实验条件如表 1-4 中 1～9 各横行所示，如第一次实验在 PAC 投量 10mg/L、PAM 投量 0.5mg/L、溶气压力 P=0.4MPa、溶气水量占处理水量的比值 R=20%的条件下进行。

（2）实验结果的直观分析

实验结果及分析见表 1-5，具体做法如下：

① 填写评价指标。将每个实验条件下所得的出水 SS 值填入正交表右侧相应的评价指标栏内。

② 计算各列的 K、$\overline{K}$ 及极差 R

如计算 PAC 投量这一因素时，各水平的 K 值如下：

第 1 水平 $K_1=117+91+98=306$

第 2 水平 $K_2=80+112+70=262$

第 3 水平 $K_3=89+61+107=257$

其均值 $\overline{K}$ 分别为

$\overline{K_1}=306/3=102$

$\overline{K_2}=262/3=87.3$

$\overline{K_3}=257/3=85.7$

极差 $R=102-85.7=16.3$

表 1-5　混凝气浮正交实验结果及直观分析表

实验号	因　素				评价指标
	PAC 投量（mg/L）	PAM 投量（mg/L）	P（MPa）	R（%）	出水 SS（mg/L）
1	10	0.5	0.4	20	117
2	10	1	0.3	30	91
3	10	2	0.2	35	98
4	20	0.5	0.3	35	80
5	20	1	0.2	20	112
6	20	2	0.4	30	70
7	30	0.5	0.2	30	89
8	30	1	0.4	35	61
9	30	2	0.3	20	107
K_1	306	286	248	336	
K_2	262	264	278	250	
K_3	257	275	299	239	
$\overline{K_1}$	102	95.3	82.7	112	
$\overline{K_2}$	87.3	88	92.7	83.3	
$\overline{K_3}$	85.7	91.7	99.7	79.7	
R	16.3	7.3	17	32.3	

③ 成果分析

由表 1-5 中极差大小可见，影响该废水混凝气浮处理出水 SS 的因素主次顺序依次为：溶气水量占处理水量的比值 R→溶气压力 P→PAC 投量→PAM 投量。

由表 1-5 中各因素水平值的均值可见，各因素中的较佳水平条件分别为：PAC 投量 30mg/L、PAM 投量 1mg/L、溶气压力 $P=0.4$MPa、溶气水量占处理水量的比值 $R=30\%$。该实验结果与表中已做的最好实验结果（第 8 次实验）不一致，应将这两个实验条件再各做实验加以比较，最后确定出最佳运行条件。

5. 多指标的正交实验及直观分析方法

在例 1-2 中，实验指标只有一个，考察起来比较方便，但实际工程中，需要考察的指标往往不止一个，有时有两个、三个或更多。多指标的正交实验结果分析比单指标的要复杂一些，但计算方法与单指标的并无区别。常用的方法有综合平衡法和综合评分法。

（1）综合平衡法：先对每个指标分别进行单指标的直观分析，然后对各指标的分析结果进行综合比较和分析，得出较优方案。

①综合平衡原则：次服从主（首先满足主要指标或因素）；少数服从多数；降低消耗、提高效率。

②综合平衡特点：计算量大；信息量大；有时综合平衡难。

（2）综合评分法：先根据各个指标的重要程度，对得出的试验结果进行分析，给每一个实验评出一个分数，作为这个实验的总指标，然后进行单指标实验结果的直观分析法。

评分方法如下：

①直接给出每一号试验结果的综合分数；

②对每号试验的每个指标分别评分，再求综合分。

若各指标重要性相同，为各指标的分数总和；若各指标重要性不相同，则为各指标的分数加权和。

综合评分法特点：将多指标的问题转换成了单指标的问题，计算量小；但准确评分难。

第二章　实验数据分析处理

第一节　实验误差分析

环境工程实验需要进行一系列的测试，并取得大量的数据，由于实验方法、实验仪器、环境条件、测试方法及测试人员技术水平等因素的影响，同一项目的多次重复实验，结果总会有差异，即实验会产生误差。虽然，随着课题研究的不断深入、技术水平的不断提高以及仪器设备的不断完善，实验的误差会越来越小，但是不可能做到没有误差。因此，必须对实验结果进行分析研究，估计测试结果的可靠程度，并给予合理的解释，此过程即为误差分析。

一、真值与平均值

所谓真值即实验的真实结果，由于实验方法、实验仪器、环境条件、测试方法及测试人员技术水平等因素的影响，我们是无法测得真值的。一般来说，测试的次数总是有限的，用有限测试次数求得的平均值，只能是真值的近似值。

常用的平均值有：算术平均值、均方根平均值、加权平均值、中位值（或中位数）及几何平均值。

1. 算术平均值

算术平均值是最常用的一种平均值，当观测值呈正态分布时，算术平均值最接近真值。算术平均值定义为

$$\bar{x}=\frac{x_1+x_2+\cdots+x_n}{n}=\frac{1}{n}\sum_{i=1}^{n}x_i \tag{2-1}$$

式中　$\bar{x}$——算术平均值；

x_i——各次观测值，$i=1, 2, \cdots, n$；

n——观测次数。

2. 均方根平均值

均方根平均值应用较少，其定义为

$$\bar{x}=\sqrt{\frac{x_1{}^2+x_2{}^2+\cdots+x_n{}^2}{n}}=\sqrt{\frac{\sum_{i=1}^{n}x_i{}^2}{n}} \tag{2-2}$$

式中各符号的意义同前。

3. 加权平均值

若对同一事物采用不同的方法去测定，或者由不同的人员测试，计算平均值时，常采用加权平均值。计算公式为

$$\bar{x}=\frac{w_1x_1+w_2x_2+\cdots+w_nx_n}{w_1+w_2+\cdots+w_n}=\frac{\sum_{i=1}^{n}w_ix_i}{\sum_{i=1}^{n}w_i} \tag{2-3}$$

式中　w_i——与各观测值相应的权，$i=1, 2, \cdots, n$。w_i可以是观测值的重复次数、观测者在总数中所占的比例，或者根据经验确定。

其他符号的意义同前。

4. 几何平均值

如果一组观测值是非正态分布，当对这组数据取对数后，所得图形的分布曲线更对称时，常采用几何平均值，计算公式为

$$\overline{x} = \sqrt[n]{x_1 \times x_2 \times \cdots \times x_n} \tag{2-4}$$

也可用对数表示为

$$\lg\overline{x} = \frac{1}{n}\sum_{i=1}^{n}\lg x_i \tag{2-5}$$

式中符号意义同前。

5. 中位值

中位值是指一组观测值按大小次序排列的中间值。若观测次数是奇数，中位值为排列在中间的值；若观测次数是偶数，则中位值是正中两个值的平均值。中位值的最大优点是求法简单。只有当观测值的分布呈正态分布时，中位值才能代表一组观测值的中心趋向，近似于真值。

二、误差及其分类

在实验中，由于被测量的数值形式通常不能以有限位数表示，且因受认识能力和科技水平的限制，测量值与其真值并不完全一致，这种差异表现在数值上称为误差。误差存在于一切实验中。误差根据其性质及形成原因可分为系统误差、偶然误差和过失误差。

1. 系统误差

系统误差又称恒定误差，是指在测定中未发现或未确认的因素所引起的误差。这些因素使测定结果永远朝一个方向发生偏差，其大小及符号在同一实验中完全相同。产生系统误差的原因是：

(1) 仪器状态不佳，如刻度不准、仪器未校准等；

(2) 环境的改变，如外界温度、压力和湿度的变化等；

(3) 个人的习惯和偏向，如读数偏高、偏低等。

这类误差可以根据仪器的性能、环境条件或个人偏差等加以校正克服，使之降低。

2. 偶然误差

偶然误差也称随机误差。单次测试时，观测值变化不定，其误差时大时小、时正时负、方向不定，但是多次测试后，其平均值趋于零，具有这种性质的误差称为偶然误差。偶然误差产生的原因一般不清楚，因而无法人为控制，可用概率理论处理数据而加以避免。

3. 过失误差

过失误差又称错误，是由于操作人员工作粗心或操作不当等引起的，是可以避免的。

三、误差的表示方法

1. 绝对误差与相对误差

(1) 绝对误差：对某一指标进行测试后，观测值与真值之间的差值称为绝对误差。绝对误差用以反映观测值偏离真值的程度大小，其单位与观测值相同。即

$$绝对误差=观测值-真值 \tag{2-6}$$

（2）相对误差：绝对误差与真值的比值称为相对误差。相对误差用于对不同观测结果可靠性的对比，常用百分数表示。即

$$相对误差=\frac{绝对误差}{真值}\times 100\% \tag{2-7}$$

2. 绝对偏差与相对偏差

（1）绝对偏差（d_i）：对某一指标进行多次测试后，某一观测值与全部观测值的均值之差，称为绝对偏差。即

$$d_i = x_i - \overline{x} \tag{2-8}$$

式中 d_i——绝对偏差；

x_i——观测值；

$\overline{x}$——全部观测值的均值。

（2）相对偏差：绝对偏差与平均值的比值称为相对偏差，常用百分数表示。即

$$相对偏差=\frac{d_i}{\overline{x}}\times 100\% \tag{2-9}$$

式中符号意义同前。

3. 算术平均偏差与相对平均偏差

（1）算术平均偏差（δ）：观测值与平均值之差的绝对值的算术平均值称为算术平均偏差，即

$$\delta = \frac{\sum_{i=1}^{n}|x_i - \overline{x}|}{n} = \frac{\sum_{i=1}^{n}|d_i|}{n} \tag{2-10}$$

式中 δ——算术平均偏差；

其余符号意义同前。

（2）相对平均偏差：算术平均偏差与平均值的比值称为相对平均偏差，即

$$相对平均偏差=\frac{\delta}{\overline{x}}\times 100\% \tag{2-11}$$

式中各符号意义同前。

4. 标准偏差（σ）

标准偏差也叫均方根偏差、均方偏差、标准差，是指各观测值与平均值之差的平方和的算术平均值的平方根，即

$$\sigma = \sqrt{\frac{\sum_{i=1}^{n}(x_i - \overline{x})^2}{n}} \tag{2-12}$$

式中 σ——标准偏差；

其余符号意义同前。

在有限观测次数中，标准偏差常用下式表示

$$\sigma = \sqrt{\frac{\sum_{i=1}^{n}(x_i - \overline{x})^2}{n-1}} \tag{2-13}$$

式中各符号意义同前。

由此可以看出，观测值越接近平均值，标准偏差越小；观测值与平均值相差越大，标准偏差越大。

四、精密度与准确度

1. 精密度

精密度又称精度或精确度，是指在控制条件下用一个均匀试样反复测试，所测得的数值之间重复的程度，它反映偶然误差的大小。偶然误差越小，测试的精密度越高。

2. 准确度

准确度是指测定值与真实值的复合程度，它反映偶然误差和系统误差的大小。

一个化学分析，虽然精密度很高，偶然误差小，但可能由于溶液标定不准确、稀释技术不准确或实验仪器未校准等原因出现系统误差，使结果的准确度不高。相反，一个方法可能很准确，但由于仪器灵敏度低或其他原因，也可造成精密度不够。因此，评定观测数据的好坏，首先要考察精密度，尔后再考察准确度。

五、误差分析

1. 单次测量的误差分析

环境工程实验的影响因素较多，有时由于条件限制或准确度要求不高，特别是在动态实验中不容许对被测值做重复测量，故实验中往往对某些指标只能进行一次测定。这些测定值的误差应根据具体情况进行具体分析。例如，对偶然误差较小的测定值，可按仪器上注明的误差范围进行分析；无注明时，可按仪器最小刻度的1/2作为单次测量的误差。如某溶解氧测定仪，仪器精度为0.5级，当测得溶解氧为2.8mg/L时，其误差值为$2.8\times0.005=0.014$mg/L；若仪器未给出精度，由于仪器最小刻度为0.2mg/L，每次测量的误差可按0.1 mg/L考虑。

2. 重复多次测量值误差分析

在条件允许的情况下，进行多次测量可以得到比较准确可靠的测量值，并用测量结果的算术平均值近似替代真值。误差的大小可用算术平均偏差和标准偏差来表示。

采用算术平均偏差表示误差时，可用式（2-10）计算，真值可表示为

$$a=\overline{x}\pm\delta \tag{2-14}$$

采用标准偏差表示误差时，可用式（2-13）计算，真值可表示为

$$a=\overline{x}\pm\sigma \tag{2-15}$$

工程中多用标准偏差来表示。

3. 间接测量值误差分析

实验过程中，由实测值经过公式计算后获得另外一些测得值被用来表达实验结果，或用于进一步分析，这些由实测值计算而得的测量值称为间接测量值。由于实测值均存在误差，间接测量值也存在误差，称为误差的传递。表达各实测值误差与间接测量值间关系的公式称为误差传递公式。

（1）间接测量值算术平均误差计算：采用算术平均误差时，需考虑各项误差同时出现的最不利情况，将算术平均误差或算术平均相对误差的绝对值相加。

① 加、减法运算：若$N=A+B$或$N=A-B$

则
$$\delta_N = \delta_A + \delta_B \tag{2-16}$$
式中 δ_N——间接测量值 N 的算术平均误差；

δ_A，δ_B——直接测量值 A，B 的算术平均误差。

即和、差运算的绝对误差等于各直接测得值的绝对误差之和。

② 乘、除法运算：若 $N=AB$ 或 $N=\dfrac{A}{B}$，

$$\frac{\delta_N}{N} = \frac{\delta_A}{A} + \frac{\delta_B}{B} \tag{2-17}$$

则

即乘、除运算的相对误差等于各直接测得值的相对误差之和。

（2）间接测量值标准误差计算：若 $N=f(x_1,x_2,\cdots,x_n)$，采用标准误差时，间接测量值 N 的标准误差传递公式为

$$\sigma_N = \sqrt{\left(\frac{\partial f}{\partial x_1}\right)^2 \cdot \sigma^2{}_{x_1} + \left(\frac{\partial f}{\partial x_2}\right)^2 \cdot \sigma^2{}_{x_2} + \cdots + \left(\frac{\partial f}{\partial x_n}\right)^2 \cdot \sigma^2{}_{x_n}} \tag{2-18}$$

式中 σ_N——间接测量值 N 的标准误差；

σ_{x_1}，σ_{x_2}，…，σ_{x_n}——直接测量值 x_1，x_2，…，x_n的标准误差；

$\dfrac{\partial f}{\partial x_1},\dfrac{\partial f}{\partial x_2},\cdots,\dfrac{\partial f}{\partial x_n}$——函数 f（$x_1$，$x_2$，…，$x_n$）对变量 x_1，x_2，…，x_n的偏导数，并以 $\overline{x_1},\overline{x_2},\cdots,\overline{x_n}$ 带入求其值。

第二节 实验数据处理

一、有效数字及其运算

环境工程实验中经常要记录很多测试数据，前面已经指出，测试结果不可能得到真实值，只能是近似值。实验数据的记录反映了近似值的大小，并在某种程度上表明了误差。因此，有效数字是对测量结果的一种准确表示，它应当是有意义的数码，而不允许无意义的数字存在。在实验观测、读数、运算与最后得出的结果中，哪些是能反映被测量实际大小的数字应予以保留，哪些不应当保留，这就与有效数字及其运算法则有关。

测试数据的有效数字定义为几位可靠数字加上一位可疑数字称为有效数字，有效数字的个数叫做有效数字的位数。有效数字的位数与十进制单位的变换无关，即与小数点的位置无关。因此，用以表示小数点位置的 0 不是有效数字。当 0 不是用作表示小数点的位置时，0 和其他数字具有同等地位，都是有效数字。显然，在有效数字的位数确定时，第一个不为 0 的数字左面的 0 不能算有效数字的位数，而第一个不为 0 的数字右面的 0 一定要算做有效数字的位数。如 0.0135 m 是三位有效数字，0.0135m 和 1.35cm 及 13.5mm 三者是等效的，只不过是分别采用了米、厘米和毫米作为长度的表示单位；1.030m 是四位有效数字。从有效数字的另一面也可以看出测量用具的最小刻度值，如 0.0135m 是用最小刻度为毫米的尺子测量的，而 1.030m 是用最小刻度为厘米的尺子测量的。因此，正确掌握有效数字的概念对环境工程实验来说是十分必要的。

1. 直接测量的有效数字记录

环境工程实验中直接测量的有效数字与仪器有关，通常仪器上显示的数字均为有效数字（包括最后一位估计读数），都应读出并记录下来。仪器上显示的最后一位数字是0时，此0也要读出并记录。对于有分度式的仪表，一般应尽可能估计到最小分度的1/10、1/5或1/2。

2. 间接测量有效数字的确定——有效数字的运算

（1）加减法：以小数点后位数最少的为准先修约后加减，结果位数也按点后位数最少的计算。

例如，0.0121＋12.56＋7.8432

可先修约后计算，即0.01＋12.56＋7.84＝20.41

（2）乘除法：结果保留位数应与有效数字位数最少者相同。

例如，（0.0142×24.43×305.84）/28.67

可先修约后计算，（0.0142×24.4×306）/28.7＝3.69。

（3）乘方或开方：结果有效数字的位数与其底的有效数字位数相同。

例如，$5.62^2=31.6$

$$\sqrt{7.56}=2.75$$

（4）对数计算：对数尾数的位数应与真数的有效数字位数相同。

例如，$[H^+]=5.6\times10^{-10}$

$$\mathrm{pH}=9.3$$

（5）表示分析结果的精密度和准确度时，误差和偏差等只取一位或两位有效数字。

（6）计算中涉及常数以及非测量值，如一些公式中的系数时，不考虑其有效数字的位数，视为准确数值。

二、实验数据的特征参数

1. 分散特征参数及其计算

分散特征参数是用来描述实验数据的分散程度的，常用的有极差、标准差和方差、变异系数等。

（1）极差R

极差是一组实验数据的极大值与极小值之差，可以度量实验数据波动的大小。极差具有计算简便的特点，但由于它没有充分利用全部数据提供的信息，而是依赖个别的实验数据，故代表性差，反映实际情况的精度差。实际应用中，多用以均值$\bar{x}$为中心的分散特征参数，如标准差、方差及变异系数等。

（2）标准差和方差

标准差的表达式见式（2-13）。方差的表达式为

$$\sigma^2=\frac{1}{n-1}\sum_{i=1}^{n}(x_i-\bar{x})^2 \tag{2-19}$$

标准差和方差均可反映实验数据与均值之间的平均差距，这个差距愈大，表明该组实验数据愈分散，反之则表明该组实验数据愈集中。

(3) 变异系数 C_y

变异系数的表达式为

$$C_y = \frac{\sigma}{\overline{x}} \tag{2-20}$$

变异系数可反映实验数据相对波动的大小，尤其是对标准差相等的两组数据，$\overline{x}$ 大的一组数据相对波动小，$\overline{x}$ 小的一组数据则相对波动大，而极差 R、标准差 σ 只反映数据的绝对波动大小，此时变异系数的应用就显得更为重要。

2. 相关特征参数

为了表示变量间可能存在的关系，常常采用相关特征参数，如线性相关系数等，其计算将在回归分析中介绍。

三、可疑数据的取舍

1. 可疑数据

在整理分析实验数据时，常会发现个别数据与其他数据相差很大，通常称其为可疑数据。可疑数据的产生可能是由于偶然误差造成的，也可能是由于系统误差造成的。如果保留这样的数据，将会影响实验结果的可靠性；如果将其任意剔除，又是不科学的，因为任何一个测试数据都是实验结果的一个信息反馈。因此，在整理实验数据时，对可疑数据的取舍应谨慎。

2. 可疑数据的取舍

可疑数据的取舍就是判断离群较远的数据是由偶然误差造成的还是由系统误差造成的。一般应根据不同的检验目的选择不同的检验方法。

(1) 一组测试数据中离群数据的检验

① 3σ 法则

实验数据的总体是正态分布时，先计算出数列标准误差 σ，求其极限误差 $K_\sigma=3\sigma$，此时测试数据落于 $x\pm3\sigma$ 范围内的可能性为99.7%。也就是说，落于此区间外的数据只有0.3%的可能性，这在一般测试次数不多的情况中是不易出现的，若出现了这种情况可认为是由于某种错误造成的，因此这些可以数据可舍去。此法称为 3σ 法则。

例 2-1 某深度处理出水的 COD 测试结果为 17.1mg/L、21.3 mg/L、15.7mg/L、19.3mg/L、19.6mg/L、18.5 mg/L，按 3σ 法则检验离群数据。

解： 按 3σ 法则，计算该组数据的标准差得 $\sigma=2.0$，极限误差 $K_\sigma=3\sigma=6.0$，该组数据的均值 $\overline{x}=18.6$，则 $\overline{x}\pm3\sigma=18.6\pm6.0$，即（12.6，24.6），该组数据均落于12.6 mg/L～24.6 mg/L范围内，因此，无离群数据。

② 肖维涅准则

该法是借助于肖维涅数值取舍标准来决定可疑数据的取舍。肖维涅数值取舍标准见表2-1。表中 n 为测量次数，K 为系数。

表 2-1 肖维涅数值取舍标准

n	K	n	K	n	K	n	K	n	K	n	K
4	1.53	7	1.79	10	1h96	13	2.07	16	2.16	19	2.22
5	1.68	8	1.86	11	2.00	14	2.10	17	2.18	20	2.24
6	1.73	9	1H92	12	2.04	15	2.13	18	2.20	—	—

肖维涅准则方法为：① 计算 n 个数据的平均值 $\overline{x}$ 和标准误差 σ；② 根据测试次数 n 查表 2-1 得系数 K；计算极限误差 $K_\sigma=K\sigma$；④ 将 $x_i-\overline{x}$ 与 K_σ 进行比较，若 $x_i-\overline{x}>K_\sigma$，则 x_i 弃去，反之，则保留。

例 2-2　用肖维涅准则检验上例数据；

解： a. 平均值 $\overline{x}=18.6$，$\sigma=2.0$。

b. 用于测量次数 $n=6$，查表 2-1 得 $K=1.73$；

c. 则极限误差 $K_\sigma=K\sigma=1.73\times2.0=3.5$；

d. $x_i-\overline{x}$ 依次为 1.5、2.7、2.9、0.7、1、0.1，均小于 K_σ，故该组数据无离群数据。

（2）多组测试数据的均值中离群数据的检验

常用的是格拉布斯（Grubbs）检验法，具体步骤如下：

a. 计算各组测试数据的平均值 $\overline{x}_1$，$\overline{x}_2$，…，$\overline{x}_m$（其中 m 为组数）。

b. 计算上列均值的平均值 $\overline{\overline{x}}$（$\overline{\overline{x}}$ 称为总平均值）和标准差 $\sigma_{\overline{x}}$，公式为

$$\overline{\overline{x}}=\frac{1}{m}\sum_{i=1}^{m}\overline{x}_i \tag{2-21}$$

$$\sigma_{\overline{x}}=\sqrt{\frac{1}{m-1}\sum_{i=1}^{m}(\overline{x}_i-\overline{\overline{x}})^2} \tag{2-22}$$

c. 计算 T 值：设 $\overline{x}_i$ 为可疑均值，则

$$T_i=\frac{\overline{x}_i-\overline{\overline{x}}}{\sigma_{\overline{x}}} \tag{2-23}$$

d. 查出临界值 T：用组数 m 查附录二（将表中的 n 改为 m 即可），得到 T，若计算的 T_i 对应于临界值 T，$\overline{x}_i$ 应弃去，反之则保留。

第三节　实验数据的方差分析

在对实验数据进行整理及剔除错误数据后，还要利用数理统计的方法，分析各变量对实验结果的影响程度。方差分析即是通过分析将由因素变化引起的使用结果差异与实验误差波动引起的差异区分开来。若因素变化引起的实验结果变化落在误差范围内，表明因素对实验结果无显著影响；反之，若因素变化引起的实验结果变化超出误差范围，则表明因素对实验结果有显著影响。因此，利用方差分析来分析实验结果，关键是寻找误差范围，可以利用数理统计中的 F 检验法解决这一问题。本节介绍单因素实验的方差分析。多因素正交实验的方差分析请读者参阅有关书籍。

一、等重复实验的方差分析

为研究某因素不同水平对实验结果有无显著影响，设有 A_1，A_2，…，A_b 个水平，在每个水平下都进行了 a 次实验，用 x_{ij}（$j=1$，2，…，a）表示。现通过实验数据分析，研究水平变化对实验结果有无显著影响，步骤如下：

（1）计算 Σ、$(\sum)^2$、$\sum^2$（表 2-2）。

（2）计算有关统计量 S_T、S_A、S_E

表 2-2 单因素方差分析计算表

水平	A_1	A_2	…	A_i	…	A_b	
1	x_{11}	x_{21}	…	x_{i1}	…	x_{b1}	
2	x_{12}	x_{22}	…	x_{i2}	…	x_{b2}	
⋮	⋮	⋮	⋮	⋮	⋮	⋮	
j	x_{1j}	x_{2j}	…	x_{ij}	…	x_{bj}	
⋮	⋮	⋮	⋮	⋮	⋮	⋮	
a	x_{1a}	x_{2a}	…	x_{ia}	…	x_{ba}	
$\sum$	$\sum_{j=1}^{a} x_{1j}$	$\sum_{j=1}^{a} x_{2j}$	…	$\sum_{j=1}^{a} x_{ij}$	…	$\sum_{j=1}^{a} x_{bj}$	$\sum_{i=1}^{b}\sum_{j=1}^{a} x_{ij}$
$(\sum)^2$	$(\sum_{j=1}^{a} x_{1j})^2$	$(\sum_{j=1}^{a} x_{2j})^2$	…	$(\sum_{j=1}^{a} x_{ij})^2$	…	$(\sum_{j=1}^{a} x_{bj})^2$	$\sum_{i=1}^{b}(\sum_{j=1}^{a} x_{ij})^2$
$\sum^2$	$\sum_{j=1}^{a} x^2{}_{1j}$	$\sum_{j=1}^{a} x^2{}_{2j}$	…	$\sum_{j=1}^{a} x^2{}_{ij}$	…	$\sum_{j=1}^{a} x^2{}_{bj}$	$\sum_{i=1}^{b}\sum_{j=1}^{a} x^2{}_{ij}$

$$S_T = S_A + S_E \tag{2-24}$$

$$S_A = Q - P \tag{2-25}$$

$$S_E = R - Q \tag{2-26}$$

式中 S_T——总差方和；

S_A——组间差方和；

S_E——组内差方和。

其中

$$P = \frac{1}{ab}\left(\sum_{i=1}^{b}\sum_{j=1}^{a} x_{ij}\right)^2 \tag{2-27}$$

$$Q = \frac{1}{a}\left(\sum_{i=1}^{b}\sum_{j=1}^{a} x_{ij}\right)^2 \tag{2-28}$$

$$R = \sum_{i=1}^{b}\sum_{j=1}^{a} x^2{}_{ij} \tag{2-29}$$

（3）求自由度

$$f_T = ab - 1 \tag{2-30}$$

$$f_A = b - 1 \tag{2-31}$$

$$f_E = b(a-1) \tag{2-32}$$

式中 f_T——S_T的自由度，为实验次数减 1；

f_A——S_A的自由度，为水平数减 1；

f_E——S_E的自由度，为水平数与实验次数减 1 之积。

（4）列表计算 F（表 2-3）。

表 2-3 方差分析表

方差来源	差方和	自由度	均方	F
组间误差（因素 A）	S_A	$f_A=b-1$	$\overline{S}_A=\frac{S_A}{b-1}$	$F=\frac{\overline{S}_A}{\overline{S}_E}$

续表

方差来源	差方和	自由度	均方	F
组内误差	S_E	$f_E=b\ (a-1)$	$\overline{S}_E=\dfrac{S_E}{b(a-1)}$	
总和	$S_T=S_A+S_E$	$f_T=ab-1$		

(5) 显著性判断

F 为该因素不同水平对实验结果所造成的影响与由于误差所造成的影响的比值。F 越大，说明因素变化对结果的影响越显著；F 越小，说明因素变化对结果的影响越小，判断影响显著与否的界限由 F 分布表（见附录三）给出。

根据组间与组内自由度$[n_1=f_A=b-1,\ n_2=f_E=b(a-1)]$与显著性水平 α，从附录三中查出临界值 λ_a，分析判断，若 $F>\lambda_a$，说明在显著性水平 α 下，因素对实验结果有显著影响，是个重要因素；反之，若 $F<\lambda_a$，说明因素对实验结果无显著影响，是个次要因素。

在各种显著性检验中，常用 $\alpha=0.05$ 和 $\alpha=0.01$ 两个显著水平，选取哪一种水平，取决于问题要求。通常称在水平 $\alpha=0.05$ 下，当 $F<\lambda_{0.05}$ 时，认为因素对实验结果影响不显著；$\lambda_{0.05}<F<\lambda_{0.01}$ 时，认为因素对实验结果影响显著；$F>\lambda_{0.01}$ 时，认为因素对实验结果影响特别显著。

二、不等重复实验的方差分析

有些单因素实验中各水平的重复次数不等，或由于数据整理中剔除了离群数据或其他原因造成各水平的实验数据不等，此时单因素方差分析，只要对公式做适当修改即可，其他步骤不变。如，某因素考察了 A_1，A_2，$\cdots A_b$ 个水平，各水平下进行的实验次数分别为 a_1，a_2，$\cdots a_b$，则修改部分公式：

$$P=\frac{1}{\sum_{i=1}^{b}a_i}\left(\sum_{i=1}^{b}\sum_{j=1}^{a}x_{ij}\right)^2 \tag{2-33}$$

$$Q=\sum_{i=1}^{b}\left[\frac{1}{a_i}\left(\sum_{j=1}^{a_i}x_{ij}\right)^2\right] \tag{2-34}$$

$$R=\sum_{i=1}^{b}\sum_{j=1}^{a_i}x^2{}_{ij} \tag{2-35}$$

$$f_T=\sum_{i=1}^{b}a_i-1 \tag{2-36}$$

$$f_A=b-1 \tag{2-37}$$

$$f_E=\sum_{i=1}^{b}a_i-b \tag{2-38}$$

第四节　实验成果表示法

1. 列表法

列表法是将实验中的自变量和因变量的各个数据通过分析处理后按一定的形式和顺序一

一对应列出来，借以反映各变量之间的关系。完整的表格应包括表的序号、表题及表内各项目内容。列表法优点是简单易作、形式紧凑、数据易参考比较等优点，其缺点是对客观规律的反映不如其他表示法明确，在理论分析方面使用不便。

2. 图示法

图示法是将实验数据在坐标纸上绘制成图线来反映研究变量之间的相互关系的一种表示法。图示法一般分为两类：一类是已知变量间的依赖关系图形，通过实验，利用有限次的实验数据作图，反映变量间的关系，然后求出相应的一些数据；另一类是两个变量之间的关系不清，将实验点绘制于坐标纸上，用以分析、反映变量之间的关系和规律。

图形表示法的步骤如下：

（1）坐标纸的选择

坐标纸分为直角坐标纸、半对数坐标纸、双对数坐标纸等，作图时要根据研究变量之间的关系进行选择应用。

（2）坐标轴及坐标分度

一般以 x 轴代表自变量，y 轴代表因变量。在坐标轴上应注明名称及所用计量单位。

坐标分度的选择应使每一点在坐标纸上都能迅速方便找到。坐标的原点不一定是零点，可用小于实验数据中最小值的某一整数作为起点，大于最大值的某一整数作为终点。坐标分度应与实验精度一致，不宜过细，也不能过粗。两个变量的变化范围表现在坐标纸上的长度应相差不大，以使图线尽可能显示在图纸正中。

（3）描点与作曲线

描点即将实验所得的自变量与因变量一一对应的点描在坐标纸上。当同时需要描述几条图线时，应采用不同的符号加以区别，并在空白处注明各符号所代表的意义。

作曲线时，若实验数据较充分，自变量与因变量呈函数关系，可作出光滑连续的曲线；若数据不够充分，不易确定自变量与因变量之间的关系，或者自变量与因变量不一定呈函数关系时，此时最好作折线图（即各点用直线连接）。

（4）注解说明

每个图形下面应有图名，将图形的意义清楚准确地表示出来，有时在图名下还需加以简要说明。

图示法的优点是简明直观，便于比较，易于显示变化规律及特点。

3. 方程表示法

上述列表法和图示法虽然较直观简便，但不便于理论分析研究，故常需要用数学表达式来反映自变量和因变量的关系。

方程表示法一般包括两个步骤：

首先是，选择合适的经验公式。经验公式应形式简明，式中系数不宜太多。一般没有简单的方法可以直接获得一个较理想的经验公式，通常是先将实验数据在直角坐标纸上描点，根据经验和数学知识推测经验公式的形式，并通过实验验证，若不理想，需另立新式，再进行实验，直至得到满意的结果为止。因直线方程最容易被用于实验验证，因此，应尽量使所得函数形式呈直线式。

其次是，确定经验公式的系数。确定经验公式中系数的方法有多种，在此仅介绍直线图解法和回归分析中的一元线性回归、一元非线性回归以及回归线的相关系数与精度。

（1）直线图解法

直线图解法是选择直线方程 $y=a+bx$ 为表达式，通过做直线图求得系数 a 和 b 数值的方法。具体方法为：将自变量与因变量一一对应的点绘在坐标纸上作直线，使直线两边的点数基本相等，并使每一个点尽可能靠近直线。所得直线的斜率即为系数 b，y 轴上的截距即为系数 a。

直线图解法的特点是简便易行，但由于每个人作直线的感觉不同而产生误差，因此，精度较差。直线图解法适用于可直接绘成一条直线或经过变量转换后可变为直线的情况。

（2）一元线性回归

一元线性回归就是工程中经常遇到的配直线的问题，即两个变量 x 和 y 存在一定的线性相关关系，通过实验取得数据后，用最小二乘法求出系数 a 和 b，并建立回归方程 $y=\mathrm{a}+\mathrm{b}x$（称为 y 对 x 的回归）。

所谓最小二乘法，就是要求实验各点与直线的偏差的平方和达到最小，因此而得的回归线即为最佳线。一元线性回归方程的计算步骤如下：

① 将 x 和 y 的实验数据列入表 2-4，并按表中所列项进行计算。

② 计算 L_{xy}、L_{xx}、L_{yy}、$\overline{x}$、$\overline{y}$ 值，计算式如下：

$$L_{xy}=\sum_{i=1}^{n}x_iy_i-\frac{1}{n}\left(\sum_{i=1}^{n}x_i\right)\left(\sum_{i=1}^{n}y_i\right) \tag{2-39}$$

$$L_{xx}=\sum_{i=1}^{n}x_i^{\ 2}-\frac{1}{n}\left(\sum_{i=1}^{n}x_i\right)^2 \tag{2-40}$$

$$L_{yy}=\sum_{i=1}^{n}y_i^{\ 2}-\frac{1}{n}\left(\sum_{i=1}^{n}y_i\right)^2 \tag{2-41}$$

$$\overline{x}=\frac{1}{n}\sum_{i=1}^{n}x_i \tag{2-42}$$

$$\overline{y}=\frac{1}{n}\sum_{i=1}^{n}y_i \tag{2-43}$$

表 2-4　一元线性回归计算表

序号	x_i	y_i	$x_i^{\ 2}$	$y_i^{\ 2}$	$x_i\,y_i$
Σ					

③ 计算 a、b 值并建立经验公式，计算式如下

$$b=\frac{L_{xy}}{L_{xx}} \tag{2-44}$$

$$a=\overline{y}-b\overline{x} \tag{2-45}$$

因此，得一元线性回归方程为 $\hat{y}=a+bx$ 。

（3）回归线的相关系数与精度

①回归线的相关系数 r

相关系数 r 是用来判断上述方法得到的回归线有无意义，建立的经验公式是否正确而引入的一个指标。相关系数 r 计算式为：

$$r = \frac{L_{xy}}{\sqrt{L_{xx}L_{yy}}} \tag{2-46}$$

相关系数 r 是介于-1与1之间的任意值。

当 $r=0$ 时，x 与 y 没有线性关系。

当 $0<|r|<1$ 时，x 与 y 之间存在着一定的线性关系。当 $r>0$ 时，x 与 y 正相关，即 y 随 x 的增大而增大；当 $r<0$ 时，x 与 y 负相关，即 y 随 x 的增大而减小。

当 $|r|=1$ 时，x 与 y 完全线性相关。当 $r=+1$ 时，x 与 y 完全正相关；当 $r=-1$ 时，x 与 y 完全负相关。

相关系数 r 表示 x 与 y 线性相关的密切程度，相关系数的绝对值越接近于1，说明 x 与 y 的线性关系越好。附录四给出了相关系数检验表。给定显著性水平 α，常取 $\alpha=0.05$ 或 $\alpha=0.01$，按 $n-2$ 的值，在附录四相关系数检验表中查出相应的临界值 r_α。当 $|r|>r_\alpha$，表明两变量间存在线性关系，回归方程显著成立，即有 $(1-\alpha)$ 的概率认为 y 与 x 之间有线性关系；当 $|r|<r_\alpha$，则认为两变量间不存在线性关系。

② 回归线的精度

回归线的精度用以表示实测的 y_i 偏离回归线的程度。回归线的精度可用标准误差 σ（剩余标准差）来估计，其计算式为

$$\sigma = \sqrt{\frac{1}{n-2}\Sigma(y_i - \hat{y}_i)^2} \tag{2-47}$$

或

$$\sigma = \sqrt{\frac{(1-r^2)L_{yy}}{n-2}} \tag{2-48}$$

显然，σ 越小，y_i 离回归线越近，则回归方程精度越高。

(4) 一元非线性回归

实际问题中，有时两个变量之间的关系并非线性关系，而是某种曲线关系，这就需要用曲线作为回归线。变量间函数关系类型一般可以根据已有的专业知识分析确定，当事先无法确定变量间函数关系的类型时，可以先根据实验数据做散点图，再根据散点图的分布形状以及所掌握的专业知识与解析几何知识，选择相近的已知曲线配合确定函数类型。

函数类型确定后，需要确定函数关系式中的系数。对于已知曲线的关系式，有些只要经过某种变换就可以变成线性关系式，因此，系数的确定方法如下：① 先通过变量变换把非线性函数关系转化为线性函数关系，即化曲线为直线；② 在新坐标系中用线性回归方法配出回归线；③ 再通过变量变换还原，即得所求回归方程。

如果散点图所反映的变量之间的关系与两种以上函数类型相似，无法确定选用哪一种曲线形式更合适时，可全部都做回归线，再计算它们的剩余标准差并进行比较，剩余标准差最小的类型为最佳函数类型。

常见的可转换为直线的曲线函数如下：

① 双曲线函数

$$\frac{1}{y} = a + \frac{b}{x}$$

令 $y' = \frac{1}{y}$，$x' = \frac{1}{x}$，则有

$$y' = a + bx'$$

② 幂函数

$$y = ax^b$$

令 $$y' = \lg y,\ x' = \lg x,\ a' = \lg a,$$ 则有

$$y' = a' + bx'$$

③ 指数函数

$$y = ae^{bx}$$

令 $y' = \ln y$，$a' = \ln a$，则有

$$y' = a' + bx$$

④ 指数函数

$$y = ae^{b/x}$$

令 $y' = \ln y$，$x' = \dfrac{1}{x}$，$a' = \ln a$，则有

$$y' = a' + bx'$$

⑤ 对数函数

$$y = a + b\lg x$$

令 $x' = \lg x$，则有

$$y = a + bx'$$

⑥ S形曲线

$$y = \frac{1}{a + be^{-x}}$$

令 $y' = \dfrac{1}{y}$，$x' = e^{-x}$，则有

$$y' = a + bx'$$

第三章　样本采集与保存

第一节　水样的采集与保存

一、水样的采集

为了保证所采集到的水样可以代表整体水质，在取样之前应做好现场调查和资料收集工作，如气象条件、水文地质、水位水深、河道流量、用水量、产污环节、排放量与频次、废水类型等，据此做出详细的水样采集计划。在水样采集过程中要保证水样不受任何意外的污染。

1. 采样点位确定

（1）地表水采样点位确定

在确定地表水采样点位时，应考虑：采样断面在总体和宏观上应能反映水系或区域的水环境质量状况；各断面的具体位置应能反映所在区域环境的污染特征；尽可能以最少的断面获取有足够代表性的环境信息，并考虑实际采样的可行性及方便性。采样断面分为背景断面、对照断面、控制断面、消减断面和管理断面等。在一个监测断面上设置的采样垂线数与各采样垂线上的采样点数见表 3-1 和表 3-2，湖（库）监测垂线上的采样点的布设应符合表 3-3 要求。

（2）污水采样点位确定

污染源的采样取决于调查的目的和检测分析工作要求。采样涉及时间、地点和频次三个方面。采样前应了解污染源的排放规律和污水中污染浓度的时、空变化，必须在全面掌握与污水排放有关的工艺流程、污水类型、排放规律、污水管网走向等情况的基础上确定采样点位。污水采样点位的布设原则为：

表 3-1　采样垂线数的设置

水面宽（m）	垂线	说明
≤50	1 条（中泓）	1. 垂线布设应避开污染带，要测污染带应另加垂线； 2. 确能证明该断面水质均匀时，可仅设置中泓一条垂线； 3. 凡在该断面要计算污染物通量时，必须按本表设置垂线
50～100	2 条（近左、右岸有明显水流处）	
＞100	3 条（左、中、右）	

表 3-2　采样垂线上的采样点数的设置

水深（m）	采样点数	说明
≤5	上层 1 点	1. 上层指水面下 0.5m，在水深不到 0.5m 时，在水深 1/2 处； 2. 下层指河底以上 0.5m 处； 3. 中层指 1/2； 4. 封冻时在水下 0.5m 处采集，水深不到 0.5m 时，水深在 1/2 处采集； 5. 凡在该断面要计算污染物通量时，必须按本规定设置采样点
5～10	上、下层 2 点	
＞10	上、中、下层 3 点	

表 3-3　湖（库）监测垂线采样点的设置

<table>
<tr><th>水深（m）</th><th>分层情况</th><th>采样点数</th><th>说明</th></tr>
<tr><td>≤5</td><td></td><td>1 点（水面下 0.5m 处）</td><td rowspan="4">1. 分层是指湖（库）水温度分层状况；
2. 水深不足 1m，在水深 1/2 设置测点；
3. 有充分数据证实垂线水质均匀时，可酌情减少测点</td></tr>
<tr><td>5～10</td><td>不分层</td><td>2 点（水面下 0.5m 处，水底以上 0.5m 处）</td></tr>
<tr><td>5～10</td><td>分层</td><td>3 点（水面下 0.5m 处，1/2 斜温层，水底以上 0.5m 处）</td></tr>
<tr><td>＞10</td><td></td><td>除水面下 0.5m 处、水底以上 0.5m 处外，按每一层斜温分层 1/2 处设置</td></tr>
</table>

① 第一类污染物采样点位一律设在车间排放口或专门处理此类污染物设施的排放口。

② 第二类污染物采样点位一律设在排污单位的外排口。

③ 进入集中污水处理厂和进入城市污水管网的污水应根据地方环境保护行政主管部门的要求确定。

④ 污水处理设施效率监测采样点的布设：

a. 对整体污水处理设施效率进行监测时，在进入污水处理设施各种污水的入口和污水处理设施的总排口设置采样点；

b. 对各污水处理单元进行效率监测时，在进入污水处理单元各种污水的入口和污水处理单元的排口设置采样点。

2. 采样容器要求

采样容器的材质对水样在贮存期间的影响主要有三个方面：

（1）容器材质可溶于水样中，如从塑料容器中溶解下来的有机质以及从玻璃容器中溶解下来的钠、硅和硼等。

（2）容器材质可吸附水样中某些组分，如玻璃吸附某些痕量金属，塑料吸附有机质和痕量金属。

（3）水样与容器直接发生化学反应，如水样中的氟化物与玻璃发生反应等。

采样容器材质的稳定性顺序为：聚四氟乙烯＞聚乙烯＞透明石英＞铂＞硬质玻璃（硼硅玻璃）。其中，高压低密度聚乙烯塑料和硬质玻璃都基本能到达上述要求。通常，塑料容器用作测定金属、放射性元素和其他无机物的采样容器，玻璃容器用作测定有机物和生物等的采样容器。

3. 水样的类型

水样的类型有瞬时水样、混合水样和综合水样。

（1）瞬时水样。是指某一时间和地点采集的水样。当被监测对象的水质、水量在相当长时间或区域内保持不变时，瞬时水样具有较好的代表性；当被监测对象的水质、水量随时间或地点变化时，应在每个变化点采集水样。

（2）混合水样。是指在同一采集点于不同时间所采集的瞬时水样的混合样本，或者在同一时间于不同采集点所采集的瞬时水样的混合样本。许多情况下，可用混合水样代替一大批个别水样的分析，这样可减少化验工作量并节约开支。对于工业废水，当废水流量比较稳定时，可采集平均混合水样，即每隔相同时间采集等量废水混合而成的水样；当废水流量不稳定时，可采集平均比例混合水样，即在不同时间根据流量大小按比例采集废水混合而成的水样。

在进行河流水质模型研究时，常采用能代表整个采样断面上各地点和它们的相对流量成比例的混合水样。

但是，当水样中的测试成分或性质在水样贮存过程中会发生变化时，不能采用混合水样，要采用个别水样，并且要采集后立即测定。所有溶解性气体、可溶性硫化物、剩余氯、温度、pH 值都不宜采用混合水样。

4. 采样方法及要求

（1）水样灌瓶前要用所要采集的水样将采样瓶冲洗三遍，或根据检测项目的具体要求清洗采样瓶。

（2）对采集到的每一个水样做好记录，包括样本编号、采集日期、地点、时间和采样人员姓名，同时在每一个水样瓶上贴好标签，标明样本编号。在进行地表水检测时，应同时记录相关的其他资料，如气候条件、水位、流量等，并用地图标明采样位置。在进行工业污染源检测时，应同时记录有关的工业生产情况、污水排放规律等，并用工艺流程方框图标明采样点的位置。

（3）在采集配水管网中的水样前，要充分冲洗管线，以保证水样能代表供水情况。从井中采集水样时，应充分抽汲后进行。从江河湖海中采样时，要采集从表面到底层不同位置的水样构成的混合水样。

（4）如果水样要供细菌学检测，采样瓶等必须事先灭菌。例如，采集自来水水样时，应先用酒精灯将水龙头烧灼消毒，然后把水龙头完全打开，放数分钟后再取样。采集含有余氯的水样进行细菌学检验时，应在水样瓶未消毒前加入硫代硫酸钠，以消除水样中的余氯。

（5）若采用自动取样装置，应每天把取样装置清洗干净，以避免微生物生长或沉淀物的沉积。

由于被检测对象的具体条件各不相同，不可能制定出一个统一的采样步骤和方法，因此，检测人员应根据具体情况和考察目的及相关规范要求确定具体的采用步骤和方法。

二、水样的保存

1. 导致水样变化的原因

（1）生物作用。微生物的代谢活动会引起水中某些组分质和量的变化，主要反映在 pH 值、溶解氧、生化需氧量、二氧化碳、含氮化合物等的浓度变化上。

（2）化学作用。水样各组分可能发生氧化、还原等化学反应，如，在有氧气的情况下，二价铁会被氧化成三价铁、亚硫酸盐会被氧化成硫酸盐；酸性条件下六价铬会被还原成三价铬；聚合物可能发生解聚，单体混合物有可能发生聚合。

（3）物理作用。长期静置，会使某些组分发生沉淀，如 $Al(OH)_3$、$CaCO_3$ 及 $Mg_3(PO_4)_2$沉淀；温度升高或强振动会使得氧、氰化物等物质挥发；某些组分可能被不可逆地吸附在容器壁上或吸附在颗粒上等。

2. 水样的保存方法

水样在贮存过程中发生变化的程度与水样的类型、化学性质及生物性质有关，同时与保存条件、容器材质、运输及贮存环境等因素有关。水样采集后，应尽可能立即测试，若不能立即测试，应采取相应措施，尽可能使水样在保存期间的改变最小。

（1）冷藏或冷冻

样品在4℃冷藏或将水样迅速冷冻，贮存于暗处，可以抑制生物活动，减缓物理挥发作用和化学反应速度。冷藏是短期内保存样品的一种较好的方法，对测定基本无影响。但需要注意冷藏保存也不能超过规定的保存期限，冷藏温度必须控制在4℃左右。温度太低（例如≤0℃），因水样结冰体积膨胀，使玻璃容器破裂，或样品瓶盖被顶开失去密封，样品会受污染。温度提高则达不到冷藏目的。

（2）加入化学保存剂

① 控制溶液pH值。测定金属离子的水样常用硝酸调至pH=1～2，既可以防止重金属的水解沉淀，又可以防止金属在器壁表面上的吸附，同时可抑制生物的活动。用此方法保存，大多数金属可稳定数周或数月。测定氰化物的水样需加氢氧化钠调pH=12。测定六价铬的水样应加氢氧化钠调pH=8。保存总铬的水样，应加硝酸或硫酸调至pH=1～2。

② 加入抑制剂。主要是为了抑制生物作用。如：在测定氨氮、硝酸盐氮和COD水样中加氯化汞或加入三氯甲烷、甲苯抑制生物对亚硝酸盐、硝酸盐、胺盐的氧化还原作用。

③ 加入氧化剂。水样中痕量汞易被还原，引起汞的挥发性损失，加入硝酸—重铬酸钾溶液可使汞维持在高氧化态，汞的稳定性大为改善。

④ 加入还原剂。测定硫化物的水样，加入抗坏血酸对保存有利。含余氯水样，能氧化氰离子，可使酚类、烃类、苯系物氯化生成相应的衍生物，因此，在采样时加入适量的硫代硫酸钠予以还原，除去余氯的干扰。

样品保存剂如酸、碱或其他试剂在采样前应进行空白试验，其纯度和等级必须达到分析的要求。表3-4按不同的检测项目列出了水样保存方法（水质采样 样品的保存和管理技术规定（HJ 493—2009））。

表3-4　常用样本保存技术

序号	测试项目/参数	采样容器	保存方法及保存剂用量	可保存时间	最少采样量/mL	容器洗涤方法	备注
1	pH	P或G		12h	250	Ⅰ	尽量现场测定
2	色度	P或G		12h	250	Ⅰ	尽量现场测定
3	浊度	P或G		12h	250	Ⅰ	尽量现场测定
4	气味	G	1～5℃冷藏	6h	500		大量测定可带离现场
5	电导率	P或BG		12h	250	Ⅰ	尽量现场测定
6	悬浮物	P或G	1～5℃暗处	14d	500	Ⅰ	
7	酸度	P或G	1～5℃暗处	30d	500	Ⅰ	
8	碱度	P或G	1～5℃暗处	12h	500	Ⅰ	
9	二氧化碳	P或G	水样充满容器，低于取样温度	24h	500		最好现场测定

续表

序号	测试项目/参数	采样容器	保存方法及保存剂用量	可保存时间	最少采样量/mL	容器洗涤方法	备注
10	溶解性固体（干残渣）	见“总固体（总残渣）”					
11	总固体（总残渣，干残渣）	P或G	1～5℃冷藏	24h	100		
12	化学需氧量	G	用 H_2SO_4 酸化，pH≤2	2d	500	Ⅰ	
		P	－20℃冷冻	1个月	100		最长6个月
13	高锰酸盐指数	G	1～5℃暗处冷藏	2d	500	Ⅰ	尽快分析
		P	－20℃冷冻	1个月	500		
14	五日生化需氧量	溶解氧瓶	1～5℃暗处冷藏	12h	250	Ⅰ	
		P	－20℃冷冻	1个月	1000		冷冻最长可保持6个月（质量浓度小于50mg/L保存1个月）
15	总有机碳	G	用 H_2SO_4 酸化，pH≤2；1～5℃	7d	250	Ⅰ	
		P	－20℃冷冻	1个月	100		
16	溶解氧	溶解氧瓶	加入硫酸锰，碱性碘性钾叠氮化钠溶液，现场固定	24h	500	Ⅰ	尽量现场测定
17	总磷	P或G	用 H_2SO_4 酸化，HCl酸化至pH≤2	24h	250	Ⅳ	
		P	－20℃冷冻	1个月	250		
18	溶解性正磷酸盐	见“溶解磷酸盐”					
19	总正磷酸盐	见“总磷”					
20	溶解磷酸盐	P或G或BG	1～5℃冷藏	1个月	250		采样时现场过滤
		P	－20℃冷冻	1个月	250		
21	氨氮	P或G	用 H_2SO_4 酸化，pH≤2	24h	250	Ⅰ	
22	氨类（易释放、离子化）	P或G	用 H_2SO_4 酸化，pH＝1～2；1～5℃	21d	500		保存前现场离心
		P	－20℃冷冻	1个月	500		
23	亚硝酸盐氮	P或G	1～5℃冷藏避光保存	24h	250	Ⅰ	
24	硝酸盐氮	P或G	1～5℃冷藏	24h	250	Ⅰ	
		P或G	用HCl酸化，pH＝1～2	7d	250		
		P	－20℃冷冻	1个月	250		
25	凯氏氮	P或BG	用 H_2SO_4 酸化，pH＝1～2，1～5℃避光	1个月	250		
		P	－20℃冷冻	1个月	250		
26	总氮	P或G	用 H_2SO_4 酸化，pH＝1～2	7d	250	Ⅰ	
		P	－20℃冷冻	1个月	500		

续表

序号	测试项目/参数	采样容器	保存方法及保存剂用量	可保存时间	最少采样量/mL	容器洗涤方法	备注
27	硫化物	P或G	水样充满容器。1L水样加NaOH至pH=9，加入5%抗坏血酸5mL，饱和EDTA3mL，滴加饱和Zn(Ac)2，至胶体产生，常温避光	24h	250	Ⅰ	
28	硼	P	水样充满容器密封	1个月	100		
29	总氰化物	P或G	加NaOH到pH≥9 1～5℃冷藏	7d，如果硫化物存在，保存12h	250	Ⅰ	
30	pH=6时释放的氰化物	P	加NaOH到pH>12；1～5℃暗处冷藏	24h	500		
31	易释放氰化物	P	加NaOH到pH>12；1～5℃暗处冷藏	7d	500		24h（存在硫化物时）
32	F^-	P	1～5℃，避光	14d	250	Ⅰ	
33	Cl^-	P或G	1～5℃，避光	30d	250	Ⅰ	
34	Br^-	P或G	1～5℃，避光	14h	250	Ⅰ	
35	I^-	P或G	NaOH，pH=12	14h	250	Ⅰ	
36	SO_4^{2-}	P或G	1～5℃，避光	30d	250	Ⅰ	
37	PO_4^{3-}	P或G	NaOH，H_2SO_4调pH=7，$CHCl_3$0.5%	7d	250	Ⅳ	
38	NO_2，NO_3	P或G	1～5℃冷藏	24h	500		保存前现场过滤
		P	-20℃冷冻	1个月	500		
39	碘化物	G	1～5℃冷藏	1个月	500		
40	溶解性硅酸盐	P	1～5℃冷藏	1个月	200		现场过滤
41	总硅酸盐	P	1～5℃冷藏	1个月	100		
42	硫酸盐	P或G	1～5℃冷藏	1个月	200		
43	亚硫酸盐	P或G	水样充满容器。100mL加1mL2.5%EDTA溶液，现场固定	2d	500		

续表

序号	测试项目/参数	采样容器	保存方法及保存剂用量	可保存时间	最少采样量/mL	容器洗涤方法	备注
44	阳离子表面活性剂	G甲醇清洗	1～5℃冷藏	2d	500		不能用溶剂清洗
45	阴离子表面活性剂	P或G	1～5℃冷藏，用 H_2SO_4 酸化，pH=1～2	2d	500	Ⅳ	不能用溶剂清洗
46	非离子表面活性剂	G	水样充满容器。1～5℃冷藏，加入37%甲醛，使样品成为含1%的甲醛溶液	1个月	500		不能用溶剂清洗
47	溴酸盐	P或G	1～5℃	1个月	100		
48	溴化物	P或G	1～5℃	1个月	100		
49	残余溴	P或G	1～5℃避光	24h	500		最好在采集后5min内现场分析
50	氯胺	P或G	避光	5min	500		
51	氯酸盐	P或G	1～5℃冷藏	7d	500		
52	氯化物	P或G		1个月	100		
53	氯化溶剂	G，使用聚四氟乙烯瓶盖	水样充满容器。1～5℃冷藏；用HCl酸化，pH=1～2如果样品加氯，250mL水样加20mg$Na_2S_2O_3 \cdot 5H_2O$	24h	250		
54	二氧化氯	P或G	避光	5min	500		最好在采集后5min内现场分析
55	余氯	P或G	避光	5min	500		最好在采集后5min内现场分析
56	亚氯酸盐	P或G	避光1～5℃冷藏	5min	500		最好在采集后5min内现场分析
57	氟化物	P（聚四氟乙烯除外）		1个月	200		
58	铍	P或G	1L水样中加浓 HNO_3 10mL酸化	14d	250		
59	硼	P	1L水样中加浓 HNO_3 10mL酸化	14d	250		
60	钠	P	1L水样中加浓 HNO_3 10mL酸化	14d	250		
61	镁	PG或	1L水样中加浓 HNO_3 10mL酸化	14d	250		

续表

序号	测试项目/参数	采样容器	保存方法及保存剂用量	可保存时间	最少采样量/mL	容器洗涤方法	备注
62	钾	P	1L 水样中加浓 HNO_3 10mL 酸化	14d	250		
63	钙	P或G	1L 水样中加浓 HNO_3 10mL 酸化	14d	250		
64	六价铬	P或G	NaOH，pH8～9	14d	250		
65	铬	P或G	1L 水样中加浓 HNO_3 10mL 酸化	1个月	100		
66	锰	P或G	1L 水样中加浓 HNO_3 10mL 酸化	14d	250		
67	铁	P或G	1L 水样中加浓 HNO_3 10mL 酸化	14d	250		
68	镍	P或G	1L 水样中加浓 HNO_3 10mL 酸化	14d	250		
69	铜	P	1L 水样中加浓 HNO_3 10mL 酸化	14d	250		
70	锌	P	1L 水样中加浓 HNO_3 10mL 酸化	14d	250		
71	砷	P或G	1L 水样中加浓 HNO_3 10mL（DDTC 法，HCl 2mL）	14d	250	Ⅲ	使用氢化物技术分析砷用盐酸
72	硒	P或G	1L 水样中加浓 HCl2mL 酸化	14d	250	Ⅲ	
73	银	P或G	1L 水样中加浓 HNO_3 2mL 酸化	14d	250	Ⅲ	
74	镉	P或G	1L 水样中加浓 HNO_3 10mL 酸化	14d	250	Ⅲ	如用溶出伏安法测定，可改用 1L 水样中加浓 $HClO_4$ 19mL
75	锑	P或G	HCl，0.2%（氢化物法）	14d	250	Ⅲ	
76	汞	P或G	HCl，1%，如水样为中性，1L 水样中加浓 HCl 10mL	14d	250	Ⅲ	
77	铅	P或G	HNO_3，1%，如水样为中性，1L 水样中加浓 HNO_3 10mL	14d	250	Ⅲ	如用溶出伏安法测定，可改用 1L 水样中加浓 $HClO_4$ 19mL

续表

序号	测试项目/参数	采样容器	保存方法及保存剂用量	可保存时间	最少采样量/mL	容器洗涤方法	备注
78	铝	P或G或BG	用 HNO_3 酸化，pH＝1～2	1个月	100	酸洗	
79	铀	酸洗P或酸洗BG	用 HNO_3 酸化，pH＝1～2	1个月	200		
80	钒	酸洗P或酸洗BG	用 HNO_3 酸化，pH＝1～2	1个月	100		
81	总硬度	见“钙”					
82	二价铁	P酸洗或BG酸洗	用 HCl 酸化，pH＝1～2，避免接触空气	7d	100		
83	总铁	P酸洗或BG酸洗	用 HNO_3 酸化，pH＝1～2	1个月	100		
84	锂	P	用 HNO_3 酸化，pH＝1～2	1个月	100		
85	钴	P或G	用 HNO_3 酸化，pH＝1～2	1个月	100	酸洗	
86	重金属化合物	P或BG	用 HNO_3 酸化，pH＝1～2	1个月	500		最长6个月
87	石油及衍生物	见“碳氢化合物”					
88	油类	溶剂洗G	用HCl酸化至pH≤2	7d	250	Ⅱ	
89	酚类	G	1～5℃避光。用磷酸调至pH≤2，加入抗坏血酸0.01～0.02g除去残余氯	24h	1000	Ⅰ	
90	苯酚指数	G	添加硫酸铜，磷酸酸化至pH＜4	21d	1000		
91	可吸附有机卤化物	P或G	水样充满容器。用 HNO_3 酸化，pH＝1～2；1～5℃避光保存	5d	1000		
		P	－20℃冷冻	1个月	1000		
92	挥发性有机物	G	用1＋10HCl调至pH≤2，加入抗坏血酸0.01～0.02g除去残余氯；1～5℃避光保存	12h	1000		
93	除草剂类	G	加入抗坏血酸0.01～0.02g除去残余氯；1～5℃避光保存	24h	1000	Ⅰ	

续表

序号	测试项目/参数	采样容器	保存方法及保存剂用量	可保存时间	最少采样量/mL	容器洗涤方法	备注
94	酸性除草剂	G（带聚四氟乙烯瓶塞或膜）	HCl，pH＝1～2，1～5℃冷藏，如果样品加氯，1000mL 水样加 80mg$Na_2S_2O_3 \cdot 5H_2O$	14d	1000	萃取样品同时萃取采样容器	用水样不能冲洗采样容器，水样不能充满容器
95	邻苯二甲酸酯类	G	加入抗坏血酸 0.01～0.02g 除去残余氯；1～5℃避光保存	24h	1000	Ⅰ	
96	甲醛	G	加入 0.2～0.5g/L 硫代硫酸钠除去残余氯；1～5℃避光保存	24h	250	Ⅰ	
97	杀虫剂（包含有机氯、有机磷、有机氮）	G（溶剂洗，带聚四氟乙烯瓶盖）或 P（适用草甘膦）	1～5℃冷藏	萃取 5d	1000～3000 不能用水样冲洗采样容器，水样不能充满容器		萃取应在采样后 24h 内完成
98	氨基甲酸酯类杀虫剂	G 溶剂洗	1～5℃	14d	1000		如果样品被加氯，1000mL 水加 80mg$Na_2S_2O_3 \cdot 5H_2O$
		P	－20℃冷冻	1 个月	1000		
99	叶绿素	P 或 G	1～5℃冷藏	24h	1000		棕色采样瓶
		P	用乙醇过滤萃取后，－20℃冷冻	1 个月	1000		
		P	过滤后－80℃冷冻	1 个月	1000		
100	清洁剂	见“表面活性剂”					
101	肼	G	用 HCl 酸化到 pH＝1，避光	24h	500		
102	碳氢化合物	G 溶剂（如戊烷）萃取	用 HCl 或 H_2SO_4 酸化，pH1～2	1 个月	1000		现场萃取不能用水样冲洗采样容器，水样不能充满容器
103	单环芳香烃	G（带聚四氟乙烯薄膜）	水样充满容器。用 H_2SO_4 酸化，pH1～2 如果样品加氯，采样前 1000mL 样加 80mg$Na_2S_2O_3 \cdot 5H_2O$	7d	500		
104	有机氯	见“可吸附有机卤化物”					
105	有机金属化合物	G	1～5℃冷藏	7d	500		萃取应带离现场

续表

序号	测试项目/参数	采样容器	保存方法及保存剂用量	可保存时间	最少采样量/mL	容器洗涤方法	备注
106	多氯联苯	G溶剂洗，带聚四氟乙烯瓶盖	1～5℃冷藏	7d	1000		尽可能现场萃取。不能用水样冲洗采样容器，如果样品加氯，采样前1000mL样加80mg$Na_2S_2O_3 \cdot 5H_2O$
107	多环芳烃	G溶剂洗，带聚四氟乙烯瓶盖	1～5℃冷藏	7d	500		尽可能现场萃取。如果样品加氯，采样前1000mL样加80mg $Na_2S_2O_3 \cdot 5H_2O$
108	三卤甲烷类	G，带聚四氟乙烯薄膜的小瓶	1～5℃冷藏，水样充满容器	14d	100		如果样品加氯，采样前100mL样加8mg $Na_2S_2O_3 \cdot 5H_2O$

注：1）P为聚乙烯瓶（桶），G为硬质玻璃瓶，BG为硼硅酸盐玻璃瓶。

2）d表示天，h表示小时，min表示分。

3）Ⅰ、Ⅱ、Ⅲ、Ⅳ表示四种洗涤方法。如下：

Ⅰ：洗涤剂洗一次，自来水洗三次，蒸馏水洗一次。对于采集微生物和生物的采样容器，须经160℃干热灭菌2h。经灭菌的微生物和生物采样容器必须在两周内使用，否则应重新灭菌。经121℃高压蒸汽灭菌15min的采样容器，如不立即使用，应于60℃将瓶内冷凝水烘干，两周内使用。细菌检测项目采样时不能用水样冲洗采样容器，不能采混合水样，应单独采样2h后送实验室分析。

Ⅱ：洗涤剂洗一次，自来水洗二次，（1+3）HNO_3荡洗一次，自来水洗三次，蒸馏水洗一次。

Ⅲ：洗涤剂洗一次，自来水洗二次，（1+3）HNO_3荡洗一次，自来水洗三次，去离子水洗一次。

Ⅳ：铬酸洗液洗一次，自来水洗三次，蒸馏水洗一次。如果采集污水样品可省去用蒸馏水、去离子水清洗的步骤。

第二节　固体样本的采集与保存

一、固体样本的采集

1. 固体样本采集的一般程序

固体样本采集的一般程序如下：

（1）根据固体样本所需量确定采集样本的份样个数；

（2）根据固体样本的最大粒度确定份样量；

（3）根据固体样本的性质确定采样方法，进行采样并认真填写采样记录。

2. 固体样本采集工具

固体样本采集所需的工具主要包括锹（一般为尖头钢锹）、镐（一般为钢尖镐）、耙、锯、锤、剪刀等一般工具。另外，在固体废弃物采样中还会用到采样铲、采样器、具盖采样桶或内衬塑料袋的采样袋等专用工具；土壤采样中还常常用到采样铲、土壤采样钻、土壤采样器、土壤取芯器等专用工具。

3. 固体样本采样点布设

（1）固体废物样本的采样点布设

① 垃圾收集点的采样。各类垃圾收集点的采样在收运垃圾前进行。在大于 $3m^3$ 的设施（箱、坑）中采用立体对角线布点采样法（图 3-1）；在等距点（不少于 3 个）采等量的固体废弃物，共 100～200kg。在小于 $3m^3$ 的设施（箱、坑）中，每个设施采 20kg 以上，最少采 5 个，共 100～200kg。

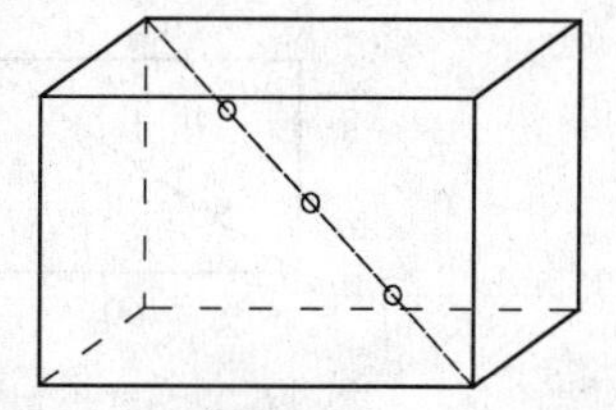

图 3-1　立体对角线布点采样法

② 混合垃圾点采样。要采集当日收运到堆放处理厂的垃圾车中的垃圾，在间隔的每辆车内或在其卸下的垃圾堆中采用立体对角线法在三个等距点采集等量垃圾共 20kg 以上，最少采 5 车，总共 100～200kg。在垃圾车中采样，采样点应均匀分布在车厢的对角线上（图 3-2），端点距车角应大于 0.5m，表层去掉 30cm。

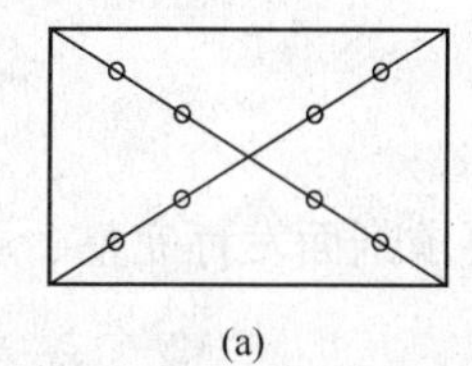

(a)

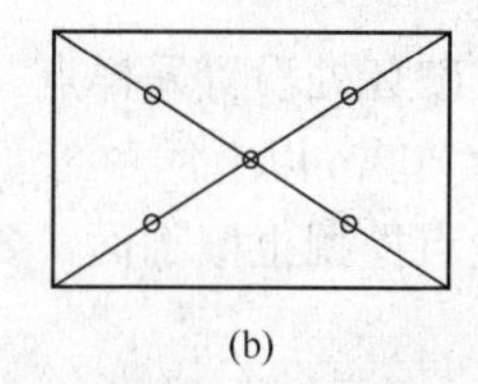

(b)

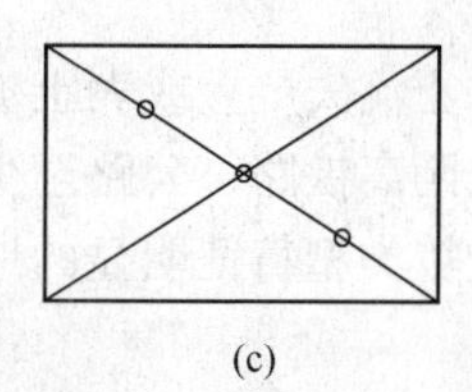

(c)

图 3-2　车厢中的采样布点示意图

（a）8 个采样点布设；（b）5 个采样点布设；（c）3 个采样点布设

③ 废渣堆采样布点法。在渣堆侧面距堆底 0.5m 处画第一条横线，然后每隔 0.5m 画一条横线；再每隔 2m 画一条横线的垂线，以其交点作为采样点。按表 3-5 确定的份样数确定采样点数，在每点上从 0.5～1.0m 深处各随机采样一份，如图 3-3 所示。

图 3-3　废渣堆中采样点的布设示意图

（2）土壤样本的采样点布设

污染土壤样本的采样点应在调查研究的基础上，选择一定数量能代表被调查地区的地块作为采样单元（$0.13\sim0.2hm^2$），在每个采样单元中，布设一定数量的采样点。采样点的布设视污染情况和实验目的而定，同时应尽量照顾到土壤的全面情况。布设方法有以下几种：

① 对角线布点法。该法适用于面积小、地势平坦的污水灌溉或受污染河水灌溉的田块。布点方法是由田块进水口向对角线引一斜线，将此对角线三等分，在每等份的中间设一采样点，即每一田块设 3 个采样点，根据调查目的、田块面积和地形等条件可做变动，可多划分几个等分段，适当增加采样点，见图 3-4（a），图中记号“×”为采样点。

② 梅花形布点法。该法适用于面积小、地势平坦、土壤较均匀的田块，中心点设在两对角线相交处，一般设 5～10 个采样点，见图 3-4（b）。

③ 棋盘式布点法。该法适用于中等面积、地势平坦、地形完整开阔但土壤较不均匀的田块，一般设 10 个以上采样点，此法也适用于受固体废物污染的土壤，因为固体废物分布不均匀，应设 20 个以上采样点，见图 3-4（c）。

④ 蛇形布点法。该法适用于面积大、地势不很平坦、土壤不够均匀的田块，布设采样点数很多，见图 3-4（d）。

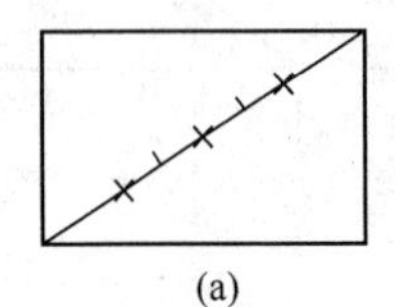
(a)
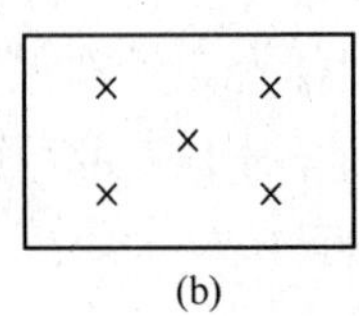
(b)
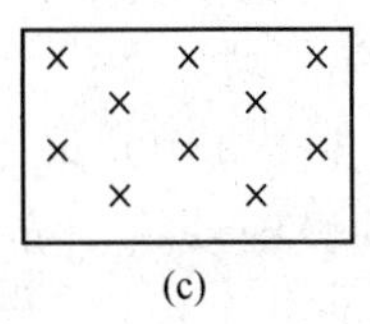
(c)
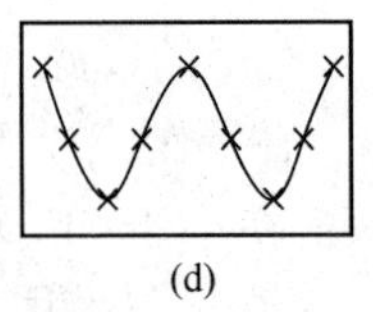
(d)

图 3-4 土壤采样点的布设示意图

（a）对角线布点；（b）梅花形布点；（c）棋盘式布点；蛇形布点

土壤背景值样本采样点布设原则一般如下：

（1）首先确定采样单元，其划分应根据研究目的、研究范围以及实际工作所具有的条件等因素确定，一般以土类和成土母质类型为主，因为不同的土类和成土母质类型元素组成和含量相差较大。

（2）不在水土流失严重或表土被破坏处设置采样点。

（3）采样点距离铁路、公路至少 300m 以上。

（4）选择土壤类型特征明显的地点挖掘土壤剖面，要求剖面发育完整、层次较清楚且无侵入体。

（5）在耕地上采样，应了解作物种植及农药使用情况，选择不施或少施农药、肥料的地块作为采样单元，以尽量减少人为活动的影响。

4. 固体样本的采样批量大小与最少份样数的确定

（1）固体废物样本的采样批量大小与最少份样数的确定。确定原则见表 3-5～表 3-7。

表 3-5 批量大小与最少份样数

批量大小/t	＜5	5～50	50～100	100～500	500～1000	1000～5000	＞5000
最少份样个数	5	10	15	20	25	30	35

表 3-6 所需最少的采样车数

车数（容量）	＜10	10～25	25～50	50～100	＞100
所需最少采样车数	5	10	20	30	50

表 3-7 份样量和采样铲容量

最大粒度/mm	最小份样重量/kg	采样铲容量/mL
＞150	30	
100～150	15	16000
50～100	5	7000
40～50	3	1700

续表

最大粒度/mm	最小份样重量/kg	采样铲容量/mL
20～40	2	800
10～20	1	300
<10	0.5	125

（2）土壤样本的采样量及采样点数的确定。土壤样本一般是多样点均匀混合而成，取土量往往较大，而一般测试只需要 1～2kg 即可，因此可大量取样后反复按四分法（图 3-5）弃取。采样点数目与所研究地区范围的大小、研究任务所设定的精密度等因素有关。为使布点更趋合理，采样点数依据统计学原理确定。

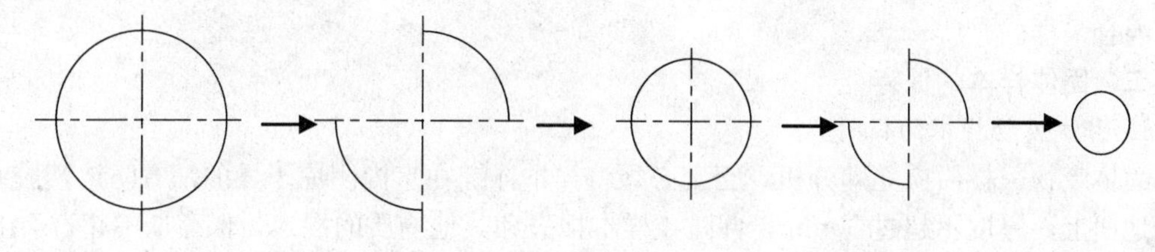

图 3-5　四分法操作示意图

5. 固体样本采样方法

（1）固体废物样本采样方法

在根据取样地特征及实验目的选择好采样点后，采用相应的工具进行采样。

对于固体废物中底泥和沉积物样本（如河道底泥、城市下水道污泥等）的采集，其形态和位置较为特殊，主要方法如下：

①直接挖掘法。此法适用于大量样本的采集或一般需求样本的采集。在无法采到很深的河、海、湖底泥的情况下，亦可采用沿岸直接挖掘法。但是，采集的样本极易相互混淆，当挖掘机打开时，一些不黏的泥土组分容易流失，这时可采用自制的工具采集。

②装置采集法。采用类似岩心提取器的采集装置，适用于采样量较大而不宜相互混淆的样本，用这种装置采集的样本，同时也可以反映出沉积物不同深度层面的情况。使用金属采样装置，需要内衬塑料内套以防治金属沾污。当沉积物不是非常坚硬难以挖掘时，甲基丙烯酸甲酯有机玻璃材料可用来制作提取装置。对于深水采样，需要能在船上操作的机动提取装置，倒出来的沉积物，可以分层装入聚乙烯瓶中贮存。在某些元素的形态分析中，样本的分装最好在充有惰性气体的胶布套箱里完成，以避免一些组分的氧化或引起形态分布的变化。

（2）土壤样本采样方法

土壤样本采集方法主要根据实验目的不同而定。

一般了解土壤污染状况，只需取 0～15cm 或 0～20cm 表层或耕层土壤，使用土壤采样铲采样。

如果需要了解土壤污染深度，则应按土壤剖面层次分层采样。采集土壤剖面样本时，需在特定采样地点挖掘 1m×1.5m 左右的长方形土坑，深度在 2m 以内，一般要求达到母质或潜水处即可。根据土壤剖面颜色、结构、质地、松紧度、温度、植物根系分布等划分土层，并进行仔细观察，将剖面形态、特征自上而下逐一记录。然后，在各层最典型的中部自下而上逐层采样，在各层内分别用小土铲切取一片片土壤样，每个采样点的取土深度和取样量应一致。根据实验目的和要求可以获得分层试样或混合样。用于重金属分析的样本，应将金属采样器接触部分的土样丢弃。

6. 固体样本采样注意事项

（1）采样应在无大风、雨、雪的条件下进行。

（2）在同一市区，每次各点的采样应尽可能同时进行。

（3）污染土壤样本的取样应以污染源为中心，根据污染扩散的各种因素选择在一个或几个方向上进行。

（4）土壤背景值的采样过程中，在各层次典型中心部位应自下而上采样，切忌混淆层次、混合采样。

二、固体样本的保存

1. 固体废物样本的保存

固体废物采样后应立即分析，否则必须将样本摊铺在室内阴凉干燥的铺有防渗塑胶布的水泥地面上，厚度不超过50mm，并防止样本损失和其他物质的混入，保存期不超过24h。

固体废物采样后一般不便于直接进行实验测定，为便于长期保存，需要进行样本的制备。制样程序一般有两个步骤：粉碎和缩分。首先用机械或人工的方法将全部样本逐级破碎，通过5mm筛孔。粉碎过程中不可随意丢弃难以破碎的颗粒。缩分采用四分法进行（操作见图3-5）。将粉碎后样本于清洁、平整、不吸水的板面上堆成圆锥形，每铲物料自圆锥顶端落下，使其均匀地沿锥尖散落，不可使圆锥中心错位。反复转堆，至少3周，使其充分混合。然后将圆锥顶端轻轻压平，摊开物料后，用“十字”板自上压下，分成4等份，取两个对角的等份，重复操作次数，直至不少于1kg试样为止。制好的样本密封于容器中保存（容器应对样本不产生吸附、不使样本变质），贴上标签备用。特殊样本，可采取冷冻或充惰性气体等方法保存。制备好的样本，一般有效保存期为3个月，易变质的试样不受此限制。

对于底泥和沉积物的贮存，要求放置于惰性气体保护的胶皮套箱中以避免氧化。岩心提取器采集的沉积物样本可以利用气体压力倒出，分层放于聚乙烯容器中。干燥的沉积物可以贮存在塑料或玻璃容器中，各种形态的金属因素含量不会发生变化。湿的样本在4℃保存或冷冻贮存。最好的方法是密封在塑料容器里并冷冻贮存，这样可以避免铁的氧化，但容易引起样本中金属元素分布的变化。

2. 土壤样本的保存

土壤样本一般先经过风干、磨碎、过筛等制备过程，然后进行保存。

土壤样本的保存周期一般较长，为半年或一年，以备必要时查核之用。保存时常用玻璃材质容器，聚乙烯塑料容器也是推荐的容器。

将风干的土样贮存于洁净的玻璃或聚乙烯容器内，在常温、阴凉、干燥、避日光和酸碱气体、密封（石蜡封存）条件下保存30个月是可行的。

第三节　气体样本的采集与保存

一、气体样本的采集

1. 气体样本采样点的布设

(1) 采样点的布设原则

① 应设在整个取样区域的高、中、低三种不同污染物浓度的地方。

② 在污染源比较集中、主导风向比较明显的情况下，应将污染源的下风向作为主要的取样范围，布设较多的采样点，上风向布设少量点作为参照。

③ 工业较密集的城区和工矿区，人口密度大及污染物超标地区，要适当增加采样点，城市郊区和农村、人口密度较小及污染物浓度低的地区，可酌情少设采样点。

④ 采样点的周围应开阔，采样口水平线与周围建筑物高度的夹角应不大于30°，测点周围无污染源，并应避开树木及吸附能力较强的建筑物，交通密集区的采样点应设在距人行道边缘至少1.5m远处。

⑤ 各采样点的设置条件应尽可能一致或标准化。

⑥ 采样高度根据实验目的而定，如研究大气污染对人体的危害，采样口应在离地面1.5～2m处；研究大气污染对植物或器物的影响，采样口应与植物或器物高度相近，连续采样例行监测采样口高度应距地面3～15m；若置于屋顶采样，采样口应与基础面有1.5m以上的相对高度，以减少扬尘的影响。特殊地形可以视情况选择采样高度。

(2) 采样点布设数目的要求

采样点布设数目是与经济投资和精度要求相对应的一个效益函数，应根据监测范围大小、污染物的空间分布特征、人口分布及密度、气象条件、地形以及经济条件等因素综合考虑确定。具体规定见表3-8和表3-9。

表3-8　WHO和WMO推荐的城市大气自动监测站（点）数目

市区人口/万人	飘尘	SO_2	NOx	氧化剂	CO	风向、风速
≤100	2	2	1	1	1	1
100～400	5	5	2	2	2	2
400～800	8	8	4	3	4	2
＞800	10	10	5	4	5	3

表3-9　我国大气环境污染例行监测采样点设置数目

市区人口/万人	SO_2，NO_x，TSP	灰尘自然降尘量	硫酸盐化速率
≤50	3	≥3	≥6
50～100	4	4～8	6～12
100～200	5	8～11	12～18
200～400	6	12～20	18～30
＞400	7	20～30	30～40

(3) 布点方法

① 功能区布点法。该法多用于区域性常规监测。其方法是：先将监测区域划分为工业区、商业区、居住区、工业居住混合区、交通稠密区、清洁区等，再根据具体污染情况和人力、物力条件，在各功能区设置一定数量的采样点。各功能区的采样点数不要求平均，一般在污染较集中的工业区和人口较密集的居住区多设采样点。

② 网格布点法。该法是将监测区域地面划分成若干均匀网状方格，采样点设在两条直线的交点处或网格中心（图 3-6）。网格大小视污染源强度、人口分布及人力、物力条件等确定。若主导风向明显，下风向设点应多一些，一般占采样点数的 60%。对于有多个污染源且污染源分布较均匀的地区，常采用此方法，它能较好地反映污染物的空间分布，如将网格划分得足够小，则将实验结果绘制成污染物浓度空间分布图，对指导城市环境规划和管理具有重要意义。

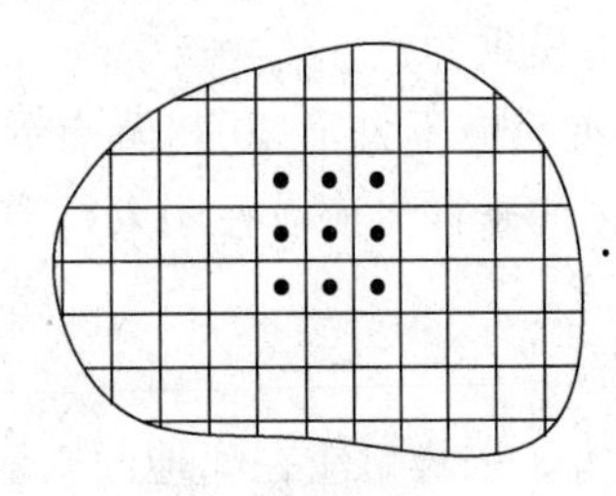

图 3-6 网格布点法

③ 同心圆布点法。该法主要用于多个污染源构成污染群，且大污染源较集中的地区。其方法是先找出污染群的中心，以此为圆心在地面上划若干同心圆，从圆心作若干放射线，将放射线与圆周的交点作为采样点（图 3-7）。不同圆周上的采样点数目不一定相等或均匀分布，常年主导风向的下风向比上风向多设一些点。

④ 扇形布点法。该法适用于孤立的高架点源，且主导风向明显的地区。其方法是以点源所在位置为顶点，主导风向为轴线，在下风向地面上划出一个扇形区作为布点范围。扇形的角度一般为 45°，也可更大些，但不能超过 90°。采样点设在扇形平面内距点源不同距离的若干弧线上（图 3-8）。每条弧线上设 3～4 个采样点，相邻两点与顶点连线的夹角一般取 10°～20°。在上风向应设对照点。

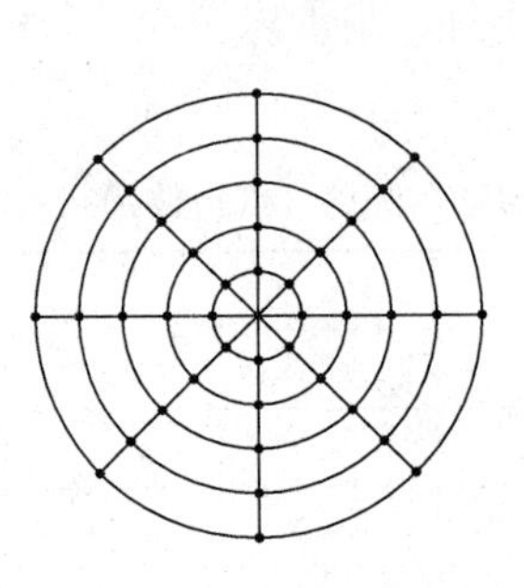

图 3-7 同心圆布点法

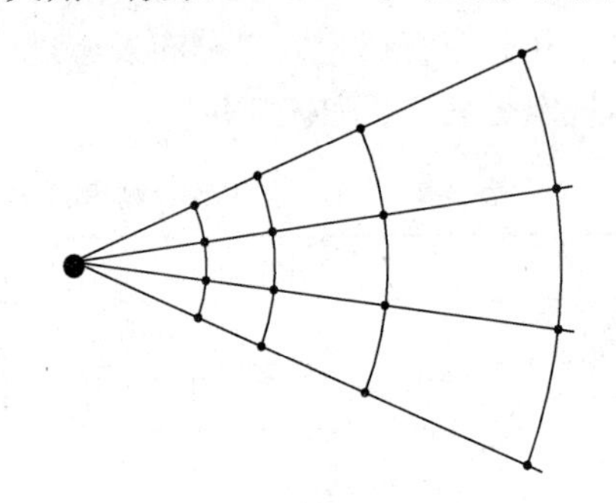

图 3-8 扇形布点法

在实际工作中，为做到因地制宜，使采样网点的布设完善合理，往往采用以一种布点方法为主、兼用其他方法的综合布点法。

2. 气体样本采样方法

（1）气态污染物采样方法

①直接采样法。该法适用于大气中被测组分浓度高或者所用的分析方法很灵敏的情况，直接采取少量样本就可以满足分析要求。主要有以下方法：

a. 注射器采样。在现场直接用 100mL 注射器连接一个三通活塞抽取空气样本，密封进样口，带回实验室分析。采样时，先用现场空气抽洗 3～5 次，然后抽样，将注射器进口朝下，垂直放置，使注射器内压力略大于大气压。

b. 塑料袋采样。用一种与所采集的污染物既不起化学反应，也不吸附、不渗漏的塑料袋采样。使用前应对塑料袋进行气密性检查：充足气后，密封进气口，将其置于水中，不应冒泡。使用时，用现场空气冲洗3～5次后，再充进现场空气，夹封袋口，带回实验室分析。该法具有经济和便捷的特点，使用前事先对塑料袋进行样本稳定性实验。

c. 固定容器法。该法适用于采用小量空气样本。具体方法有两种：一种是将真空采气瓶抽真空至133Pa左右，如瓶中事先装好吸收液，可抽至溶液冒泡为止。将真空采气瓶携带至现场，打开瓶塞，被测空气即充进瓶中。关闭瓶塞，带回实验室分析。采气体积即为真空采气瓶的体积。也可以将真空采气瓶抽真空后拉封，到现场后从断痕处折断，空气即充进瓶内，完成后盖上橡皮帽，带回实验室分析。另一种方法是采用采气管，以置换法充进被测空气。在现场用二联球打气，使通过采气管的空气量至少为管体积的6～10倍（这样才能使采气管中原有的空气完全被置换），然后封闭两端管口，带回实验室分析。采样体积即为采气管容积。

② 有动力采样法。大气中污染物含量往往很低，故需要采用一定的方法将大量空气样本进行浓缩，使之满足分析方法灵敏度的要求。有动力采样法就是为适应该需求而设计的。具体方法为：采用抽气泵抽取空气，将空气样本通过收集器中的吸收介质，使气体污染物浓缩在吸收介质中，从而达到浓缩采样的目的。根据吸收介质的不同，可以分为溶液吸收法、填充柱采样法、低温冷凝浓缩法。

a. 溶液吸收法。用一个气体吸收管，内装吸收液，后接抽气装置，以一定的气体流量，通过吸收管抽入空气样本。当空气通过吸收液时，被测组分的分子被吸收在溶液中。取样后倒出吸收液分析其中被测物的含量。吸收液应注意选择对被采集的物质溶解度大、化学反应速率快、污染物在其中有足够稳定时间并有利于下一步反应的溶剂。

b. 填充柱采样法。采用一个内径为3～5mm、长5～10cm的玻璃管，内装颗粒物或纤维状固体填充剂。空气样本被抽过填充柱时，空气中的被测组分因吸附、溶解或化学反应作用，而被阻留在填充剂上。

c. 低温冷凝浓缩法。基于大气中某些沸点比较低的气态物质在常温下用固体吸附剂很难完全被阻留的特点，应用制冷剂使其冷凝下来，浓缩效果较好。常用的冷凝剂有冰－盐水（－10℃）、干冰－乙醇（－72℃）、液氧（－183℃）、液氮（－196℃）以及半导体制冷器等。实验时应在管口接干燥剂去除空气中的水分和二氧化碳，避免在管路中同时冷凝，解析时与污染物同时气化，增大气化体积，降低浓缩效果。

③ 被动式采样法。被动式气体采样器是基于气体分子扩散或渗透原理采集空气中气态或蒸气态污染物的一种方法。由于它不用任何电源和抽气动力，故又称无泵采样器。使用被动式气体采样器收集气体污染物的方法称为被动式采样法。

(2) 气溶胶（烟雾）采样方法

①沉降法。主要有自然沉降法和静电沉降法。

a. 自然沉降法。该法是利用颗粒物受重力场作用，沉降在一个敞开的容器中。适用于较大粒径（$>30\mu m$）的颗粒物的测定。例如，测定大气中降尘即可采用此法。测定时将容器置于采样点，采集空气中的降尘，采样后用质量法测定降尘量，并用化学分析法测定降尘中的组分含量。结果用单位面积单位时间从大气中自然沉降的颗粒物质量表示。该法较为简便，但受环境气象条件影响，误差较大。

b. 静电沉降法。该法是利用电晕放电产生离子附着在颗粒物上，在电场作用下使带电颗粒物沉降在极性相反的收集极上。该法收集效率高，无阻力。采样后取下收集极表面沉降物质，供分析用。不宜用于易爆的场合，以免发生危险。

② 滤料法。其原理是抽气泵通过滤料抽入空气，空气中的悬浮颗粒物被阻留在滤料上。分析滤料上被浓缩的污染物的含量，再除以采样体积，即可计算出空气中的污染物浓度。

（3）混合污染物样本采样方法

该法是针对空气中气态和气溶胶污染物共存的状况而提出的。其基本原理是使颗粒物通过滤料截留，在滤料后安置吸收装置吸收通过的气体。由于采样流量受到后续气体吸收的制约，故在具体操作中针对不同的实验要求进行一定的改进。具体方法有以下几种：

① 浸渍试剂滤料法。该法是将某种化学试剂浸渍在滤纸或滤膜上，作为采样滤料，在采样中，空气中污染物与滤料上的试剂迅速起化学反应，就会将以气态或蒸气态存在的被测物有效地收集下来。该法可以在一定程度上避免滤料采集颗粒物时气态物质逃逸的情况，能同时将气态和颗粒物质一并收集，效率较高。

② 泡沫塑料采样法。聚氨基甲酸酯泡沫塑料比表面积大，通气阻力小，适用于较大流量采样，常用于采集半挥发性的污染物，如杀虫剂和农药。采集过程中，可吸入颗粒物采集在玻璃纤维纸上，蒸气态污染物采集在泡沫塑料上。泡沫塑料在使用前根据需要进行处理，一般方法为先用 NaOH 溶液煮沸 10min，再用蒸馏水洗至中性，在空气中干燥。如采样后需要用有机溶剂提取被测物，应将泡沫塑料放在索氏提取器中，用正已烷等有机溶剂提取 4～8h，挤尽溶剂后在空气中挥发残留溶剂，必要时在 60℃的干燥箱内干燥。处理好后需在密闭的瓶中保存，使用后洗净可以重复使用。该法已成功用于空气中多环芳烃蒸气和气溶胶的测定。

③ 多层滤料法。该法用两层或三层滤料串联组成一个滤料组合体。第一层用玻璃纤维滤纸或其他有机合成纤维滤料采集颗粒物；第二层或第三层可用浸渍试剂滤纸，采集通过第一层的气体污染物成分。

④ 环形扩散管和滤料组合采样法。该法主要是针对多层滤料法中气体通过第一层滤料时的气体吸附或反应所造成的损失而提出的。气体通过扩散管时，由于扩散系数增大，很快扩散到管壁上，被管壁上的吸收液吸收。颗粒物由于扩散系数较小，受惯性作用随气流穿过扩散管并采集到后面的滤料上。该法克服了气体污染物被颗粒物吸附或与之反应造成的损失，但是对环形扩散管的设计和加工以及内壁涂层要求较高。

3. 气体样本采样频率和时间

气体样本采样频率和时间视实验目的而定。如果是事故性污染和初步调查等情况的应急监测，可以允许短时间周期采样；对于其他用途试样，为了增加采样的可信度，应增加采样时间。增加采样时间的方法有两种：一是增加采样频率；二是采用自动采样仪器进行连续自动采样。我国监测技术规范对大气污染例行监测规定了采样时间和采样频率。

在《环境空气质量标准》（GB 3095—2012）中，要求测定日平均浓度和最大一次浓度。若采用人工采样测定，应满足以下要求：

（1）应在采样点受污染最严重的时期采样测定；

（2）最高日平均浓度全年至少监测 20d，最大一次浓度样本不得少于 25 个；

（3）每日监测次数不少于 3 次。

二、气体样本的保存

一般来说，气体样本采集后应尽快送至实验室分析，以保证样本的代表性。在运送过程中，应保证气体样本的密封，防止不必要的干扰。

由于样本采集后往往要放置一段时间才能分析，所以对采样器有稳定性方面的要求。要求在放置过程中样本能够保持稳定，尤其是对那些活泼性较大的污染物以及那些吸收剂不稳定的采样器。

测定采样器的稳定性实验如下：

将 3 组采样器按每组 10 个暴露在被测物浓度为 1S 或 5S（S 为被测物卫生标准容许浓度值）、相对湿度为 80%的环境中，暴露时间为推荐最大采样时间的一半。第一组在暴露后当天分析；第二组放在冰箱中（5℃）至少 2 周后分析；第三组放在室温（25℃）1 周或 2 周后分析。如果样本放置第二组或第三组与当天分析组（第一组）的平均测定值之差在 95%概率的置信度小于 10%，则认为样本在放置的时间内是稳定的。若观察样本在暴露过程中的稳定性，则可将标准样本加到吸收层上，在清洁空气中晾干后分成两组，第一组立即分析；另一组在室温下放置至少为推荐的最大采样时间或更长时间（如 1 周）后再分析，将结果与第一组结果相比较，以评价采样器在室温下暴露过程中和放置期间的稳定性。要求采样器所采用的样本在暴露过程中是稳定的，并有足够的放置稳定时间。

第二篇　基础实验篇

第四章　常规性实验

第一节　水质监测实验

实验一　水样硬度的测定（配位滴定法）

一、实验目的

1. 掌握EDTA标准溶液的配制和标定方法；

2. 学会判断配位滴定的终点判断；

3. 了解缓冲溶液的应用；

4. 掌握水样硬度的测定方法。

二、实验原理

EDTA能与大多数金属离子形成1∶1的稳定配合物，标定EDTA溶液的基准物常用的有Zn、Cu、Pb、$CaCO_3$、$MgSO_4 \cdot 7H_2O$等。用Zn作基准物可以用铬黑T（EBT）作指示剂，在$NH_3 \cdot H_2O$-NH_4Cl缓冲溶液（pH=10）中进行标定，其反应如下：

滴定前：$Zn^{2+} + In^{3-} = ZnIn^-$

（纯蓝色）　（酒红色）

式中In^{3-}为金属指示剂。

滴定开始至终点前：$Zn^{2+} + Y^{4-} = ZnY^{2-}$

终点时：$ZnIn^- + Y^{4-} = ZnY^{2-} + In^{3-}$

（酒红色）　　　（纯蓝色）

因此，终点时溶液由酒红色变为纯蓝色。

用EDTA测定Ca^{2+}、Mg^{2+}时，通常在两个等分溶液中分别测定Ca^{2+}含量以及Ca^{2+}、Mg^{2+}的总量，Mg^{2+}的含量从两者所用EDTA的量的差数中求出。

在测定Ca^{2+}时，先用NaOH溶液将溶液调到pH=12～13，使Mg^{2+}生成难溶的$Mg(OH)_2$沉淀。再加入钙指示剂使其与Ca^{2+}配位呈红色。滴定时，EDTA先与游离的Ca^{2+}配位，然后夺取已和指示剂配位的Ca^{2+}，使溶液由红色变成蓝色为终点。从EDTA标准溶液用量可计算Ca^{2+}的含量。

测定Ca^{2+}、Mg^{2+}总量时，在pH=10的缓冲溶液中，以铬黑T为指示剂，用EDTA滴定。铬黑T先与部分C_a^{2+}、Mg^{2+}配位为CaI_n^-和$MgIn^-$（酒红色）。而当EDTA滴入时，EDTA首先与游离Ca^{2+}和Mg^{2+}生成可溶性无色配合物，然后再夺取CaI_n^-和$MgIn^-$中的

C_a^{2+} 和 Mg^{2+}，使铬黑 T 游离出来，因此到达终点时，溶液由酒红色变为纯蓝色。从 EDTA 标准溶液的用量，即可以计算样品中钙镁离子总量，然后换算为相应的硬度单位。

三、实验仪器及试剂

1. 实验仪器。

分析天平、滴定管（碱式）、移液管（25.00mL）、容量瓶（250 mL）。

2. 试剂

（1）$NH_3 \cdot H_2O$-NH_4Cl 缓冲溶液（pH＝10）：取 6.75 克 NH_4Cl 溶液于 20 mL 水中。加入 57 mL 15mol/L $NH_3 \cdot H_2O$，用水稀释到 100 mL；

（2）铬黑 T 指示剂；

（3）钙指示剂；

（4）纯 ZnO；

（5）EDTA 二钠盐（A. R）；

（6）6 mol/LHCl 溶液；

（7）6 mol/L NaOH 溶液

（8）6 mol/L 氨水。

四、实验步骤

1. 0.01mol/LEDTA 溶液的配制：称取 1.9gEDTA 二钠盐，溶于 500 mL 水中，必要时可温热以加快溶解（若有残渣可过滤除去）。

2. 0.01mol/LZn^{2+} 标准溶液的配制。将 ZnO 在 800℃灼烧至恒重，干燥器中冷却。准确称取 ZnO 0.20～0.25 g，置于 100 mL 小烧杯中，加 5 mL 6 mol/LHCl 溶液，盖上表面皿，使 ZnO 完全溶解。吹洗表面皿及杯壁，小心转移至 250 mL 容量瓶中，用水稀释至刻度标线，摇匀。计算 Zn^{2+} 标准溶液的浓度（$C_{Zn}{}^{2+}$）。

3. EDTA 溶液浓度的标定。用 25mL 移液管吸取 Zn^{2+} 标准溶液置于 250 mL 锥形瓶中，逐滴加入 6mol/L$NH_3 \cdot H_2O$，同时不断摇动直至开始出现白色 $Zn(OH)_2$ 沉淀。再加 5 mL $NH_3 \cdot H_2O$-NH_4Cl 缓冲溶液、50 mL 水和少量固体铬黑 T，用 EDTA 标准溶液滴定至溶液由酒红色变为纯蓝色即为终点。记下 EDTA 溶液的用量 V_{EDTA}（mL）。计算 EDTA 的浓度 C_{EDTA}（mol/L）。

4. Ca^{2+} 的测定。用移液管准确吸取水样 50.00 mL 于 250.00 mL 锥形瓶中，加入 50 mL 蒸馏水，2 mL 6mol/L NaOH 溶液（pH＝12～13），少量固体钙指示剂。用 EDTA 溶液滴定，不断摇动锥形瓶，当溶液变为纯蓝色时，即为终点。记下所用 EDTA 溶液的体积 V_1。用同样方法重复一次。

5. Ca^{2+}、Mg^{2+} 总量的测定。准确吸取水样 50.00 mL 于 250 mL 锥形瓶中，加 50 mL 蒸馏水，加 2 mL 三乙醇胺掩蔽剂，5 mL $NH_3 \cdot H_2O$-NH_4Cl，少量固体铬黑 T 指示剂。用 EDTA 溶液滴定，当溶液由酒红色变为纯蓝色时，即为终点。记下所用 EDTA 溶液的体积 V_2。

五、成果整理

1. 按下式计算 EDTA 标液浓度：$C_{EDTA}=\dfrac{Czn^{2+}\times 25}{V_{EDTA}}$

2. 按下式分别计算 Ca^{2+}、Mg^{2+} 总量(以 CaOmg/L 表示)及 Ca^{2+} 和 Mg^{2+} 的分量(mg/L)

$$CaO(mg/L)=\frac{C_{EDTA}V_2\times M_{CaO}}{50.00}\times 1000 \tag{4-1}$$

$$Ca^{2+}(mg/L)=\frac{C_{EDTA}V_1\times M_{ca}}{50.00}\times1000 \tag{4-2}$$

$$Mg^{2+}(mg/L)=\frac{C_{EDTA}(V_2-V_1)\times M_{Mg}}{50.00}\times1000 \tag{4-3}$$

式中：M_{CaO}、M_{Ca}、M_{Mg}——分别为 CaO、Ca、Mg 的摩尔质量；其余符号同前。

六、思考题

1. 若在调节溶液 pH＝10 的操作中，加入很多 $NH_3\cdot H_2O$ 后仍不见白色沉淀出现是何原因？应如何避免？

2. 测定水样中若含有少量 Fe^{2+}、Cu^{2+} 离子时，对终点有何影响？应如何消除？

实验二 水中溶解氧的测定（碘量法）

一、实验目的

1. 了解测定水中溶解氧的意义；

2. 掌握碘量法测定水中溶解氧的原理及测定方法。

二、实验原理

在水样中加入硫酸锰和碱性碘化钾，水中的溶解氧将二价锰氧化成四价锰，并生成氢氧化物沉淀。加酸后，沉淀溶解，四价锰又可氧化碘离子而释放出与溶解氧量相当的游离碘。以淀粉为指示剂，用硫代硫酸钠标准溶液滴定释放出的碘，可计算出溶解氧含量。

三、实验仪器及试剂

1. 实验仪器

溶解氧瓶、酸氏滴定管、锥形瓶、移液管等。

2. 试剂

（1）硫酸锰溶液：称取 480g 硫酸锰（$MnSO_4\cdot 4H_2O$）溶于水，用水稀释至 1000mL。此溶液加至酸化过的碘化钾溶液中，遇淀粉不得产生蓝色。

（2）碱性碘化钾-叠氮化钠溶液：称取 500g 氢氧化钠，溶解于 300～400mL 水中；称取 150g 碘化钾，溶于 200mL 水中；称取 10g 叠氮化钠溶于 40mL 水中。待氢氧化钠冷却后，将上述三种溶液混合，加水稀释至 1000mL，储于棕色瓶中，用橡胶塞塞紧，避光保存。

（3）（1＋5）硫酸溶液（标定硫代硫酸钠溶液用）。

（4）10g/L 淀粉溶液：称取 1g 可溶性淀粉，用少量水调成糊状，再用刚煮沸的水稀释至 100mL。冷却后，加入 0.1g 水杨酸或 0.4g 氯化锌防腐。

（5）0.0250mol/L 重铬酸钾（$1/6K_2Cr_2O_7$）标准溶液：称取于（105～110)℃烘干 2h，并冷却的重铬酸钾（优级纯）0.6129g，溶于水，移入 500mL 容量瓶中，用水稀释至标线，摇匀。

（6）硫代硫酸钠标准溶液：称取 6.2g 硫代硫酸钠（$Na_2S_2O_3\cdot 5H_2O$）溶于煮沸放冷的水中，加 0.2g 碳酸钠，用水稀释至 1000mL，储于棕色瓶中。使用前用 0.02500mol/L 重铬酸钾标准溶液标定。

（7）100g/L 碘化钾溶液：称取 10g 碘化钾溶于水中，用水稀释至 100mL，储于聚乙烯瓶中备用。

四、实验步骤

1. 溶解氧的固定。用吸液管插入溶解氧瓶的液面下加入 1mL 硫酸锰溶液，1mL 碱性碘化钾-叠氮化钠溶液，盖好瓶塞，颠倒混合数次，静置。一般在取样现场固定。如水样含 Fe^{3+} 在 100mg/L 以上时，需在水样采集后，先用吸液管插入液面下加入 1mL40g/L 氟化钾溶液。

2. 打开瓶塞，立即用吸管插入液面下加入 1.0mL 硫酸。盖好瓶塞，颠倒混合摇匀，至沉淀物全部溶解，放于暗处静置 5min。

3. 吸取 100.00mL 上述溶液于 250mL 锥形瓶中，用硫代硫酸钠标准溶液滴定至溶液呈淡黄色时，加入 1mL 淀粉溶液，继续滴定至蓝色刚好褪去，记录硫代硫酸钠溶液用量。

五、成果整理

用下式计算水样中溶解氧的质量浓度：

$$溶解氧(O_2,mg/L) = \frac{c \cdot V \times 8 \times 1000}{100} \tag{4-4}$$

式中　c——硫代硫酸钠标准溶液的浓度，mol/L；

V——滴定消耗硫代硫酸钠标准溶液体积，mL。

附：

硫代硫酸钠溶液标定方法：

吸取 0.0250mol/L $(1/6\ K_2Cr_2O_7)$ 标准溶液 10mL 于 300mL 锥形瓶中，加 10mL 100 g/L碘化钾溶液，溶解后加入(1+5)硫酸溶液 5mL，放置暗处 5min 后取出，以等体积水稀释。用待标定的硫代硫酸钠溶液滴定至溶液由棕红色褪到淡黄色，再加入 10g/L 淀粉溶液 1mL，继续滴定至蓝色褪去，溶液呈无色即为终点，记下硫代硫酸钠用量 $V_{Na_2S_2O_3}$，计算其浓度 $C\left(\frac{1}{2}N_{a_2S_2O_3}\right)=\frac{10\times 0.0250}{V_{NO_2SO_3}}$。

六、思考题

如水样含 Fe^{3+} 在 100mg/L 以上时干扰测定，需在水样采集后，先用吸液管插入液面下加入 1mL40g/L 氟化钾溶液，为什么？

实验三　水样中铁含量的测定（分光光度法）

一、实验目的

1. 学习分光光度法的基本条件试验方法；

2. 掌握摩尔比法测定络合物组成的原理和方法。

二、实验原理

邻二氮非是测定微量铁的一种较好的显色试剂，在 pH＝3～9 的溶液中，试剂与 Fe^{2+} 生成稳定的橙红色络合物，其最大吸收波长为 508 nm，摩尔吸光系数 $\varepsilon = 1.1\times 10^4\ L\cdot mol^{-1}\cdot cm^{-1}$，络合物的 $\lg K^{\theta}_{稳}=21.3$，Fe^{2+} 与邻二氮非的反应如下：

本方法的选择性很高，相当于含铁量 40 倍的 Sn^{2+}、Al^{3+}、Ca^{2+}、Mg^{2+}、Zn^{2+}、SiO_3^{2-}，20 倍的 Cr^{3+}、Mn^{2+}、V (V)、PO_4^{3+}，5 倍的 Co^{2+}、Cu^{2+} 等均不干扰测定。

$Fe^{2+} + 3$ (N, N) $\longrightarrow$ $[($ N, N $)_3 Fe]^{2+}$

三、实验仪器及试剂

1. 实验仪器

分光光度计。

2. 试剂

(1) 标准铁溶液（含铁 0.001mol/L，含 0.5mol/L HCl 溶液）。准确称取 0.4822g $NH_4Fe(SO_4)_2 \cdot 12H_2O$，置于烧杯中，加入 80mL1：1HCl 和少量水，溶解后，转移至 1000mL 容量瓶中，用水稀释至刻度，摇匀；

(2) 标准铁溶液（含铁 20mg/L)：准确称取 0.1727g $NH_4Fe(SO_4)_2 \cdot 12H_2O$ 置于烧杯中，加入 20mL 1：1 HCl 和少量水，溶解后，转移至 1000mL 容量瓶中，用水稀释至刻度，摇匀；

(3) 0.15%邻二氮菲溶液（新鲜配制)；

(4) 邻二氮菲溶液（0.001mol/L)：准确称取 0.1982 克邻二氮菲（$C_{12}H_8N_2H_2O$）于 400 mL 烧杯中，加水溶解，转移至 1000mL 容量瓶中，用水稀释至刻度，摇匀；

(5) 10%盐酸羟胺水溶液（临用时配制)；

(6) 1 mol/L 醋酸钠溶液；

(7) 0.1 mol/L NaOH 溶液；

(8) 1：1 HCl 溶液。

四、实验步骤

1. 条件试验

(1) 吸收曲线的制作

用移液管吸取 10.00 mL 含铁 20mg/L 标准铁溶液，注入 50 mL 容量瓶中，加入 1mL 10%盐酸羟胺溶液，摇匀，加入 2 mL0.15%邻二氮菲溶液，5 mL1 mol/L 醋酸钠溶液，以水稀释至刻度，摇匀。在分光光度计上，选用 1cm 比色皿，采用试剂空白溶液为参比溶液，在 440～560nm 范围内，每隔 10nm 测定一次吸光度，以波长为横坐标，吸光度为纵坐标，绘制吸收曲线，从而选择测定铁的适宜波长。

(2) 显色剂浓度的影响

取 7 只 50mL 容量瓶，各加入 2 mL0.001mol/L 标准铁溶液和 1mL10%盐酸羟胺溶液，摇匀，分别加入 0.10mL、0.30、0.50mL、0.80mL、1.0mL、2.0mL、4.0 mL 0.15%邻二氮菲溶液，然后加 5 mL 1mol/L 醋酸钠，用水稀释至刻度，摇匀，在分光光度计上，用 1cm 比色皿，在所选波长下，以试剂空白溶液为参比溶液，测定显色剂各浓度的吸光度，以显色剂邻二氮菲的 mL 数为横坐标，相应的吸光度为纵坐标，绘制吸光度-试剂用量曲线，从而确定在测定过程中应加入的试剂体积数。

(3) 有色溶液的稳定性

在 50 mL 容量瓶中，加入 2mL0.001mol/L 标准铁溶液，1mL10%盐酸羟胺溶液，加入 2 mL0.15%邻二氮菲溶液，5 mL1mol/L 醋酸钠溶液，用水稀释至刻度，摇匀。立即在所选择的波长下，用 1cm 比色皿，以相应的试剂空白溶液为参比溶液，测定吸光度，然后放置 5min，10min，30min，1h，2h，3h，测定相应的吸光度，以时间为横坐标，吸光度为纵坐标，绘出吸光度-时间曲线，从曲线上观察此络合物的稳定性情况。

(4) 溶液酸度的影响

在 9 只 50mL 容量瓶中，分别加入 2mL0.001mol/L 标准铁溶液，1mL 10%盐酸羟胺，2 mL0.15%邻二氮菲溶液，从滴定管中分别加入 0mL、2mL、5mL、8mL、10mL、20mL、

25mL、30mL、40 mL、0.1 mol/L NaOH 溶液，摇匀。以水稀释至刻度，摇匀。用精密pH试纸测定各溶液的pH值，然后在所选择的波长下，用1cm比色皿，以各自相应的试剂空白为参比溶液，测定其吸光度。

以pH值为横坐标，溶液相应的吸光度为纵坐标，绘出吸光度-pH值曲线，找出进行测定的适宜pH区间。

2. 铁含量的测定

(1) 标准曲线的制作

在6只50 mL容量瓶中，用移液管分别加0.00mL、2.00mL、4.00mL、6.00mL、8.00mL、10.00 mL标准铁溶液（含铁20mg/L），再分别加入1mL10%盐酸羟胺溶液，2mL0.15%邻二氮菲溶液和5 mL1mol/L醋酸钠溶液，以水稀释至刻度，摇匀。在所选择的波长下，用1cm比色皿，以试剂空白溶液为参比溶液，测定各溶液的吸光度。

(2) 铁含量的测定

吸取含铁试液代替标准溶液，其他步骤均同标准曲线，由测得的吸光度在标准曲线上查出铁的微克数，计算铁含量。

3. 络合物组成的测定——摩尔比法

取9只50 mL容量瓶，各加1mL0.001mol/L标准铁溶液，1mL10%盐酸羟胺溶液，依次加入0.001 mol/L邻二氮菲溶液1.0mL、1.5mL、2.0mL、2.5mL、3.0mL、3.5mL、4.0mL、4.5mL、5.0 mL，然后各加5 mL1mol/L醋酸钠，用水稀释到刻度，摇匀。在所选择的波长下，用1cm比色皿，以各自的试剂空白为参比，测定各溶液的吸光度。以吸光度对邻二氮菲与铁的浓度比作图，根据曲线上前后两部分延长线的交点位置，确定反应的络合比。

五、成果整理

1. 以波长为横坐标，吸光度为纵坐标，绘制吸收曲线，确定波长。
2. 绘制吸光度—试剂用量曲线，确定最佳显色剂用量。
3. 绘制吸光度—时间曲线，确定合适的测量时间。
4. 绘制吸光度—pH值曲线，确定合适的pH范围。
5. 绘制铁含量标准曲线。
6. 以邻二氮菲与铁的浓度比为横坐标，吸光度为纵坐标作图，确定反应的络合比。

六、思考题

1. 什么叫吸收曲线？有何用途？
2. 用邻二氮菲法测定铁时，为什么在测定前需加入还原剂盐酸羟胺？
3. 作吸收曲线测量最大吸收波长时，标准溶液的浓度对实验有无影响？

实验四　化学需氧量的测定（重铬酸钾法）

一、实验目的

1. 了解COD测定的标准方法；
2. 掌握回流消解的方法。

二、实验原理

化学需氧量（COD）是指在一定条件下，用强氧化剂处理水样时所消耗氧化剂的量，以氧的mg/L来表示。它反映了水体受还原性物质污染的程度。对于废水中COD的测定，国家标准规定用重铬酸钾法。

在强酸性溶液中，准确加入过量的重铬酸钾标准溶液，加热回流，将水样中还原性物质（主要是有机物）氧化，过量的重铬酸钾以试亚铁灵作指示剂，用硫酸亚铁铵标准溶液回滴，根据所消耗的重铬酸钾标准溶液量计算水样化学需氧量。

三、实验仪器及试剂

1. 实验仪器

（1）500mL 全玻璃回流装置；

（2）加热装置（电炉）；

（3）25mL 或 50mL 酸式滴定管、锥形瓶、移液管、容量瓶等。

2. 试剂

（1）0.2500mol/L 重铬酸钾（$\frac{1}{6}K_2Cr_2O_7$）标准溶液：称取预先在120℃下烘干 2h 的基准或优质纯重铬酸钾 6.129g 溶于水中，移入 500mL 容量瓶，稀释至标线，摇匀。

（2）试亚铁灵指示液：称取 1.485g 水合邻菲啰啉（$C_{12}H_8N_2 \cdot H_2O$）、0.695g 硫酸亚铁（$FeSO_4 \cdot 7H_2O$）溶于水中，稀释至 100mL，贮于棕色瓶内。

（3）硫酸亚铁铵标准溶液（0.1 mol/L）：称取 39.5g 硫酸亚铁铵溶于水中，边搅拌边缓慢加入 20mL 浓硫酸，冷却后移入 1000mL 容量瓶中，加水稀释至标线，摇匀。临用前，用重铬酸钾标准溶液标定。

硫酸亚铁铵的标定方法：准确吸取 10.00mL 重铬酸钾标准溶液于 250mL 锥形瓶中，加水稀释至 110mL 左右，缓慢加入 30mL 浓硫酸，混匀。冷却后，加入 3 滴试亚铁灵指示液（约 0.15mL），用硫酸亚铁铵溶液滴定，溶液的颜色由黄色经蓝绿色至红褐色即为终点。

$$c = \frac{0.2500 \times 10.00}{V} \tag{4-5}$$

式中　c——硫酸亚铁铵标准溶液的浓度，mol/L；

　　　V——硫酸亚铁铵标准溶液的用量，mL。

（4）硫酸-硫酸银溶液：在 500mL 浓硫酸中加入 5g 硫酸银，放置 1～2h，不时摇动使其溶解。

（5）硫酸汞。结晶或粉末。

四、实验步骤

（1）取 20.00mL 混合均匀的水样（或适量水样稀释至 20.00mL）置于 250mL 磨口的回流锥形瓶中，准确加入 10.00mL 重铬酸钾标准溶液及数粒小玻璃珠或沸石，连接磨口回流冷凝管，从冷凝管上口慢慢地加入 30mL 硫酸-硫酸银溶液，轻轻摇动锥形瓶使溶液混匀，加热回流 2h（自开始沸腾时计时）。

（2）冷却后，用 90mL 水冲洗冷凝管壁，取下锥形瓶。溶液总体积不得少于 140mL，否则因酸度太大，滴定终点不明显。

（3）溶液再度冷却后，加 3 滴试亚铁灵指示液，用硫酸亚铁铵标准溶液滴定，溶液的颜色由黄色经蓝绿色至红褐色即为终点，记录硫酸亚铁铵标准溶液的用量。

（4）测定水样的同时，取 20.00mL 重蒸馏水，按同样操作步骤进行空白试验。记录滴定空白时硫酸亚铁铵标准溶液的用量。

【注意事项】

（1）使用0.4g硫酸汞络合氯离子的最高量可达40mg，如取用20.00mL水样，即最高可络合2000mg/L氯离子的水样。若氯离子的浓度较低，也可少加硫酸汞，使硫酸汞与氯离子的质量比为10∶1。若出现少量氯化汞沉淀，并不影响测定。

（2）水样取用体积可在10.00～50.00mL范围内，但试剂用量及浓度需按表4-1进行相应调整，也可得到满意的结果。

表4-1 水样取用量和试剂用量表

水样体积（mL）	0.2500mol/L $K_2Cr_2O_7$ 标准溶液体积（mL）	H_2SO_4-Ag_2SO_4 溶液体积（mL）	$HgSO_4$ 质量（g）	硫酸亚铁铵浓度（mol/L）	滴定前总体积（mL）
10.0	5.0	15	0.2	0.050	70
20.0	10.0	30	0.4	0.100	140
30.0	15.0	45	0.6	0.150	210
40.0	20.0	60	0.8	0.200	280
50.0	25.0	75	1.0	0.250	350

（3）对于化学需氧量小于50mg/L的水样，应改用0.0250mol/L重铬酸钾标准溶液，回滴时用0.01mol/L硫酸亚铁铵标准溶液。

（4）水样加热回流后，溶液中重铬酸钾剩余量应为加入量的1/5～4/5为宜。

（5）用邻苯二甲酸氢钾标准溶液检查试剂的质量和操作技术时，由于每克邻苯二甲酸氢钾的理论COD_{Cr}为1.176g，所以溶解0.4251g邻苯二甲酸氢钾（$HOOCC_6H_4COOK$）于重蒸馏水中，转入1000mL容量瓶，用重蒸馏水稀释至标线，使之成为500mg/L的COD_{Cr}标准溶液。用时新配。

（6）COD_{Cr}的测定结果应保留三位有效数字。

（7）每次实验时，应对硫酸亚铁铵标准滴定溶液进行标定，室温较高时尤应注意其浓度的变化。

五、成果整理

$$COD_{Cr}=\frac{(V_0-V_1)\times c\times 8\times 1000}{V}(\text{mg/L}) \tag{4-6}$$

式中 c——硫酸亚铁铵标准溶液的浓度，mol/L；

V_0——滴定空白时硫酸亚铁铵标准溶液用量，mL；

V_1——滴定水样时硫酸亚铁铵标准溶液的用量，mL；

V——水样的体积，mL；

8——$\frac{1}{2}$O的摩尔质量，g/mol。

六、思考题

1. 测定水样时，为什么要进行空白校正？

2. 加热回流时加入硫酸－硫酸银溶液的作用是什么？

实验五 水中六价铬的测定

一、实验目的

1. 掌握比色分析方法；

2. 学会铬标准（或校准）曲线的制作、显色及分光光度计的使用。

二、实验原理

在酸性条件下，六价铬可与二苯碳酰二肼反应，生成紫红色配合物，该配合物最大吸收波长为540nm，摩尔吸光系数为4×10^{4} L/（mol·cm）。

含铁量大于1mg/L的水样显黄色，六价钼和汞也和显色剂反应生成有色化合物，但在本方法的显色酸度下反应不灵敏。钒有干扰，其含量高于4mg/L时干扰测定，但钒与显色剂反应后10min，可自行褪色。氧化锌及还原性物质，如ClO^{-}、Fe^{2+}、SO_3^{2-}、$S_2O_3^{2-}$等，以及水有色或浑浊时，对测定有干扰，需进行预处理。

三、实验仪器及试剂

1. 实验仪器

50mL具塞比色管；分光光度计。

所用玻璃器皿要求内壁光滑，不能用铬酸洗液洗涤，可用合成洗涤剂洗涤后再用浓硝酸洗涤，然后依次用自来水、蒸馏水淋洗干净。

2. 试剂

（1）二苯碳酰二肼溶液：称取二苯碳酰二肼0.2g，溶于50mL丙酮中，加蒸馏水稀释至100mL，摇匀，储于棕色瓶中，置冰箱中保存。注意色变深后不能使用；

（2）铬标准储备液：称取于120℃干燥2h并冷却至室温的重铬酸钾0.2829g，用蒸馏水溶解后，移入1000mL容量瓶中，用蒸馏水稀释至标线，摇匀。此溶液滴定度$T_{Cr^{6+}}=100.0\mu g/mL$（即每1mL溶液含有0.100mg六价铬）；

（3）铬标准使用溶液：吸取铬标准储备液10.0mL，准确稀释到1000mL，此溶液滴定度为$T_{Cr^{6+}}=1.00\mu g/mL$。临用前稀释；

（4）（1+1）硫酸溶液：将硫酸（$\rho=1.84$g/mL）缓缓加入到同体积水中，混匀；

（5）（1+1）磷酸溶液：将磷酸（$\rho=1.69$g/mL）与等体积水混合；

（6）丙酮。

（7）氢氧化锌共沉淀剂：称取硫酸锌（$ZnSO_4\cdot7H_2O$）8g溶于100mL水中；称取氢氧化钠2.4g溶于120mL水中，将以上两溶液混合。

（8）0.2%（质量浓度）氢氧化钠溶液。

四、实验步骤

1. 水样的预处理

（1）不含悬浮物、低色度的清洁地面水可直接测定。

（2）若水样有颜色但不太深，则另取一份水样，在待测水样中加入各种试剂进行同样操作时，以2mL丙酮代替显色剂，最后以此代替水作为参比来测定待测水样的吸光度。

（3）锌盐沉淀分离法。对于浊度及色度较大的水样，可用沉淀过滤来处理水样。取适量水样（含六价铬低于100μg）于150mL烧杯中，加水至50mL，滴加0.2%（质量浓度）氢氧化钠溶液，调节溶液pH值为7～8。在不断搅拌下，滴加氢氧化锌共沉淀剂至溶液pH值为8～9。将此溶液转移至100mL容量瓶中，用水稀释至刻度。用慢速滤纸过滤，弃去10～20mL初滤液，从剩余滤液中取出50.0mL供测定用。

2. 水样的测定

取适量（含六价铬少于10μg）无色透明水样或经过预处理的水样，置50mL比色管中，用蒸馏水稀释至 40mL 左右，加入（1+1）硫酸溶液 0.5mL 和（1+1）磷酸溶液 0.5mL，摇匀。放置 5～10min 后，于 540nm 波长处，用 30mm 比色皿，以水作为参比来测吸光度，并做空白校正，从校准曲线上查得六价铬含量。

3. 校准曲线的绘制

取 8 支 50mL 比色管，分别加入铬标准使用溶液 0.00、0.50mL、1.00mL、2.00mL、4.00mL、6.00mL、8.00mL 和 10.00mL，加蒸馏水至 40mL 左右，然后按照和水样相同的预处理和实验步骤操作。并绘制吸光度—六价铬含量校准曲线。

【注意事项】

（1）本实验中包括采样瓶在内的所有器皿不能用铬酸洗液清洗。

（2）当水样中六价铬含量较高，标准使用液六价铬的浓度应为 5.00μg/mL，同时显色剂的浓度也要相应增加 5 倍，即 1g 二苯碳酰二肼溶于 50mL 丙酮中；比色皿可使用 10mm 的。

（3）在测定清洁水样中的六价铬时，显色酸度一般控制在 0.025～0.15mol/L(H_2SO_4)，显色前，水样调至中性，然后用显色剂［0.2g 二苯碳酰二肼溶于 100mL95％的乙醇中，一边搅拌，一边加入 410mL 硫酸（1∶9)］直接显色，不需要再加入酸化水样。

（4）若水样中存在有机物干扰不易被氢氧化锌沉淀法去除，则可在酸性条件下用高锰酸钾氧化破坏有机物，然后过滤水样，再用尿素将过量的高锰酸钾作用完全，将滤液定容，以待测定。

五、成果整理

1. 绘制吸光度-六价铬含量校准曲线；

2. 计算水样六价铬的浓度：

$$六价铬(Cr^{6+},\ mg/L)=\frac{m}{V} \tag{4-7}$$

式中　m——从校准曲线上查得六价铬的含量，μg；

V——水样体积，mL。

六、思考题

影响本实验结果的因素有哪些？如何排除或降低干扰？

实验六　水中氨氮、亚硝酸盐氮和硝酸盐氮的测定

一、实验目的

1. 了解水中氮的不同存在形态；

2. 掌握水中各种形态氮的测定方法和原理。

二、实验原理

1. 氨氮的测定——纳氏比色法

氨氮与纳氏试剂反应生成棕色胶态化合物，此颜色在 410～425nm 范围内可用比色法鉴定。

$$2K_2[HgI_4]+3KOH+NH_3 = [Hg_2O\cdot NH_2]I+2H_2O+7KI$$

2. 亚硝酸盐氮的测定——盐酸 α-萘胺比色法

在磷酸介质中，pH 值为 1.8±0.3 时，水中亚硝酸盐与对氨基苯磺酰胺生成重氮盐，

再与盐酸 N-(1-萘基)-乙二胺发生偶联后生成红色偶氮染料，在 540nm 波长处有最大吸收。其色度与亚硝酸盐含量呈正比。

3. 硝酸盐氮的测定——紫外分光光度法

硝酸根离子在紫外区有强烈吸收，在 220nm 波长处的吸光度可定量测定硝酸盐氮。本法适用于测定自来水、井水、地下水和洁净地面水中的硝酸盐氮，其测量范围为 0.04～0.08mg/L。

三、实验仪器与试剂

1. 实验仪器

（1）紫外可见分光光度计；

（2）500～1000mL 全玻璃磨口蒸馏装置或带氮球的定氮蒸馏装置。

2. 试剂

（1）2%硼酸吸收液；

（2）磷酸盐缓冲液（pH 值为 7.4）。称取 14.3g 磷酸二氢钾，定容至 1000mL，配制后用 pH 计测定其 pH 值，并用磷酸二氢钾或磷酸氢二钾调节 pH 值至 7.4；

（3）浓硫酸；

（4）纳氏试剂。称取碘化钾 5g，溶于 5mL 无氮水中，分次少量加入二氯化汞溶液（2.5g 二氯化汞溶解于 10mL 热的无氨水中），不断搅拌至有少量沉淀为止，冷却后，加入 30mL 氢氧化钾溶液（含 15g 氢氧化钾），用无氨水稀释至 100mL，再加入 0.5mL 二氯化汞溶液，静置 1d，将上层清液储于棕色瓶内，盖紧橡皮塞于低温处保存，有效期为一个月；

（5）50%酒石酸钾钠溶液；

（6）铵标准液。称取氯化铵 3.8190g 溶于无氨水中转入 1000mL 容量瓶内，用无氨水稀释至刻度，摇匀，吸取该溶液 10.00mL 于 1000mL 容量瓶内，用无氨水稀释至刻度，其浓度为 10μg/mL 氨氮。

（7）高锰酸钾标准溶液$\left[c\left(\frac{1}{5}KMnO_4\right)=0.050mol/L\right]$。溶解 1.6g 高锰酸钾于 1.2L 水中，煮沸 30～60min，使体积减少至约 1000mL，放置过夜，用 G_3 号烧结玻璃漏斗过滤，储于棕色瓶中。标定方法见下面（8）的内容。

（8）亚硝酸盐氮标准储备液。称取 1.232g 亚硝酸钠溶于水中，稀释至 1000mL，加入 1mL 氯仿贮于棕色瓶中保存。由于亚硝酸盐氮在潮湿环境中易氧化，所以储备液在测定时需标定。标定方法如下：

在 250mL 具塞锥形瓶内依次加入 50.00mL 0.050mol/L 的高锰酸钾溶液，5mL 浓硫酸及 50.00mL 亚硫酸钠储备液（加此溶液时应将吸管插入高锰酸钾溶液液面以下），混匀，在水浴上加热至（70～80）℃后，加入草酸钠标准溶液 20.00mL(V_2)，至溶液紫红色褪去并有过量。再以 0.01mol/L 高锰酸钾溶液滴定过量的草酸钠，至溶液呈微红色，记录高锰酸钾标准溶液总用量（V_1）。

再以 50mL 水代替亚硝酸盐氮标准储备液，如上操作，用草酸钠标准溶液标定高锰酸钾溶液的浓度（c_1）。按下式计算高锰酸钾标准溶液浓度。

$$c_1\left(\frac{1}{5}KMnO_4\right)=\frac{0.0500\times V_4}{V_3} \qquad (4-8)$$

按下式计算亚硝酸盐氮标准储备液的浓度。

$$亚硝酸盐氮(N,mg/L)=\frac{(V_1c_1-0.0500\times V_2)\times 7.00\times 1000}{50.00}$$
$$=140V_1c_1-7.00V_2 \quad (4\text{-}9)$$

式中　c_1——经标定的高锰酸钾标准溶液的浓度，mol/L；

V_1——滴定亚硝酸盐氮标准储备液时，加入高锰酸钾标准溶液总量，mL；

V_2——滴定亚硝酸盐氮标准储备液时，加入草酸钠标准溶液总量，mL；

V_3——滴定水样时，加入高锰酸钾标准溶液总量，mL；

V_4——滴定空白时，加入草酸钠标准溶液总量，mL；

7.00——亚硝酸盐氮$\left(\frac{1}{2}N\right)$的摩尔质量，g/mol；

50.00——亚硝酸盐氮标准储备液取用量，mL；

0.0500——草酸钠标准溶液浓度$\left(\frac{1}{2}Na_2C_2O_4\right)$，mol/L。

(9) 亚硝酸盐氮标准溶液。临用时将标准储备液分次稀释为1.0μg/mL的使用液。

(10) 草酸钠标准溶液$\left[c\left(\frac{1}{2}Na_2C_2O_4\right)=0.0500mol/L\right]$。称取3.350g经105℃干燥过的草酸钠溶于水中，转入1000mL容量瓶内加水稀释至刻度。

(11) 氢氧化铝悬浮液。溶解125g硫酸铝钾[$AlK(SO_4)_2\cdot 12H_2O$，CP级]于1L水中，加热到60℃。在不断搅拌下慢慢加入55mL氨水，放置约1h，用水反复洗涤沉淀至洗出液中不含氨氮、硝酸盐和亚硝酸盐。待澄清后，倾出上层清液，只留悬浮液，最后加入100mL水。使用前振荡均匀。

(12) 亚硝酸盐显色剂：于500mL烧杯中，加入250mL水和50mL磷酸（密度1.70g/mL），加入20.0g对氨基苯磺酰胺。再将1.00g N-(1-萘基)-乙二胺盐酸盐溶于上述溶液中，转移至500mL棕色容量瓶中，用水稀释至标线，混匀。

(13) 35%硫酸锰溶液。

(14) 1mol/L盐酸溶液：量取浓盐酸83mL，用蒸馏水稀释至1000mL。

(15) 硝酸盐氮标准溶液。称取0.7218g硝酸钾（经（105～110)℃烘4h）溶于水中，稀释至1L，其浓度为100mg/L。

(16) 1mol/L盐酸。

四、实验步骤

1. 氨氮（NH_3-N）的测定

(1) 制备无氨水。向水中加入硫酸至pH<2，使水中各种形态的氨或胺转变成不挥发的盐类，然后用全玻璃蒸馏器进行蒸馏制得。

(2) 水样蒸馏。先在蒸馏瓶中加200mL无氨水、10mL磷酸盐缓冲液和数粒玻璃珠，加热至馏出物中不含氮，冷却，然后将蒸馏液倒出（留下玻璃珠）。取水样200mL置于蒸馏瓶中，加入10mL磷酸盐缓冲液，以一只盛有50mL硼酸吸收液的250mL锥形瓶收集馏出液。收集时应将冷凝管的导管末端浸入吸收液，其蒸馏速度为6～8mL/min，至少收集150mL馏出液。蒸馏结束前2～3min，应把锥形瓶放低，使吸收液面脱离冷凝管，并再蒸馏片刻以洗净冷凝管和导管，用无氨水定容至250mL备用。

（3）测定。

① 水样制备。如为较清洁水样，可直接取样测定或加 pH 值为 10.5 氢氧化铝悬浮液絮凝后测定。一般水样则用上述方法蒸馏，取适量馏出液，用 1mol/L NaOH 调节水样至中性，并稀释至 50mL 比色管中。

② 制备标准系列。取浓度为 10μg/mL 氨氮的铵标准溶液 0、0.50mL、1.00mL、2.00mL、3.00mL、5.00mL、7mL、10mL，分别加入 50mL 比色管中，以无氨水稀释至刻度。

③ 显色测定。在水样及标准系列中分别加入 1.0mL 酒石酸钾钠，摇匀，再加 1.0mL 纳氏试剂，摇匀，放置 10min，在 λ=425nm 处，用 10mm 比色皿，以水为参比，测量吸光度，绘制标准曲线。水样按同样步骤测定吸光度，从标准曲线上查得氨氮含量。

2. 亚硝酸氮（NO_2^--N）的测定

（1）制备不含亚硝酸的水。1L 水中加 1mL 浓硫酸和 0.2mL 35%的硫酸锰溶液，再加 1～3mL 0.04%的高锰酸钾溶液，水呈红色后进行蒸馏，取弃去初液后的水。

（2）水样制备。水样如有颜色和悬浮物，可以每 100mL 水样中加入 2mL 氢氧化铝悬浮液搅拌，静置过滤，弃 25mL 初滤液，取 50.00mL 滤液测定。如亚硝酸盐含量高，可适量少取水样，用无亚硝酸盐的水稀释至 50mL。如水样清澈，则直接取 50mL。

（3）校准曲线绘制。取 50mL 比色管 7 支，分别加入 1μg/mL 的亚硝酸盐氮标准溶液 0、1.00mL、2.00mL、4.00mL、6.00mL、8.00mL、10.00mL，用无氨水稀释至刻度。加入 1.0mL 亚硝酸盐显色剂，密塞，混匀，静置 20min 后，在 2h 内于波长 540nm 处，用光程 10mm 比色皿，以水为参比测量吸光度。从测得的吸光度减去空白管吸光度后，绘制、校准曲线。

（4）水样测定。用实验水样代替无氨水按步骤（3）进行测定吸光度，并从校准曲线查得亚硝酸盐的含量。

3. 硝酸氮（NO_3^--N）的测定

（1）水样制备。浑浊水样应过滤，如水样有颜色，应在每 100mL 水样中加入 4mL 氢氧化铝悬浮液，在锥形瓶中搅拌 5min 后过滤。取 25mL 经过滤或脱色的水样于 50mL 容量瓶中，加入 1mL 1mol/L 盐酸溶液，用无氨水稀释至刻度。

（2）制备标准系列。将浓度为 100mg/L 的硝酸钾标准溶液稀释 10 倍后，分别取 1.00mL、2.00mL、4.00mL、6.00mL、8.00mL、10.00mL 于 50.00mL 容量瓶内，各加入 1mL 1mol/L 盐酸溶液，用无氨水稀释至刻度。

（3）比色测定。在 λ=220nm 处，用 1cm 石英比色皿分别测定标准系列和水样的吸收度。由标准系列可得到标准曲线，水样的吸光度可从标准曲线上查得其对应的浓度，此值乘以稀释倍数即得水样中硝酸氮值。

若水样中存在的有机物对测定有干扰，可同时在 λ=275nm 处测定吸光度，并得到校正吸光度：

$$A_{校}=A_{220nm}-2A_{275nm}$$

五、成果整理

$$X(以氮计，mg/L)=测得量/水样体积 \tag{4-10}$$

式中　X——NH_3-N、NO_2^--N 或 NO_3^--N 的浓度，mg/L；

测得量——换算为对应水样体积中 NH_3-N、NO_2^--N 或 NO_3^--N 的质量，mg；
水样体积——分析时所取水样体积，L。

【注意事项】

（1）在氨氮测定时，水样中若含钙、镁、铁等金属离子会干扰测定，可加入配位剂或预蒸馏消除干扰。纳氏试剂显色后的溶液颜色会随时间而变化，所以必须在较短时间内完成比色操作。

（2）亚硝酸盐是含氮化合物分解过程中的中间产物，很不稳定，采样后的水样应尽快分析。

（3）可溶性有机物、NO_2^-、Cr^{6+} 和表面活性剂均干扰 NO_3^--N 的测定。可溶性有机物用校正法消除；NO_2^- 干扰可用氨基硫磺法消除；Cr^{6+} 和表面活性剂可制备各自的校正曲线进行校正。

六、思考题

1. 简述水中氮的不同存在形态；
2. 本实验采用分光光度法测试三种形态氮的波长各是多少？

实验七　总磷的测定（钼酸铵分光光度法）

一、实验目的

1. 掌握总磷的测定方法与原理；
2. 了解水体中过量的磷对水环境的影响。

二、实验原理

总磷包括溶解的、颗粒的、有机的和无机磷。

在中性条件下用过硫酸钾（或硝酸－高氯酸）使试样消解，将所含磷全部氧化为正磷酸盐。在酸性介质中，正磷酸盐与钼酸铵反应，在锑盐存在下生成磷钼杂多酸后，立即被抗坏血酸还原，生成蓝色的络合物。在 880nm 和 700nm 波长下均有最大吸收度。

本方法适用于地面水、污水和工业废水，最低检出浓度为 0.01mg/L，测定上限为 0.6mg/L。

三、实验仪器及试剂

1. 实验仪器

（1）医用手提式蒸汽消毒器或一般压力锅（1.1～1.4kg/cm^2）；

（2）50mL 比色管；

（3）分光光度计。

2. 试剂

（1）硫酸：密度为 1.84g/mL；

（2）硝酸：密度为 1.4g/mL；

（3）高氯酸：优级纯，密度为 1.68g/mL；

（4）硫酸：（V/V）＝1∶1；

（5）硫酸：约 0.5mol/L，将 27mL 硫酸（1）加入到 973mL 水中；

（6）氢氧化钠溶液：1mol/L，将 40g 氢氧化钠溶于水并稀释至 1000mL；

（7）氢氧化钠溶液：6mol/L，将 240g 氢氧化钠溶于水并稀释至 1000mL；

（8）过硫酸钾溶液：50g/L，将5g过硫酸钾（$K_2S_2O_8$）溶于水，并稀释至100mL；

（9）抗坏血酸溶液：100g/L，将10g抗坏血酸溶于水中，并稀释至100mL。此溶液贮于棕色的试剂瓶中，在冷处可稳定几周，如不变色可长时间使用；

（10）钼酸盐溶液：将13g钼酸铵[$(NH_4)_6MO_7O_{24}\cdot 4H_2O$]溶于100mL水中，将0.35g酒石酸锑钾［$KSbC_4HO_7\cdot 0.5H_2O$］溶于100mL水中。在不断搅拌下分别把上述钼酸铵溶液、酒石酸锑钾溶液徐徐加到300mL硫酸（4）中，混合均匀。此溶液贮存于棕色瓶中，在冷处可保存三个月；

（11）浊度-色度补偿液：混合二体积硫酸（4）和一体积抗坏血酸（9）。使用当天配制；

（12）磷标准贮备溶液：称取0.2197g于110℃干燥2h在干燥器中放冷的磷酸二氢钾（KH_2PO_4），用水溶解后转移到1000mL容量瓶中，加入大约800mL水，加5mL硫酸（4），然后用水稀释至标线，混匀。1.00mL此标准溶液含50.0μg磷。本溶液在玻璃瓶中可贮存至少六个月；

（13）磷标准使用溶液：将10.00mL磷标准贮备溶液（12）转移至250mL容量瓶中，用水稀释至标线并混匀。1.00mL此标准溶液含2.0μg磷。使用当天配制；

（14）酚酞溶液：10g/L，将0.5g酚酞溶于50mL95%的乙醇中。

四、实验步骤

1. 样品采集与保存

（1）采取500mL水样后加入1mL硫酸调节样品的pH值，使之低于或等于1，或不加任何试剂于冷处保存。

（2）含磷量较少的水样，不要用塑料瓶采样，因磷酸盐易吸附在塑料瓶壁上。

2. 消解

（1）过硫酸钾消解：取25mL样品于比色管中，向试样中加4mL过硫酸钾，将比色管的盖塞紧后，用一小块布和线将玻璃塞扎紧（或用其他方法固定），放在大烧杯中置于高压蒸汽消毒器中加热，待压力达1.1kg/cm^2，相应温度为120℃时，保持30min后停止加热。待压力表读数降至零后，取出放冷。然后用水稀释至标线。

如用硫酸保存水样，当用过硫酸钾消解时，需先将试样调至中性。若用过硫酸钾消解不完全，则用硝酸-高氯酸消解。

（2）硝酸-高氯酸消解：取25mL试样于锥形瓶中，加数粒玻璃珠，加2mL硝酸在电热板上加热浓缩至10mL。冷后加5mL硝酸，再加热浓缩至10mL，冷却。然后加3mL高氯酸，加热至高氯酸冒白烟，此时可在锥形瓶上加小漏斗或调节电热板温度，使消解液在瓶内壁保持回流状态，直至剩下3～4mL，冷却。

加水10mL，加1滴酚酞指示剂，滴加氢氧化钠溶液至刚好呈微红色，再滴加硫酸溶液使微红刚好褪去，充分混匀，移至具塞刻度管中，用水稀释至标线。

3. 显色

分别向各份消解液中加入1mL抗坏血酸溶液混匀，30s后加2mL钼酸盐溶液充分混匀。

4. 空白试样

按上述实验步骤2和3的规定进行空白试验，用蒸馏水代替试样，并加入与测定时相同体积的试剂。

5. 测试

室温下放置 15min，使用光程为 30mm 比色皿，在 700nm 波长下，以水做参比，测定吸光度。扣除空白试验的吸光度后，从工作曲线上查得磷的含量。

6. 工作曲线的绘制

取 7 支具塞比色管分别加入 0.0，0.50mL，1.00mL，3.00mL，5.00mL，10.0mL，15.0mL 磷酸盐标准使用溶液。加水至 25mL。然后按实验步骤 3 进行显色，以水做参比，测定吸光度。扣除空白试验的吸光度后，以校正后的吸光度和对应的磷含量绘制工作曲线。

【注意事项】

(1) 所有玻璃器皿均应用稀盐酸或稀硝酸浸泡。

(2) 取样时应仔细摇匀，以得到溶解部分和悬浮部分均具有代表性的试样。如样品中含磷浓度较高，试样体积可以减少。

(3) 硝酸-高氯酸消解时应注意：

① 用硝酸-高氯酸消解需要在通风橱中进行。高氯酸和有机物的混合物经加热易发生危险，需将试样先用硝酸消解，然后再加入高氯酸消解。

② 绝不可把消解的试样蒸干。

③ 如消解后有残渣，用滤纸过滤于具塞比色管中。

(4) 显色时应注意：

① 如试样中含有浊度或色度时，需配制一个空白试样（消解后用水稀释至标线）然后向试样中加入 3mL 浊度-色度补偿液，但不加抗坏血酸溶液和钼酸盐溶液。然后从试样的吸光度中扣除空白试样的吸光度。

② 砷大于 2mg/L 干扰测定，用硫代硫酸钠去除。硫化物大于 2mg/L 干扰测定，通氮气去除。铬大于 50mg/L 干扰测定，用亚硫酸钠去除。

③ 如显色时室温低于 13℃，可在（20～30)℃水浴上显色 15min。

五、成果整理

1. 绘制吸光度与磷含量工作曲线。

2. 总磷含量以 C(mg/L) 表示，按下式计算：

$$C = \frac{m}{V} \tag{4-11}$$

式中 m——试样测得含磷量，μg；

V——测定用试样体积，mL。

六、思考题

1. 测定总磷时，有哪些影响因素？

2. 水中磷的存在形态有哪些？

实验八 水中挥发酚类的测定

一、实验目的

1. 掌握用蒸馏法进行水样预处理的方法；

2. 掌握用 4-氨基安替比林直接光度法测定挥发酚的方法。

二、实验原理

用蒸馏法使挥发性酚类化合物蒸馏出，并与干扰物质和固定剂分离，由于酚类化合物的挥发速度随馏出液体积而变化，因此，馏出液体积必须与试样体积相等。

被蒸馏出的酚类化合物，在pH值为10.0±0.2介质中，有氧化剂铁氰化钾存在时，酚类化合物与4-氨基安替比林反应，生成橙红色的吲哚酚安替比林染料，其水溶液在510nm波长处有最大吸收。若用光程长为20mm的比色皿测量时，酚的最低检出浓度为0.1mg/L。

由于样品中各种酚的相对含量不同，因而不能提供一个含混合酚的通用标准。通常选用苯酚作标准，任何其他酚在反应中产生的颜色都看作苯酚的结果。取代酚一般会降低响应值，因此，用该方法测出的值仅代表水样中挥发酚的最低浓度。

三、实验仪器及试剂

1. 实验仪器

（1）500mL全玻璃蒸馏器；

（2）分光光度计；

（3）50mL具塞比色管。

2. 试剂

（1）无酚水的制备：实验用水应为无酚水，于1L水中加入0.2g经200℃活化0.5h的活性炭粉末，充分振摇后，放置过夜。用双层中速滤纸过滤，或加氢氧化钠使水呈强碱性，并滴加高锰酸钾溶液至紫红色，移入蒸馏瓶中加热蒸馏，收集馏出液备用。

注：无酚水应储于玻璃瓶中，取用时应避免与橡胶制品（橡皮塞或乳胶管）接触。

（2）硫酸铜溶液：称取50g硫酸铜（$CuSO_4 \cdot 5H_2O$）溶于水，稀释至500mL。

（3）磷酸溶液：量取50mL磷酸（$\rho_{20}=1.69$g/mL），用水稀释至500mL。

（4）甲基橙指示液：称取0.05g甲基橙溶于100mL水中。

（5）苯酚标准储备液：称取1.00g无色苯酚（C_6H_5OH）溶于水中，移入1000mL容量瓶中，稀释至标线。至冰箱内保存，至少稳定一个月。

苯酚储备液的标定方法：吸取10.00mL苯酚储备液于250mL碘量瓶中，加水稀释至100mL，加10.0mL0.1000mol/L溴酸钾-溴化钾溶液，立即加入5mL盐酸，盖好瓶盖，轻轻摇匀，于暗处放置10min。加入1g碘化钾，密塞，再轻轻摇匀，放置暗处5min。用0.0125mol/L硫代硫酸钠标准滴定溶液滴至淡黄色，加入1mL淀粉溶液，继续滴定至蓝色刚好褪去，记录用量。同时以水代替苯酚储备液进行空白试验，记录硫代硫酸钠标准滴定溶液用量。苯酚储备液浓度由下式计算：

$$\text{苯酚(mg/mL)}=\frac{(V_1-V_2)\times c\times 15.68}{V} \tag{4-12}$$

式中　V_1——空白试验中硫代硫酸钠标准滴定溶液用量，mL；

V_2——滴定苯酚储备液时，硫代硫酸钠标准滴定溶液用量，mL；

V——取用苯酚储备液体积，mL；

C——硫代硫酸钠标准滴定溶液浓度，mol/L；

15.68——$\left(\frac{1}{6}C_6H_5OH\right)$摩尔质量，g/mol。

（6）苯酚标准中间液：取适量苯酚储备液，用水稀释至每1mL含0.010mg苯酚。使用当天配制。

（7）溴酸钾-溴化钾标准参考溶液$\left[c\left(\frac{1}{6}KBrO_3\right)=0.1000\text{mol/L}\right]$：称取2.7840g溴酸钾

($KBrO_3$)溶于水，加入10g溴化钾(KBr)，使其溶解，移入1000mL容量瓶中，稀释至标线。

(8) 碘酸钾标准参考溶液$\left[c\left(\frac{1}{6}KIO_3\right)=0.0125mol/L\right]$：称取预先经180℃烘干的碘酸钾0.4458g溶于水，移入1000mL容量瓶中，稀释至标线。

(9) 硫代硫酸钠标准滴定溶液[$c(Na_2S_2O_3 \cdot 5H_2O) \approx 0.0125mol/L$]：称取3.1g硫代硫酸钠溶于煮沸放冷的水中，加入0.2g碳酸钠，稀释至1000mL，临用前用碘酸钾溶液标定。

标定方法：分取10.00mL碘酸钾溶液至250mL碘量瓶中，加水稀释至100mL，加1g碘化钾，再加5mL(1+5)硫酸，加塞，轻轻摇匀。置暗处放置5min，用硫代硫酸钠溶液滴定至淡黄色，加1mL淀粉溶液，继续滴定至蓝色刚褪去为止，记录硫代硫酸钠溶液用量。

按下式计算硫代硫酸钠溶液浓度(mol/L)：

$$c(Na_2S_2O_3 \cdot 5H_2O)=\frac{0.0125 \times V_4}{V_3} \tag{4-13}$$

式中　$c(Na_2S_2O_3 \cdot 5H_2O)$——$c(Na_2S_2O_3)$，硫代硫酸钠的浓度，mol/L；

V_3——硫代硫酸钠标准滴定溶液用量，mL；

V_4——移取碘酸钾标准参考溶液量，mL；

0.0125——碘酸钾标准参考溶液浓度，mol/L。

(10) 淀粉溶液：称取1g可溶性淀粉，用少量水调成糊状，加沸水至100mL，冷后置冰箱内保存。

(11) 缓冲溶液(pH值为10)：称取20g氯化铵(NH_4Cl)溶于100mL氨水中，加塞，置冰箱内保存。

注：应避免氨挥发所引起pH值的改变，注意在低温下保存和取用后立即加塞盖严，并根据使用情况适量配制。

(12) 2% 4-氨基安替比林溶液：称取4-氨基安替比林($C_{11}H_{13}N_3O$)2g溶于水，稀释至100mL，置冰箱内保存，可使用一周。

注：固体试剂易潮解、氧化，宜保存在干燥器中。

(13) 8%铁氰化钾溶液：称取8g铁氰化钾$K_3[Fe(CN)_6]$溶于水中，稀释至100mL，置冰箱内保存，可使用一周。

四、实验步骤

1. 蒸馏

(1) 量取250mL水样置于蒸馏瓶中，加数粒小玻璃珠以防暴沸，再加两滴甲基橙指示液，用磷酸溶液调节至pH值为4(溶液呈橙红色)，加5.0mL硫酸铜溶液(如采样时已加过硫酸铜，则补加适量)。

注：如加入硫酸铜溶液后产生较多量的黑色硫化铜沉淀，则应摇匀后放置片刻，待沉淀后，再滴加硫酸铜溶液，至不再产生沉淀为止。

(2) 连接冷凝器，加热蒸馏，至蒸馏出的馏出液约225mL时，停止加热，放冷。向蒸馏瓶中加入25mL无酚水，继续蒸馏至馏出液为250mL为止。

注：蒸馏过程中如发现甲基橙的红色褪去，应在蒸馏结束后，再向蒸馏瓶中加1滴甲基橙指示液，如发现蒸馏后残液不呈酸性，则应重新取样，增加磷酸加入量，再进行蒸馏。

2. 比色分析滴定

(1) 校准曲线的绘制：于一组8支50mL比色管中，分别加入0，0.20mL、1.00mL、

3.00mL、5.00mL、7.00mL、10.00mL、12.50mL 苯酚标准中间液，加水至 50mL 标线。加 0.5mL 缓冲溶液，混匀，此时 pH 值为（10.00±0.2），加 4-氨基安替比林溶液 1.0mL，（混匀后再进行下面操作，否则会使结果偏低）。再加 1mL8%铁氰化钾溶液，充分混运后放置 10min，立即于 510nm 波长下，用光程为 20mm 比色皿，以水作为参比，测定吸光度。经空白校正后，绘制吸光度对苯酚含量（mg）的校准曲线。

（2）水样的测定：分取适量的馏出液放入 50mL 比色管中，稀释至 50mL 标线。用与绘制校准曲线相同步骤测定吸光度，最后减去空白试验所得吸光度。

（3）空白试验：以水代替水样，经蒸馏后，用与水样测定相同步骤进行测定，以其结果作为水样测定空白校正值。

五、成果整理

1. 绘制吸光度对苯酚含量（mg）的校准曲线。

2. 计算试样挥发酚浓度（以苯酚计，mg/L）：

$$\text{挥发酚(以苯酚计，mg/L)} = \frac{m}{V} \times 1000 \tag{4-14}$$

式中　m——由水样的校正吸光度，从校准曲线上查得的苯酚含量，mg；

V——移取馏出液体积，mL。

【注意事项】

（1）如水样含挥发酚较高，移取适量水样并加水至 250mL 进行蒸馏，则在计算时应乘以稀释倍数。

（2）一般情况下，只需蒸馏一次，但若蒸出液出现浑浊，则需要用磷酸酸化后再进行二次蒸馏。

六、思考题

1. 分析影响实验测定准确度的因素。

2. 当预蒸馏两次，馏出液仍浑浊时如何处理？

实验九　污水中油的测定

Ⅰ. 质量法

一、实验目的

1. 掌握用质量法测定污水和废水中矿物油的方法；

2. 了解污水中矿物油的存在方式。

二、实验原理

以硫酸酸化水样，用石油醚萃取矿物油，蒸出石油醚，称其质量。此法测定的是酸化样品中可被石油醚萃取且在实验过程中不挥发的物质总量。溶剂去除时，使得轻质油有明显损失。由于石油醚对油有选择性地溶解，因此，石油的较重成分中可能含有不被溶剂萃取的物质而无法测定。

三、实验仪器及试剂

1. 实验仪器

（1）分析天平；

（2）恒温箱；

（3）1000mL 分液漏斗；

（4）干燥器；

（5）恒温水浴锅；

2. 试剂

（1）石油醚：将石油醚［沸程（30～60)℃］重蒸馏后使用。100mL 石油醚的蒸干残渣不应大于 0.2mg；

（2）无水硫酸钠：无水硫酸钠在 300℃马弗炉中烘 1h，冷却后装瓶备用；

（3）(1+1) 硫酸；

（4）氯化钠。

四、实验步骤

1. 在采集样瓶上作一容量记号后（以便以后测量水样体积），将所收集的大约 1L 已经酸化（pH<2）水样，全部转移至分液漏斗中，加入氯化钠，其量约为水样量的 8%。用 25mL 石油醚洗涤采样瓶并转入分液漏斗中，充分摇匀 3min，静置分层并将水层放入原采样瓶内，石油醚层转入 100mL 锥形瓶中。用石油醚重复萃取水样两次，每次用量 25mL，合并三次萃取液于锥形瓶中。

2. 向石油醚萃取液中加入适量无水硫酸钠（加入至不再结块为止），加盖后，放置 0.5h 以上，以便脱水。

3. 用预先以石油醚洗涤过的定性滤纸过滤，收集滤液于 100mL 已烘干至恒重的烧杯中，用少量石油醚洗涤锥形瓶、硫酸钠和滤纸，洗涤液并入烧杯中。

4. 将烧杯置于（65±5)℃水浴上，蒸出石油醚。近干后再置于（65±5)℃恒温箱内烘干 1h，然后放入干燥器中冷却 30min，称量。

【注意事项】

（1）分液漏斗的活塞不要涂凡士林。

（2）测定废水中石油类时，若含有大量动植物性油脂，应取内径 20mm、长 300mm、一端呈漏斗状的硬制玻璃管，填装 100mm 厚活性层析氧化铝，（在 150～160℃活化 4h，未完全冷却前装好层析柱），然后用 10mL 石油醚清洗。将石油醚萃取液通过层析柱，除去动植物性油脂，收集流出液于恒重的烧杯中。

（3）采样瓶应为清洁玻璃瓶，用洗涤剂清洗干净（不要用肥皂）。应定容采样，并将水样全部移入分液漏斗测定，以减少油附着于容器壁上引起的误差。

五、成果整理

$$\text{油(mg/L)} = \frac{(W_1 - W_2) \times 10^6}{V} \tag{4-15}$$

式中　W_1——烧杯加油总质量，g；

W_2——烧杯质量，g；

V——水样体积，mL。

Ⅱ. 紫外分光光度法

一、实验目的

1. 掌握用紫外分光光度法测定污水和废水中矿物油的方法；

2. 了解污水中矿物油的存在方式。

二、实验原理

石油及其产品在紫外光区有特征吸收。一般原油的两个吸收峰为 225nm 和 254nm。石油产品如燃料油等吸收峰与原油近似。原油、重质油选 254nm，轻质油及炼油厂的油品可选用 225nm。

三、实验仪器及试剂

1. 实验仪器

（1）紫外分光光度计；

（2）1000mL 分液漏斗；

（3）50mL 容量瓶；

（4）G3 型 25mL 玻璃砂芯漏斗。

2. 试剂

（1）标准油贮备溶液：称取 0.1g 标准油溶于石油醚中，移入 100mL 容量瓶，稀释至标线，冰箱贮备。此溶液 1.00mL 含 1mg 油；

（2）标准油使用液：使用时，先把贮备液稀释 10 倍，100mL 稀释液含有 10mg 油；

（3）无水硫酸钠：300℃烘干 1h，全部冷却后装瓶待用；

（4）石油醚：(60～90)℃，透光率高于 80%；

（5）(1+1) 硫酸。

（6）氯化钠

四、实验步骤

1. 向 5 个 50mL 容量瓶中分别加入 0mL，2.0mL，4.0mL，8.0mL，20.0mL 的标准使用液，用石油醚稀释至标线。在选定波长处，用 1cm 石英比色皿，以石油醚为参比，测定吸光度，绘制标准曲线；

2. 将废水样倾入 1000mL 量筒中，测量其体积，然后小心倒入 1000mL 分液漏斗中，用 1+1 硫酸酸化，加入氯化钠，其容量约为废水量的 2%（质量浓度）。用 20mL 石油醚依次清洗量筒和采样瓶后，移入分液漏斗中，充分振摇 3min（注意放气），静置使之分层；

3. 在玻璃砂芯漏斗中放入 1/3 高度的无水硫酸钠，使石油醚萃取液透过砂芯漏斗，滤入容量瓶中；

4. 将水层移回分液漏斗内，用 20mL 石油醚洗涤漏斗，石油醚萃取液全部回收于同一容量瓶内，用石油醚稀释至标线；

5. 在选定的波长处，用 1 cm 石英比色皿，以石油醚为参比，测吸光度，在标准曲线上查出相应的石油类物质含量。

五、成果整理

$$\text{石油(mg/L)}\% = \frac{m \times 1000}{V} \times 100\% \tag{4-16}$$

式中　m——从标准曲线中查出相应的油品的克数，g；

　　　V——废水样品体积，mL。

六、思考题

1. 污染物在紫外区有几个吸收峰，最大吸收波长是多少？你使用的哪一个？为什么？

2. 波长扫描的作用是什么？

3. 紫外分析是如何定量的？

第二节　大气监测实验

实验一　环境空气中总悬浮颗粒物浓度的测定

一、实验目的

掌握质量法测定大气中总悬浮颗粒物（如 TSP、PM_{10}）浓度的方法。

二、实验原理

悬浮颗粒物污染是我国环境空气中的首要污染物，一般将空气动力学直径小于 100μm 的颗粒物称为总悬浮颗粒物（简称 TSP）。

通过具有一定切割特性的采样器，以恒速抽取一定体积的空气，空气中某一粒径范围的悬浮颗粒物被截留在已恒重的滤膜上。根据采样前后滤膜质量之差及采样体积，计算总悬浮颗粒物的浓度。

本方法适合于大流量或中流量悬浮颗粒物的测定。方法的检测限为 0.001mg/m^3。悬浮颗粒物含量过高或雾天采样使滤膜阻力大于 10kPa 时，本方法不适用。

三、实验仪器和材料

（1）大流量或中流量采样器：1 台，应符合《总悬浮颗粒物采样器技术要求及检测方法 HJ/T 374—2007》的规定；

（2）大流量孔口流量计：1 个，量程 0.7～1.4m^3/min，流量分辨率 0.01m^3/min，精度优于±2%；

（3）中流量孔口流量计：量程 70～160L/min，流量分辨率 1L/min，精度优于±2%；

（4）U 形管压差计：1 个，最小刻度 0.1hPa；

（5）X 光看片机：1 台；

（6）打号机：1 台；

（7）镊子：1 个；

（8）超细玻璃纤维滤膜：10 片，对 0.3μm 标准粒子的截留不低于 99%，在气流速度为 0.45m/s 时，单张滤膜阻力不大于 3.5kPa，在同样气流速度下，抽取经高效过滤器净化的空气 5h，1cm^2 滤膜失重不大于 0.012mg；

（9）滤膜袋：10 个，用于存放采样后对折的采尘滤膜，袋面印有编号、采样日期、采样地点、采样人等项目；

（10）滤膜保存盒：1 个，用于保存、运送滤膜，保证滤膜在采样前处于平展不受折状态；

（11）恒温恒湿箱：1 台，箱内空气温度要求在 20～25℃之间，温度变化小于±3℃；箱内空气相对湿度小于 50%，湿度变化小于 5%；

（12）悬浮颗粒物大盘天平：1 台，用于大流量采样滤膜称量，称量范围≥10g，感量 1mg，标准差≤2mg；

（13）分析天平：1 台，用于中流量采样滤膜称量，称量范围≥10g，感量 0.1mg，标准差≤0.2mg。

四、实验步骤

1. 采样器的流量校准

新购置或维修后的采样器在启动前，需进行流量校准。正常使用的采样器每月也应进行流量校准。

2. 采样

（1）滤膜准备

① 每张滤膜均需用X光看片机进行检查，不得有针孔或任何缺陷。在选中滤膜光滑表面的两个对角上打印编号。滤膜袋上打印同样编号备用。

② 将滤膜放在恒温恒湿箱中平衡24h，平衡温度在20～25℃之间，记录下平衡温度与湿度。

③ 在上述平衡条件下称量滤膜，大流量采样器滤膜称量精确到1mg，中流量采样器滤膜称量精确到0.1mg。记录下滤膜质量 m_1 （g）。

④ 称量好的滤膜平展地放在滤膜保存盒中，采样前不得将滤膜弯曲或折叠。

（2）安放滤膜及采样

① 打开采样头顶盖，取出滤膜夹。用清洁干布擦去采样头内及滤膜夹的灰尘。

② 将已编号并称量过的滤膜绒面向上，放在滤膜支持网上。放上滤膜夹，对正，拧紧，使其不漏气。安好采样头顶盖，按照采样器使用说明，设置采样时间，即可启动采样。

③ 样品采完后，打开采样头，用镊子轻轻取下滤膜，采样面向里，将滤膜对折，放入号码相同的滤膜袋中。取滤膜时，如发现滤膜损坏，或滤膜上部尘的边缘轮廓不清晰、滤膜安装歪斜（说明漏气），则本次采样作废，需重新采样。

（3）样品测定

将采样后的滤膜置于恒温恒湿箱中，与采样前滤膜的平衡条件相同的温度、湿度下，平衡24h。在上述平衡条件下称量滤膜，大流量采样器滤膜称量精确到1mg，中流量采样器滤膜称量精确到0.1mg。记录下滤膜质量 m_2 （g）。滤膜增重，大流量采样器滤膜不小于100mg，中流量采样器滤膜不小于10mg。

五、成果整理

$$\text{悬浮颗粒物含量}(\text{mg/m}^3) = \frac{(m_2 - m_1)}{Q_N \times t} \tag{4-17}$$

式中　t——累积采样时间，min；

Q_N——标准状态下的采样流量，m^3/min；

$$Q_N = Q_2 \sqrt{\frac{T_3 \times P_2}{T_2 \times P_3}} \times \frac{273 \times P_3}{101.3 \times T_3} = 2.69 \times Q_2 \sqrt{\frac{P_3 \times P_2}{T_2 \times T_3}} \tag{4-18}$$

Q_2——现场采样量，m^3/min；

T_2——流量计现场校准时的大气温度，K；

T_3——现场采样时的大气温度，K；

P_2——流量计现场时的大气压力，kPa；

P_3——现场采样时的大气压力，kPa。

六、思考题

若样品滤膜的质量比采样前清洁滤膜的质量小，是否可用？分析原因。

实验二　空气中氮氧化物（NO_x）的测定

一、实验目的

掌握盐酸萘乙二胺分光光度法测定大气中 NO_x 的方法及原理。

二、实验原理

大气中的氮氧化物主要是一氧化氮和二氧化氮。用冰醋酸、对氨基苯磺酸和盐酸萘乙二胺配制成吸收-显色液，吸收氮氧化物，在三氧化铬作用下，一氧化氮被氧化成二氧化氮，二氧化氮与吸收液作用生成亚硝酸，在冰醋酸存在下，亚硝酸与对氨基苯磺酸起重氮反应，再与盐酸萘乙二胺耦合，生成玫瑰红色偶氮染料，于波长 540nm 处，测定吸光度，同时以试剂空白作参比，然后得到大气中 NO_x 的浓度。

三、实验仪器及试剂

1. 实验仪器

（1）分光光度计；

（2）空气采样器；

（3）多孔玻板吸收管；

（4）三氧化铬-石英砂氧化管。

2. 试剂

（1）酸盐乙二胺储备液：称取 0.50g 盐酸乙二胺[$C_{10}H_7NH(CH_2)2NH_2 \cdot 2HCl$]于500mL 容量瓶中，用水稀释至刻度。此溶液贮于密闭棕色瓶中冷藏，可稳定 1 个月。

（2）显色液：称取 5.0g 对氨基苯磺酸［$NH_2C_6H_4SO_3H$］溶解于 200mL 热水中，冷至室温后转移至 1000mL 容量瓶中，加入 50.0mL 盐酸乙二胺储备液和 50mL 冰乙酸，用水稀释至标线。此溶液贮于密闭的棕色瓶中，25℃以下暗处存放可稳定 1 个月。若呈现淡红色，应弃之重配。

（3）吸收液：使用时将显色液和水按 4＋1（V/V）比例混合而成。

（4）三氧化铬-石英砂氧化管：筛取 20～40 目的河砂并漂洗干净、晒干，用（1＋2）盐酸浸泡一夜，用水洗至中性，烘干。将三氧化铬与砂子按质量比 1∶20 混合，加少量水调匀。在红外灯下或烘箱内 105℃烘干。烘干过程中应搅拌几次。制备好的三氧化铬-石英砂应是松散的，若粘在一起，说明三氧化铬比例太大，可适当加些砂子，重新配置。称取约 8g 三氧化铬-石英砂装入双球玻璃管内，两端用少量脱脂棉塞好，用乳胶管或塑料管制的小帽将氧化管两端密封备用。采样时将氧化管与吸收管用一小段乳胶管相连。

（5）亚硝酸钠标准储备液：称取 0.3750g 优级纯亚硝酸钠（$NaNO_2$，预先在干燥器放置 24h）溶于水中，移入 1000mL 容量瓶中，用水稀释至标线。此标液为每 1mL 含 250$\mu g NO_2^-$，贮于棕色瓶中于暗处存放，可稳定三个月。

（6）亚硝酸钠标准使用溶液：吸取亚硝酸钠标准储备液 1.00mL 于 100mL 容量瓶中，用水稀释至标线。此溶液每 1mL 含 2.5μg NO_2^-，在临用前配制。

四、实验步骤

1. 标准曲线的绘制

取 6 支 10mL 具塞比色管，按表 4-2 配制 NO_2^- 标准溶液色列。

表 4-2　NO_2^- 标准溶液色列配制

管　号	0	1	2	3	4	5
标准使用溶液（mL）	0	0.20	0.40	0.60	0.80	1.00
水（mL）	1.00	0.80	0.60	0.40	0.20	0
显色液（mL）	4.00	4.00	4.00	4.00	4.00	4.00
NO_2^- 浓度（μg/mL）	0	0.10	0.20	0.30	0.40	0.50

将各管溶液混匀，于暗处放置 20min（室温低于 20℃时放置 40min 以上），用 1cm 比色皿于波长 540nm 处以水为参比测量吸光度，扣除试剂空白溶液吸光度后，用最小二乘法计算标准曲线的回归方程。

2. 采样

吸取 10.0mL 吸收液于多孔玻板吸收管中，用尽量短的硅橡胶管将其串联在三氧化铬-石英砂氧化管和空气采样器之间，以 0.3L/min 流量采气至吸收液呈微红色为止，密封好采样管，记录采样时间、现场温度和大气压力。采样带回实验室，当日测定。

3. 样品测定

采样后放置 20min（室温 20℃以下放置 40min 以上）后，用水将吸收管中吸收液的体积补充至标线，混匀，按照绘制标准曲线的方法和条件测量试剂空白溶液和样品溶液的吸光度。

五、成果整理

1. 绘制 NO_2^- 浓度与吸光度标准曲线。

2. 按下式计算空气中 NO_x 的浓度：

$$C_{NO_x} = \frac{(A - A_0 - a) \cdot V}{b \cdot f \cdot V_0} \tag{4-19}$$

式中　C_{NO_x}——空气中 NO_x 的浓度（以 NO_2 计），mg/m^3；

A、A_0——分别为样品溶液和试剂空白溶液的吸光度；

b、a——分别为标准曲线的斜率（吸光度·mL/μg）和截距；

V——采样用吸收液体积，mL；

V_0——换算为标准状况下的采样体积，L；

f——NO_2 转化为 NO_2^- 的系数，取 0.76。

六、思考题

1. 氮氧化物与光化学烟雾有何关系？

2. 空气中氮氧化物日变化曲线说明什么？

实验三　环境空气中二氧化硫的测定

一、实验目的

1. 学习大气采样器使用方法。

2. 掌握盐酸副玫瑰苯胺比色法测定空气中 SO_2 的方法。

二、实验原理

空气中的二氧化硫被四氯汞钾溶液吸收后，生成稳定的二氯亚硫酸盐络合物，此络合物再与甲醛及盐酸副玫瑰苯胺发生反应，生成紫红色的络合物，其色度与二氧化硫含量呈正比，用分光光度法测定。

按照所用的盐酸副玫瑰苯胺使用液含磷酸多少，分为两种操作方法：(1) 含磷酸量少，最后溶液的 pH 值为 1.6±0.1，呈红紫色，最大吸收峰在 548nm 处，方法灵敏度高，但试剂空白值高。(2) 含磷酸量多，最后溶液的 pH 值为 1.2±0.1，呈蓝紫色，最大吸收峰在 575nm 处，方法灵敏度较前者低，但试剂空白值低，是我国广泛采用的方法。本实验采用方法 (2)。

主要干扰物质为：氮氧化物、臭氧、锰、铁、铬等。加入氨基磺酸铵可消除氮氧化物的干扰；采样后放置一段时间可使臭氧自行分解；加入磷酸和乙二胺四乙酸二钠盐，可以消除或减少某些重金属的干扰。

三、实验仪器及试剂

1. 实验仪器

(1) 多孔玻板吸收管（用于短时间采样）；多孔玻板吸收瓶（用于 24h 采样）；

(2) 空气采样器（流量 0～1L/min）；

(3) 分光光度计。

2. 试剂

(1) 四氯汞钾吸收液（0.04mol/L）：称取 10.9g 氯化汞（$HgCl_2$）、6.0g 氯化钾和 0.07g 乙二胺四乙酸二钠盐（EDTA-Na_2），溶解于水，稀释至 1000mL。此溶液在密闭容器中贮存，可稳定 6 个月。如发现有沉淀，不能再用；

(2) 甲醛溶液（2.0g/L）：量取 36%～38%甲醛溶液 1.1mL，用水稀释至 200mL，临用现配；

(3) 氨基磺酸铵溶液（6.0g/L）：称取 0.60g 氨基磺酸铵（$H_2NSO_3NH_4$），溶解于 100mL 水中。临用现配；

(4) 盐酸副玫瑰苯胺（PRA，即对品红）贮备液（0.2%）：称取 0.20g 经提纯的盐酸副玫瑰苯胺，溶解于 100mL1.0mol/L 盐酸溶液中；

(5) 盐酸副玫瑰苯胺使用液（0.016%）：吸取 0.2%盐酸副玫瑰苯胺贮备液 20.00mL 于 200mL 容量瓶中，加 3mol/L 磷酸溶液 200mL，用水稀释至标线。至少放置 24h 方可使用。存于暗处，可稳定 9 个月；

(6) 磷酸溶液（3mol/L）：量取 41mL85%浓磷酸，用水稀释至 200mL；

(7) 亚硫酸钠标准溶液：称取 0.20g 亚硫酸钠（Na_2SO_3）及 0.010g 乙二胺四乙酸二钠，将其溶解于 200mL 新煮沸并已冷却的水中，轻轻摇匀（避免振荡，以防充氧）。放置 2～3h 后标定。此溶液每 1mL 相当于含 320～400μg 二氧化硫，用碘量法标定出其准确浓度。准确量取适量亚硫酸盐标准溶液，用四氯汞钾溶液稀释成每 1mL 含 2.0μgSO_2的标准使用溶液。

四、实验步骤

1. 标准曲线的绘制

取 8 支 10mL 具塞比色管，按表 4-3 所列参数和方法配制标准色列。

表 4-3　SO_2标准色列配制

加入溶液	色列管编号							
	0	1	2	3	4	5	6	7
2.0μg/mL 亚硫酸钠标准使用溶液（mL）	0.00	0.60	1.00	1.40	1.60	1.80	2.20	2.70
四氯汞钾吸收液（mL）	5.00	4.40	4.00	3.60	3.40	3.20	2.80	2.30
二氧化硫含量（μg）	0.00	1.20	2.00	2.80	3.20	3.60	4.40	5.40

在以上各比色管中加入 6.0g/L 氨基磺酸铵溶液 0.50mL，摇匀。再加 2.0g/L 甲醛溶液 0.50mL 及 0.016%盐酸副玫瑰苯胺使用液 1.50mL，摇匀。当室温为 15～20℃时，显色 30min；室温为 20～25℃时，显色 20min；室温为 25～30℃时，显色 15min。用 1cm 比色皿，于 575nm 波长处，以水为参比，测定吸光度，试剂空白值不应大于 0.050 吸光度。以吸光度（扣除试剂空白值）对二氧化硫含量（μg）绘制标准曲线，并计算各点的SO_2与其吸光度的比值，取各点计算结果的平均值作为计算因子（Bs）。

2. 采样

（1）短时采样：量取 5mL 四氯汞钾吸收液于多孔玻璃吸收管内（棕色），通过塑料管连接在采样器上，在各点采样以 0.5L/min 流量采气 10～20L。采样完毕，封闭进出口，带回实验室供测定。

（2）24h 采样：测定 24h 平均浓度时，用内装 50mL 吸收液的多孔玻璃吸收瓶以 0.2L/min 流量，10～16℃恒温采样。

3. 样品测定

（1）短时采样样品：将采样后的吸收液转入 10mL 比色管中，用少许水洗涤吸收管并转入比色管中，使其总体积为 5mL，再加入 0.50mL6.0g/L 的氨基磺酸铵溶液，摇匀，放置 10min，以消除 NO_x的干扰。以下步骤同标准曲线的绘制。

（2）24h 采样样品：将采样后的吸收液转入 50mL 容量瓶中，用少许水洗涤吸收管并转入容量瓶中，使其总体积为 50.0mL，摇匀。取适量样品溶液置于 10mL 比色管中，用吸收液定容为 5.0mL。以下步骤同短时采样样品测定。

【注意事项】

（1）温度对显色影响较大，温度越高，空白值越大。温度高时显色快，褪色也快，最好用恒温水浴控制显色温度。

（2）对品红试剂必须提纯后方可使用，否则，其中所含杂质会引起试剂空白值增高，使方法灵敏度降低。市场上已有经提纯合格的 0.2%对品红溶液出售。

（3）六价铬能使紫红色络合物褪色，产生负干扰，故应避免用硫酸-铬酸洗液洗涤所用玻璃器皿，若已用此洗液洗过，则需用（1+1）盐酸溶液浸洗，再用水充分洗涤。

（4）用过的具塞比色管及比色皿应及时用酸洗涤，否则红色难于洗净。具塞比色管用（1+4）盐酸溶液洗涤，比色皿用（1+4）盐强加 1/3 体积乙醇混合液洗涤。

（5）四氯汞钾溶液为剧毒试剂，使用时应小心，如溅到皮肤上，立即用水冲洗。使用过的废液要集中回收处理，以免污染环境。

五、成果整理

1. 以吸光度（扣除试剂空白值）对二氧化硫含量（μg）绘制标准曲线，并计算各点的

SO_2与其吸光度的比值，取各点计算结果的平均值作为计算因子（B_s）。

2. 按下式计算空气中 SO_2浓度（c）：

$$c(\mathrm{mg/m^3}) = \frac{(A - A_0) \cdot B_s}{V_N} \tag{4-20}$$

式中　A——样品溶液的吸光度；

A_0——试剂空白溶液的吸光度；

B_s——计算因子（μg/吸光度）；

V_N——换算成标准状况下的采样体积，L。

在测定每批样品时，至少要加入一个已知 SO_2浓度的控制样品同时测定，以保证计算因子的可靠性。

六、思考题

1. 若采样后样品不能当天测定，该如何保存？

2. 在采样以及运输过程中应注意什么问题？

实验四　空气中氨的浓度测定（纳氏试剂比色法）

一、实验目的

掌握纳氏试剂比色法测定空气中氨浓度的方法。

二、实验原理

在稀硫酸溶液中，氨与纳氏试剂作用生成黄棕色化合物，根据颜色深浅，用分光光度法测定。反应式如下：

$$2K_2HgI_4+3KOH+NH_3 \rightleftharpoons O\langle{}^{Hg}_{Hg}\rangle NH_2I+7KI+2H_2O$$

黄棕色

本法检出限为 0.6μg/(10mL)(按与吸光度 0.01 相对应的 氨含量计)，当采样体积为 20L 时，最低检出浓度为 0.03mg/m^3。

三、实验仪器和试剂

1. 实验仪器

（1）大型气泡吸收管：10 支，10mL；

（2）空气采样器：1 台，流量范围 0～1L/min；

（3）分光光度计：1 台；

（4）容量瓶：2 个，250mL；

（5）具塞比色管：20 支，10mL；

（6）吸管：若干，0.10～1.00mL。

2. 试剂

（1）吸收液：硫酸溶液（0.01mol/L）；

（2）纳氏试剂：称取 5.0g 碘化钾，溶于 5.0mL 水，另取 2.5g 氯化汞（$HgCl_2$）溶于 10mL 热水。将氯化汞溶液缓慢加到碘化钾溶液中，不断搅拌，直到形成的红色沉淀

(HgI_2）不溶为止。冷却后，加入氢氧化钾溶液（15.0g氢氧化钾溶于30mL水），用水稀释至100mL，再加入0.5mL氯化汞溶液，静置1d。将上清夜贮于棕色细口瓶中，盖紧橡皮塞，存入冰箱，可使用一个月；

（3）酒石酸钾钠溶液：称取50.0g酒石酸钾钠（$KNaC_4H_4O_6 \cdot 4H_2O$），溶解于水中，加热煮沸以去除氨，放冷，稀释至100mL；

（4）氯化铵标准贮备液：称取0.7855g氯化铵，溶解于水，移入250mL容量瓶中，用水稀释至标线，此溶液每1mL相当于含1000μg氨；

（5）氯化铵标准溶液：临用时，吸取氯化铵标准贮备液5.00mL于250mL容量瓶中，用水稀释至标线，此溶液每1mL相当于含20.0μg氨。

四、实验步骤

1. 采样

用一个内装10mL吸收液的大型气泡吸收管，以1L/min流量采样，采样体积为20～30L。

2. 测定

（1）标准曲线的绘制：取6支10mL具塞比色管，按表4-4配制标准色列。

表4-4　氯化铵标准色列配制

管号	0	1	2	3	4	5
氯化铵标准溶液（mL）	0	0.10	0.20	0.50	0.70	1.00
水（mL）	10.00	9.90	9.80	9.50	9.30	9.00
氨含量（μg）	0	2.0	4.0	10.0	14.0	20.0

在管中加入酒石酸钾钠溶液0.20mL摇匀，再加纳氏试剂0.20mL，放置10min（室温低于20℃时，放置15～20min）。用1cm比色皿，与波长420nm处，以水为参比，测定吸光度。以吸光度对氨含量（μg），绘制标准曲线。

（2）样品的测定：采样后，将样品溶液移入10mL具塞比色管中，用少量吸收液洗涤吸收管，洗涤液并入比色管，用吸收液稀释至10mL标线，以下步骤同标准曲线的绘制。

【注意事项】

（1）本法测定的是空气中氨气和颗粒物中铵盐的总量，不能分别测定两者的浓度。

（2）为降低试剂空白值，所有试剂均用无氨水配制。无氨水配制方法：于普通蒸馏水中，加少量高锰酸钾至浅紫红色，再加少量氢氧化钠至呈碱性，蒸馏，取中间蒸馏部分的水，加少量硫酸呈微酸性，再重新蒸馏一次即可。

（3）在氯化铵标准贮备液中加1～2滴氯仿，可以抑制微生物的生长。

（4）若在吸收管上做好10mL标记，采样后用吸收液补充体积至10mL，可代替具塞比色管直接在其中显色。

（5）用72型分光光度计，于波长420nm处测定时，应采用10V电压。

（6）硫化氢、三价铁等金属离子会干扰氨的测定。加入酒石酸钾钠，可以消除三价铁离子的干扰。

五、成果整理

1. 以吸光度对氨含量（μg），绘制标准曲线；

2. 空气中氨的含量计算：

$$\rho_{NH_3}=m/V_N \tag{4-21}$$

式中　m——样品溶液中的氨含量，μg；

V_N——标准状态下地采样体积，L；

ρ_{NH_3}——空气中氨的含量，mg/m^3。

六、思考题

1. 影响空气中氨的测定结果的因素有哪些？如何消除？

2. 简述纳氏试剂的制做过程。

实验五　烟气中硫酸雾的测定（中和滴定）

一、实验目的

1. 掌握用中性玻璃纤维滤筒采集烟气方法；

2. 学会中和滴定法测烟气中硫酸雾的方法。

二、实验原理

用中性玻璃纤维滤筒采集烟气中的硫酸雾和三氧化硫，将待测物用水浸出，以甲基红-亚甲基蓝为指示剂，用标准氢氧化钠溶液滴定至终点：

$$H_2SO_4+2NaOH = Na_2SO_4+2H_2O$$

根据氢氧化钠溶液的浓度和消耗的体积即可求得硫酸雾的含量。

此法的测定范围为：1000mg/m^{3}以上。

三、实验仪器及试剂

1. 实验仪器

（1）中性玻璃纤维滤筒；

（2）尘粒采样装置；

（3）滴定管等容量分析仪器。

2. 试剂

（1）0.1mol/L 的氢氧化钠溶液：称取氢氧化钠 50g 于聚乙烯瓶中，加水约 40mL。摇匀后，盖好塞子，在阴凉处放置数日，制成饱和溶液。取 5mL 相当于 4g 氢氧化钠的上层清液，加入不含二氧化碳的水至 1000mL，贮于聚乙烯瓶中，装上碱石灰管后保存。此溶液的标定方法如下：

将氨基磺酸（基准试剂）在干燥器中放置 48h 左右，称取 2～2.5g（准确至 0.1mg），溶解于水中，移入 250mL 容量瓶中，并稀释至标线，摇匀。取此液 25.00mL 置于 200mL 锥形瓶中，加甲基红-亚甲基蓝指示剂 3～4 滴，用 0.1mol/L 的氢氧化钠溶液滴定至溶液的颜色由紫色变为绿色为止。由下式计算氢氧化钠标准溶液的浓度：

$$C=\frac{W\times\frac{25.00}{250}}{V\times 97.00}\times 1000=\frac{W\times 100}{V\times 97.00} \tag{4-22}$$

式中　C——氢氧化钠标准溶液的摩尔浓度，mol/L；

W——氨基磺酸的称取量，g；

V——氢氧化钠标准溶液的耗量，mL；

97.00——氨基磺酸的摩尔质量，g。

（2）甲基红-亚甲基蓝混合指示剂：将0.1g甲基红和0.1g亚甲基蓝溶解在100mL95％乙醇溶液中，装入棕色瓶中于阴暗处保存。此溶液有效期为一周。

四、实验步骤

1. 采样

因为硫酸雾属颗粒物，必须按等速采样法进行采样。为此，在采集尘样前，先测出采样点的烟气压力和温度，计算出等速采样的流量。再连接好采样装置，将流量快速调节到应有的流量，采样5～30min。

为了进一步捕集硫酸雾和三氧化硫，在采样管后连接一个内装脱脂棉的玻璃三联球。三联球置于保温水套中，水套温度约为（70～80)℃，在此温度下，二氧化硫不会冷凝和氧化为三氧化硫。

2. 样品溶液的制备

采样后，取出滤筒及三联球中的脱脂棉，放入250mL锥形瓶中，加水100mL（浸没滤筒及脱脂棉），瓶口上放一小漏斗，于电热板上加热约30min，放至室温，将溶液过滤移入250mL容量瓶中，用水洗涤滤筒及残渣3～5次，用水稀释至标线，摇匀，作为样品溶液。另取一空白滤筒，按同样方法制取空白滴定液。

3. 样品分析

取适量样品溶液〈视硫酸雾含量大小决定〉于250mL锥形瓶中，用水稀释至约500mL，加甲基红-亚甲基蓝混合指示剂3～5滴，摇匀，用标定好的氢氧化钠标准溶液进行滴定。溶液颜色由紫色变为绿色时为终点。记录氢氧化钠标准溶液的消耗量。按同样操作进行空白滴定，记录氢氧化钠标准溶液的消耗量。

【注意事项】

1. 不含二氧化碳水的制取方法：将二次蒸馏水装入硬质玻璃烧瓶中，煮沸15min，塞上装有碱石灰管的塞子，再冷却。

2. 如硫酸雾的浓度较低时，可使用10mL微量滴定管进行滴定。

五、成果整理

硫酸雾浓度计算：

$$\text{硫酸雾}(\text{mg/m}^3)=\frac{C\times(V-V_0)\times49.0\times1000\times V_s}{V_{nd}\times V_1} \tag{4-23}$$

式中　C——氢氧化钠标液的摩尔浓度，mol/L；

V——滴定样品液时氢氧化钠标液的消耗量，mL；

V_0——滴定空白液时氢氧化钠标液的消耗量，mL；

V_s——样品溶液的总体积，mL；

V_1——滴定时所取样品溶液的体积，mL；，

V_{nd}——标准状态下干气的采样体积，L；

49.0——$\frac{1}{2}H_2SO_4$的摩尔质量，g。

六、思考题

配制0.1mol/L氢氧化钠溶液时为何要加入不含二氧化碳的水？

实验六　空气中甲醛浓度的测定

Ⅰ.酚试剂分光光度法

一、实验目的

掌握酚试剂分光光度法测定空气中甲醛浓度的原理及方法。

二、实验原理

甲醛与酚试剂反应生成嗪，在高铁离子存在下，嗪与酚试剂的氧化产物反应生成蓝绿色化合物。根据颜色深浅在波长630nm处，用分光光度法测定。

采样体积为5mL时，本法检出限为0.02μg/mL，当采样体积为10mL时，最低检出浓度为0.01mg/m^3。

三、实验仪器和试剂

1. 实验仪器

(1) 大型气泡吸收管：10只，10mL；

(2) 空气采样器：1台，流量范围0～2L/min；

(3) 具塞比色管：10只，10mL；

(4) 分光光度计：1台。

2. 试剂

(1) 吸收液：称取0.10g酚试剂（3-甲基-苯并噻唑胺，$C_6H_4SN(CH_3)C:NNH_2 \cdot HCl$，简称MBTH），溶于水中，稀释至100mL，即为吸收原液，贮存于棕色瓶中，在冰箱可以稳定3天。采样时取5.0mL原液加入95mL水，即为吸收液。

(2) 硫酸铁铵溶液（10g/L）：称取1.0g硫酸铁铵，用0.10mol/L盐酸溶液溶解，并稀释至100mL。

(3) 硫代硫酸钠标准溶液（0.1mol/L）：称取26g硫代硫酸钠（$Na_2S_2O_3 \cdot 5H_2O$）和0.2g无水碳酸钠溶于1000mL水中，加入10mL异戊醇，充分混合，贮于棕色瓶中。

(4) 甲醛标准溶液：量取10mL浓度为36%～38%的甲醛，用水稀释至500mL，用碘量法标定甲醛溶液浓度。使用时，先用水稀释成每1mL含10.0μg甲醛的溶液，然后立即吸取10.00mL此稀释溶液于10mL容量瓶中，加5.0mL吸收原液，再用水稀释至标线。此溶液每1mL含1.0μg甲醛。放置30min后，用此溶液配置标准色列，此标准溶液可稳定24h。

标定方法：吸取5.00mL甲醛溶液于250mL碘量瓶中，加入40.00mL0.10mol/L碘溶液，立即逐滴加入浓度为30%的氢氧化钠溶液，至颜色褪至淡黄色为止。放置10min，用5.0mL盐酸溶液（1∶5）酸化（空白滴定时需多加2mL）。置暗处放10min，加入100～150mL水，用0.1mol/L硫代硫酸钠标准溶液滴定至淡黄色，加1.0mL新配制的5%淀粉指示剂，继续滴定至蓝色刚刚退去。

另取5mL水，同上法进行空白滴定。

按下式计算甲醛溶液浓度：

$$\rho_f = \frac{(V_0 - V) \times C_{Na_2S_2O_3} \times 15.0}{5.00} \tag{4-24}$$

式中 ρ_f——被标定的甲醛溶液的浓度，g/L；

V_0、V——分别为滴定空白溶液、甲醛溶液所消耗的硫代硫酸钠标准溶液体积，mL。

$C_{Na_2S_2O_3}$——硫代硫酸钠标准溶液浓度，mol/L。

四、实验步骤

1. 采样

用内装5.0mL吸收液的气泡吸收管，以5.0L/min流量采气10L。

2. 测定

(1) 标准曲线的绘制：用8支10mL比色管，按表4-5配制标准色列。然后向各管中加入1%硫酸铁铵溶液0.40mL摇匀。在室温下（8～35℃）显色20min。在波长630nm处，用1cm比色皿，以水为参比，测定吸光度。以吸光度对甲醛含量（μg），绘制标准曲线。

表4-5 甲醛标准色列配制

管号	0	1	2	3	4	5	6	7
甲醛标准溶液（mL）	0	0.10	0.20	0.40	0.60	0.80	1.00	1.50
吸收液（mL）	5.00	4.90	4.80	4.60	4.40	4.20	4.00	3.50
甲醛含量（μg）	0	0.10	0.20	0.40	0.60	0.80	1.00	1.50

(2) 样品的测定：采样后，将样品溶液移入比色皿中，用少量吸收液洗涤吸收管，洗涤液并入比色管，使总体积为5.0mL。室温下（8～35℃）放置80min后，其他操作同标准曲线的绘制。

【注意事项】

(1) 绘制标准时与样品测定时温差不超过20℃。

(2) 标定甲醛时，在摇动下逐滴加入30%氢氧化钠溶液，至颜色明显减退，再摇片刻，待褪成淡黄色，放置后褪至无色。若碱加入量过多，则5mL盐酸溶液（1∶5）不足以使溶液酸化。

(3) 当与二氧化硫共存时，会使结果偏低。可以在采样时，使气样先通过装有硫酸锰滤纸的过滤器，排除干扰。

五、成果整理

1. 以吸光度对甲醛含量（μg），绘制标准曲线；

2. 计算空气中总甲醛的含量：

$$\rho_f = m/V_N \tag{4-25}$$

式中 ρ_f——空气中总甲醛的含量，mg/m^3；

m——样品中甲醛含量，μg；

V_N——标准状态下采样体积，L。

六、思考题

1. 标定甲醛时应注意什么？

2. 当空气中有二氧化硫共存时，对实验结果有何影响？如何消除？

Ⅱ.离子色谱法

一、实验目的

掌握离子色谱法测定空气中甲醛浓度的原理及方法。

二、实验原理

空气中的甲醛经活性炭富集后，在碱性介质中用过氧化氢氧化成甲酸。用具有电导检测器的离子色谱仪测定甲酸的峰高，以保留时间定性，峰高定量，间接测定甲醛浓度。

方法的检出限为 0.06μg/mL，当采样体积为 48L、样品定容 25mL、进样量为 200μL 时，最低检出限浓度为 0.03mg/m^3。

三、实验仪器和试剂

1. 实验仪器

(1) 玻璃砂芯漏斗：1 个；

(2) 空气采样器：1 台，流量 0～1L/min；

(3) 微孔滤膜：若干，0.45μm；

(4) 超声波清洗器：1 台；

(5) 离子色谱仪：1 台，具有电导检测器；

(6) 活性炭吸附采样管：10 只，长 10cm，内径 6mm 的玻璃管，内装 20～50 目粒状活性炭 0.5g（活性炭预先在马弗炉内经 350℃灼烧 3h，放冷后备用），分 A、B 两段，中间用玻璃棉隔开，见图 4-1。

2. 试剂

(1) 淋洗液（0.005mol/L）：称取 1.907g 四硼酸钠（$Na_2B_4O_7 \cdot 10H_2O$），溶解于少量水，移入 1000mL 容量瓶中，用水稀释至标线，混匀。

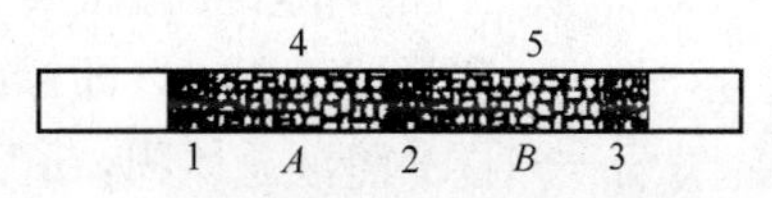

图 4-1　活性炭吸附采样管示意图

1、2、3—玻璃棉；4、5—粒状活性炭

(2) 甲酸标准储备液：称取 0.5778g 甲酸钠，溶解于少量水，移入 250mL 容量瓶中，用水稀释至标线，混匀。该溶液每 1mL 含 1000μg 甲酸根离子。

分析样品时，用去离子水将甲酸标准贮备液稀释成与样品水平相当的甲酸标准使用溶液。

四、实验步骤

1. 采样

打开活性炭采样管两端进口，将一端连接在空器采样器进口处，以 0.2L/min 的流量，采样 4h。采样后，用胶帽将采样管两端密封，带回实验室。

2. 测定

(1) 离子色谱条件的选择：按以下各项选择色谱条件：

淋滤液：0.005mol/L 四硼酸钠溶液

流量：1.5mL/min

纸速：4mm/min

柱温：室温±0.5℃（不低于 18℃）

进样量：200μL

(2) 样品溶液的制备：将样品管内的活性炭全部取出，置于已盛有 1.50mL 水、

0.05mol/L 氢氧化钠溶液 2.0mL、0.3%过氧化氢水溶液 1.50mL 的小烧杯中，在超声清洗器里提取处理 20min，放置 2h。用 0.45μm 滤膜过滤于 25mL 容量瓶中，然后分次用 2.0mL 水洗涤烧杯及活性炭，洗涤液并入容量瓶中，并用水稀释至标线，混匀，即为待测样品溶液。

（3）样品的测定：按所用离子色谱仪的操作要求分别测定标准溶液、样品溶液，得出高峰值。以单点外标法或绘制标准曲线法，将甲酸根离子浓度换算为空气中甲醛的含量。

【注意事项】

（1）活性炭采样管性能不稳定，因此每批活性炭采样管应抽 3～5 支，测定甲醛的解吸率，供计算结果使用。

（2）如乙酸产生干扰，淋洗液四硼酸钠浓度应改用 0.0025mol/L，甲酸和乙酸的分离度有所提高。

（3）当乙酸的浓度为甲酸的 5 倍，可溶性氯化物为甲酸浓度的 200 倍时，对甲酸测定有影响，改变淋洗液的浓度，可增加甲酸和乙酸的分离度。

五、成果整理

$$\rho_f = \frac{H \cdot K \cdot V_t}{V_N \cdot \eta} \times \frac{30.03}{45.02} \tag{4-26}$$

式中　ρ_f——空气中甲醛的含量，mg/m^3；

H——样品溶液中甲酸根离子的峰高，m；

K——定量校正因子，即标准溶液中甲酸根离子浓度与其峰高的比值，mg/L·m；

V_t——样品溶液总体积，mL；

H——甲醛的解吸收率；

V_N——标准状态下的采样体积，L；

30.03——甲醛分子的摩尔质量，g；

45.02——甲酸根离子的摩尔质量，g；

η——活性炭管的解吸率，%；

六、思考题

简述空气中甲醛含量检测的国家标准规定方法及使用范围。

实验七　环境空气中苯系物的测定（气相色谱法）

一、实验目的

1. 掌握气相色谱法原理及定性定量分析方法。

2. 了解气相色谱仪的基本结构及操作步骤。

3. 初步学会环境空气中苯系物的测定方法。

二、实验原理

气相色谱法是采用气体作为流动相的一种色谱方法，载气载着欲分离试样通过色谱柱中固定相，使试样中各组分分离，然后分别检测。

气相色谱法的分离原理：利用待测物质在流动相（载气）和固定相两相间的分配有差异（即有不同的分配系数），当两相相对运动时，这些组分在两相间的分配反复进行，从几千次到数百万次，即使组分的分配系数只有微小的差异，随着流动相的移动可以有明显的差距，最后使这些组分得到分离。

气相色谱法测定苯系化合物，具有灵敏度高、可同时测定等特点。本方法采用活性炭吸附管富集空气中的苯、甲苯、乙苯、二甲苯，用二硫化碳洗脱后，经色谱柱分离，火焰离子化检验器测定，以保留时间定性，峰高（或峰面积）外标法定量。

三、实验仪器和试剂

1. 实验仪器

（1）容量瓶：5mL、100mL 各 10 个；

（2）吸管：若干，1～20mL；

（3）微量注射器：1 支，10μL；

（4）气相色谱仪：1 台，配有火焰离子化检测器。色谱柱为长 2m、内径 3mm 的不锈钢柱，柱内填充涂附 2.5%DNP 及 2.5%Bentane 的 Chromosorb W HPDMCS（80～100 目）；

（5）空气采样器：流量 0～1L/min；

（6）活性炭吸附采样管：10 只，长 10cm、内经 6mm 的玻璃管，内装 20～50 目粒状活性炭 0.5g（活性炭预先在马弗炉内经 350℃灼烧 3h，放冷后备用），分 A、B 两段，中间用玻璃棉隔开。

2. 试剂

（1）苯系物：苯、甲苯、乙苯、邻二甲苯、对二甲苯、间二甲苯，均为色谱纯试剂；

（2）二硫化碳（CS_2）：使用前必须纯化，并经色谱检验。进样 5μL，在苯与甲苯峰之间不出峰方可使用；

（3）苯系物标准贮备液：分别吸取苯、甲苯、乙苯、对二甲苯、间二甲苯、邻二甲苯各 10.0μL 于装有 80mL 经纯化的 CS_2 的 100mL 容量瓶中，用 CS_2 稀释至标线，摇匀。再取此标液 10.0mL 于装有 80mL 纯化过的 CS_2 的 100mL 容量瓶中，并稀释至标线，摇匀。此贮备液每 1mL 含苯 8.8μg、甲苯 8.7μg、乙苯 8.7μg、对二甲苯 8.6μg、间二甲苯 8.7μg、邻二甲苯 8.8μg。此贮备液在 4℃可保存 1 个月。

四、实验步骤

1. 采样

用乳胶管连接采样管 B 端与空气采样器的进气口，A 端垂直向上放置，以 0.5L/min 流量，采样 100～400min。采样后，用乳胶管将采样管两端套封，10d 内测定。

2. 测定

（1）色谱条件的选择：按以下各项选择色谱条件：

柱温：64℃

气化室温度：150℃

检测室温度：150℃

载气（氮气）流量：50mL/min

燃气（氢气）流量：46mL/min

助燃气（空气）流量：320mL/min

（2）标准曲线的绘制：分别取各苯系物贮备液 0mL、0.5mL、10.0mL、15.0mL、20.0mL、25.0mL 于 100mL 容量瓶中，用纯化过的 CS_2 稀释至标线，摇匀。其浓度见表 4-6。

表 4-6　苯系物标准溶液的配制表

样品编号	苯系物标准贮备液体积（mL）	稀释至体积（mL）	苯、邻二甲苯溶液的质量浓度（μg/mL）	甲苯、乙苯、间二甲苯溶液的质量浓度（μg/mL）	对二甲苯溶液的标准质量浓度（μg/mL）
1	0	100	0	0	0
2	5.0	100	0.44	0.44	0.43
3	10.0	100	0.88	0.87	0.86
4	15.0	100	1.32	1.31	1.29
5	20.0	100	1.76	1.74	1.72
6	25.0	100	2.20	2.18	2.15

另取 6 支 5mL 容量瓶，各加入 0.25g 粒状活性炭及 1～6 号的苯系物标液 2.00mL，振荡 2min，放置 20min 后，在上述色谱条件下，各进样 5.0μL，按所用气相色谱仪的操作要求，测定标样的保留时间及峰高（峰面积）。绘制峰高（或峰面积）与含量之间关系的标准曲线。

（3）样品的测定：将采样管 A 段和 B 段活性炭分别移入 2 只 5mL 容量瓶中，加入纯化过的二硫化碳（CS_2）2.00mL，振荡 2min，放置 20min 后，吸取 5.0μL 解吸液注入色谱仪，记录保留时间和峰高（或峰面积）。以保留时间定性，峰高（或峰面积）定量。

【注意事项】

（1）二硫化碳具有高毒性和易挥发性，使用时要防爆和防止中毒。

（2）空气中苯系物浓度在 0.1mg/m^3左右时，可用 100mL 注射器采样，气样在常温下浓缩后，再加热解吸，用气相色谱法测定。

（3）市售活性炭、玻璃棉须经空白检验后，无干扰峰时方可应用，否则要预先处理。

（4）市售分析纯 CS_2 常含有少量苯与甲苯，须纯化后才能使用。

五、成果整理

$$\rho = \frac{m_1 + m_2}{V_N} \tag{4-27}$$

式中　ρ——空气中苯系物各成分的含量，mg/m^3；

m_1——A 段活性炭解吸液中苯系物的含量，μg；

m_2——B 段活性炭解吸液中苯系物的含量，μg；

V_N——标准状态下的采样体积，L。

六、思考题

1. 根据测定的结果评价环境空气中的苯系物污染情况。
2. 采样管为何用 A、B 两端活性炭并分别测定？如何据此评价采样效率？
3. 除气相色谱外，苯系物还有哪些测定方法？它们各有哪些特点？

实验八　大气中多环芳烃的测定（高效液相色谱法）

一、实验目的

1. 了解高效液相色谱仪的组成；
2. 掌握高效液相色谱法测定环境样品中的多环芳烃的方法。

二、实验原理

高效液相色谱法是以液体溶剂为流动相（载液），并选用高压泵送液方式。溶质分子在色谱柱中，经固定相分离后被检测，最终达到定性定量分析。

高效液相色谱仪由输液系统、进样系统、色谱柱及检测器组成。

高效液相色谱法（HPLC）测定多环芳烃（PAH），不需要高温气化样品，这对某些不稳定、易分解的样品分析尤为重要。

三、实验仪器与试剂

1. 实验仪器

（1）高效液相色谱仪、可变波长紫外检测器；

（2）色谱柱：C_{18}柱（4.6mm×250mm）；

（3）中流量采样器；

（4）滤膜（80mm 超细玻璃纤维滤膜）；

（5）索氏提取器；

（6）K-D 浓缩器。

2. 试剂

（1）PAH 标准样品：购置荧蒽、苯并［b］荧蒽、苯并［*k*］荧蒽、苯并［*α*］芘、苯并［*ghi*］苝、茚并［1，2，3-*cd*］芘等 PAH 标准品。以环己烷为溶剂稀释；

（2）流动相：用超纯水、电阻率大于 10.0MΩ·cm，甲醇为 HPLC 级。

四、实验步骤

1. 样品预处理

（1）PAH 的萃取：将颗粒物样品滤膜（尘面朝里）折叠后，小心放入索氏提取器的渗滤器中，注意不要让滤膜堵塞回流管，渗滤管上下部分分别与冷凝管和接收瓶连接好，加入 40mL 环己烷，置于温度为（98±1）℃的水浴锅中进行回流。保持水面在接收瓶高度的 2/3 处，连续回流 8h。

（2）PAH 的分离及浓缩：称取含水量 10%（质量分数）氟罗里土 6g，制成环己烷浆液，装入内径为 10mm 的玻璃柱内，将环己烷回流液通过层析柱。用 10～20mL 环己烷分 3 次洗涤索氏提取器，洗涤液过柱。

用 75～100mL 二氯甲烷、丙酮[(8∶1)～(4∶1)，体积分数]的洗脱液浸泡层析柱 40～60min，再用 50～60mL 洗脱液洗脱（流速控制在 2mL/min 左右）。将全部洗脱液接入浓缩装置，在水浴（60～70℃）上浓缩至预定体积（0.3～0.5mL），供 HPLC 分析。

2. HPLC 分析

（1）色谱条件：可根据仪器配置选择洗脱方式。

等度洗脱：流动相 95%甲醇的水溶液。

梯度洗脱：A 溶剂，15%甲醇；B 溶剂，100%甲醇。

（梯度顺序：75%B 保持 8min，然后以每分钟 1%B 的速度线性增加至 92%B，待出峰完毕。于初始状态平衡 10min，做下一准备。）

柱温：30℃。

流速：0.5mL/min。

进样量：5～10μL。

检测器：254nm 或 276nm。

(2) PAH 的测定：按以上色谱条件，分析标样和未知样品，得到 PAH 的色谱图。以保留时间定性，用外标法（单点）计算样品中各个 PAH 的浓度。若将 PAH 配成标准系列，也可绘制工作曲线测定。

【注意事项】

(1) 本实验分析对象为致癌物，因此，要有保护措施，如使用一次性塑胶手套。

(2) 整个操作要在避光条件下进行，防止 PAH 分解。

(3) 配备标样的溶剂必须能与流动相很好混合，并且不能有杂质色谱峰检出。应当选择 HPLC 级或更高纯试剂。

五、成果整理

$$\text{PAH 的含量}(\mu g/L)=\frac{A_0\times H\times V_t}{V_i\times V_s} \tag{4-28}$$

式中　A_0——标样浓度×标样进样体积/标样峰高，μg/mm；

H——样品峰高，mm；

V_t——样品浓缩液体积，μL；

V_i——样品进样体积，μL；

V_s——水样体积，μL。

六、思考题

1. 环境中的多环芳烃是如何产生的？有何危害？

2. 液相色谱法与气相色谱法有何异同？

实验九　汽车尾气的检测

一、实验目的

1. 了解汽车尾气中主要污染物的种类；

2. 熟悉不分光红外线气体分析仪的工作原理、结构及其特点；

3. 掌握汽车尾气排放的测试方法。

二、实验原理

本实验拟采用 NDIR 法（不分光红外线吸收法）测定 CO、HC 的浓度，用盐酸萘乙二胺比色法测定 NO_x 的浓度，采用过滤称量法测定颗粒物含量。

不分光红外线废气分析仪的工作原理：当具有电极性的气体分子受到红外线照射时产生振动能级的跃迁，吸收一部分其频率对应于气体分子固定振动频率的红外线，从而在红外光谱上形成吸收带。利用 HC、CO 等有害气体对不同频率的红外光有不同的吸收率的特点来测出有害气体的浓度。CO 对波长 4.6μm 的红外线有选择性吸收，HC 对波长 3.3μm 的红外线有选择性吸收。

盐酸萘乙二胺比色法测定 NO_x 的原理：尾气中的 NO_x 主要是 NO 和 NO_2，测定时先将气体通过三氧化铬氧化管把 NO 氧化成 NO_2，然后将 NO_2 吸收在用冰醋酸、对氨基苯磺酸和盐酸萘乙二胺配制成的吸收液中形成亚硝酸，与对氨基苯磺酸起重氮化反应，再与盐酸萘乙二胺耦合，生成玫瑰红色偶氮染料，而进行比色测定。

三、实验仪器与材料

(1) 红外线气体分析仪；

（2）采样器；

（3）分光光度计；

（4）机动车；

（5）干燥箱；

（6）天平；

（7）三氧化铬氧化管；

（8）注射器；

（9）吸收管；

（10）冰醋酸；

（11）对氨基苯磺酸；

（12）盐酸萘乙二胺；

（13）亚硝酸钠；

（14）10mL 具塞比色管；

（15）干燥滤纸等。

四、实验步骤

1. CO、HC 测量

（1）启动发动机由怠速工况加速至中等转速，维持 5 秒以上，再降至怠速状态；

（2）将取样探头插入排气管内，深度不少于 300mm；

（3）读取最大显示值，并记录；

（4）若为多排放管时，取各管的算术平均值作为测量结果；

（5）控制油门踏板位置，使发动机分别处于小、中、全负荷状态，按前述步骤(2)～(4)测量并记录 CO、HC 值。

2. NO_x 测量

（1）配制吸收液：称取 5.0g 加入 1000mL 容量瓶中，加入 50mL 冰醋酸和 900mL 水，盖塞振摇，待对氨基苯磺酸完全溶解后，加入 0.050g 盐酸萘乙二胺溶解后，用水稀释至标线。此为吸收原液，贮于密闭的棕色瓶中，25℃以下暗处存放可保存两个月（若呈现淡红色，应弃之重配）。使用时，按 4 份吸收原液和 1 份水的比例混合。

（2）配制亚硝酸钠标准溶液：称取 0.1500g 优级纯亚硝酸钠（$NaNO_2$，预先在干燥器放置 24h）溶于水，移入 1000mL 容量瓶中，用水稀释至标线，此为亚硝酸钠标准储备液。此标液为每 1mL 含 100μgNO_2^-，贮于棕色瓶中于暗处存放，可稳定三个月。临用前，吸取亚硝酸钠标准储备液 5.00mL 于 100mL 容量瓶中，用水稀释至标线。此溶液每 1mL 含 5.0μg NO_2^-。

（3）取样：将取样探头插入排气管内，深度不少于 300mm，为防止尾气中的水分、烟尘、油污等影响分析结果，用冰冷、玻璃棉过滤，经取样泵将气体引出。取样时，用 100mL 注射器直接抽取（抽取前先用样气冲洗 3 遍）。

（4）取 2 个各装有 4mL 吸收液的 U 形多孔玻板吸收管，中间串接一个氧化管（图 4-2）。为克服阻力，在吸收管 2 出口处连接注射器 B，以缓慢速度往外抽，A 中的气样进量应视进入吸收液后颜色变浅粉红色而定，记下进样体积量。

（5）将吸收管 1 的进口和吸收管 2 的出口夹夹死，然后将 B 注射器中的气体再注入系统

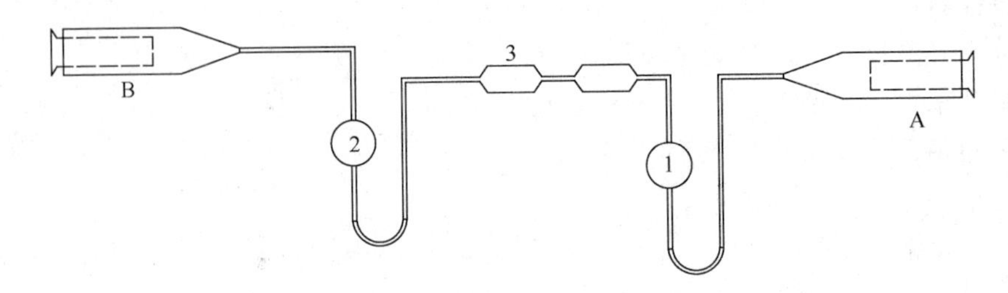

图 4-2　比色分析装置示意图

1、2—吸收管；3—氧化管；A、B—注射器

中，吸收管 2 的出口用新注射器抽，此操作重复 2 次。最后用 100～200mL 新鲜空气冲洗系统，将残存样气全部冲洗至吸收液中。

（6）将吸收管 1、2 避光放置 15min，待吸收液颜色稳定后进行比色。吸收管 1 为 NO_2 的含量，吸收管 2 为 NO 的含量，两者之和为 NO_x 含量。

（7）比色测定步骤如下：

① 标准曲线绘制：取 7 支 10mL 具塞比色管，按表 4-8 绘制标准色列。各管摇匀后，避光放置 15min，在波长 540nm 处，用 1cm 比色皿，以水作参比，测定吸光度。

② 样品测定：采样后，放置 15min，将样品溶液移入 1cm 比色皿中，按绘制标准曲线的方法测定试剂空白液和样品溶液的吸光度。

表 4-7　亚硝酸钠溶液的标准色列配制表

管　号	0	1	2	3	4	5	6
亚硝酸钠标准溶液（mL）	0	0.10	0.20	0.30	0.40	0.50	0.60
吸收原液（mL）	4.00	4.00	4.00	4.00	4.00	4.00	4.00
水（mL）	1.00	0.90	0.80	0.70	0.60	0.50	0.40
亚硝酸根含量（μg）	0	0.5	1.0	1.5	2.0	2.5	3.0

五、成果整理

1. 自制表格记录 CO 和 HC 的测试结果。

2. 以吸光度对亚硝酸根含量（μg）绘制标准曲线。

3. 计算。

$$\rho=\frac{A}{V_0\times0.76\times1000} \tag{4-29}$$

式中　ρ——被分析气体中 NO_2 的浓度，mg/m^3；

V_0——进样量的体积换算成标准状态下的体积，m^3；

A——含 NO_2 的量，μg；

0.76——二氧化氮和亚硝酸根离子的转换系数。

$$\rho_{NOx}=\rho_{NO_2}+\rho_{NO} \tag{4-30}$$

式中　ρ_{NOx}——排气中总的 NO_x 浓度，mg/m^3；

ρ_{NO_2}——排气中 NO_2 浓度，mg/m^3；

ρ_{NO}——排气中 NO 浓度，mg/m^3。

六、思考题

1. 汽车尾气中对环境危害最大的是哪一种污染物？为什么？

2. 实验中哪些操作或步骤易引起误差？应如何减小误差？

实验十 空气中微生物的检测

一、实验目的

1. 了解空气中微生物的分布状况；

2. 掌握空气中微生物的检测方法。

二、实验原理

空气是人类赖以生存的环境，也是微生物借以扩散的媒介。空气中存在着细菌、真菌、病毒、放线菌等多种微生物粒子，这些微生物粒子是空气污染物的重要组成部分。空气微生物主要来自于地面及设施、人和动物的呼吸道、皮肤和毛发等，它附着在空气气溶胶细小颗粒物表面，可较长时间停留在空气中。某些微生物还可以随着空气中细小颗粒穿过人体肺部存留在肺的深处，给身体健康带来严重危害。也可以随着空气中细小颗粒物被输送到较远地区，给人体带来许多传染性的疾病和上呼吸道疾病。因此，空气微生物含量多少可以反映所在区域的空气质量，是空气环境污染的一个重要参数。评价空气的清洁程度，需要测定空气中的微生物数量和空气污染微生物。测定的细菌指标有细菌总数和绿色链球菌，在必要时则测病原微生物。

空气并非微生物的繁殖场所，空气中缺乏水分和营养，紫外线的照射对微生物也有致死作用。微生物产生的孢子本身也可以飘浮到空气中，形成“气溶胶”，借风力传播。空气中的微生物中，真菌的孢子数量最多，细菌较少。而且藻类、酵母菌、病毒都会存在于空气中。

病原菌在空气中一般很容易死亡，但结核菌、白喉杆菌、葡萄球菌、链球菌、肺炎双球菌、炭疽杆菌、流感病毒和脊髓灰质炎病毒等，也可以在空气中存活一段时间。

在本次实验中主要是利用空气的自然沉降法测量空气中微生物含量。

三、实验仪器及试剂

1. 实验仪器

(1) 电炉；

(2) 培养箱；

(3) 高压蒸汽灭菌锅；

(4) 无菌台；

(5) 锥形瓶，培养皿，棉花塞，橡皮筋，玻棒，烧杯等。

2. 试剂

(1) 牛肉膏；

(2) 蛋白胨；

(3) NaCl；

(4) 琼脂；

(5) 1mol/L NaOH；

(6) 1mol/L HCl。

四、实验步骤

1. 配制牛肉膏蛋白胨培养基150mL，并灭菌备用。

2. 倒于平板上待凝固完全（每板10～15mL培养基）。

3. 空气采样，在实验室的四角及中央取五个点，每个点做两个平行样，一个对照样，十一个培养皿，暴露空气中10min，避开风口，离墙壁距离应大于0.5m，采样时关闭门窗，减少人员走动。

4. 采好样的培养皿置入37℃培养箱中培养24h，观察并记录。

附：牛肉膏蛋白胨培养基的制备

1. 配方：牛肉膏3g，蛋白胨10g，NaCl5g，琼脂15～20g，水1000mL，pH为7.4～7.6

2. 制备

（1）称量：按培养基配方比例依次准确地称取牛肉膏、蛋白胨、NaCl放入烧杯中。牛肉膏可用玻棒挑取，放在小烧杯或表面皿中称量，用热水溶化后倒入烧杯。

（2）溶化：在上述烧杯中可先加入少于所需要的水量，用玻棒搅匀，然后，在石棉网上加热使其溶解。待药品完全溶解后，补充水分到所需的总体积。如果配制固体培养基，将称好的琼脂放入已溶化的药品中，再加热溶化，在琼脂溶化的过程中，需不断搅拌，以防琼脂糊底使烧杯破裂。最后补足所失的水分。

（3）调pH值：在调pH值前，先用精密pH试纸测量培养基的原始pH值，如果pH值偏酸，用滴管向培养基中逐滴加入1mol/L NaOH，边加边搅拌，并随时用pH试纸或酸度计测其pH值，直至pH值达7.6。反之，则用1mol/L HCl进行调节。

（4）过滤：趁热用滤纸或多层纱布过滤，以利结果的观察。一般无特殊要求的情况下，这一步可以省去（本实验无需过滤）。

（5）分装：按实验要求，可将配制的培养基分装入试管内或三角烧瓶内。液体分装高度以试管高度的1/4左右为宜；固体分装量不超过试管高的1/5，灭菌后制成斜面。分装三角烧瓶的量以不超过三角烧瓶容积的一半为宜；半固体分装试管一般以试管高度的1/3为宜，灭菌后将试管搁置成一定斜度冷凝。

（6）加塞：培养基分装完毕后，在试管口或三角烧瓶口上塞上棉塞，以阻止外界微生物进入培养基内而造成污染，并保证有良好的通气性能。

（7）包扎：加塞后，将全部试管用麻绳捆扎好，再在棉塞外包一层牛皮纸，以防止灭菌时冷凝水润湿棉塞，其外再用一道麻绳扎好。用记号笔注明培养基名称、组别、日期。

（8）灭菌：将上述培养基以121.3℃，20min高压蒸汽灭菌。如因特殊情况不能及时灭菌，则应放入冰箱内暂存。

【注意事项】

1. 称量时，蛋白胨很易吸潮，在称取时动作要迅速。另外，称药品时严防药品混杂，一把牛角匙用于一种药品，或称取一种药品后，洗净、擦干，再称取另一药品，瓶盖也不要盖错。

2. 调pH值时，不要调过头，以避免回调，否则，将会影响培养基内各离子的浓度。

3. 分装过程中注意不要使培养基沾在管口或瓶口上，以免沾污棉塞而引起污染。

五、成果整理

根据前苏联奥梅梁斯基估算公式计算：

$$c=\frac{1000\times 50N}{A\times t} \tag{4-31}$$

其中 c——空气中细菌数，个；

N——培养后菌落数，个；

A——平皿的表面积，cm^2；

t——培养皿在空气中的暴露时间，min。

此公式是根据 $100cm^2$ 的表面积在空气中暴露 5min 的菌落数相当于 10L 空气中的菌落数来估算的，并不能代表真实空气的数量，应该比实际菌落数小。

六、思考题

1. 描述培养物的形态特征；

2. 根据测试结果评价空气的卫生状况。

第三节 固废监测实验

实验一 铬渣中 Cr^{6+} 的溶出及测定

一、实验目的

1. 掌握六价铬的测定方法；

2. 熟练应用分光光度计。

二、实验原理

铬渣是指在铬生产过程中由铬铁矿、纯碱和钙质填料按一定比例混合、经高温煅烧、用水制取铬酸钠后所得的灰绿色残渣，是一种强碱性物质。铬渣遇水会溶出碱性物质和 Cr^{6+}，水溶 Cr^{6+} 对环境的污染和危害更大。

本实验是基于在酸性介质中，六价铬与二苯碳酰二肼（DPC）反应，生成紫红色络合物，利用分光光度计于 540nm 波长处进行比色测定。

三、实验仪器及试剂

1. 实验仪器

（1）分光光度计；

（2）比色皿；

（3）移液管，容量瓶等。

2. 试剂

（1）铬标准贮备液：称取于 120℃干燥 2h 的重铬酸钾（优级纯）0.2829g，用水溶解，移入 1000mL 容量瓶中，用水稀释至标线，摇匀。每 1mL 贮备液含 0.100g 六价铬。

（2）铬标准使用液：吸取 5.00mL 铬标准贮备液于 500mL 容量瓶中，用水稀释至标线，摇匀。每 1mL 标准使用液含 1.00μg 六价铬。使用当天配制。

（3）二苯碳酰二肼溶液：称取二苯碳酰二肼（简称 DPC，$C_{13}H_{14}N_4O$）0.2g，溶于

100mL95%乙醇中，边搅拌边加入（1+9）硫酸400mL。该溶液在冰箱中可存放一个月。

用此显色剂，在显色时直接加入2.5mL即可，不必再加酸。但加入显色剂后，要立即摇匀，以免Cr^{6+}可能被乙醇还原。

四、实验步骤

1. 样品处理

称取1.0g铬渣，加入100mL水中，振荡20min，使铬浸出，过滤，滤液稀释成一定浓度后用作后续测定铬含量。

2. 标准曲线绘制

取7支50mL容量瓶，依次加入0mL、0.20mL、0.50mL、1.00mL、2.00mL、4.00mL和6.00mL铬标准使用液，用水稀释至标线，摇匀。加入2.5mL显色剂溶液，摇匀。5～10min后，于540nm波长处，用1cm比色皿，以水为参比，测定吸光度并进行空白校正。以吸光度为纵坐标、相应六价铬含量为横坐标绘出标准曲线。

3. 水样测定

取适量（含Cr^{6+}少于50μg）无色透明或经预处理的水样于50mL容量瓶中，用水稀释至标线，测定方法同标准溶液。进行空白校正后根据所测吸光度从标准曲线上查得Cr^{6+}含量。

【注意事项】

1. 用于测定铬的玻璃器皿不应用重铬酸钾洗液洗涤。

2. Cr^{6+}与显色剂的显色反应一般控制酸度在0.05～0.3mol/L（$1/2H_2SO_4$）范围，以0.2mol/L时显色最好。显色前，水样应调至中性。显色温度和放置时间对显色有影响，在15℃时，5～15min颜色即可稳定。

五、成果整理

以吸光度为纵坐标、相应的六价铬含量为横坐标绘制标准曲线。

六、思考题

1. 简述铬渣的组成及危害。

2. 如何实现铬渣的综合利用?

实验二　土壤中的Cu、Zn、Cd测定

一、实验目的

1. 掌握原子吸收光谱分析法的基本原理及方法；

2. 了解土壤样品的制备方法；

3. 学习连续测定土壤中铜、镉、锌的方法。

二、实验原理

不同元素有其一定波长的特征谱线，如铜为324.8nm，镉为228.8nm，锌为213.9nm，而每种元素的原子蒸气对辐射光源的特征谱线有强烈的吸收，吸收的程度与试液中待测元素的浓度呈正比。

用不同元素的空心阴极灯作锐线光源时，能辐射出不同的特征谱线。因此，用不同的元素灯，可在同一试液中分别测定几种不同元素，彼此干扰较少。这体现了原子吸收光谱分析法的优越性。

土壤样品用 HNO_3-HF-$HClO_4$ 或 HCl-HNO_3-HF-$HClO_4$ 混酸体系消化后，将消化液直接喷入空气-乙炔火焰，在火焰中形成的基态原子蒸汽对光源发射的特征电磁辐射产生吸收，测得试液吸光度扣除全程序空白吸光度，从标准曲线查得 Cu、Zn、Cd 的含量。

三、实验仪器及试剂

1. 实验仪器

（1）原子吸收分光光度计，备有铜、镉、锌的空心阴极灯各 1 只，无油空气压缩机，乙炔供气装置；

（2）容量瓶：1000mL 4 只，l00mL 1 只，50mL 6 只；

（3）移液管：10mL 1 支；

（4）移液管：20mL 1 支；

（5）比色管：50mL 6 支。

2. 试剂

（1）金属铜、金属锌、重镉酸钾（均为一级纯），氯化铵、硝酸、盐酸等（均为二级纯），去离子水；

（2）铜标准溶液：溶解 1.0000g 纯金属铜于 15mL(1＋1）硝酸中，转入容量瓶，用去离子水稀释至 1000mL。此溶液 1.00mL 含有 1.00mg 铜；

（3）镉标准溶液：溶解 1.0000g 金属镉粉（光谱纯）于 50mL（1＋5）HNO_3（微热溶解），转入容量瓶中，用去离子水稀释至 1000mL。此溶液 1.00mL 含有 1.00mg 镉；

（4）锌标准溶液：溶解 1.0000g 纯金属锌于 20mL(1＋1）硝酸中，转入容量瓶中，用去离子水稀释至 1000mL。此溶液 1.00mL 含有 1.00mg 锌；

（5）混合标准溶液：准确吸取上述铜标准溶液 10.00mL，镉标准溶液 10.00mL、锌标准溶液 5.00mL 于 100mL 容量瓶中，用去离子水稀释至刻度，摇匀。此混合溶液 1mL 中含铜 100μg、镉 100μg、锌 50μg。

四、实验步骤

1. 土样试液的制备

称取 0.5000～1.0000g 土样于 25mL 聚四氟乙烯坩埚中，用少许水润湿，加入 10mLHCl，在电热板上加热（＜450℃）消解 2h，然后加入 15mLHNO_3，继续加热至溶解物剩余约 5mL 时，再加入 5mLHF 并加热分解除去硅化合物，最后加入 5mL$HClO_4$ 加热至消解物呈淡黄色，打开盖，蒸至近干。取下冷却，加入（1＋5）HNO_3 1mL 微热溶解残渣，移入 50mL 容量瓶中定容。同时进行全程序试剂空白实验。

2. 标准曲线的绘制

吸取混合标准溶液 0mL、1.00mL、2.00mL、3.00mL、4.00mL、5.00mL 分别置于 6 只 50mL 容量瓶中，每瓶中加入（1＋l)HCl 10mL，用去离子水稀释至刻度。按仪器操作条件，测定其中某一元素时应换用该元素的空心阴极灯作光源。用 1％HCl 调节吸光度为零，测定各瓶溶液中铜、镉、锌的吸光度，记录每种金属浓度和相应的吸光度。用坐标纸将 Cu、Zn 和 Cd 的含量（单位：μg）与相对应的吸光度绘制出每种元素的标准曲线。

3. 样品测定

按绘制标准曲线条件测定试样溶液的吸光度，扣除全程序空白吸光度，从标准曲线上查得 Cu、Zn、Cd 含量。

五、成果整理

1. 用坐标纸将 Cu、Zn 和 Cd 的含量（单位：μg）与相对应的吸光度绘制出每种元素的标准曲线；

2. 试样 Cu、Zn 和 Cd 的含量计算：

$$c\,(\mathrm{mg/kg})=\frac{m}{W} \tag{4-32}$$

式中　c——Cu、Zn、Cd 的含量，mg/kg；

m——从标准曲线上查得含量，μg；

W——土样的质量，g。

六、思考题

1. 用原子吸收光谱分析法测定不同的元素时，对光源有什么要求？

2. 为什么要用混合标准溶液来绘制标准曲线？

3. 从这个实验了解到原子吸收光谱分析法的优点在哪里？如果用比色方法来测定这三种元素，它和本方法比较，有何优缺点？

第五章　环境工程原理实验

实验一　裸管和绝热管传热实验

一、实验目的

1. 通过实验加深对传热过程基本原理的理解；

2. 掌握解决机理复杂的传热过程的实验研究和数据处理方法。

二、实验原理

本实验采用一组垂直安装的蒸汽管，其中有裸蒸汽管、固体材料保温的蒸汽管和空气（或真空）夹层保温的蒸汽管，实验测定这三种蒸汽管的热损失速度、裸蒸汽管向周围无限空间的给热系数、固体保温材料的导热系数和空气（或真空）夹层保温管的等效导热系数。

1. 裸蒸汽管

如图 5-1 所示，当蒸汽管外壁温度 T_w 高于周围空间温度 T_a 时，管外壁将以对流和辐射两种方式向周围空间传递热量。在周围空间无强制对流的状况下，当传热过程达到定常状态时，管外壁以对流方式给出热量的速率 Q_c 为：

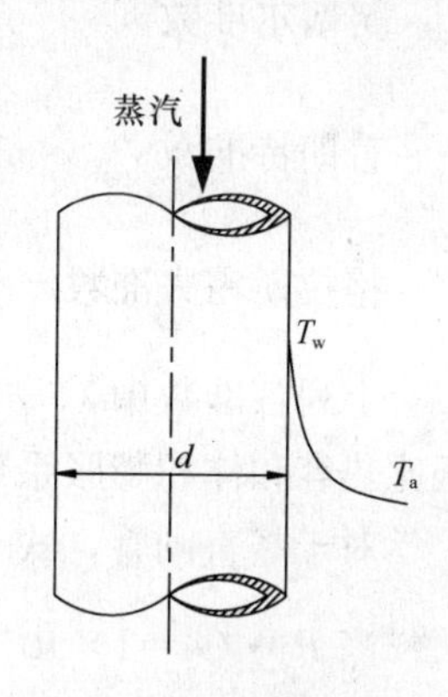

图 5-1　裸蒸汽管外壁向空间给热时的温度分布

$$Q_c = \alpha_c A_w (T_w - T_a) \tag{5-1}$$

式中　A_w——裸蒸汽管外壁总给热面积，m^2；

α_c——管外壁向周围无限空间自然对流时的给热系数，$W \cdot m^{-2} \cdot K^{-1}$；

T_w——蒸汽管外壁温度，℃；

T_a——周围空间温度，℃。

管外壁以辐射方式给出热量的速率为 Q_R：

$$Q_R = C\varphi A_w \left[\left(\frac{T_w}{100}\right)^4 - \left(\frac{T_a}{100}\right)^4 \right] \tag{5-2}$$

式中　C——总辐射系数；

φ——角系数；

其他符号同上。

若将式（5-2）表达为与式（5-1）类同的形式，则有：

$$Q_R = \alpha_R A_w (T_w - T_a) \tag{5-3}$$

由式（5-2）与式（5-3）可得：

$$\alpha_R = \frac{C\varphi \left[\left(\frac{T_w}{100}\right)^4 - 8\left(\frac{T_a}{100}\right)^4 \right]}{T_w - T_a} \tag{5-4}$$

式中　α_R——管外壁向周围无向空间辐射的给热系数，$W \cdot m^{-2} \cdot K^{-1}$。

管外壁向周围空间因自然对流和辐射两种方式传递的总给热速率 Q 为：

$$Q = Q_c + Q_R \tag{5-5}$$

$$Q = (\alpha_c + \alpha_R)A_w(T_w - T_a) \tag{5-6}$$

令 $\alpha=\alpha_c+\alpha_R$，则裸蒸汽管向周围无限空间散热时的总给热速率方程可简化表达为

$$Q = \alpha A_w(T_w - T_a) \tag{5-7}$$

式中 α——壁面向周围无限空间散热时的总给热系数，$W \cdot m^{-2} \cdot K^{-1}$。它可表征在定常给热过程中，当推动力 $T_w-T_a=1K$ 时，单位壁面积上给热速率的大小。α 值可根据式（5-7）直接由实验测定。

由自然对流给热实验数据整理得出的各种准数关联式为：

$$N_a = c(P_r \cdot G_r)^n \tag{5-8}$$

该式采用 $T_m = \frac{1}{2}(T_w + T_a)$ 为定性温度，管外径 d 为定性尺寸，式中：

努塞尔准数 $N_u = \frac{ad}{\lambda}$

普朗特准数 $P_r = \frac{C_p\mu}{\lambda}$

格拉斯霍夫准数 $G_r = \frac{d^3\rho^2\beta g(T_w - T_a)}{\mu^2}$

上列各准数中 λ、ρ、μ、C_p 和 β 分别为在定性温度下的空气导热系数、密度、黏度、定压比热容和体积膨胀系数。

对于竖直圆管，式（5-8）中的 c 和 n 值：

当 $P_\tau \cdot G_\tau=1\times10^{-3}\sim5\times10^2$ 时，$C=1.18$，$n=\frac{1}{8}$；

当 $P_\tau \cdot G_\tau=5\times10^2\sim2\times10^7$ 时，$C=0.54$，$n=\frac{1}{4}$；

当 $P_\tau \cdot G_\tau=2\times10^7\sim1\times10^{13}$ 时，$C=0.135$，$n=\frac{1}{3}$。

2. 固体材料保温管

如图 5-2 所示，固体绝热材料圆筒壁的内径为 d，外径为 d'，测试段长度为 L，内壁温度为 T_w，外壁温度为 T'_w，则根据导热基本定律得出：在定常状态下，单位时间内通过该绝热材料层的热量，即蒸汽管加以固体材料保温后的热损失速率为：

$$Q = 2\pi L\lambda \frac{T_w - T'_w}{\ln\frac{d'}{d}} \tag{5-9}$$

式中 d、d' 和 L 均为实验设备的基本参数，只要实验测得 T_w、T'_w 和 Q 值，即可按上式得出固体绝热材料导热系数 λ 的实验测定值为：

$$\lambda = \frac{Q}{2\pi L(T_w - T'_w)}\ln\frac{d'}{d} \tag{5-10}$$

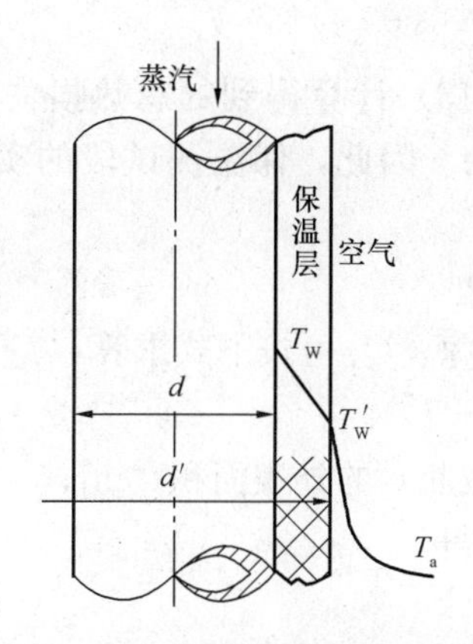

图 5-2　固体材料保温管的温度分布

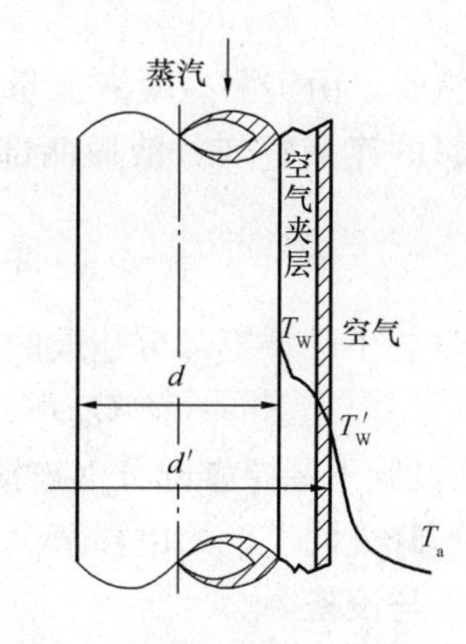

图 5-3　空气夹层保温管的温度分布

3. 空气夹层保温管

在工业和实验设备上，除了采用绝热材料进行保温外，也常采用空气（或真空）夹层进行保温。如图 5-3 所示，在空气夹层保温管中，由于两壁面靠得很近，空气在密闭的夹层内自然对流时，受到两壁面相对位置和空间形状及其大小的影响，情况比较复杂。同时，它又是一种同时存在导热、对流和辐射三种方式的复杂的传热过程。对这种传热过程的研究，一方面对其传热机理进行探讨，另一方面从工程实际意义上考虑更重要的是设法确定这种复杂传热过程的总效果。因此，工程上采用等效导热系数的概念，将这种复杂传热过程虚拟为一种单纯的导热过程。用一个与夹层厚度相同的固体层的导热作为等效于空气夹层的传热总效果。由此，通过空气夹层的传热速率则可按导热速率方程来表达为：

$$Q=\frac{\lambda_f}{\delta}A_w(T_w-T'_w) \tag{5-11}$$

式中　λ_f——等效导热系数，$W\cdot m^{-2}\cdot K^{-1}$；

δ——夹层的厚度，m；

$T_w-T'_w$——空气夹层两边的壁面温度，K。

对于已知 d、d'、L 的空气夹层管，只要在定常状态下实验测得 Q、T_w和 T'_w，即可按下式计算得到空气夹层保温管的等效导热系数 λ_f：

$$\lambda_f=\frac{Q}{2\pi L(T_w-T'_w)}\ln\frac{d'}{d} \tag{5-12}$$

真空夹层保温管也可采用上述类同的概念和方法，测得等效导热系数的实验值。

4. 热损失速率

不论是裸蒸汽管还是有保温层的蒸汽管，均可由实验测得的冷凝液流量 m_s求得总的热损失速率 Q_t，即：

$$Q_t=m_sr \tag{5-13}$$

式中　m_s——冷凝液流量，$kg\cdot s^{-1}$；

r——蒸汽的冷凝热，$J\cdot kg^{-1}$。

对于裸蒸汽管，由实测冷凝液流量按式（5-13）计算得到的总热损失速率 Q_t，即为裸管全部外壁面（包括测试管壁面、分液瓶和连接管的表面积之和）散热时的给热速率 Q，即

$Q=Q_t$。

对于保温蒸汽管，由实测冷凝液流量按式（5-13）计算得到的总热损失速率 Q_t，应由保温测试段和裸管的连接管与分液瓶两部分造成的。因此，保温测试段的实际给热速率 Q 按下式计算：

$$Q = Q_t - Q_o \tag{5-14}$$

式中　Q_o——测试管下端裸露部分造成的热损失速率。Q_o 可按下式求算：

$$Q_o = \alpha A_{wo}(T_w - T_a) \tag{5-15}$$

式中　A_{wo}——测试管下端裸露部分（连接管和分液瓶）的外表面积，m^2；

α、T_w 和 T_a 释义同上，均由裸蒸汽管实验测得。

三、实验装置与设备

本实验装置主要由蒸汽发生器、蒸汽包、测试管和测量与控制仪表四部分组成，如图 5-4 所示。

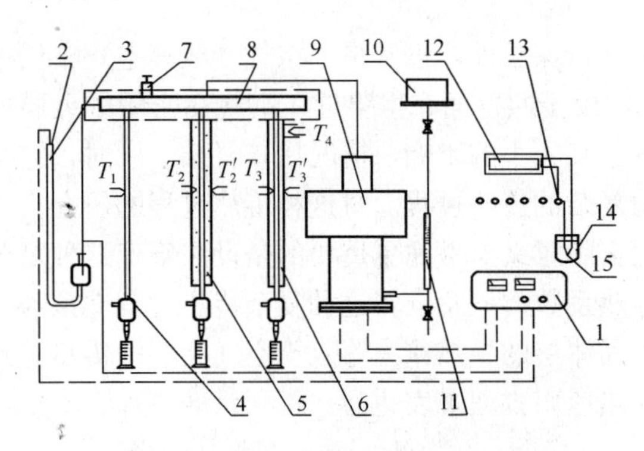

图 5-4　裸管和绝热管传热实验仪流程

1—控压仪；2—控压探头；3—单管水柱压力计；4—裸管；5—固体材料保温管；6—空气夹层保温管；7—放空阀门；8—蒸汽包；9—蒸汽发生器；10—注水槽；11—液位计；12—数字电压表；13—转换开关；14—冷井；15—热电偶

蒸汽发生器为一电热锅炉，蒸汽压力和温度由控压调节控制。蒸汽进入蒸汽包后，分别通向三根垂直安装的测试管。三根测试管依次为裸蒸汽管、固体材料保温管和夹层保温管。测试管内的蒸汽冷凝后，冷凝液流入分液瓶，少量蒸汽和不凝性气体排出。各测试管的温度测量均采用铜-康铜感温元件，并通过转换开关由数字电压表显示。

四、实验步骤

1. 实验测定前工作

（1）向蒸汽发生器中注入适量软水，加入量约为发生器上部汽化室总高度的 50%～60%，器内液面切勿低于下部加热室上沿。

（2）先将单管压力计上控压元件放置在适当部位（一般将蒸汽压力控制在标尺的 300～500mm 处）；再将蒸汽包上放空阀略微开启（用以排除不凝性气体）；然后打开电源开关，将电压调至 200V 左右，开始加热蒸汽发生器。

（3）当蒸汽压力接近控制点时关闭蒸汽包放空阀，仔细调节电压和电流，使蒸汽压力控制恒定（一般压力波动不大于 5mm 水柱）。一般情况下，上限电压可调到 60～80V，上下限相差 20V 左右为宜。

2. 测试

待蒸汽压和各点温度维持不变，即达到稳定状态后，再开始各项测试操作。在一定时间间隔内，用量筒量取蒸汽冷凝量，并重复 3～4 次取其平均值。同时分别测量室温、蒸汽压强和测试管上的各点温度等有关数据。实验结束时，应将全部放空阀打开、再停止加热。

【注意事项】

1. 在实验过程中，应特别注意保持状态的稳定。尽量避免测试管周围空气的扰动。例如门的开关和人的走动都会对实验数据的稳定性产生影响。

2. 实验过程中，应随时监视蒸汽发生器的液位计，以防液位过低而烧毁加热器。

3. 实验结束时，应将全部放空阀打开、再停止加热。

五、成果整理

1. 测量并记录实验设备和操作基本参数

(1) 设备参数

裸蒸汽管

蒸汽管外径　$d=12$mm

蒸汽管长度　$L=800$mm

连接管和分液器外表面积　$A_{wo}=0.0098\text{m}^2$

固体材料保温管

保温层材质　膨胀珍珠岩散料

保温材料堆积密度　$\rho_b=54\sim252\text{kg/m}^3$

保温层内径　$d=12$mm

保温层外径　$d'=40.8$mm

保温层长度　$L=800$mm

裸管部分外表面积　$A_{wo}=0.0098\text{m}^2$

空气夹层保温管

蒸汽管外径　$d=12$mm

外套管外径　$d'=33.5$mm

保温层长度　$L=800$mm

裸管部分外表面积　$A_{wo}=0.0098\text{m}^2$

(2) 操作参数

蒸汽压力计读数　$R=$________mm（水柱）

蒸汽压强　$P=$________Pa

蒸汽温度　$T=$________℃

蒸汽冷凝热　$r=$________$\text{J}\cdot\text{kg}^{-1}$

2. 测量并记录裸管、固体材料保温管和空气夹层保温管的实验数据填入表5-1～表5-3。

表5-1　裸蒸汽管记录表

实验序号			平均值
室温 T_a（℃）			
冷凝液体积 V（mL）			
受液时间 t（s）			
冷凝液温度 T_1（℃）			
冷凝液密度 ρ_1（kg/m）			
管外壁温度	U（mV）		
	T_w（℃）		

表 5-2　固体材料保温管记录表

实验序号			平均值
室温 T_a（℃）			
冷凝液体积 V（mL）			
受液时间 t（s）			
冷凝液温度 T_1（℃）			
冷凝液密度 ρ_1（kg/m）			
内壁温度	U（mV）		
	T_w（℃）		
外壁温度	U'（mV）		
	T'_w（℃）		

表 5-3　空气夹层保温管记录表

实验序号			平均值
室温 T_a（℃）			
冷凝液体积 V（mL）			
受液时间 t（s）			
冷凝液温度 T_1（℃）			
冷凝液密度 ρ_1（kg/m）			
内壁温度	U（mV）		
	T_w（℃）		
外壁温度	U'（mV）		
	T'_w（℃）		

3. 整理实验数据

（1）裸蒸汽管（表 5-4）

表 5-4　裸蒸汽管整理表

冷凝液流率 m_s/kg·s^{-1}	总给热速率 Q/W	总给热面积 A_w/m^2	总给热推动力 $\Delta T/K$	总给热系数 α（实测）/W·m^{-2}·K^{-1}	定性温度 T_m/K
(1)	(2)	(3)	(4)	(5)	(6)

定性尺寸 d/m	空气密度 ρ/kg·m^{-3}	空气黏度 μ/Pa·s	空气比热容 C_p/J·kg^{-1}·K^{-1}	空气导热系数 λ/W·m^{-1}·K^{-1}	空气体积膨胀系数 β/K^{-1}
(7)	(8)	(9)	(10)	(11)	(12)

普朗特数 P_r	格拉斯霍夫数 G_r	$P_r \cdot G_r$	C	n	给热系数 α(计算)/W·m^{-2}·K^{-1}
(13)	(14)	(15)	(16)	(17)	(18)

（2）固体材料保温管（表 5-5）

表 5-5　固体材料保温管整理表

冷凝液流率 m_s/kg・s^{-1}	热损失速率 Q/W	推动力 ΔT/K	导热系数 λ/W・m^{-1}・K^{-1}
（1）	（2）	（3）	（4）

（3）空气夹层保温管（表 5-6）

表 5-6　空气夹层保温管整理表

冷凝液流率 m_s/kg・s^{-1}	热损失速率 Q/W	推动力 ΔT/K	等效导热系数 λ_f（实测）/W・m^{-2}・K^{-1}	定性温度 T_m/K
（1）	（2）	（4）	（5）	（5）

定性尺寸 δ/m	空气密度 ρ/kg・m^{-3}	空气黏度 μ/Pa・s	空气比热容 C_p/J・kg^{-1}・K^{-1}	空气导热系数 λ/W・m^{-1}・K^{-1}	空气体积膨胀系数 β/K^{-1}
（6）	（7）	（8）	（9）	（10）	（11）

普朗特数 P_r	格拉斯霍夫数 G_r	$P_r \cdot G_r$	C	n	等效导热系数 λ_f（计算）/W・m^{-2}・K^{-1}
（12）	（13）	（14）	（15）	（16）	（17）

六、实验结果讨论

1. 比较三根传热管的传热速率，说明原因。
2. 根据结论对绝热保温的方法和绝热性能良好的保温材料进行讨论。

实验二　填料塔气体吸收实验

一、实验目的

1. 掌握研究物质传递过程的一种实验方法；
2. 加深对传质过程原理的理解。

二、实验原理

吸收是工业上常用的操作，常用于气体混合物的分离。在吸收操作中，气体混合物和吸收剂分别从塔底和塔顶进入塔内，气、液两相在塔内实现逆流接触使气体混合物中的溶质较完全地溶解在吸收剂中，于是塔顶获得较纯的惰性组分，从塔底得到溶质和吸收剂组成的溶液（通称富液）。当溶质有回收价值或吸收剂价格较高时，把富液送入再生装置进行解吸，得到溶质和再生的吸收剂（通称贫液），吸收剂返回吸收塔循环使用。

本实验采用水吸收二氧化碳，测定填料塔的液侧传质膜系数、总传质系数和传质单元高度，并通过实验确立液侧传质膜系数与各项操作条件的关系。

吸收是气、液相际传质过程，所以吸收速率可用气相内、液相内或两相间的传质速率来表示。在连续吸收操作中，这三种传质速率表达式计算结果相同。对于低浓度气体混合物单组分物理吸收过程，计算公式如下：

气相内传质的吸收速率　　$G_A=k_gA\ (p_A-p_{A,i})$　　(5-16)

液相内传质的吸收速率　　$G_A=k_lA\ (C_{A,i}-C_A)$　　(5-17)

式中　G_A——A 组分的传质速率，kmols；

A——两相接触面积，m^2；

p_A——气侧 A 组分的平均分压，Pa；

$p_{A,i}$——相界面上 A 组分的分压，Pa；

C_A——液侧 A 组分的平均浓度，$kmol/m^3$；

$C_{A,i}$——相界面上 A 组分的浓度，$kmol/m^3$；

k_g——以分压表达推动力的气侧传质膜系数，kmol/（m^2 · s · Pa）；

k_l——以物质的量浓度表达推动力的液侧传质膜系数，m/s。

以气相分压或以液相浓度表示传质过程推动力的相际传质速率方程又可分别表达为

$$G_A=K_GA(p_A-p_A^*) \tag{5-18}$$

$$G_A=K_LA(C_A^*-C_A) \tag{5-19}$$

式中　p_A^*——液相中 A 组分的实际浓度所要求的气相平衡分压，Pa；

C_A^*——气相中 A 组分的实际分压所要求的液相平衡浓度，$kmol/m^3$；

K_G——以气相分压表示推动力的总传质系数或简称为气相传质总系数，kmol/(m^2 · s · Pa)；

K_L——以液相浓度表示推动力的总传质系数，或简称为液相传质总系数，m/s。

若气液相平衡关系遵循亨利定律：$C_A=Hp_A$，则

$$\frac{1}{K_G}=\frac{1}{k_g}+\frac{1}{Hk_1} \tag{5-20}$$

$$\frac{1}{K_L}=\frac{H}{k_g}+\frac{1}{k_1} \tag{5-21}$$

当气膜阻力远大于液膜阻力时，则相际传质过程受气膜传质速率控制，此时，$K_G=k_g$；反之，当液膜阻力远大于气膜阻力时，则相际传质过程受液膜传质速率控制，此时，$K_L=k_1$。

在逆流接触的填料层内，任意截取一微分段，并以此为衡算系统，则由吸收质 A 的物料衡算可得：

$$dG_A=\frac{F_L}{\rho_L}dC_A \tag{5-22}$$

式中　F_L——液相摩尔流率，kmol/s；

ρ_L——液相摩尔密度，$kmol/s^3$。

根据传质速率基本方程，可写出该微分段的传质速率微分方程：

$$dG_A=K_L(C_A^*-C_A)aS\,dh \tag{5-23}$$

联立式（5-22）和式（5-23）可得：

$$dh=\frac{F_L}{K_LaS\rho_L}\cdot\frac{dC_A}{C_A^*-C_A} \tag{5-24}$$

式中　a——气液两相接触的比表面积，m^2/m^3；

S——填料塔的横截面积，m^2。

本实验采用水吸收纯二氧化碳，且已知二氧化碳在常温下溶解度较小，因此，液相摩尔流率 F_L 和摩尔密度 ρ_L 的比值，亦即液相体积流率（V_{sL}）可视为定值，且设总传质系数 K_L 和两相接触比表面积 a，在整个填料层内为一定值，则按下列边值条件积分式（5-24），可得填料层高度的计算公式：

$$h = 0 \qquad C_A = C_{A,2}$$

$$h = h, \qquad C_A = C_{A,1}$$

$$h = \frac{V_{s,L}}{K_L aS} \cdot \int_{C_{A,2}}^{C_{A,1}} \frac{dC_A}{C_A^* - C_A} \tag{5-25}$$

令　$H_L = \frac{V_{s,L}}{K_L aS}$，且称 H_L 为液体传质单元高度（HTU）；

$N_L = \int_{C_{A,2}}^{C_{A,1}} \frac{dC_A}{C_A - C_A}$，且称 N_L 为液相传质单元数（NTU）。

因此，填料层高度为传质单元高度与传质单元数之乘积，即

$$h = H_L \times N_L \tag{5-26}$$

若气液平衡关系遵循亨利定律，即平衡曲线为直线，则式（5-25）可用解析法解得填料层高度的计算式，亦即可用下列平均推动力法计算填料层高度和液相传质单元高度：

$$h = \frac{V_{s,L}}{K_L aS} \cdot \frac{C_{A,1} - C_{A,2}}{\Delta C_{A,m}} \tag{5-27}$$

$$H_L = \frac{h}{N_L} = \frac{h}{C_{A,1} - C_{A,2}/\Delta C_{A,m}}$$

式中　$\Delta C_{A,m}$——液相平均推动力，即

$$\Delta C_{A,m} = \frac{\Delta C_{A,1} - \Delta C_{A,2}}{\ln \frac{\Delta C_{A,2}}{\Delta C_{A,1}}} = \frac{(C_{A,2}^* - C_{A,2}) - (C_{A,1}^* - C_{A,1})}{\ln \frac{C_{A,2}^* - C_{A,2}}{C_{A,1}^* - C_{A,1}}} \tag{5-28}$$

式中　$C_{A,1}^* = Hp_{A,1} = Hy_1 p_0$；

$C_{A,2}^* = Hp_{A,2} = Hy_2 p_0$；

P_0——大气压。

二氧化碳的溶解度常数 $H = \frac{\rho_c}{M_c} \cdot \frac{1}{E}$　　kmol/（m^3 · Pa）　　(5-29)

式中　ρ_c——水的密度，kg/m^3；

M_c——水的摩尔质量，kg/kmol；

E——亨利系数，Pa。

因本实验采用的物系不仅遵循亨利定律，而且气膜阻力可以不计，在此情况下，整个传质过程阻力都集中于液膜，即属液膜控制过程，则液侧体积传质膜系数等于液相体积传质总系数，亦即

$$k_1 a = K_L a = \frac{V_{s,L}}{hS} \cdot \frac{C_{A,1} - C_{A,2}}{\Delta C_{A,m}} \tag{5-30}$$

对于填料塔，液侧体积传质膜系数与主要影响因素之间的关系，曾有不少研究者由实验得出各种关联式，其中，Sherwood-Holloway 得出如下关联式：

$$\frac{k_1 a}{D_L} = A\left(\frac{L}{\mu_L}\right)^m \cdot \left(\frac{\mu_L}{\rho_L D_L}\right)^n \tag{5-31}$$

式中 D_L——吸收质在水中的扩散系数，$m^2 \cdot s^{-1}$；

L——液体质量流速，$kg \cdot m^{-2} \cdot s^{-1}$；

μ_L——液体黏度，$Pa \cdot s$ 或 $kg \cdot m^{-1} \cdot s^{-1}$；

ρ_L——液体密度，$kg \cdot m^{-3}$。

应该注意的是 Sherwood-Hollwoay 关联式中，$(k_1 a/D_L)$ 和 (L/μ_L) 两相没有特性长度。因此，该式也不是真正无因次准数关联式。该式中 A，m 和 n 的具体数值需在一定条件下由实验求取。

三、实验装置与设备

本实验装置由填料吸收塔、二氧化碳钢瓶、高位稳压水槽和各种测量仪表组成，其流程如图 5-5 所示。

填料吸收塔采用直径为 50mm 的玻璃柱。柱内装填 φ5mm 球形玻璃填料，填充高度 300mm。吸收质（纯二氧化碳气体）由钢瓶经二次减压阀、调节阀和转子流量计，进入塔底。气体由上向下经过填料层与液相逆流接触，最后由柱顶放空。吸收剂（水）由高位稳压水槽，经调节阀和流量计，进入塔顶，再洒喷而下。吸收后溶液由塔底经 Π 形管排出。U 形液柱压差计用以测量塔底压强和填料层的压强降。

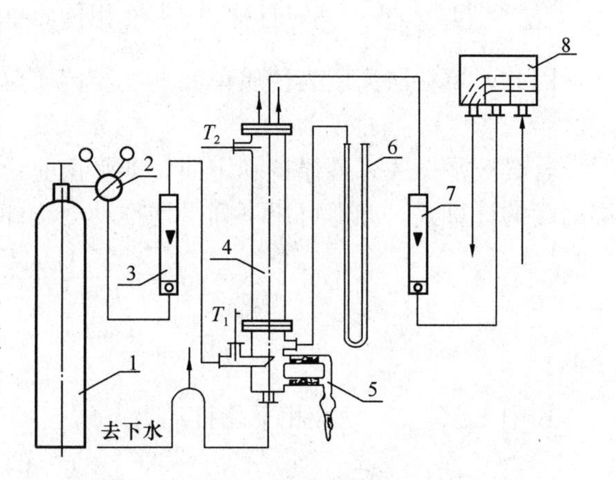

图 5-5 填料吸收塔液侧传质膜系数测定实验装置流程

1—二氧化碳钢瓶；2—减压阀；3—二氧化碳流量计；4—填料塔；5—滴定计量球；6—压差计；7—水流量计；8—高位水槽

四、实验步骤

(1) 首先确认填料塔的进气阀和进水阀，以及二氧化碳二次减压阀是否均已关严；然后打开二氧化碳钢瓶顶上的针阀，将压力调至 1MPa；同时，向高位稳压水槽注水，直至溢流管有适量水溢流而出。

(2) 缓慢开启进水调节阀，水流量可在 10～50L/h 范围内选取（一般取 5～6 个数据点）。调节流量时一定要注意保持高位稳压水槽有适量溢流水流出，以保证水压稳定。

(3) 缓慢开启进气调节阀。二氧化碳流量一般控制在 $0.1m^3/h$ 左右为宜。

(4) 当操作达到定常状态之后，测量塔顶和塔底的水温和气温，同时，测定塔底水溶液中二氧化碳的含量。

(5) 溶液中二氧化碳含量的测定方法：

用吸量管吸取 0.1mol/L$Ba(OH)_2$溶液 10mL，放入三角瓶中，并由附设的计量管加入塔底溶液 20mL，再加入酚酞指示剂数滴，最后用 0.1mol/L 盐酸滴定，直至其脱除红色的瞬时为止。由空白实验与溶液滴定用量之差值，按下式计算得出溶液中二氧化碳的浓度：

$$C_A = \frac{N_{HCl} V_{HCl}}{2V}$$

式中　N_{HCl}——标准盐酸溶液的摩尔浓度，mol/L；

V_{HCl}——盐酸实际滴定用量，即空白试验用量与滴定试样使用量之差值，mL；

V——塔底溶液采样量，mL；

C_A——二氧化碳的浓度，mol/L。

五、成果整理

1. 测量并记录实验基本参数

（1）填料柱：柱体内径：d＝50mm；

填料形式：球形玻璃填料

填料规格：5mm

填料层高度：h＝300mm

比表面积：α_f＝$227m^2/m^3$

堆积密度：ρ_b＝$802kg/m^3$

空隙率：ε＝0.66

（2）大气压力：P_n＝________MPa

（3）室温：T_a＝________℃

（4）试剂：Ba(OH)₂溶液浓度 $H_{Ba(OH)_2}$＝____________mol/L；用量 $V_{Ba(OH)_2}$＝__________mL

盐酸浓度 H_{HCl}＝______________mol/L。

2. 测定并记录实验数据

表 5-7　实验数据

实验序号		
气相	塔底气温 $T_{g,1}$（℃）	
	塔顶气温 $T_{g,1\backslash 2}$（℃）	
	塔底压强 P_l（mmH_2O）	
	CO_2流量 $V_{h,g}$（m^3/h）	
液相	塔底液温 $T_{L,1}$（℃）	
	塔顶水温 $T_{L,1\backslash 2}$（℃）	
	水的流量 $V_{h,L}$（L/h）	
	塔底采样量 V/mL	
	盐酸滴定量 V_{HCl}（mL）	

3. 整理实验数据，并可参考下表做好记录：

表 5-8　实验数据

实验序号		
气相	平均温度 $T_{g,}$（℃）	
	CO_2密度 ρ_g（kg/m）	
	空塔速度 u_0（m・s）	

续表

实验序号		
液相	平均温度 T_L（℃）	
	液体密度 ρ_L（kg/m）	
	液体黏度 μ_L（P_a·s）	
	CO_2扩散系数 D（m^2/s）	
	体积流率 $V_{s,L}$（m^3/s）	
	喷淋密度 W（$m^3/(m^2 \cdot s)$）	
	质量流速 L（kg/（$m^2 \cdot s$）	
	塔顶浓度 $C_{A,2}$（$kmol/m^3$）	
	塔底浓度 $C_{A,1}$（$kmol/m^3$）	
	传质速率 G_A（kmol/s）	
	平均推动力 $\Delta G_{A,m}$（$kmol/m^3$）	
	传质单元高度 H_L（m）	
	液相体积传质总系数 K_La（1/s）	
	液相体积传质膜系数 K_a（1/s）	

列出上表中各项计算式。

4. 根据实验结果，在双对数坐标上标绘液侧体积传质膜系数与喷淋密度的关系曲线。

5. 在双对数坐标上，将 $\left(\frac{k_1 a}{D_L}\right)\left(\frac{\mu_L}{\rho_L D_L}\right)^{-0.5}$ 对 $\left(\frac{L}{\mu_L}\right)$ 作图，用图解法或线性回归法求取Shewood-Holloway关联式的 A 和 m 值。

六、思考题

1. 本实验用盐酸溶液反滴定 $Ba(OH)_2$溶液，为什么指示剂选用酚酞？
2. 本实验接收测试用 CO_2水溶液应注意什么？

第六章　微生物实验

实验一　显微镜的使用及微生物形态的观察

一、实验目的

1. 掌握光学显微镜的结构、原理，学习显微镜的操作方法和保养。

2. 观察球菌、杆菌等细菌的个体形态，学会生物图的绘制。

二、实验原理

1. 显微镜的结构和各部分的作用

显微镜分机械装置和光学系统两部分，见图 6-1。

（1）机械装置

① 镜筒：镜筒上端装目镜，下端接转换器。镜筒有单筒和双筒两种。双筒可调节两筒之间的距离，以适应不同瞳距者使用；

② 转换器：转换器装在镜筒的下方，其上有 3 个孔，有的有 4 个或 5 个孔。不同规格的物镜分别安装在各孔上；

③ 载物台：载物台是放置标本的平台，中央有一圆孔，使下面的光线可以通过。两旁有弹簧夹，用以固定标本或载玻片。有的载物台上装有自动推物器；

④ 镜臂：镜臂支撑镜筒、载物台、聚光器和调节器。镜臂有固定式和活动式（可改变倾斜度）两种；

⑤ 镜座：镜座为马蹄形，支撑整台显微镜，其上有反光镜；

⑥ 调节器：调节器包括大、小螺旋调节器（调焦距）各一个。可调节物镜和所需观察的物体之间的距离。

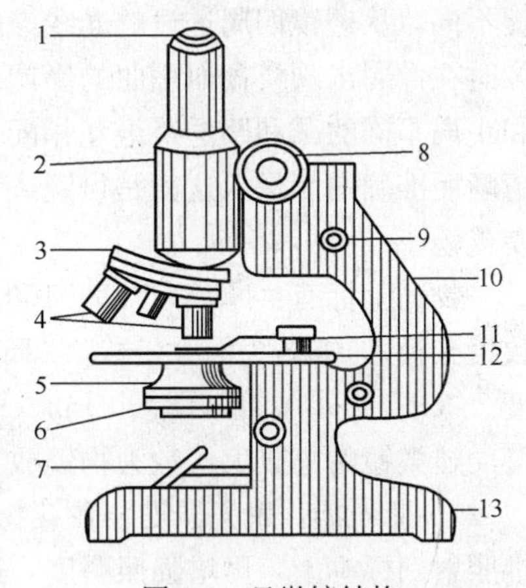

图 6-1　显微镜结构

1—接目镜；2—镜筒；3—转换器；4—物镜；5—聚光器；6—光圈；7—反光镜；8—粗调节器；9—细调节器；10—镜臂；11—弹簧夹；12—载物台；13—镜座

（2）光学部分

① 目镜：一般使用的显微镜具有 2～3 个目镜，其上常刻有“5x”、“10x”或“15x”等数字及符号，意即使用时可放大 5 倍、10 倍或 15 倍。观察微生物时常用放大 10 倍或 15 倍的目镜；

② 物镜：物镜装在转换器上，可分低倍镜、高倍镜和油镜三种，其相应的放大倍数常是 10、40、100。物镜的性能由数值孔径（numerical aperture，N. A.）决定，数值孔径$=n\times\sin\frac{\alpha}{2}$，其意为玻片和物镜之间的折射率 n 乘上光线投射到物镜上的最大夹角 α 的一半的正弦。光线投射到物镜的角度越大，显微镜的效能越大，该角度的大小决定于物镜的直径和焦距。n 是影响数值孔径的因素，空气的折射率 $n=1$，水的折射率 $n=1.33$，香柏油的折射率

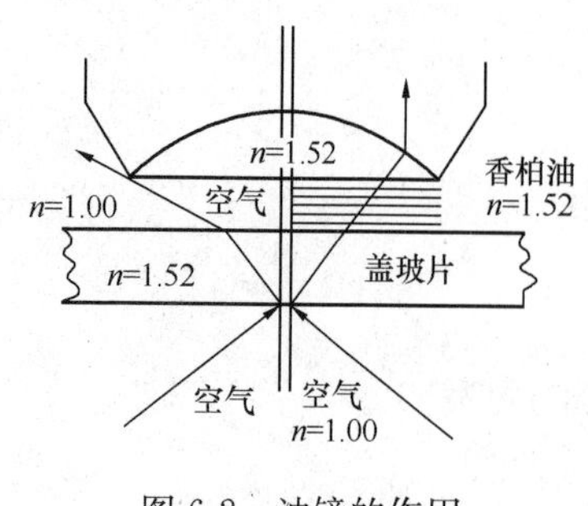

图 6-2　油镜的作用

$n=1.52$，用油镜时光线入射 $\alpha/2=60°$，则 $\sin60°=0.87$。油镜的作用如图 6-2 所示。

以空气为介质时：N. A. $=1\times0.87=0.87$

以水为介质时：N. A. $=1.33\times0.87=1.16$

以香柏油为介质时：N. A. $=1.52\times0.87=1.32$

显微镜的性能还依赖于物镜的分辨率，分辨率即能分辨两点之间的最小距离的能力。分辨率用 δ 表示，$\delta=0.61\times\lambda/\text{N. A}$（$\lambda$ 为波长），分辨率与数值孔径呈正比，与波长呈反比。增大数值孔径，缩短波长可提高显微镜的分辨率，使目的物的细微结构更清晰可见。事实上可见光的波长（0.38～0.7μm）是不可能缩短的，只有靠增大数值孔径来提高分辨率。当白光通过凸透镜时，波长较短的光（蓝紫色），其折射度大于长波长的光（红橙色），因此，成像时在像周出现各色光谱围绕，并且有一圈蓝色或红色的辉光，这种颜色上的缺陷称为色差。由于光线进入（和离开）透镜镜面各部分的角度不同，从透镜四周透过的光线与从透镜中心透过的光线相比，其折射角度较大。因此，成像时在像周出现模糊而歪曲的影像。这种成像面弯曲的缺陷称为球面差。一系列形状、结构和距离不同的凸和凹透镜组互相配合，便能最大限度地纠正色差和球面差，形成一个明亮、清晰而准确的影像。这就是目镜或物镜分别由一组透镜构成的缘故。这种透镜称为平场消色差透镜。

物镜上标有：N. A. 1.25、100×、“OI”、160/0.17、0.16 等字样，其中 N. A. 1.25 为数值孔径，100×为放大倍数，“160/0.17”中 160 表示镜筒长，0.17 表示要求盖玻片的厚度。“OI”表示油镜（即 Oil Immersion），0.16 为工作距离。

显微镜的总放大倍数为物镜放大倍数和目镜放大倍数的乘积。

③ 聚光器：聚光器安装在载物台的下面，反光镜反射来的光线通过聚光器被聚集成光锥照射到标本上，可增强照明度，造成适宜的光锥角度，提高物镜的分辨力。聚光器可上、下调节，以求得最适光度。聚光器还附有虹彩光圈，推动把手可随意调整透进光的强弱。合理调节聚光器的高度和光圈的大小，可得到适当的光照和清晰的图像。

④ 反光镜：反光镜装在镜座上，有平、凹两面，光源为自然光时用平面镜，光源为灯光时用凹面镜。它可自由转动方向。反光镜可反射光线到聚光器上。有的显微镜不具反光镜，使用的是电光源。

⑤ 滤光片：可见光由各种颜色的光组成，不同颜色的光线波长不同。如只需某一波长的光线时，就要用滤光片。选用适当的滤光片，可以提高分辨力，增加影像的反差和清晰度。滤光片有紫、青、蓝、绿、黄、橙、红等各种颜色，分别透过不同波长的可见光，可根据标本本身的颜色，在聚光器下加相应的滤光片。

2. 显微镜的分类

（1）光学显微镜的分类

① 荧光显微镜

在短波长光波（紫外光或紫蓝色光，波长 250～400nm）照射下，某些物质吸收光能，受到激发并释放出一种能量降级的较长的光波（蓝、绿、黄或红光，波长 400～800nm），这种光称荧光。某种物质在短光波照射下即可发生荧光，如组织内大部分脂质和蛋白质经照射均可发出淡蓝色荧光，称为自发性荧光。但大部分物质需要用荧光染料（如吖啶橙、异硫氰酸荧光素等）染色后，在短光波照射下才能发出荧光。荧光显微镜的光源为高压汞灯，发出的紫外光源经过激发滤光片过滤后射向普勒姆氏分色镜，分色镜将激发光向下反射，通过物镜投射向经荧光染料染色的标本。染料被激发并释放出荧光，通过物镜，穿过分色镜和目镜即可进行观察。目镜下方安置有屏障滤片（只允许特定波长的荧光通过）以保护眼睛及降低视野暗度。荧光显微镜的特点是灵敏度高，在暗视野中低浓度荧光染色即可显示出标本内样品的存在，其对比约为可见光显微镜的100倍。

② 位相显微镜（又称相差显微镜或相衬显微镜）

普通光学显微镜之所以看不见未染色的组织、细胞和细菌、病毒等活机体的图像，是因为通过样品的光线变化差别（反差）很小。标本染色后改变了振幅（亮度）和波长（颜色），影响了反差而获得图像，但是染色会引起样品变形，也可使有生命的机体死亡。要观察不染色的新鲜组织、细胞或其他微小活体必须使用位相显微镜。

位相显微镜的原理是两个光波因位相差而互相干涉，出现光波强弱和反差的改变而成可见影像。位相显微镜是利用样品中质点折射率的不同或质点厚度的不等，产生光线的相位差，使新鲜标本不必染色就可以看到，而且能够观察到活细胞内线粒体及染色体等精细结构，还可应用于霉菌、细菌、病毒等更微小活体的研究，进行标本形态、数量、活动及分裂、繁殖等生物学行为观察，并可进行量度与比较。

③ 倒置式显微镜

普通显微镜物镜镜头方向向下接近标本。倒置式显微镜的物镜镜头则处于垂直向上的位置，因此目镜和镜筒的纵轴与物镜的纵轴呈45度角。载物台面积较大，在物镜上方，载物台上方有一个长焦距聚光器和照明光源。物镜和聚光器可装配位相显微镜的附件。放大率16～80倍。组织培养瓶和培养皿可以直接放在载物台上，进行不染色新鲜标本及活体、细胞的形态、数量和动态观察。可进行多孔微量生物化学及免疫反应平板的结果观察。倒置式显微镜可换用普通亮视野光学镜头；可装配偏振光、微分干涉差、荧光附件进行观察。

④ 摄影显微镜

现代高质量显微镜均可安装显微照相的各种附件，可以及时完整地保留科学资料。用于照相的显微镜要求光学系统和机件结构精密，镜体坚固稳定。它装配三目镜筒，其中两个45°观察用目镜镜筒和一个中央垂直镜筒安装135照相机、曝光测量附件、照相目镜及取景镜头，可以进行取景和调焦。聚光器能调节视场中心并配有孔径光阑使视场照明均匀。镜座有可调节视场光阑，有电压表和电压显示灯。有可变电阻调节照明亮度。照明光源为6～12伏40～100瓦卤素灯泡。20世纪80年代的自动曝光显微照相装置具有自动卷片、自动测光、自动控制曝光、测量和调整色温等各项功能，均用电子计算机自动控制，可以进行黑白感光片、彩色负片和彩色幻灯片的投照。中央垂直镜筒又可以安装电视摄像装置或16mm电影摄影机及控制装置，可对活体标本进行定时定格或连续的摄影记录。

（2）电子显微镜的分类

光学显微镜的分辨能力因所用光波的波长而受到限制。为了突破这一限度，可采用电子射线来代替光波。以电子射线为电子光源的显微镜称为电子显微镜。现代医学和生物学使用的电镜分辨率为5～10，即放大率为10～20万倍。由于标本厚薄不同，超薄切片机切出的很薄的标本，可用透射式电子显微镜观察。不能切得很薄的标本可用扫描式电镜进行观察。

①透射式电子显微镜（TEM）

常用的电子显微镜由电子枪、电磁透镜系统、荧光屏（或照相机）、镜筒、镜座、变压器、稳压装置、高压电缆、真空泵系统、操纵台等部分组成。电子枪相当于光学显微镜中的光源，供应和加速从阴极热钨丝发射出来的电子束。电子通过聚光透镜，达到标本上，因为标本很薄，高速电子可以透过，并且由于标本各部分的厚度或密度不同，通过的电子就有疏密之分。电磁透镜组相当于光镜中的聚光器、物镜及目镜系统。电子束通过各个电磁透镜的圆形磁场的中心时可被会聚而产生像。电镜的透镜系统由4组电磁透镜组成，包括聚光透镜、物镜、中间透镜和投射透镜（目镜）。可改变聚光透镜的电流使电子束对标本聚焦并提供“照明”。物镜靠近标本的焦点上。通过物镜、中间镜和投射镜的三级放大，能在一定的距离处得到高倍的放大像，最终形成的像投射到荧光屏上。在荧光屏部位可换用黑白胶片以制取相片底板。改变电磁线圈中的电流量从而使电磁透镜调焦，并产生不同的放大率。为了尽量减少电镜中电子与空气分子相碰撞而产生散射的机会，镜筒中的真空度要求很高，因此密封的镜筒与真空泵相连。电子束的穿透力不强，所以供电镜检查的标本必须切到薄至50～100nm厚度的切片。由于电子束穿不透玻璃，染好的薄膜切片放在小铜网格上作电镜观察。

②扫描式电子显微镜（SEM）

扫描电镜的电子枪和电磁透镜的结构原理类似透射电镜。电子枪产生的大量电子通过三组电磁透镜的连续会聚形成一条很细的电子射线（电子探针）。这条电子射线在电镜筒内两对偏转线圈的作用下，顺序在标本表面扫描。由于来自锯齿波发生器的电流同时供应电镜镜筒内的和显示管的两组偏转线圈，使得显示器的电子射线在荧光屏上产生同步扫描。从标本上射出的电子经探测器收集，被视频放大器放大并控制显示管亮度。因此在荧光屏上扫描的亮度被标本表面相应点所产生的电子数量所控制，因而在荧光屏上显示出标本的高倍放大像。通过控制两套偏转线圈的电流便可控制放大率的倍数。另外安装有一个同样的照相用同步扫描显示管。扫描电镜具有分辨率高、景深长、视野广、显示三维立体结构、便于观察和标本制备简单等许多优点。

三、实验仪器与材料

（1）生物显微镜。

（2）测微尺。

（3）玻片标本。

四、实验步骤

1. 光学显微镜的操作方法

（1）低倍镜的操作

① 置显微镜于固定的桌上，窗外不宜有障碍视线之物。

② 旋动转换器，把低倍镜移到镜筒正下方，和镜筒对直。

③ 转动反光镜向着光源处，同时用眼对准接目镜（选用适当放大倍数的目镜）仔细观察，使视野亮度均匀。

④ 把标本片放到载物台上，使观察的目的物置于圆孔的正中央。

⑤ 将粗调节器向下旋转（或载物台向上旋转），眼睛注视物镜，以防物镜和载玻片相碰。当物镜的尖端距载玻片约0.5cm处时停止旋转。

⑥ 左眼向目镜里观察，将粗调节器向上旋转，如果见到目的物，但不十分清楚，可用

细调节器调节，至目的物清晰为止。

⑦ 如果粗调节器旋转太快，使超过焦点，必须从第⑤步重调，不应正视目镜情况下调粗调节器，以防没把握的旋转使接物镜与载玻片相碰撞坏。

⑧ 观察时两眼同时睁开（双眼不感疲劳）。单筒显微镜应习惯用左眼观察，以便于绘图。

（2）高倍镜的使用

① 使用高倍镜前，先用低倍镜检查，发现目的物后将它移至视野正中处。

② 旋动转换器换高倍镜，如果高倍镜触及载玻片立即停止旋动，说明原来低倍镜就没有调准焦距，目的物并没有找到，要用低倍镜重调。如果调对了，换高倍镜时基本可以看到目的物。若有点模糊，用细调节器调就清晰可见了。

（3）油镜的使用

① 如用高倍镜目的物未能看清，可用油镜。先用低倍镜和高倍镜检查标本，将目的物移到视野正中。

② 在载玻片上滴一滴香柏油（或液体石蜡），将油镜移至正中使油镜头浸没在油中，刚好贴近载玻片。用细调节器微微向上调即可（切记不能用粗调节器）。

③油镜观察完毕，用擦镜纸将镜头上的油擦净，另用擦镜纸蘸少许二甲苯擦拭镜头，再用擦镜纸揩干。

（4）显微镜的保护法

① 避免直接在阳光下曝晒；

② 避免和挥发性药品或腐蚀性酸类一起存放，碘片、酒精、醋酸、盐酸和硫酸等对显微镜金属质机械装置和光学系统均有伤害；

③ 透镜要用擦镜纸擦拭，若仅用擦镜纸擦不净，可用擦镜纸蘸二甲苯擦拭，但用量不宜过多，擦拭时间也不宜过长；

④ 不能随意拆卸显微镜，尤其是物镜、目镜、镜筒。机械装置经常加润滑油，以减少因摩擦而受损；

⑤ 避免用手指沾抹镜面，每使用一次，所有的目镜和物镜都要用擦镜纸擦净；

⑥ 显微镜放在干燥处，镜箱内要放硅胶吸收潮气。目镜、物镜放在盒内并存于干燥器中，以免受潮生霉。

2. 目测微尺、物测微尺及其使用方法

（1）目测微尺

目测微尺是一圆形玻片，其中央刻有5mm长的、等分为50格（或100格）的标尺，每格的长度随使用目镜和物镜的放大倍数及镜筒长度而定。使用前用物测微尺标定，用时放在目镜内。

（2）物测微尺

物测微尺系一厚玻片，中央有一圆形盖玻片，中央刻有1mm长的标尺，等分为100格，每格为10μm，用以标定目测微尺在不同放大倍数下每格的实际长度。

（3）目测微尺的标定

将目测微尺装入目镜的隔板上，使刻度朝下；把物测微尺放在载物台上，使刻度朝上。用低倍镜找到物测微尺的刻度，移动物测微尺与目测微尺使两者的第一条线重合，顺着刻度找出另一条重合线。例如目测微尺A上5格对准物测微尺B上的2格，B的一格为10μm，

2格的长度为20μm，所以目测微尺上1小格的长度为4μm，再分别求出高倍镜和油镜下目测微尺每格的长度。

（4）菌体大小的测量

将物测微尺取下，换上标本片，选择适当的物镜测量目的物的大小，分别找出菌体的长和宽占目测微尺的个数，再按目测微尺1格的长度算出菌体的长度和宽度。

3. 细菌个体形态的观察

（1）严格按光学显微镜的操作方法，按照低倍、高倍及油镜的次序观察各示范片，并用铅笔分别绘出其形态图。

（2）选择一种细菌，量出其尺寸。

五、成果整理

分别绘出在显微镜下观察到的细菌形态。

六、思考题

1. 镜检玻片标本时，为什么要先用低倍物镜观察，而不是直接用高倍物镜或油镜观察？

2. 用油镜观察时，为什么要在载玻片上加香柏油？

3. 为什么目测微尺必须用物测微尺标定？在某一放大倍数下，标定了目测微尺，如果放大倍数改变，它还需重新标定吗？

实验二　原生动物及微型后生动物的观察

一、实验目的

1. 建立对活性污泥及常见微生物的感性认识，掌握微生物活体观察技术；

2. 掌握根据微生物种类数量判别活性污泥的状况。

二、实验原理

污水处理厂活性污泥中含有大量的原生动物及微型后生动物，这些原生动物及微型后生动物可作为污泥活性的指示生物。利用生物显微镜对原生动物及微型后生动物进行观察，根据其种类和数量可判定活性污泥的活性。

三、实验仪器与材料

（1）显微镜；

（2）100mL量筒、载玻片、盖玻片、玻璃小吸管、橡皮吸头、镊子；

（3）活性污泥。取自污水处理厂曝气池。

四、实验步骤

1. 肉眼观察

取曝气池的混合液置于100mL量筒内，观察活性污泥在量筒中呈现的絮体外观及沉降性能（30min沉降后的污泥体积）。

2. 制片

取活性污泥曝气池混合液一小滴，放在洁净的载玻片中央（如混合液中污泥较少，可待其沉淀后，取沉淀污泥一小滴加到载玻片上；如混合液中污泥较多，则应稀释后进行观察）。加盖玻片时应使其中央已接触到水滴后才放下，否则会在片内形成气泡，影响观察。

3. 镜检

在显微镜下低倍或高倍下观察：

(1) 污泥菌胶团絮体：形状、大小、稠密度等；

(2) 丝状微生物的结构；

(3) 微型动物的识别。

五、成果整理

列举镜检的主要生物相，并绘制其生物图。

六、思考题

根据实验观察情况，试对污水厂活性污泥活性状况作初步评价。

实验三 培养基的制备及灭菌

一、实验目的

1. 掌握玻璃器皿的洗涤和灭菌前的准备工作；

2. 掌握培养基配制和无菌水制备的方法；

3. 掌握高压蒸汽灭菌技术。

二、基本原理

培养基是微生物的繁殖基地。通常根据微生物生长繁殖所需要的各种营养物配制而成，其中含水分、碳化合物、氮化合物、无机盐等，这些营养物可提供微生物碳源、能源、氮源等，组成细胞及调节代谢活动。用于培养微生物的培养基的种类很多，它们的配方及配制方法虽各有差异，但一般培养基的配制程序却大致相同。例如器皿的准备，培养基的配制与分装，棉塞的制作，培养基的灭菌，斜面与平板的制作以及培养基的无菌检查等基本环节大致相同。

三、实验仪器与材料

(1) 高压蒸汽灭菌锅、烘箱、冰箱、电炉、电子天平等；

(2) 培养皿（直径 90mm）10 套，试管（15mm×150mm）5 支、（18mm×180mm）5 支，移液管（10mL）1 支、（1mL）2 支，吸管，锥形瓶（250mL）2 个，烧杯（300mL）1 个，玻璃珠 30 粒；

(3) 纱布、棉花、牛皮纸（或报纸）；

(4) 精密 pH 试纸 6.4～8.4、洗液、10%HCl、10%NaOH；

(5) 牛肉膏、蛋白胨、氯化钠、琼脂、蒸馏水。

四、实验步骤

1. 玻璃器皿的洗涤与包装

(1) 洗涤

玻璃器皿在使用前必须洗涤干净。培养皿、试管、锥形瓶等可用洗衣粉加去污粉洗刷并用自来水冲净。移液管先用洗液浸泡，再用水冲洗干净。洗刷干净的玻璃器皿自然晾干或放烘箱中烘干、备用。

(2) 包装

①移液管的吸端用铁丝塞入少许棉花，构成 1～1.5cm 长的棉塞（以防止细菌吸入口中，并避免将口中细菌吹入管内）。棉花要塞得松紧适宜，吸时既能通气，又不致使棉花滑入管内。将塞好棉花的移液管的尖端，放在 4～5cm 宽的长纸条的一端，移液管与纸条约呈 30°夹角，折叠包装纸包住移液管的尖端，用左手将移液管压紧，在桌面上向前搓转，纸条即螺旋式地包在管子外面，余下纸头折叠打结，按照实验需要，可单支包装或多支包装，以备

灭菌。

②用棉塞将试管管口和锥形瓶瓶口部塞住。

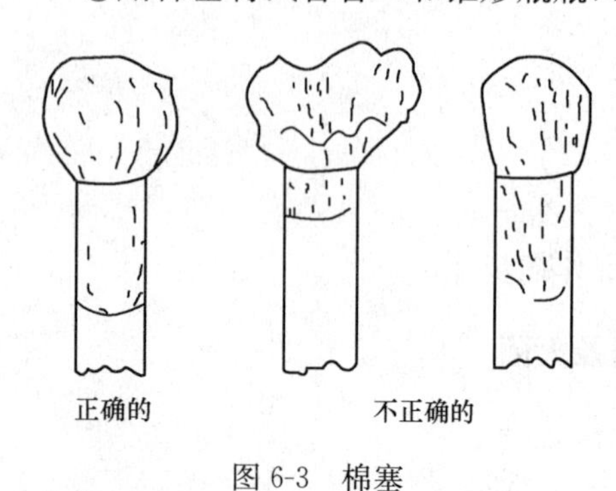

图 6-3　棉塞

棉塞的制作：按试管口或锥形瓶口大小估计用棉量，将棉花铺成中心厚，周围逐渐变薄的圆形，对折后卷成卷，一手握粗端，将细端塞入试管或锥形瓶的口内，棉塞不宜过松或过紧，手提棉塞，以管、瓶不掉下为准。棉塞四周应紧贴管壁和瓶口，不留缝隙，以防空气中微生物沿棉塞皱折侵入。棉塞插入 2/3，其余留在管口（或瓶口）外，以便拔塞。试管、锥形瓶塞好棉塞后，用牛皮纸包裹，并用细绳或橡皮筋捆扎好（图 6-3）放在铁丝或铜丝篓内以备灭菌。

③培养皿由一底一盖组成一套，用牛皮纸或报纸将 10 套培养皿（皿底朝里，皿盖朝外，5 套、5 套相对）包好。

2. 培养基的制备

（1）基本操作步骤

① 配制溶液：取一定容量的烧杯盛入定量无菌水，按培养基配方逐一称取各种成分，依次加入水中溶解。难溶的物质，例如蛋白胨、牛肉膏等可加热促进溶解，待全部溶解后，补充加热蒸发的水量。加热时不断搅拌以防原料在杯底烧焦。

② 调节 pH 值：用 pH 试纸测定培养基溶液的 pH 值。按要求以 l0％HCl 或 10％NaOH 调整至所需的 pH 值。

③ 过滤：用纱布、滤纸或棉花过滤均可。如培养基内杂质很少，可省略过滤。

④ 分装：如图 6-4 所示，将培养基分装于试管或锥形瓶中（注意防止培养基沾污管口或瓶口，避免浸湿棉塞引起杂菌污染），装入试管的培养基量视试管的大小及需要而定，一般制斜面培养基时，每支试管填装量为试管高度的 1/4～1/3。

⑤ 斜面培养基的制作：将装有琼脂培养基的已灭菌的试管趁热取出，斜置于木棒（或橡皮管）上，使试管内的培养基斜面长度为试管长度的 1/3～1/2，待培养基凝固后即成斜面（图 6-5）。

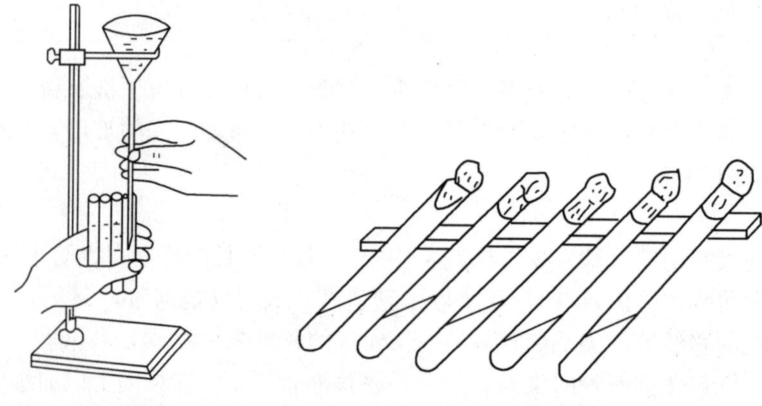

图 6-4　培养基的分装　　图 6-5　放置成斜面的试管

(2) 营养琼脂培养基的制备

① 培养基配方：牛肉膏0.75g，蛋白胨1.5g，氯化钠0.75g，琼脂3g，蒸馏水150mL，pH=7.6，灭菌：1.05kg/cm^2，20min。

②制备：取800mL的烧杯1个，装450mL蒸馏水。在药物天平上依次称取配方中各成分，放入水中溶解，待琼脂完全融化后停止加热，补足蒸发损失的水量。用10%NaOH调整pH至7.6，本实验省略过滤。将培养基分装5支试管中，其余的全部倒入250mL的锥形瓶中，分别塞上棉塞，包扎好待灭菌。

3. 无菌稀释水的制备

(1) 取1个250mL的锥形瓶装90mL蒸馏水，放30颗玻璃珠，塞棉塞、包扎，待灭菌。

(2) 另取5支18mm×180mm的试管，分别装9mL蒸馏水，塞棉塞、包扎，待灭菌。

4. 灭菌

(1) 干热灭菌法

培养皿、移液管及其他玻璃器皿可用干热灭菌。其操作过程为：先将已包装好的上述物品放入恒温箱中，将温度调至160℃后维持2h，把恒温箱的调节旋钮调回0处，待温度降到50℃左右，才可将物品取出。

(2) 高压蒸汽灭菌法

该法使用高压灭菌锅，微生物实验所需的一切器皿、器具、培养基（不耐高温者除外）等都可用此法灭菌。其操作过程如下：

① 加水：先在灭菌锅内加入适量的水。

② 装锅：把需灭菌的器物放入锅内，盖严锅盖（对角式均匀拧紧螺旋），打开排气阀。

③ 接通电源：热源为蒸汽的则慢慢打开蒸汽进口。

④ 关闭排气阀：待锅内水沸腾后，蒸汽将锅内冷空气驱净，当温度计指针指到100℃时，证明锅内已经充满蒸汽，则关闭排气阀。如没有温度计，则视排气阀排出的蒸汽相当猛烈且微带蓝色时，可关闭排气阀。

⑤ 升压、升温：关闭排气阀以后，锅内成为密闭系统，蒸汽不断增多，压力计和温度计的指针上升，当压力达到1.05kg/cm^2（温度为121℃）即开始灭菌，这时调节火力大小使压力维持在1.05kg/cm^2 15～30min（除含糖培养基用0.56kg/cm^{2}压力外，一般都用1.05kg/cm^{2}压力）。

⑥ 中断热源：达到灭菌时间要求后停止加热，任其自然降压，当指针回到0时，打开排气阀。

⑦ 揭开锅盖，取出器物，排掉锅内剩余水。

⑧ 待培养基冷却后置于37℃恒温箱内培养24h，若无菌生长则放入冰箱或阴凉处保存备用。

【注意事项】

(1) 在制备固体培养基加热融化琼脂时要不断搅拌，避免琼脂糊底烧焦。

(2) 如果培养基内杂质很少或实验要求不高，可不过滤，否则，可用纱布、滤纸或棉花过滤。

(3) 培养基分装时，注意防止培养基沾污管口或瓶口，避免浸湿棉塞引起杂菌污染，装入试管的培养基量视试管的大小及需要而定，一般制备斜面培养基时，每支试管装入的量为试管高度的 1/4～1/3。

（4）干热灭菌时温度不得超过 170℃，以免包装纸烧焦。已灭菌的器皿应保存好，切勿弄破包装纸，否则会染菌。

（5）高压蒸汽灭菌装锅时，器物不要装得太满，否则灭菌不彻底。

（6）打开高压蒸汽灭菌锅排气阀前，一定要确认压力指针回到 0，否则，培养基因压力突降，温度没下降而使培养基翻腾冲到棉塞处，既损失培养基又沾污了棉塞。

五、思考题

1. 培养基是根据什么原理配制的？

2. 为什么湿热灭菌比干热灭菌优越？

3. 培养基按功能和用途可分为哪几类？各自的作用是什么？

4. 培养基各成分的加入顺序是什么？

实验四　微生物染色

一、实验目的

1. 学习微生物的染色原理及基本操作技术；

2. 掌握微生物的一般染色法和革兰氏染色法。

二、实验原理

微生物的机体是无色透明的，在显微镜下，由于光源是自然光，使微生物体与其背景反差小，不易看清微生物的形态和结构，增加其反差，可便于观察。微生物细胞是由蛋白质、核酸等两性电解质及其他化合物组成。所以，微生物细胞表现出两性电解质的性质。两性电解质兼有碱性基和酸性基，在酸性溶液中离解出碱性基呈碱性带正电，在碱性溶液中离解出酸性基呈酸性带负电。经测定，细菌等电点在 pH＝2～5 之间，故细菌在中性（pH＝7）、碱性（pH＞7）或偏酸性（pH＝6～7）的溶液中，细菌的等电点均低于上述溶液的 pH 值，所以细菌带负电荷，容易与带正电荷的碱性染料结合，故用碱性染料染色的为多。碱性染料有亚甲蓝、甲基紫、结晶紫、龙胆紫、碱性品红、中性红、孔雀绿、蕃红等。微生物体内各结构与染料结合力不同，故可用各种染料分别染微生物的各结构以便观察。

染色方法分为简单染色法和复染色法两种。

1. 简单染色法：又叫普通染色法，指只用一种染料使细菌染上颜色，如果仅为了在显微镜下看清细菌的形态，用简单染色法即可。

2. 复染色法：采用两种或多种染料染细菌，目的是为了鉴别不同性质的细菌，所以又叫鉴别染色法。主要的复染色法有革兰氏染色法和抗酸性染色法。抗酸性染色法多用于医学上。本实验采用革兰氏染色法，它可将细菌区别为革兰氏阳性菌和革兰氏阴性菌两大类。它的染色步骤如下：先用草酸铵结晶紫染色，经碘-碘化钾（媒染剂）处理后用乙醇脱色，最后用蕃红液复染。如果细菌能够保持草酸铵结晶紫与碘的复合物而不被乙醇脱色，用蕃红液复染后仍呈紫色者叫革兰氏阳性菌。被乙醇脱色再用蕃红液复染后呈红色者为革兰氏阴性菌。

三、实验仪器与材料

（1）显微镜。

（2）酒精灯。

（3）香柏油（或液体石蜡）、二甲苯、擦镜纸、吸水纸、接种环、载玻片。

（4）草酸铵结晶紫染液、革氏碘液、95%乙醇、蕃红染液。

（5）菌种：枯草杆菌、大肠杆菌、八叠球菌。

四、实验步骤

1. 细菌的简单染色

（1）涂片：取干净的载玻片于实验台上，在正面边角做个记号，并滴一滴无菌蒸馏水于载玻片的中央，将接种环在火焰上灼烧，待冷却后从斜面挑取少量菌种（大肠杆菌或枯草杆菌）与载玻片上的水滴混匀后，在载玻片上涂布成一均匀的薄层（图6-6），涂布面不宜过大（注：活性污泥染色是用滴管取一滴活性污泥于载玻片上铺成一薄层即可）。

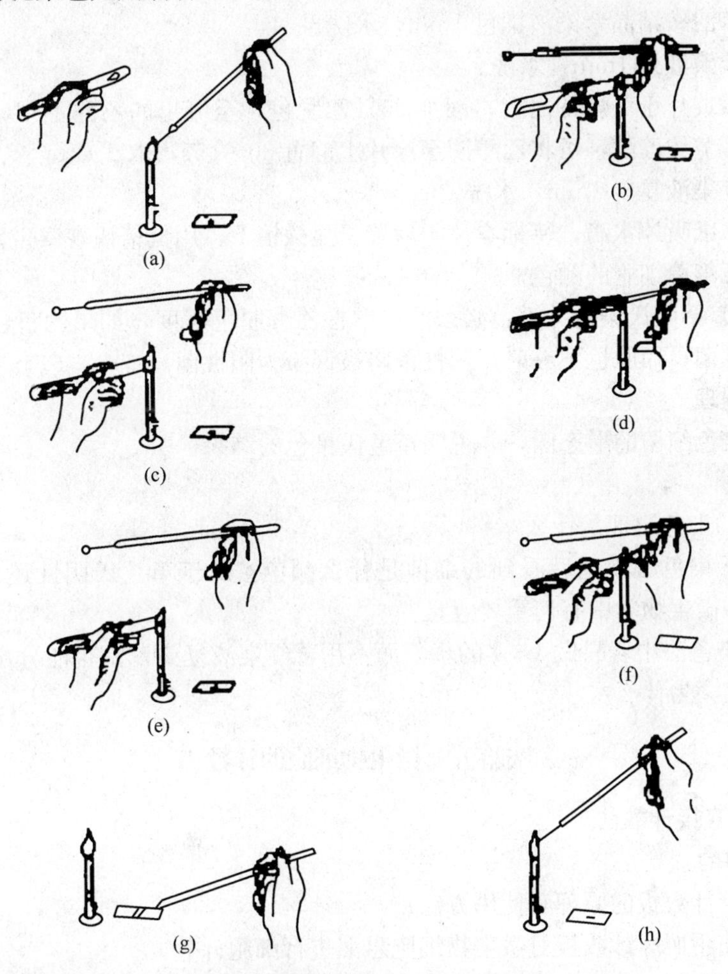

图6-6　无菌操作及涂片制作示意图

（a）—烧灼接种环；（b）—拔去棉塞；（c）—烘烤试管口；（d）—挑取少量菌体；（e）—再烘烤试管口；（f）—将棉塞塞好；（g）—做涂片；（h）—烧去残留的菌体

（2）干燥：最好在空气中自然干燥，为了加速干燥，可在微小火焰上方烘干。但不宜在高温下长时间烤干，否则急速失水会使菌体变形。

（3）固定：将已干燥的涂片正面向上，在微小的火焰上通过2～3次，由于加热使蛋白质凝固而使其固着在载玻片上。

(4) 染色：在载玻片上滴加草酸铵结晶紫染色液，使染液铺盖涂有细菌的部位作用约1min。

(5) 水洗：倾去染液，斜置载玻片，在自来水龙头下用小股水流冲洗直至水呈无色为止。

(6) 吸干：将载玻片倾斜，用吸水纸吸去涂片边缘的水珠（注意勿将细菌擦掉）。

(7) 镜检：用显微镜观察，并用铅笔绘出细菌形态图。

2. 细菌的革兰氏染色

(1) 取大肠杆菌和枯草杆菌或八叠球菌（均以无菌操作）分别做涂片、干燥、固定，方法均与简单染色法相同。

(2) 滴加草酸铵结晶紫染液染色1min，水洗。

(3) 加革氏碘液染1min，水洗。

(4) 斜置载玻片于一烧杯之上，滴加95%乙脱色，至流出的乙醇不现紫色即可，随即水洗（注：为了节约乙醇，可将乙醇滴至涂片上静置30～45s，水洗）。

(5) 用蕃红染液复染1min，水洗。

(6) 用吸水纸吸掉水滴，待标本片干后置于显微镜下，用低倍镜观察，发现目的物后用油镜观察，注意细菌细胞的颜色。

【注意事项】革兰氏染色关键：必须严格掌握乙醇脱色程度，如果脱色过度，则阳性菌会被误染为阴性菌；而脱色不够时，阴性菌将被误染为阳性菌。

五、成果整理

绘出两种染色细菌的形态图，并说明革兰氏染色的结果。

六、思考题

1. 微生物的染色原理是什么？

2. 用革兰氏染色法染色后看到的细菌是什么颜色？属于革兰氏阴性还是革兰氏阳性？革兰氏染色法在微生物学中有何重要意义？

3. 革兰氏染色法中若只做1～4的步骤而不用蕃红染液复染，是否能分出革兰氏阳性菌和革兰氏阴性菌，为什么？

实验五　微生物细胞的计数

Ⅰ. 显微镜直接计数法

一、实验目的

1. 掌握血球计数板的原理和使用方法；

2. 能熟练使用血球计数板对微生物细胞悬液进行细胞计数。

二、实验原理

血球计数板（图6-7）是由一块比普通玻片厚的特制玻片制成的。玻片中央刻有四条槽，中央两条槽之间的平面比其他平面略低，中央有一小槽，槽两边的平面上各刻有9个大方格，中间的一个大方格为计数室，它的长和宽各为1mm，深度为0.1mm，其体积为$0.1mm^3$。计数室有两种规格：

一种是大方格分成16中格，每一中格分成25小格，共400小格；另一种是把一大方格

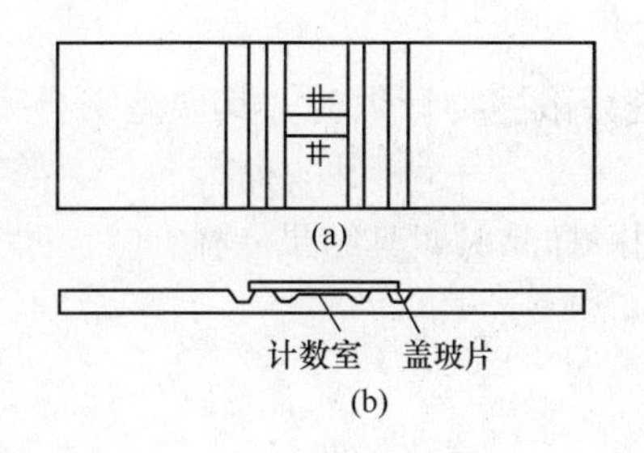

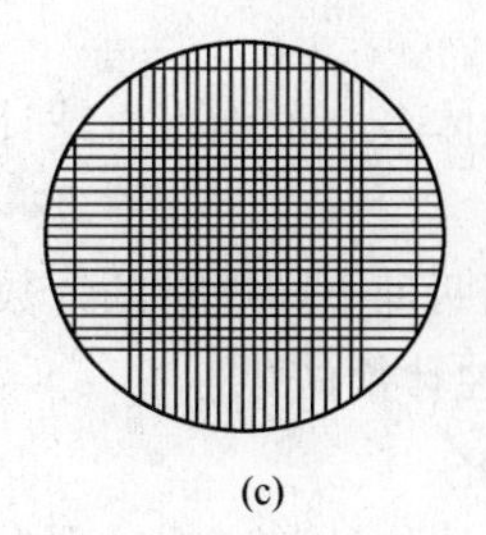

图 6-7　血球计数板

（a）正面图；（b）侧面图；（c）计数室放大图

分成 25 中格，每一中格分成 16 小格，总共也是 400 小格。计算方法如下：

（1）16×25 的计数板计算公式

细胞数/mL＝（100 小格细胞数/100）×400×10×1000×稀释倍数

（2）25×16 的计数板计算公式

细胞数/mL＝（80 小格内的细胞数/80）×400×10×1000×稀释倍数

三、实验仪器与材料

（1）显微镜；

（2）血球计数板；

（3）移液管；

（4）酵母菌液。

四、实验步骤

1. 稀释样品。为了便于计数，将样品适当稀释，使每格约含 5 个细胞。

2. 取干净的血球计数板，用盖玻片盖住中央的计数室，用移液管吸取少许充分混匀的待测菌液于盖玻片的边缘，菌液则自行渗入计数室，静置 5～10min 即可计数。

3. 将血球计数板置于载物台上，用低倍镜找到小方格网后换高倍镜观察计数。需不断地上、下旋动调节器，以便看到计数室内不同深度的菌体。现以 16×25 规格的计数板为例，数四个角（左上、右上、左下、右下）的四中格（即 100 小格）的酵母菌数。如果是 25×16 规格的计数板，除取四个角上四中格外，还取正中的一个中格（即 80 小格），对位于格线上的酵母菌只计格的上方及左方线上的酵母菌，或只计下方及右方线上的酵母菌。

每个样品重复计数 3 次，取平均值，再按公式计算每 1mL 菌液中所含的酵母菌数。

五、成果整理

将实验结果计入表 6-1。

表 6-1　显微镜直接计数法实验记录表

重复实验	4 或 5 个中方格中总菌数	稀释倍数	菌液浓度（个/mL）
1			
2			
3			
平均			

六、思考题

1. 根据实验体会，说明用血球计数板进行微生物计数时，其误差来自哪些方面？如何避免？

2. 为什么用两种不同规格的计数板测同一样品时，其结果一样？

Ⅱ. 光电比浊计数法

一、实验目的

1. 了解光电比浊计数法的原理；

2. 掌握光电比浊计数法的操作方法。

二、实验原理

当光线通过微生物菌悬液时，由于菌体的散射及吸收作用使光线的透过量降低。在一定的范围内，微生物细胞浓度与透光度呈反比，与光密度呈正比，而光密度或透光度可以由光电池精确测出。因此，可用一系列已知菌数的菌悬液测定光密度，作出光密度-菌数标准曲线。然后，以样品液所测得的光密度，从标准曲线中查出对应的菌数。制作标准曲线时，菌体计数可采用血球计数板计数、平板菌落计数或细胞干重测定等方法。本实验采用血球计数板计数。

由于光密度或透光度除了受菌体浓度影响之外，还受细胞大小、形态、培养液成分以及所采用的光波长等因素的影响，因此，对于不同微生物的菌悬液进行光电比浊计数应采用相同的菌株和培养条件制作标准曲线。光波的选择通常在400～700nm之间，具体到某种微生物采用多少还需要经过最大吸收波长以及稳定性实验来确定。另外，对于颜色太深的样品或在样品中还含有其他干扰物质的悬液不适合采用此法进行测定。

三、实验仪器与材料

（1）721型分光光度计；

（2）显微镜；

（3）血球计数板；

（4）试管，吸水纸，无菌吸管，无菌生理盐水等；

（5）酿酒酵母培养液。

四、实验步骤

1. 标准曲线制作

（1）编号：取无菌试管7支，分别用记号笔将试管编号为1、2、3、4、5、6、7。

（2）调整菌液浓度：用血球计数板计数培养24h的酿酒酵母菌悬液，并用无菌生理盐水分别稀释调整为每1mL$\times 10^6$、2×10^6、4×10^6、6×10^6、8×10^6、10×10^6、12×10^6含菌数的细胞悬液。再分别装入已编好号的1至7号无菌试管中。

（3）测OD值：将1至7号不同浓度的菌悬液摇均匀后于560nm波长、1cm比色皿中测定OD值。比色测定时，用无菌生理盐水作空白对照，并将OD值填入表6-2。

表6-2　光电比浊计数法实验记录表

管号	1	2	3	4	5	6	7
细胞数 10^6/mL							
光密度（OD）							

（4）以光密度（OD）值为纵坐标，以每1mL细胞数为横坐标，绘制标准曲线。

2. 样品测定

将待测样品用无菌生理盐水适当稀释，摇均匀后，用560nm波长、1cm比色皿测定光密度。测定时用无菌生理盐水作空白对照。

3. 根据所测得的光密度值，从标准曲线查得每1mL的含菌数。

【注意事项】

1. 制作标准曲线时，每管菌悬液在测定OD值时均必须先摇匀后再倒入比色皿中测定。

2. 测定样品时，各种操作条件必须与制作标准曲线时的相同，否则，测得值所换算的含菌数就不会准确。

五、成果整理

每1mL样品原液菌数＝从标准曲线查得每1mL的菌数×稀释倍数。

六、思考题

1. 光电比浊计数法有何优缺点？

2. 本实验为什么采用560nm波长测定酵母菌悬液的光密度？如果实验中需要测定其他细菌生长的OD值，你将如何选择波长？

实验六　细菌纯种分离、培养、接种技术及初步鉴定

一、实验目的

1. 掌握从环境中分离培养细菌的方法；

2. 掌握纯种菌种的培养接种技术；

3. 进一步树立无菌观念，学会无菌操作的实验技术；

4. 对纯种分离的细菌进行过氧化氢酶的阴阳性判定，加深对细菌胞外酶催化生物化学反应的感性认识。

二、实验原理

自然界中的微生物总是混杂生活在一起，当我们希望获得某一种微生物时，就必须从混杂的微生物类群中分离它，以得到只含有这一种微生物的纯培养，这种获得纯培养的方法称为微生物的分离与纯化。

微生物纯种分离的方法有很多，常用的方法有两类：一类是单细胞挑取法，采用这种方法能获得微生物的克隆纯种，但对仪器条件要求较高，一般实验室不能进行。另一类是单菌落分离（平板分离）法，该方法简便，是微生物学实验中常采用的方法。通过形成单菌落获得纯种的方法有平板划线法、平板浇注（稀释混合平板）法、平板表面涂布法。

本实验采取的是平板划线分离法，其原理包括两方面：

（1）在适合于待分离微生物的生长条件下（如营养、酸碱度、温度与氧等）培养微生物，或加入某种抑制剂造成只利于待分离微生物的生长，而抑制其他微生物生长的环境，从而淘汰一些不需要的微生物。

（2）微生物在固体培养基上生长形成的单个菌落可以是由一个细胞繁殖而成的集合体。因此可通过挑取单菌落而获得纯培养。

但是从微生物群体中经分离生长在平板上的单个菌落并不一定保证是纯培养。因此，纯

培养的确定除观察其菌落的特征外，还要结合显微镜检测个体形态特征后才能确定。有的微生物的纯培养要经过一系列分离与纯化过程和多种特征鉴定后才能得到。

由于微生物个体表面结构、分裂方式、运动能力、生理特性及产生色素的能力等各不相同，个体及它们的群体在固体培养基上生长状况各不一样。按照微生物在固体培养基上形成的菌落特征，可粗略辨别是何种类型的微生物。应注意菌落的形状、大小、表面结构、边缘结构、菌丛高度、颜色、透明度、气味、黏滞性、质地软硬情况、表面光滑与粗糙情况等。通常，细菌菌落多为光滑型，湿润，质地软，表面结构特征很多，具各种颜色。但也有干燥粗糙的，甚至呈霉状但不起绒毛。酵母菌菌落呈圆形，大小接近细菌，表面光滑，质地软，颜色多为白色和红色；放线菌的菌落硬度较大，干燥致密，且与基质结合紧密，不易被针挑取，菌落表面呈粉状或皱折，呈龟裂状，具有各种颜色，且正面和背面颜色不同；霉菌菌落长成绒状或棉状，能扩散生长，疏松，用接种环很易挑取。

三、实验仪器与材料

(1) 接种环、酒精灯、恒温箱；

(2) 无菌培养皿（直径 90cm）10 套，无菌移液管（1mL）2 支、(10mL) 1 支；

(3) 营养琼脂培养基 1 瓶；

(4) 活性污泥或土壤或湖水。

四、实验步骤

1. 取样

用无菌锥形瓶到现场取一定量的活性污泥或土壤或湖水，迅速带回实验室。

2. 稀释水样

将 1 瓶 90mL 和 5 管 9mL 的无菌水排列好，按 a、b、c、d、e 及 f 依次编号。在无菌操作条件下，用 10mL 的无菌移液管吸取 10mL 水样置于第一瓶 90mL 无菌水（内含玻璃珠）中，将移液管吹洗三次，用手摇 10min 将颗粒状样品打散，即为 a 浓度的菌液。用 1mL 无菌移液管吸取 1mLa 浓度的菌液于 1 管 9mL 无菌水中，将移液管吹洗三次，摇匀即为 b 浓度菌液。同样方法，依次稀释到 f。

3. 平板划线分离法

(1) 平板的制作：将融化并冷却至 50℃的营养琼脂培养基 10～15mL 倒入无菌培养皿内，使其凝固成平板。

(2) 划线：以无菌操作，右手持经酒精灯灭菌冷却的接种环挑一环活性污泥（或土壤悬液）。同时左手持培养皿，以中指、无名指和小指托住皿底，拇指和食指夹住皿盖稍倾斜，左手拇指和食指将皿盖掀起半开，右手将接种环伸入培养皿内，在平板上轻轻划线（切勿划破培养基），划线的方式可取图 6-8 中任何一种；划线完毕盖好皿盖，倒置，于 30℃恒温箱中培养 48h 后观察结果。

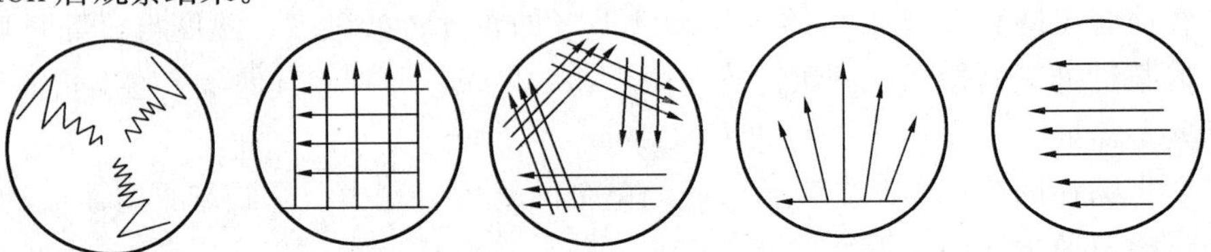

图 6-8 平板划线分离法示意图

4. 接种斜面培养基

（1）接种前将桌面擦净，将所需的物品整齐有序地放在桌上。

（2）将试管贴上标签，注明接种日期、接种人、组别、姓名等。

（3）点燃酒精灯。先将棉塞拧松动，以便接种时拔出。

（4）在火焰旁，右手持经酒精灯灭菌冷却的接种环（环以上凡是可能进入试管的部分都应灼烧），同时左手持培养皿，以中指、无名指和小指托住皿底，拇指和食指夹住皿盖稍倾斜，左手拇指和食指将皿盖掀起半开，右手将接种环伸入培养皿内，在平板单菌落上轻轻挑取少许菌种，将接种环停留在无菌范围内，放下平板，拿起待接种试管，用右手小指、无名指和手掌夹住棉塞将它拔出。试管口在火焰上微烧一周，将管口上可能沾染的少量菌或带菌尘埃烧掉。将挑取菌种的接种环伸入试管底部，在斜面上由底部向上划曲线。

（5）抽出接种环，将试管塞上棉塞并插在试管架上，最后再次烧红接种环，则接种完毕，置于30℃恒温箱中培养24～36h后观察。

5. 菌落形态特征的观察

对微生物在斜面培养基上生长的特征进行详细的观察，观察菌落生长旺盛程度、形状、颜色及光泽等。

6. 过氧化氢酶定性测定

（1）将制备的微生物斜面放在试管架上；

（2）用滴管吸取过氧化氢滴加入斜面上，有气泡产生的为接触酶阳性（有过氧化氢酶）；无气泡产生的为接触酶阴性（无过氧化氢酶）。

五、思考题

1. 分离活性污泥为什么要稀释？

2. 用一根无菌移液管接种几种浓度的水样时，应从哪个浓度开始？为什么？

3. 你掌握了哪几种接种技术？

4. 过氧化氢酶是胞外酶、胞内酶还是表面酶，产生气泡的原因是什么？

实验七　水中细菌总数的测定

一、实验目的

1. 学习水样的采取方法和水样细菌总数测定的方法。

2. 了解水源水的平板菌落计数的原则。

二、实验原理

本实验应用平板菌落计数技术测定水中的细菌总数。由于水中细菌种类繁多，它们对营养和其他生长条件的要求差别很大，不可能找到一种培养基在一种条件下，使水中所有的细菌均能生长繁殖。因此，以一定的培养基平板上生长出来的菌落，计算出来的水中细菌总数仅是一种近似值。目前一般是采用普通肉膏蛋白胨琼脂培养基。

三、实验仪器与材料

（1）显微镜；

（2）恒温培养箱；

（3）灭菌的平皿（90cm）；

（4）灭菌的刻度吸管（10mL，1.0mL）；

（5）肉膏蛋白胨琼脂培养基：牛肉膏 3g、蛋白胨 10g、NaCl5g、琼脂 15～20g、蒸馏水 1000mL，将上述成分混合后，加热使之溶解，调节 pH 值为 7.2～7.4，过滤除去沉淀，分装于玻璃容器中，经 120℃灭菌 20min 贮存于暗处备用。

四、实验步骤

1. 自来水水样的采取：先将自来水龙头用火焰烧灼 3min 灭菌，再开放水龙头使水流 5min 后，以灭菌三角烧瓶接取水样，以待分析。

2. 自来水细菌总数测定

① 用灭菌吸管吸取 1mL 水样，注入灭菌培养皿中。共做三个平皿。

② 分别倾注约 15mL 已溶化并冷却到 45℃左右的肉膏蛋白胨琼脂培养基，并立即在桌上进行平面旋摇，使水样与培养基充分混匀。

③ 另取一空的灭菌培养皿，倾注肉膏蛋白胨琼脂培养基 15mL 作空白对照。

④ 培养基凝固后，倒置于 37℃恒温箱中，培养 24h，进行菌落计数。

⑤ 两个平板的平均菌落数即为 1mL 水样的细菌总数。

五、成果整理

将实验数据记入表 6-3。

表 6-3　自来水细菌总数测定实验记录表

平板编号	1	2	3	1mL 自来水中细菌总数
菌落数				

六、思考题

1. 从自来水的细菌总数结果来看，是否合乎饮用水的标准？

2. 微生物在恒温培养箱中培养时为什么要倒置？

实验八　大肠菌群数的测定

一、实验目的

1. 了解大肠菌群的生化特性及我国现行生活饮用水卫生标准；

2. 学习培养基的制作方法；

3. 学习水样的采取方法和水样大肠菌群数测定的方法。

二、实验原理

人的肠道中存在三大类细菌：①大肠菌群（G-菌）；②肠球菌（G＋菌）；③产气荚膜杆菌（G＋菌）。由于大肠菌群的数量大，在体外存活时间与肠道致病菌相近，且检验方法比较简便，故被定为检验肠道致病菌的指示菌。大肠菌群包括四种细菌：大肠埃希氏菌属（模式种：大肠埃希氏菌）、柠檬酸细菌属（包括副肠道菌）、肠杆菌属及克雷伯氏菌属（包括产气气杆菌）。这四种菌都是兼性厌氧、无芽孢的革兰氏阴性杆菌（G-菌），有相似的生化反应，都能发酵葡萄糖产酸、产气，但发酵乳糖的能力不同。当将它们接种到含乳糖的远滕氏培养基上生长时，四种菌的反应不一样。大肠埃希氏菌的菌落呈紫红色带金属光泽；柠檬酸细菌的菌落呈紫红或深红色；产气杆菌的菌落呈淡红色，中心色深；克雷氏菌副大肠杆菌的菌落无色透明（因不利用乳糖所致）。这样可把四种菌区别开来。

本实验采用多管发酵 MPN 法测试饮用水中的大肠菌群。多管发酵法适用于饮用水、水源水，特别是浑浊度高的水中的大肠菌群测定。

三、实验仪器与材料

（1）显微镜；

（2）锥形瓶、试管（18mm×180mm）、大试管（容积 150mL）、移液管 1mL 及 10mL、培养皿（直径 90mm）、接种环、试管架等；

（3）革兰氏染色液一套：草酸铵结晶紫、革氏碘液、95%乙醇、蕃红染液；

（4）蛋白胨、乳糖、磷酸氢二钾、琼脂、无水亚硫酸钠、牛肉膏、氯化钠、1.6%溴甲酚紫乙醇溶液、5%碱性品红乙醇溶液、2%伊红水溶液、0.5%美蓝水溶液；

（5）10%NaOH、10%HCl、精密 pH 试纸 6.4～8.4；

（6）自来水（或受粪便污染的河水、湖水）。

四、实验步骤

1. 培养基制备

（1）乳糖蛋白胨培养基（供多管发酵法的复发酵用）配方：蛋白胨 10g、牛肉膏 3g、乳糖 5g、氯化钠 5g、1.6%溴甲酚紫乙醇溶液 1mL、蒸馏水 1000mL、pH=7.2～7.4。

制备：按配方分别称取蛋白胨、牛肉膏、乳糖及氯化钠加热溶解于 1000mL 蒸馏水，调整 pH 为 7.2～7.4。加入 1.6%溴甲酚紫乙醇溶液 1mL，充分混匀后分装于试管内，每管 10mL，另取一小导管装满培养基倒放入试管内。塞好棉塞、包扎。置于高压灭菌锅内以 0.7kg/cm^{2}压力（115℃）灭菌 20min，然后取出置于阴冷处备用。

（2）三倍浓缩乳糖蛋白胨培养液（供多管法初发酵用），按上述乳糖蛋白胨培养液浓缩三倍配制，分装于试管中，每管 5mL。再分装大试管，每管装 50mL，然后在每管内倒放装满培养基的小导管。塞棉塞、包扎，置高压灭菌锅内以 0.7kg/cm^{2}压力灭菌 20min，然后取出置于阴冷处备用。

（3）品红亚硫酸钠培养基（即远滕氏培养基），供多管发酵法的平板划线用配方：蛋白胨 10g、乳糖 10g、磷酸氢二钾 3.5g、琼脂 20～30g、蒸馏水 1000mL、无水亚硫酸钠 5g 左右、5%碱性品红乙醇溶液。

制备：先将琼脂加入 900mL 蒸馏水中加热溶解，然后加入磷酸氢二钾及蛋白胨，混匀使之溶解，加蒸馏水补足至 1000mL，调整 pH 为 7.2～7.4，趁热用脱脂棉或绒布过滤，再加入乳糖，混匀后定量分装于锥形瓶内，置高压灭菌锅内以 0.7kg/cm^{2}压力灭菌 20min，取出置于阴冷处备用。（或直接购买市场上配制好的乳糖发酵培养基）

（4）伊红美蓝培养基配方：蛋白胨 10g、乳糖 10g、磷酸氢二钾 2g、琼脂 20～30g、蒸馏水 1000mL、2%伊红水溶液 20mL、0.5%美蓝水溶液 13mL；制备：按品红亚硫酸钠的制备过程制备。（或直接购买市场上配制好的伊红美蓝培养基）

（5）自来水水样采集

先冲洗水龙头，用酒精灯灼烧水龙头，放水 5～10min，在酒精灯旁打开水样瓶盖（或棉花塞），取所需的水量后盖上瓶盖（或棉塞），迅速送回实验室。经氯处理的水中含余氯，会减少水中细菌的数目，采样瓶在灭菌前加入硫代硫酸钠，以便取样时消除氯的作用。硫代硫酸钠的用量视采样瓶的大小而定。（500mL 水样加入 1.5%的硫代硫酸钠溶液参考量 2mL）。

2. 测试

（1）初步发酵试验在 2 支各装有 50mL 三倍浓缩乳糖蛋白胨培养液的大发酵管中，以无菌操作各加入 100mL 水样。在 10 支各装有 5mL 三倍浓缩乳糖蛋白胨培养液的发酵管中，以无菌操作各加入 10mL 水样，混匀后置于 37℃恒温箱中培养 24h，观察其产酸产气的情况。

① 若培养基红色不变为黄色，小导管没有气体，即不产酸、不产气，为阴性反应，表明无大肠菌群存在。

② 若培养基由红色变为黄色，小导管有气体产生，即产酸又产气，为阳性反应，说明有大肠菌群存在。

③ 培养基由红色变为黄色说明产酸，但不产气，仍为阳性反应，表明有大肠菌群存在。结果为阳性者，说明水可能被粪便污染，需进一步检验。

④ 若小导管有气体，培养基红色不变，也不浑浊，是操作技术上有问题，应重新检验。

（2）确定性试验用平板划线分离，将经培养 24h 后产酸（培养基呈黄色）、产气或只产酸不产气的发酵管取出，以无菌操作，用接种环挑取一环发酵液于品红亚硫酸钠培养基（或伊红美蓝培养基）平板上划线分离，共三个平板。置于 37℃恒温箱内培养 18～24h，观察菌落特征。如果平板上长有如下特征的菌落并经涂片和进行革兰氏染色，结果为革兰氏阴性的无芽孢杆菌，则表明有大肠菌群存在。

在品红亚硫酸钠培养基平板上的菌落特征：①紫红色，具有金属光泽的菌落；②深红色，不带或略带金属光泽的菌落；③淡红色，中心色较深的菌落。

在伊红、美蓝培养基平板上的菌落特征：①深紫黑色，具有金属光泽的菌落；②紫黑色，不带或略带金属光泽的菌落；③淡紫红色，中心色较深的菌落。

（3）复发酵试验以无菌操作，用接种环在具有上述菌落特征、革兰氏染色阴性的无芽孢杆菌的菌落上挑取一环于装有 10mL 普通浓度乳糖蛋白胨培养基的发酵管内，每管可接种同一平板上（即同一初发酵管）的 1～3 个典型菌落的细菌。盖上棉塞置于 37℃恒温箱内培养 24h，有产酸、产气者证实有大肠菌群存在。

五、成果整理

根据证实有大肠菌群存在的阳性菌（瓶）数得出每升水样中大肠菌群数。

六、思考题

1. 测定水中大肠菌群数有什么实际意义？

2. 为什么选用大肠菌群作为水的卫生指标？

3. 根据我国饮用水水质标准，讨论你的这次检验结果。

第三篇 专业实验篇

第七章 水处理实验

实验一 自由沉淀实验

一、实验目的

1. 通过本实验，加深对自由沉淀特点、基本概念及沉淀规律的理解；

2. 掌握颗粒自由沉淀实验的方法，并能对实验数据进行分析、整理、计算和绘制颗粒自由沉淀曲线。

二、实验原理

浓度较稀的悬浮颗粒的沉淀属于自由沉淀，其特点是静沉过程中颗粒互不干扰、等速下沉，其沉速在层流区符合斯托克斯（Stokes）公式。但是，由于水中颗粒的组成十分复杂，颗粒的大小、形状、密度因性质、特性不同而无法确定。因此，在实际工作中，尚不能采用经典理论公式来确定沉淀设备的效率，而是通过沉淀实验来确定。

设沉降筒的有效水深为 H，沉降观测面（取样面）的水深为 h，经过不同的沉降时间 t，原处于水面处的各种粒径的颗粒恰好沉降至取样面的沉速可计为 $U_t=\dfrac{h}{t}$。这就意味着对于某确定的沉降时间 t_0，沉速 U_t 大于 U_0 的颗粒在 t_0 时可全部处于取样面的下方，也即以大于沉速 U_0 沉降的颗粒可全部从 h 水层除去。在沉降时间 t 时刻的沉降效率（即去除率）E 则表达为

$$E=\frac{C_0-C_t}{C_0}\times 100\%=(1-P_0)\times 100\% \tag{7-1}$$

式中 E——沉降效率，%；

C_0——污水悬浮物浓度，mg/L；

C_t——经 t 时污水中尚存悬浮物平均浓度，mg/L；

P_0——沉速小于 U_t 的颗粒占全部悬浮颗粒的百分数，%。

假定 h 水层中沉速 $U<U_0$ 的某一种粒径的微颗粒，沉降初期位于取样面距离之内，在经 t 时间后也随 $U>U_0$ 的颗粒沉降到取样面的下方而被去除，则被去除的这部分粒径的颗粒与沉降前 h 水层中此粒径颗粒总量之比为 x/h，即经过 t 时后去除率为 x/h，也为 U/U_0 $\left(因为\ x/h=\dfrac{x}{t}\Big/\dfrac{h}{t}=U/U_0\right)$。对于 $U<U_0$ 的各种粒径的颗粒，经 t 时后的去除率则为

$$\int_0^p \frac{U}{U_0}\mathrm{d}P=\frac{1}{U_0}\int_0^p U\mathrm{d}P$$

因此，得到修正的总去除率 η 等于仅考虑 $U>U_0$ 的颗粒的去除率加上考虑 $U<U_0$ 的颗粒去除率。即：

$$\eta = E + \left(\frac{1}{U_0}\int_0^p U\mathrm{d}P\right) \times 100\% \tag{7-2}$$

$\int_0^p U\mathrm{d}P$ 可用图解积分法求得见图 7-1。图解积分法的具体做法如下：

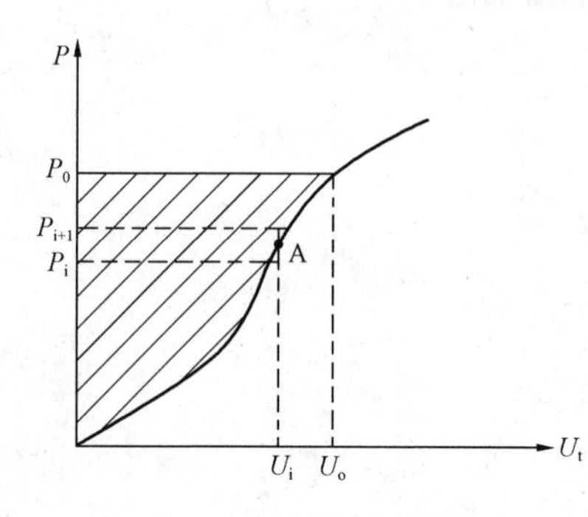

图 7-1　图解积分法示意图

（1）以 $P=\left(\frac{C_t}{C_0}\right)$ 为纵坐标，沉速 U_t 为横坐标作 P-U_t 图。

（2）用修得较尖细的铅笔，从纵坐标 P 上选择适当数目的 P_i，向曲线上引画水平线，相交得若干数目的曲边梯形。为保证图解计算结果的准确性，曲边梯形的个数大于六个。

（3）在每一个曲边梯形的曲线边上（即曲线段上）选一适当的点 A，通过该点上下引一垂线，使该垂线与邻近的两条 P_i、P_{i+1} 和曲线围成的两个三角形面积相等，A 点对应的横坐标点为 u_i，则曲边梯形的面积可表达为相应矩形的面积 u_i（$P_{i+1}-P_i$）。整条实验曲线与纵坐标围成的面积即为各个矩形的面积之和，即

$$\int_0^{p_0} U\mathrm{d}P = \sum_1^n u_i\,(P_{i+1}-P_i)$$

三、实验仪器与材料

1. 自由沉淀实验装置：沉淀实验筒（D=150mm，H=2000mm）、水泵及储水箱等；
2. 计时秒表；
3. 1/10000 分析天平；
4. 烘箱；
5. 真空抽滤装置；
6. 具塞称量瓶，100mL 量筒，干燥器，烧杯，定量滤纸等。

实验装置示意图如图 7-2 所示。

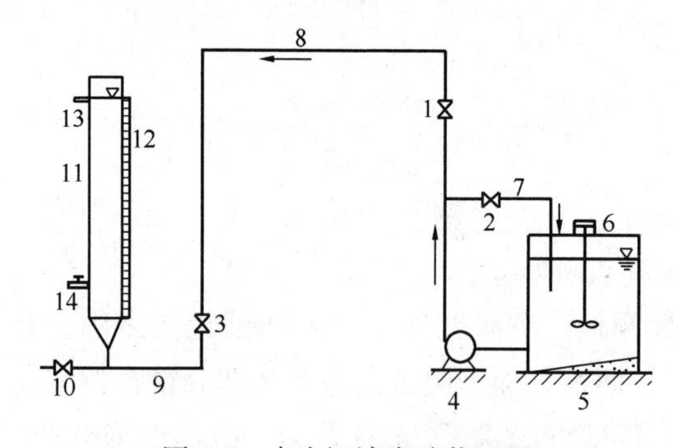

图 7-2　自由沉淀实验装置图

1、3—配水管阀门；2—水泵循环阀门；4—水泵；5—水箱；6—搅拌机；7—循环管；8—配水管；9—进水管；10—放空管阀门；11—沉淀柱；12—标尺；13—溢流管；14—取样口

四、实验步骤

1. 取 7 套滤纸及具塞称量瓶，将其编号并放在烘箱中烘干 2h 后取出，置于干燥器内冷却至室温。

2. 从干燥器内取滤纸及具塞称量瓶称重备用。

3. 配置水样并注入储水箱，开启搅拌机。

4. 关闭阀门 1，开启阀门 2，启动水泵，循环搅拌 10min，关闭阀门 2，开启阀门 1，向沉淀筒中输水样，当水样刚流出溢流口时，关闭阀门 3，停止供水，同时开动秒表记录沉淀时间，并由取样口取样 2 次，各 100mL，此为 t=0 时刻的取样。

5. 此后，分别在第 5min、10min、20min、40min、60min、90min 时刻各取样 2 次，每

次 100mL。

6. 将各沉淀时间取得的水样，分别用已准备好的滤纸过滤。将过滤完后的滤纸放入称量瓶内并留有缝隙地轻放上称量瓶塞子，然后放入烘箱烘干至恒重。取出置于干燥器中冷却后称量。

【注意事项】

1. 每次取样前必须先排除取样口中的积水。
2. 取样前后皆须测量沉淀筒中液面至取样口高度。计算采用二者的平均值。
3. 干燥时，盛有滤纸的称量瓶塞子不可盖严，需留有缝隙，且不能张冠李戴。
4. 称重时，要快速准确，以防滤纸吸潮而增大实验误差。

五、成果整理

1. 整理实验结果并填入表 7-1。

表 7-1　实验结果记录表

静沉时间 min	滤纸编号	称量瓶号	称量瓶＋滤纸重 (g)	取样体积 (mL)	瓶纸＋SS 重 (g)	水样 SS 重 (g)	悬浮物浓度 mg/L	沉淀高度 m
0								
5								
…								

2. 计算沉速 U_t、沉淀效率 E，并绘制 E-t、E-U_t 关系曲线。

3. 以 $P=\left(\frac{C_t}{C_0}\right)$ 为纵坐标，以 U_t 为横坐标，绘制 P-U_t 曲线。

4. 用图解法计算在不同沉速时的总沉淀效率 η。

5. 绘制 η-t，η-u_t 关系曲线。

6. 比较 E 和 η，并进行讨论。

六、思考题

1. 简述绘制自由沉淀静沉曲线的意义。
2. 沉淀柱高分别为 $H=1.2$m、$H=0.9$m，两组实验结果是否一样，为什么？

实验二　混凝实验

一、实验目的

1. 掌握六联搅拌机、光电浊度仪的操作方法；
2. 了解混凝机理及作用，学会混凝实验的方法；
3. 观察絮凝体的形成过程及混凝沉淀效果，根据实验结果确定某水样的最佳投药量、最佳 pH 值、最佳混凝剂种类。

二、实验原理

水中的胶体颗粒靠自然沉淀难以去除。胶体颗粒表面主要带负电，胶粒间的静电斥力、胶粒的布朗运动及胶粒表面的水化作用，使胶粒具有分散稳定性，三者中以静电斥力影响最大。向水中投加混凝剂能提供大量的正离子，压缩胶团的扩散层，使 ξ 电位降低，静电斥力减小。此时，布朗运动由稳定因素转变为不稳定因素，也有利于胶粒的吸附凝聚。水化膜中的水分子与胶粒有固定联系，具有弹性较高的黏度，要把这些水分子排挤出去需要克服特殊的阻力。有些水化膜的存在取决于双电层状态，投加混凝剂降低 ξ 电位，有可能使水化作用减弱。混凝剂水解后形成的高分子物质一般具有链状结构，在胶粒与胶粒间起吸附架桥作用，形成絮凝体。因此投加了混凝剂的水中，胶体颗粒脱稳后相互聚结，逐渐变成大的絮凝体（俗称矾花），较大且较密的矾花容易沉淀去除。整个混凝过程可看作两个阶段：混合阶段和反应阶段。在混合阶段，要求原水与混凝剂快速均匀混合，所以搅拌强度要大，但搅拌时间要短，该阶段，主要使胶体脱稳，形成细小矾花，一般用眼睛难以看见。在反应阶段，要将细小矾花进一步增大，形成较密实的大矾花，所以搅拌不能太大，太大矾花易打碎，但反应时间要长，为矾花的增大提供足够的时间。

影响混凝沉淀效果的因素主要有混凝剂的种类、混凝剂投加量、pH 值等。

三、实验仪器与材料

1. 六联混凝搅拌机；
2. 浊度仪；
3. pH 计；
4. 1000mL 量筒和烧杯、移液管，100mL 注射器等玻璃仪器；
5. 混凝剂及参考配制浓度：硫酸铝 $Al_2(SO_4)_3 \cdot 18H_2O$（10g/L）；三氯化铁 $FeCl_3 \cdot 6H_2O$（10g/L）；聚合氯化铝 PAC（10g/L）；聚合硫酸铁 PFS（10g/L）；
6. 化学纯盐酸 HCl（10%）；
7. 化学纯氢氧化钠 NaOH（10%）。

四、实验步骤

1. 确定最佳投药量实验

（1）量取各 600mL 水样于六只 1000mL 烧杯中，置于六联混凝搅拌机下；

（2）选定混凝剂及适当的投加量范围，以适当的投加量间隔在六只烧杯中分别同时加入混凝剂；

（3）以 120r/min 搅拌 1min，以 80r/min 搅拌 15min，观察矾花形成过程和沉降情况；

（4）静止若干分钟；

（5）同时用注射器取各烧杯上层清液水样，测定其剩余浊度值。

2. 确定最佳 pH 值实验

（1）量取各 600mL 水样于六只 1000mL 烧杯中，置于六联混凝搅拌机下；

（2）选定混凝剂及最佳投加量，在六只烧杯中分别加入等量的混凝剂，同时在六只烧杯中分别用 10%的盐酸溶液或 10%的氢氧化钠溶液调节不同的 pH 值；

（3）以 120r/min 搅拌 1min，以 80r/min 搅拌 15min，观察矾花形成过程和沉降情况；

（4）静止若干分钟；

（5）同时用注射器取各烧杯上层清液水样，测定其剩余浊度值。

3. 确定最佳混凝剂种类实验

（1）量取各 600mL 水样于四只 1000mL 烧杯中，置于六联混凝搅拌机下；

（2）选定混凝剂投加量及适当的 pH 值，在六只烧杯中分别加入不同的混凝剂；

（3）以 120r/min 搅拌 1min，以 80r/min 搅拌 15min，观察矾花形成过程和沉降情况；

（4）静止若干分钟；

（5）同时用注射器取各烧杯上层清液水样，测定其剩余浊度值。

五、成果整理

1. 整理实验结果并填写表 7-2。

表 7-2　最佳混凝剂投加量（最佳 pH 值、最佳混凝剂）实验记录表

实验日期________混凝剂名称_______混凝剂浓度%________

混合时间_______转速_______反应时间__________转速_____

水样编号	混凝剂投加量（最佳 pH 值、最佳混凝剂）	浊度	矾花初现时间	矾花状况	沉淀时间

2. 根据实验记录，绘制剩余浊度-投药量曲线、剩余浊度-pH 值曲线、剩余浊度-混凝剂种类曲线。

3. 根据曲线确定最佳投药量、最佳 pH 值、最佳混凝剂。

六、思考题

1. 简述影响混凝效果的几个主要因素。

2. 为什么最大投药量时，混凝效果不一定好？

实验三　过滤实验

一、实验目的

1. 了解清洁砂层过滤时水头损失变化规律，以及滤层水头损失的增长对过滤周期的影响；

2. 掌握反冲洗时冲洗强度与滤层膨胀度之间的关系。

二、实验原理

过滤是具有孔隙的物料层截留水中杂质从而使水得到澄清的工艺过程。常用的过滤方式有砂滤、纤维过滤、微孔过滤等。过滤不仅可以去除水中细小悬浮杂质颗粒，而且细菌病毒及有机物也会随浊度降低而被除去。本实验按照实际滤池的构造情况，内装石英砂滤料，利用自来水进行清洁砂层过滤和反冲洗实验。

为了取得良好的过滤效果，滤料应具有一定级配，生产上有时为了方便起见，常采用 0.5mm 和 1.2mm 孔径的筛子进行筛选。

为了保证滤后水质和过滤滤速，当过滤一段时间后，需要对滤层进行反冲洗，以使滤料层在短时间内恢复工作能力。反冲洗的方式有多种，其原理是一致的。反冲洗开始时承托层、滤料层未完全膨胀，相当于滤池处于返向过滤状态，当反冲洗速度增大后，滤料层完全膨胀，处于流化状态。根据滤料层膨胀前后的厚度便可求出膨胀度（率）

$$e = \frac{L - L_0}{L_0} \times 100\% \tag{7-3}$$

式中　e——膨胀度，%；

L——砂层膨胀后的厚度，cm；

L_0——砂层膨胀前的厚度，cm。

膨胀度 e 值的大小直接影响了反冲洗效果，而反冲洗的强度大小决定了滤料层的膨胀度。

三、实验仪器与材料

1. 过滤柱：有机玻璃直径 D＝100mm，高度 H＝2000mm；
2. 转子流量计：LZB-25 型；
3. 测压板；
4. 测压管：玻璃管 ϕ10mm×1000mm；
5. 钢卷尺。

实验装置如图 7-3 所示。

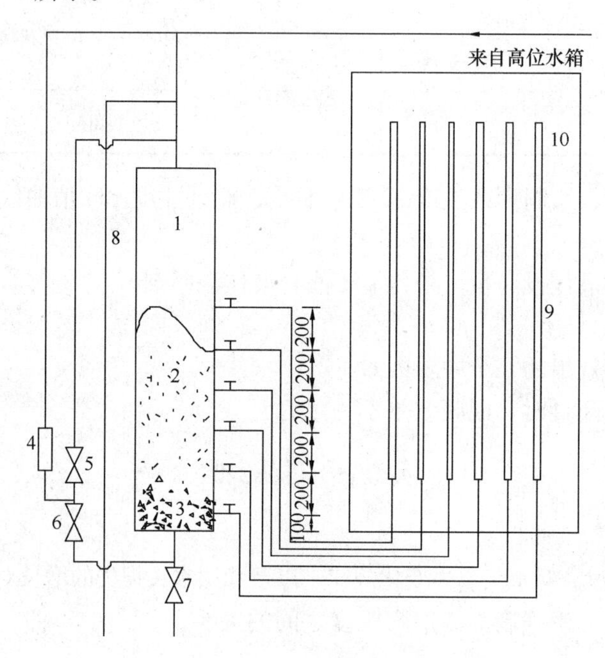

图 7-3　过滤实验装置图

1—过滤柱；2—滤料；3—承托层；4—流量计；5—过滤进水阀；6—反冲洗进水阀；7—过滤出水阀；8—反冲洗出水管；9—测压管；10—测压板

四、实验步骤

1. 清洁砂层过滤水头损失实验

（1）先关闭阀门 5、7，再开启阀门 6 冲洗过滤层 1min。

（2）关闭阀门 6，开启阀门 5、7 快滤 5min 使砂面保持稳定。

（3）调节阀门 5、7，使出水流量为 8～10mL/s（相当于 D＝100mm 过滤柱中流速约为 4m/h），待测压管中水位稳定后，记下滤柱最高最低两根测压管中水位值。

（4）增大过滤水量，使过滤流量依次为 13mL/s、17mL/s、21mL/s、26mL/s 左右，最后一次流量控制在 60～70mL/s，分别测出滤柱最高最低两根测压管中水位值。

2. 滤层反冲洗实验

（1）量出滤层厚度 L_0，关闭阀门 5 及阀门 7，慢慢开启反冲洗进水阀门 6，使滤料刚刚膨胀起来，待滤层表面稳定后，记录反冲洗流量，并测出滤层膨胀后的厚度 L。

（2）改变反冲洗流量 6～8 次，直到最后一次砂层膨胀达 100％为止。待滤层表面稳定后，分别记录反冲洗流量，并测出滤层膨胀后的厚度 L。

【注意事项】

1. 反冲洗时，不要将进水阀门开启过大，应缓慢打开，以防滤料冲出柱外。

2. 在过滤实验前，滤层中应保持一定水位，以免过滤实验时测压管中积存空气。

3. 反冲洗时，为了准确地量出砂层厚度，一定要在砂面稳定后再测量，并在每一个反冲洗流量下连续测量三次。

五、成果整理

1. 整理清洁砂层过滤水头损失成果

(1) 滤柱情况填入表 7-3。

(2) 将过滤时所测流量、测压管水头填入表 7-4。

(3) 据表 7-4 实测水头损失数据绘出水头损失与流速的关系曲线。

表 7-3　滤柱有关数据

滤柱内径（mm）	滤料名称	滤料粒径（cm）	滤料厚度（cm）

表 7-4　清洁砂层水头损失实验记录表

序号	测定次数	流量 Q	滤速		实测水头损失		
			Q/W (cm/s)	$36\frac{Q}{W}$ (m/h)	测压管水头（cm）		$h=h_b-h_a$ (cm)
					h_b	h_a	
1	1						
	2						
	3						
	平均						
…	…						

注：h_b—最高测压管水位值；h_a—最低测压管水位值；W—过滤柱横断面面积。

2. 滤层反冲洗成果整理

按反冲洗流量变化情况，将膨胀后砂层厚度填入表 7-5。

表 7-5　滤层反冲洗实验记录表

序号	测定次数	反冲洗流量 (mL/s)	膨胀后砂层厚度 L（cm）	反冲洗前滤层厚度 L_0（cm）	砂层膨胀度 $e=\frac{L-L_0}{L_0}\times100\%$
1	1				
	2				
	3				
	平均				
…	…				

六、思考题

1. 影响过滤的因素有哪些?

2. 滤层内有空气泡时对过滤、反冲洗有何影响？

3. 反冲洗强度为何不宜过大？

实验四　活性炭吸附实验

一、实验目的

1. 掌握活性炭吸附实验操作；

2. 掌握活性炭吸附容量的测定及吸附等温线的绘制。

二、实验原理

吸附是利用多孔性的固体物质，将污水中的一种或多种物质吸附于固体表面上而被除去。活性炭因具有吸附能力强、吸附容量大等特点而成为应用广泛的吸附剂。活性炭的吸附量除了与表面积有关外，主要是与孔的构造和分布有关。活性炭的细孔分为大孔、过渡孔和微孔，对液相来说，大孔为吸附质提供通道，从而影响吸附质的扩散速度，但作用甚微；过渡孔既是吸附质进入微孔的通道，又是大分子污染物的主要吸附物质。微孔通过过渡孔吸附小分子物质，吸附量主要靠微孔来实现。活性炭的吸附作用产生于两个方面，一是物理吸附，是指活性炭表面的分子受到不平衡力，而使其他分子吸附于其表面上；另一个是化学吸附，是指活性炭与被吸附物质间的化学作用。当活性炭在溶液中的吸附和解吸处于动态平衡状态时称为吸附平衡。活性炭的吸附能力以吸附量 q 表示，即

$$q=\frac{V(C_0-C)}{M}=\frac{X}{M} \tag{7-4}$$

式中　q——活性炭吸附容量，g/g；

V——水样体积，L；

C_0、C——原水及吸附平衡时的物质浓度，g/L；

X——被吸附物质质量，g；

M——活性炭量，g。

在水处理中，通常用 Freundlich（弗兰德里希）吸附等温线来表示活性炭吸附性能，其数学式为：

$$q=KC^{\frac{1}{n}} \tag{7-5}$$

式中　K——弗兰德里希常数；

n——常数，通常，$n>1$，随温度的升高，吸附指数 $1/n$ 趋于 1，一般认为：$1/n$ 介于 0.1～0.5，易于吸附；$1/n>2$，难以吸附。

三、实验仪器与材料

1. 六联搅拌机；

2. 分析天平；

3. 分光光度计；

4. 烘箱；

5. 温度计；

6. 烧杯：1000mL、200mL；

7. 30mL 移液管；

8. 粉状活性炭，并在 105℃下烘干至恒重；

9. 粒状活性炭；

10. 0.02mol/L 亚甲蓝储备液；

11. 性炭连续流实验装置（图 7-4）。

四、实验步骤

1. 制作标准曲线

（1）准备 0.0001mol/L 亚甲蓝溶液。

（2）用分光光度计得出吸收与波长的关系。

（3）确定产生最大吸收时的波长。

（4）将步骤（1）准备的亚甲蓝溶液稀释，每稀释一次就用分光光度计从步骤（3）所得波长测得一个吸收量（用吸光度或透光度表示），共测七个点。

（5）画出吸收量与亚甲基蓝浓度的关系曲线，即标准曲线。

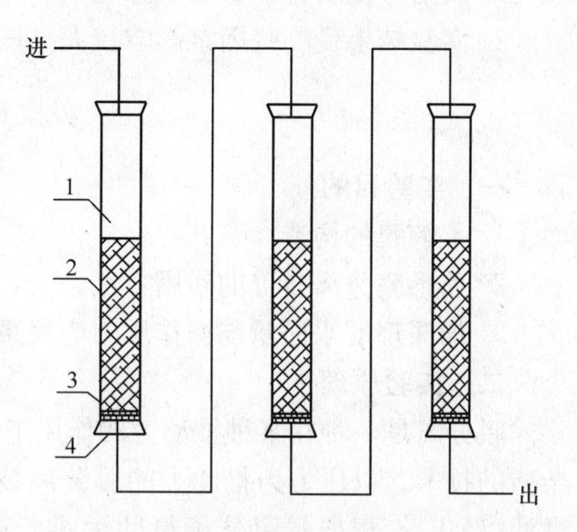

图 7-4　活性炭连续流实验装置示意图
1—有机玻璃管；2—活性炭层；
3—承托层；4—橡胶塞

2. 间歇式吸附实验

（1）取六只 1000mL 烧杯分别编为 1# ～6#，并在各烧杯中加入 600mL 的亚甲蓝溶液；

（2）称取 100mg、150mg、300mg、600mg、1000mg 的粉状活性炭分别加入 2# ～6# 烧杯中；

（3）启动六联搅拌机，以 200r/min 搅拌 30min，停止搅拌，沉淀 15min；

（4）用移液管取出上部清液，分别放入已编号的六只小烧杯中；

（5）将上部清液过滤；

（6）将过滤后的水倒入比色皿中，用分光光度计测其吸收量；

（7）在浓度-吸收量标准曲线上查出相应的浓度 C。

3. 连续流吸附实验

（1）在管中装入粒状活性炭，活性炭必须用蒸馏水彻底浸透，以防止在实验中截留空气；

（2）用自来水配制 0.001mol/L 的亚甲蓝投配溶液；

（3）调整流量为 20mL/min；

（4）将调好流量的投配溶液与吸附管接通，并开始记录时间；

（5）投配 1h 后，取样并测定亚甲蓝的浓度，此后每隔 1h 取样并测定，直至整个吸附柱穿透。

五、成果整理

1. 间歇式吸附实验结果：填写表 7-6。根据测定数据绘制吸附等温线，确定常数 K、n。

表 7-6　实验结果表

编号	水样体积 V（mL）	活性炭质量 M（mg）	平衡时剩余浓度 C（mg/mg）	水样浓度 C_0（mg/mg）	吸附容量 q（mg/mg）
1					
…					

2. 连续流实验结果：绘制穿透曲线，画出去除量与时间的关系线。

六、思考题

1. 吸附等温线有什么现实意义？
2. 实验结果受哪些因素影响较大，该如何控制？

实验五　膜分离实验

一、实验目的

1. 了解膜的构造；
2. 熟悉膜分离装置的使用方法；
3. 加深理解水通量与操作压力的关系。

二、实验原理

膜分离是一种在某种推动力的作用下，利用特定膜的透过选择性分离水中离子、分子和杂质的技术。以压力为推动力的膜分离技术有反渗透（RO）、纳滤（NF）、超滤（UF）和微滤（MF）。根据截留分子量的大小、截留杂质的能力大小顺序为反渗透（RO）、纳滤（NF）、超滤（UF）和微滤（MF）。膜组件有4种形式：板框式、管式、卷式和中空纤维。卷式和中空纤维的膜过滤面积最大，因而在饮用水处理中得到广泛应用。

本实验采用超滤膜，膜组件为卷式，膜材质为聚偏氟乙烯，截留分子量为10000和100000，膜过滤面积为0.4m^2，超滤膜孔径范围为0.001～0.1μm，运行压力为0.1～0.3MPa。

超滤分离物质的基本原理是：被分离的溶液借助外界压力的作用，以一定的流速沿着具有一定孔径的超滤膜表面流动，让溶液中的无机离子和低分子量的有机物透过膜表面，把溶液中高分子、大分子有机物、胶体微粒、微生物、细菌等截留下来。超滤膜是多孔径结构，其截留机理是筛分作用。

超滤过程中，水通量和操作压力有以下关系：

$$J_w = (P_w/\delta_w)\Delta p \tag{7-6}$$

式中　J_w——水透过超滤膜的通量，$cm^3/cm^2 \cdot s$；

P_w——膜对水的透过特性，$cm^2/(S \cdot Pa)$；

δ_w——膜厚度，cm；

Δp——膜两侧的压力，Pa。

应当指出，水通量正比于操作压力的关系仅对纯水或稀溶液而言。

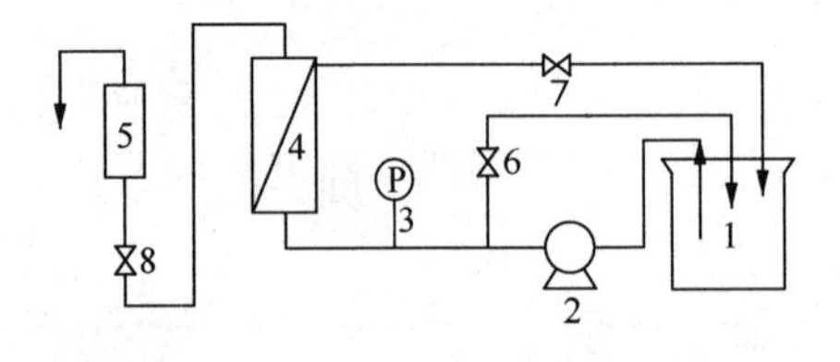

图7-5　膜分离实验装置示意图

1—实验水槽；2—输液泵；3—压力表；4—超滤组件；5—流量计；6—循环阀；7—浓液阀；8—流量计阀

三、实验仪器与材料

（1）膜分离实验装置：其示意图如图7-5所示。

（2）500mL量筒、秒表、橡皮管、夹子、扳手等。

（3）实验用水为自来水。

四、实验步骤

1. 先向泵的进口管中注水，泵的进口管要放在水中；
2. 打开循环阀、浓水阀和流量计阀；

3. 接通进出管路，开启电源，启动开关，泵正常运转后逐步关闭循环阀；

4. 根据实验要求，通过浓水阀的开启程度控制实验压力，稳定 2～3min 后，用量筒和秒表测量出水流量，重复 3 次。与流量计的读数对比；

5. 测量不同压力下的出水流量；

6. 停止实验时，先开大循环阀及浓水阀，再关闭电源，结束实验。

【注意事项】

阀门开启与关闭均应缓慢进行，进水阀和浓水阀应交替开启/关闭。

五、成果整理

（1）将实验数据填入表 7-7。

表 7-7　膜分离成果整理

压力 MPa	测定次数	出水流量 mL/s	水通量 $cm^3/cm^2 \cdot s$
	1		
	2		
	3		
	平均		

（2）以压力为横坐标、水通量为纵坐标绘图。

六、思考题

1. 若实验水不是纯水或自来水，水通量与压力之间应是何种关系？

2. 若实验水为工业废水，水通量随时间如何变化？

实验六　树脂交换容量实验

一、实验目的

1. 加深对离子交换树脂交换容量的理解；

2. 掌握测定强酸性阳离子交换树脂交换容量的方法。

二、实验原理

交换容量是树脂最重要的指标，它定量地表示树脂交换能力的大小。树脂交换容量在理论上可以从树脂单元结构式粗略地计算出来。以强酸性苯乙烯系阳离子交换树脂为例，其单元结构式中共有 8 个 C 原子，8 个 H 原子，3 个 O 原子，一个 S 原子，其分子量等于 $8\times12.011+8\times1.008+3\times15.9994+1\times32.06=18402$，只有强酸基$-SO_3H$ 中的 H 遇水电离形成 H^+ 可以交换，即每 184.2g 干树脂只有 1g 可交换离子。所以，每克干树脂具有可交换离子 1/184.2＝0.00543e＝5043me，扣去交联剂所占分量（按 8%质量计），则强酸干树脂交换容量应为 5.43×92/100＝4.99me/g，此值与测量值差别不大。0.01×7 强酸性苯乙烯系阳离子交换树脂，交换容量规定为≥4.2me/g（干树脂）。

强酸性阳离子交换树脂在实验前需经过预处理，即经过酸、碱轮流浸泡，以去除树脂表面的可溶性杂质。测定阳离子交换树脂交换容量常采用碱滴定法，用酚酞为指示计，按下式计算交换容量：

$$E=\frac{NV}{W\times 固体含量\%}\quad me/g（干氢树脂）\tag{7-7}$$

式中　N——NaOH 标准溶液的摩尔浓度，mol/L；

V——NaOH 标准溶液的用量，mL；

W——样品湿树脂重，g。

三、实验仪器与材料

1. 天平（万分之一精度）；
2. 烘箱；
3. 干燥器；
4. 250mL 三角烧瓶、10mL 移液管、100mL 量筒；
5. 0.5mol/LNaCl 溶液；
6. 1mol/L 硫酸（或 1mol/L 盐酸）溶液；
7. 1mol/LNaOH 溶液；
8. 0.10000mol/LNaOH 溶液；
9. 1%酚酞指示剂。

四、实验步骤

1. 强酸性阳离子交换树脂的预处理

取样品约 10g 以 1mol/L 硫酸（或 1mol/L 盐酸）及 1mol/L NaOH 轮流浸泡，即按酸→碱→酸→碱→酸顺序浸泡 5 次，每次 2 小时，浸泡液体积约为树脂体积的 2～3 倍。在酸碱互换时应用 200mL 无离子水洗涤。5 次浸泡结束后用无离子水洗涤至溶液呈中性。

2. 强酸性阳离子交换树脂固体含量的测定

称取三份约 1g 的样品，并放入（105～110)℃烘箱中烘干至恒重后，放入氯化钙干燥器中冷却至室温，称重，记录干燥后的树脂重。

$$固体含量=(干燥后的树脂重/样品重)\times 100\%$$

3. 强酸性阳离子交换树脂交换容量的测定

另取三份 1.0000g 的样品置于 250mL 三角烧瓶中，投加 0.5mol/L NaCl 溶液 100mL 摇动 5min，放置 2h 后各加入 1%酚酞指示剂 3 滴，用标准 0.10000mol/LNaOH 溶液进行滴定，至呈微红色 15s 不褪，即为终点。记录 NaOH 标准溶液的浓度及用量。

五、成果整理

表 7-8　强酸性阳离子交换树脂交换容量的测定记录

湿树脂样品重 W（g）	干燥后的树脂重 W_1（g）	树脂固体含量（%）	NaOH 标液的摩尔浓度	NaOH 标液的用量 V（mL）	交换容量 Me/g 干氢树脂

1. 根据实验测定数据计算树脂固体含量，取三个样品的平均值作为实验最终结果。
2. 根据实验测定数据计算树脂交换容量，取三个样品的平均值作为实验最终结果。

六、思考题

1. 测定强酸性阳离子交换树脂交换容量为何用强碱 NaOH 滴定？
2. 写出本实验有关化学反应方程式。

实验七　固定床离子交换实验

一、实验目的

1. 了解并掌握固定床离子交换除盐实验装置的操作方法；

2. 加深对离子交换基本理论的理解。

二、实验原理

水中各种无机盐类经电离生成阳离子及阴离子，经过氢型离子交换树脂时，水中的阳离子被氢离子所取代，形成酸性水，酸性水经过氢氧型离子交换树脂时，水中的阴离子被氢氧根离子所取代，进入水中的氢离子与氢氧根离子组成水分子，从而达到去除水中无机盐类的目的。氢型树脂失效后用盐酸或硫酸再生，氢氧型树脂失效后用烧碱液再生。以氯化钠代表水中无机盐类，水质除盐的基本反应如下：

（1）氢离子交换：

交换：　$RH + NaCl \rightarrow RNa + HCl$

再生：　$RNa + HCl \rightarrow RH + NaCl$

（2）氢氧根离子交换：

交换：　$ROH + HCl \rightarrow RCl + H_2O$

再生：　$RCl + NaOH \rightarrow ROH + NaCl$

三、实验仪器与材料

1. 离子交换装置：见图7-6；

2. PHS-3B酸度计；

3. 电导仪；

4. 温度计；

5. 钢卷尺、秒表等。

四、实验步骤

1. 熟悉实验装置每条管路、每个阀门的作用；

2. 测原水温度、电导率及pH值，量取交换柱树脂层高度；

3. 用自来水将阳离子交换柱内树脂反冲洗数分钟，以去除树脂层的气泡；

4. 开始除盐实验。原水先经过阳离子交换柱，再进入阴离子交换柱，运行流速采用15m/h。每隔10min测阳离子交换柱出水pH值，阴离子交换柱出水电导率及pH值。测两次并加以比较；

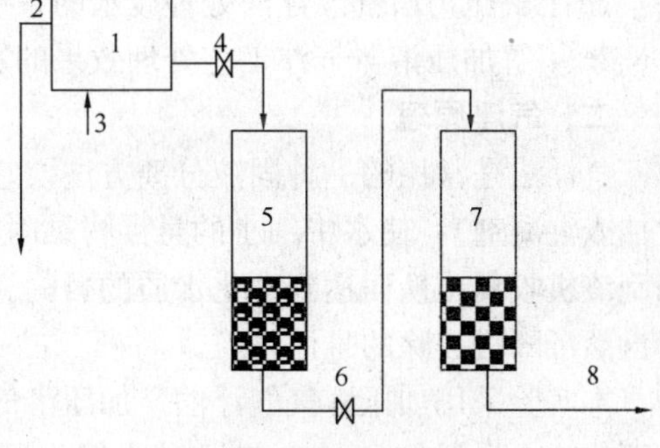

图7-6　固定床离子交换柱示意图

1—恒压水箱；2—恒压水箱溢流管；3—恒压水箱进水管（接自来水管）；4—流量控制阀门；5—阳离子交换柱，内装强酸性阳离子交换树脂；6—中间试样取样阀门；7—阴离子交换树脂，内装强碱性阴离子交换树脂；8—出水管

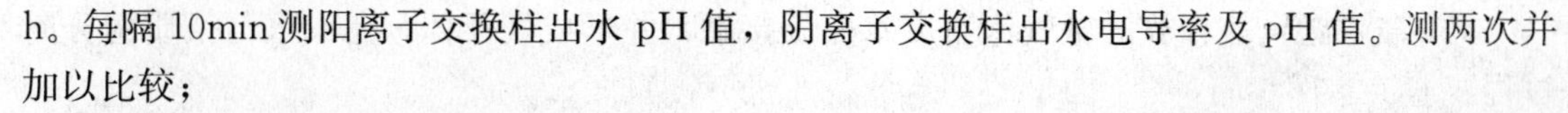

5. 改变运行流速。流速分别取20m/h、25m/h、30m/h，每种流速运行10min，取阴离子交换柱出水测电导率及pH值。

五、成果整理

1. 将实验结果填入表7-9及表7-10。

表 7-9　固定床离子交换柱实验记录表（1）　　流速：m/h

出水水质 / 取样时间/min	阳离子交换柱		阴离子交换柱	
	pH	电导率/（μS/cm）	pH	电导率/（μS/cm）

表 7-10　固定床离子交换柱实验记录表（2）　　运行时间：min

出水水质 / 流速/（m/h）	阳离子交换柱		阴离子交换柱	
	pH	电导率/（μS/cm）	pH	电导率/（μS/cm）

2. 绘出同一流速下，出水 pH 值和电导率随时间的变化曲线。

3. 绘出相同取样时间，不同流速下，出水 pH 值和电导率的变化曲线。

六、思考题

1. 电导率的物理意义是什么？

2. 对实验结果进行分析。

实验八　加压溶气气浮实验

一、实验目的

1. 了解压力溶气气浮法处理废水的系统组成及操作；

2. 了解加压溶器气浮工艺处理效果的影响因素。

二、气浮原理

气浮法是常用的一种固液分离方法，它是向水中通入空气，产生微细泡（有时还需要同时加入混凝剂），使水中细小的悬浮物黏附在气泡上，随气泡一起上浮到水面形成浮渣，再用刮渣机收集，从而达到净化水质的目的。它常被用来分离密度小于或接近于水、难以用重力自然沉降法去除的悬浮颗粒。

本实验采用加压溶气气浮法。加压溶气气浮是使空气在加压的条件下溶解在水中，在常压下，将水中过饱和的空气以微小气泡的形式释放出来。加压溶气气浮装置由以下部分组成：

（1）加压水泵：提供压力水；

（2）溶气罐：使水与空气充分接触，加速空气溶解，并在其中形成溶气水；

（3）空压机：提供制造溶气水所需要的空气；

（4）溶气水减压释放设备：将压力溶气水减压后迅速将溶于水中的空气以微小气泡的形式释放出来；

（5）气浮池：使释放的微气泡与废水充分接触，并形成气浮体，完成水与杂质的分离过程。

三、实验仪器与材料

1. 气浮实验装置：工艺流程如图 7-7 所示；

2. 硫酸铝溶液：10g/L；

3. pH 试纸；

4. 自配水样。

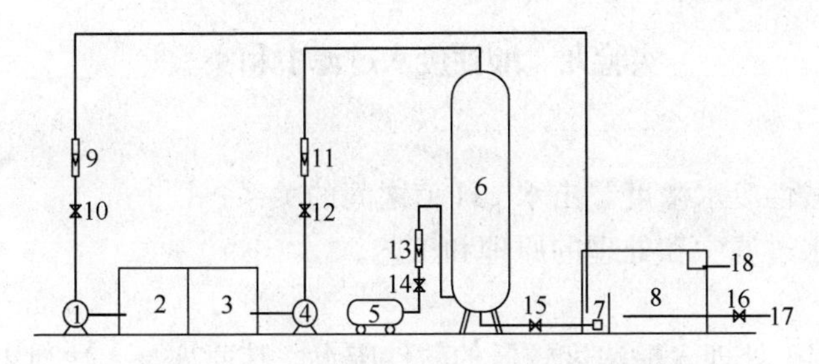

图 7-7　加压溶气气浮实验装置示意图

1—废水泵；2—废水水箱；3—加压水箱；4—加压水泵；5—空压机；6—溶气罐；7—释放器；8—气浮池；9—废水流量计；10—废水阀；11—加压水流量计；12—加压水阀；13—空气流量计；14—空气阀；15—溶气水阀；16—出水阀；17—出水管；18—排渣管

四、实验步骤

1. 熟悉实验工艺流程，并保证检查气浮设备处于完好状态。向加压水箱中注入清水。

2. 将待处理废水样加入到废水水箱中，并测定原水中 SS 值。

3. 根据水箱中的水量向废水箱中加入硫酸铝溶液破乳，投量可按 50～60mg/L。

4. 开启空压机向溶气罐内压缩空气至 0.3MPa 左右。

5. 开启水泵，向溶气罐内泵入水，在 0.3～0.4MPa 压力下，将气体溶入水中，形成溶气水，此时，进水流量可控制在 2～4L/min 左右，进气流量可以为 0.1～0.2L/min。

6. 待溶气罐中液位升至溶气罐中上部时，缓慢打开溶气罐底部出水阀，出水量与溶气罐压力水进水量相对应。

7. 溶气水在气浮池中释放压力并形成大量微小气泡时，再打开废水进水阀门，废水进水量可按 4～6L/min 控制。

8. 浮渣由排渣管排至下水道，处理水可排至下水道也可部分回流至回流水箱。处理出水口取水测 SS 值。

五、成果整理

1. 实验数据填入表 7-11。

表 7-11　气浮实验结果记录表

进气流量（L/min）	废水进水流量（L/min）	进水 SS（mg/L）	出水 SS（mg/L）

2. 计算 SS 值去除率 E

$$E=\frac{C_0-C}{C_0}\times 100\% \tag{7-8}$$

式中　C_0——原水 SS 值，mg/L；

　　　C——处理水 SS 值，mg/L。

六、思考题

1. 加压溶气气浮法有何特点？

2. 试述工作压力对溶气效率的影响。

实验九 酸性废水过滤中和实验

一、实验目的

1. 了解滤率与酸性废水浓度、出水 pH 值之间的关系；

2. 掌握酸性废水过滤中和处理的原理和工艺。

二、实验原理

过滤中和法适用于处理含酸浓度较低的酸性废水。其原理是，滤池中装有碱性滤料，过滤时，当酸性废水流经滤料时，两者会发生酸碱中和反应，达到处理酸性废水的目的。目前采用的滤料有石灰石($CaCO_3$)和白云石($CaCO_3 \cdot MgCO_3$)，废水在滤池中进行中和作用的时间与滤率、废水中酸的种类、浓度有关。通过实验可以确定滤率、滤料消耗量等参数，为工艺设计和运行管理提供依据。本实验的滤料为石灰石($CaCO_3$)。

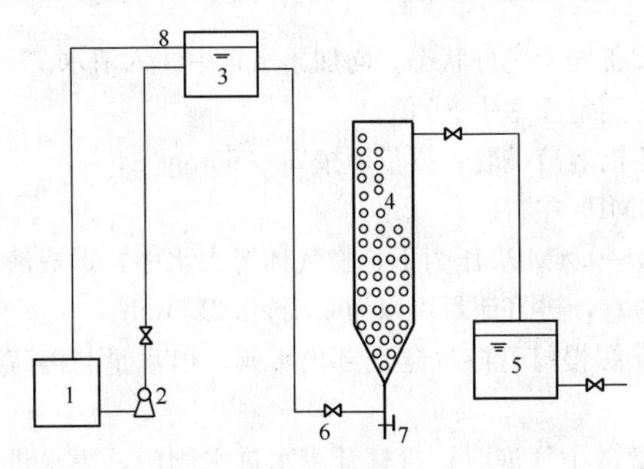

图 7-8 过滤中和实验装置示意图

1—原水池；2—塑料磁力泵；3—高位水箱；4—过滤中和柱；5—出水池；6—控制阀；7—放空阀；8—溢流管

三、实验仪器与材料

1. 过滤实验装置：由原水池（$1m^3$）、水泵、高位水箱（20L）和过滤中和柱（$H=2m$，$D=7\sim10cm$）、出水池（15L）等组成，如图 7-8 所示；

2. pH 计；

3. 量筒 1000mL；

4. 秒表；

5. 石灰石（$CaCO_3$）：颗粒直径为 1～3mm；

6. 工业硫酸或盐酸。

四、实验步骤

1. 将实验用石灰石装入中和柱，装填高度为 0.8m 左右。

2. 用工业硫酸或盐酸配制成浓度范围在 0.1%～0.4%之间的酸性废水水样。

3. 启动水泵，将酸性废水水样提升到高位水箱。

4. 调节进、出水阀，用体积法测定流量。

5. 将滤率控制在 10m/h，稳定几分钟后，取出水水样 200mL 测定 pH 值，并观察中和过程出现的现象。

6. 再分别将滤率控制在 20m/h、30m/h、40m/h，重复步骤 5 完成实验。

五、成果整理

记录实验结果入表 7-12。

表 7-12 过滤中和实验结果记录表

滤率（m/h）				
原水 pH 值				
出水 pH 值				

六、思考题

1. 根据实验结果说明过滤中和法处理酸性废水时处理效果与哪些因素有关？

2. 过滤中和法的常用工艺有哪些？

实验十　曝气设备充氧性能测试实验

一、实验目的

1. 熟悉空气扩散系统氧的转移规律；

2. 掌握影响曝气充氧过程中氧总转移系数 K_{La} 的测定方法。

二、实验原理

曝气是好氧生物处理系统的重要环节，它的作用是向池内充氧，保证微生物生化作用所需之氧，同时保证池内微生物、有机物、溶解氧三者的充分混合，为微生物创造有利条件。本实验采用鼓风曝气方式充氧。鼓风曝气是将压缩空气通过管道系统送入池内的散气设备，以气泡形式分散进入混合液。鼓风曝气设备的关键部件是浸入混合液中的扩散器。衡量曝气设备性能的指标有氧吸收率（E_A）、氧传递速率以及充氧动力效率。曝气设备的充氧过程属传质过程，氧传递机理符合双膜理论。气膜和液膜对气体分子的转移产生阻力。氧是难溶气体，在氧的传递过程中，阻力主要来自液膜。

氧传递基本方程式为：$-\dfrac{dc}{dt}=K_{La}(C_s-C)$

积分上式得：

$$K_{La}=\frac{1}{t_2-t_1}\ln\left(\frac{C_s-C_1}{C_s-C_2}\right) \tag{7-9}$$

K_{La}——氧总转移系数，1/min；

t_1、t_2——均为曝气时间，min；

C_s——饱和溶解氧的浓度，mg/L；

C_1——曝气时间 t_1 时的清水中溶解氧浓度，mg/L；

C_2——曝气时间 t_2 时的清水中溶解氧浓度，mg/L。

影响氧传递速率 K_{La} 的因素很多，既与曝气设备本身结构尺寸、运行条件有关，还与水质、水温等有关。为了进行相互比较，以及向设计、使用部门提供产品性能，均在标准状态下（即在清水，一个大气压 20℃下）进行测试。

本实验采用间歇非稳态法，即实验时一池水不进不出，池内溶解氧随时间而变。即将待曝气之水以无水亚硫酸钠为脱氧剂，以氯化钴为催化剂，脱氧至零后开始曝气，水中溶解氧的浓度 C 随时间的增加而提高，以 ln（C_s-C）～t 作图，其斜率的负值即为 K_{La} 值。

三、实验仪器与材料

实验装置示意图如图 7-9 所示。

1. 曝气筒：直径 400mm，高度 2200mm，材质为有机玻璃；

2. 水箱：0.3m^3，材质为 PVC；

3. 鼓风机：DY-40；

4. 溶解氧测试仪：WTW Level2；

5. 水泵：流量 0.5m^3/h，扬程 3m；

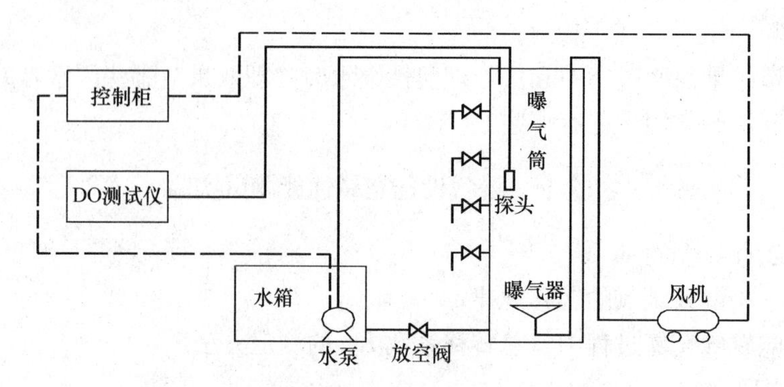

图 7-9　实验装置示意图

6. 天平（0.01g）；
7. 曝气器：散流曝气器、微孔曝气器；
8. 钢卷尺、200mL 烧杯、玻璃棒等；
9. 药品：无水亚硫酸钠、氯化钴。

四、实验步骤

1. 先向曝气筒内注入自来水至一定高度，开启风机曝气至水中溶解氧饱和，测定水温及溶解氧值，所测溶解氧值即为饱和值 C_s（或根据所测水温直接从表 7-14 查得）。

2. 用钢卷尺量取曝气筒内自来水的有效水深 h。

3. 计算投药量

筒内氧的总量 G：$G=C_sV=\frac{\pi}{4}D^2HC_s$（mg）（其中，$D$、$H$ 分别为曝气筒直径和水深）

脱氧剂 Na_2SO_3 投加量 G_2：$G_2=1.5\times 8G$（mg）

催化剂 $CoCl_2$ 投加量 G_3：$G_3=0.1\times\frac{\pi}{4}D^2H$（mg）

4. 按计算结果分别称取 Na_2SO_3 和 $CoCl_2$，并分别置于 200mL 烧杯中用少量的自来水溶解。

5. 将溶解后的 Na_2SO_3 溶液和 $CoCl_2$ 溶液倒入曝气筒，当筒内溶解氧至零后开始正常曝气，每隔 1min 读一次数据，直至饱和为止，关闭风机。

五、成果整理

表 7-13　曝气设备充氧性能测试实验记录表

水温：______℃，曝气筒直径：________m，水深：______m，风量：________

时间/min	溶解氧/（mg/L）	时间/min	溶解氧/（mg/L）

1. 计算 $K_{La(T)}$：

以 ln（C_S-C）～t 作图，其斜率的负值即为 $K_{La(T)}$ 值。

2. 计算氧总转移系数 $K_{La(20)}$

$$K_{La(20)}=K\cdot K_{La(T)}$$

K 为温度修正系数，$K=1.024^{20-t}$，故 $K_{La(20)}=1.024^{20-T}K_{La(T)}$

六、思考题

1. 曝气充氧原理及影响因素是什么？

2. 论述曝气在生物处理中的作用。

表 7-14　不同水温下饱和溶解氧值表

t（℃）	C_s（mg/L）	t（℃）	C_s（mg/L）	t（℃）	C_s（mg/L）
5	12.80	12	10.83	19	9.35
6	12.48	13	10.60	20	9.17
7	12.20	14	10.37	21	8.99
8	11.87	15	10.15	22	8.83
10	11.33	17	9.74	24	8.53
11	11.08	18	9.54	25	8.39

实验十一　废水可生化性实验

一、实验目的

1. 研究不同水质对活性污泥活性的影响；

2. 理解生化呼吸线的含义。

二、实验原理

本实验采用一组间歇生物反应器，通过测定活性污泥的呼吸速率，来考察某种废水生物处理可能性。

活性污泥中的微生物在降解有机物的过程中所消耗的氧量分为两部分：一是降解有机物、合成新细胞的所耗氧量，二是微生物内源呼吸所耗氧量，需氧速率则以下式表示：

$$\left(\frac{\mathrm{d}o}{\mathrm{d}t}\right)_{\mathrm{D}}=\left(\frac{\mathrm{d}o}{\mathrm{d}t}\right)_{\mathrm{F}}+\left(\frac{\mathrm{d}o}{\mathrm{d}t}\right)_{\mathrm{e}} \tag{7-10}$$

式中　$\left(\frac{\mathrm{d}o}{\mathrm{d}t}\right)_{\mathrm{D}}$——总需氧速率；

$\left(\frac{\mathrm{d}o}{\mathrm{d}t}\right)_{\mathrm{F}}$——降解有机物，合成新细胞的耗氧速率；

$\left(\frac{\mathrm{d}o}{\mathrm{d}t}\right)_{\mathrm{e}}$——微生物内源呼吸速率。

如果废水中有机物是不能被微生物降解的，但它对微生物的生命活动没有抑制作用，则表现为生化呼吸线与内源呼吸线重合，见图 7-9 中的曲线 1；如果废水中的有机物容易被微生物降解，微生物即大量摄取有机物并合成新细胞，而迅速消耗溶解氧，表现出较高的微生物吸氧速率，当水中有机物逐渐消耗贻尽，氧的吸收速率也就减慢，最后等于内源呼吸速率，即生化呼吸线和内源呼吸斜率相等，见图 7-10 中的曲线 2；如果废水中含一种或几种组分对微生物的生长有抑制或

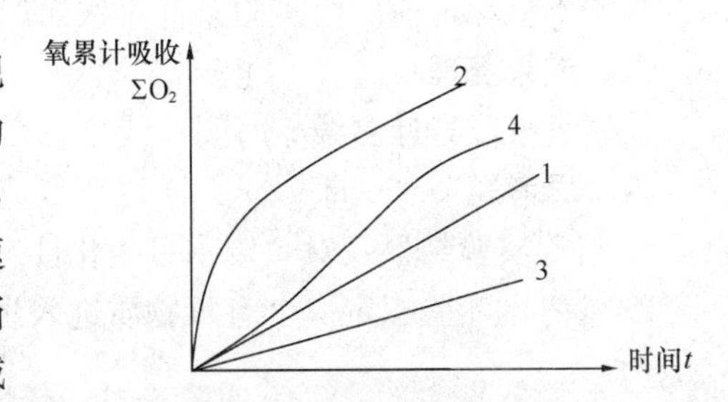

图 7-10　不同物质对微生物氧吸收过程的影响
1—内源呼吸线；2—有毒害抑制作用曲线；3—易生化降解曲线；4—可驯化降解曲线

毒害作用，微生物降解利用有机物的速度便减慢或停止，其氧的吸收速率也随之减慢或停止，即表现为生化呼吸线位于内源呼吸线的下方，前者斜率小于后者，见图7-9中的曲线3；如果废水中某一种或几种组分对微生物的生长有抑制作用，但经过一段时间驯化后，微生物能适应并可分解利用水中部分有机物，其生化呼吸线见图7-9中的曲线4。

因此，我们通过测定活性污泥的呼吸速率可判断某废水生物处理的可能性或最大允许浓度。

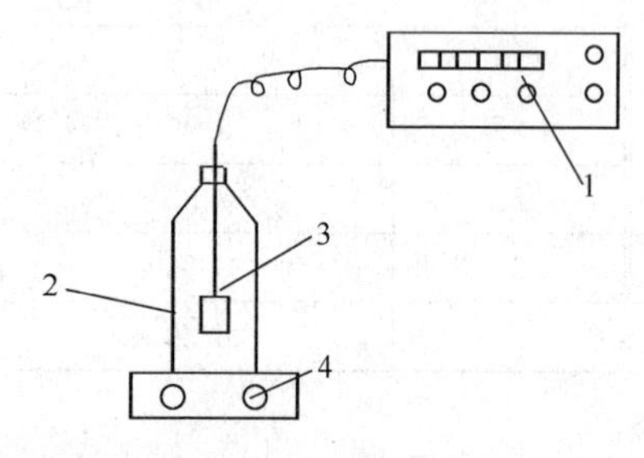

图7-11　废水可生化性实验装置

1—溶解氧仪；2—溶解氧探头；3—广口瓶；4—电磁搅拌器

三、实验仪器与材料

1. 间歇生物反应器——表面曝气池模型；
2. 溶解氧测定仪；
3. 磁力搅拌机；
4. 广口瓶；
5. 苯酚；
6. 葡萄糖。

测定呼吸速率实验装置见图7-11。

四、实验步骤

1. 将溶解氧测定仪预热、调零。

2. 从污水处理厂曝气池中取混合溶液投入表面曝气池模型中，曝气若干小时，使微生物将废水中营养物质消耗贻尽，进而进入饥饿状态。

3. 由曝气桶下部取水口取混合液于广口瓶中至满瓶，用带溶解氧探头的橡胶塞将瓶口塞严。注意不可让瓶中留有气泡。

4. 将广口瓶放在电磁搅拌器上，开启搅拌开关进行搅拌，同时开始以秒表计时，每隔1min读取一次溶解氧数值，直到瓶中溶解氧消耗至零。

5. 向曝气桶中加入浓度约为200ppm的葡萄糖溶液，继续曝气使之混合均匀。

6. 加入葡萄糖约半小时，重复步骤3和4，测定溶解氧消耗的速率。

7. 向曝气桶中加入浓度为200ppm的苯酚溶液，继续曝气使之混合均匀。

8. 加入苯酚后约半小时，重复步骤3和4，测定溶解氧消耗速率。

【注意事项】

1. 测定三组数据采用的搅拌器搅拌速度要相同，否则会产生误差。

2. 每组数据测定完需倒掉锥形瓶中的废液时，注意别将搅拌子倒掉，一旦丢失，另选的搅拌子不能保证前后组实验条件一致而产生误差。

五、成果整理

绘制氧吸收累计曲线～时间曲线。

六、思考题

1. 讨论实验结果及对“废水可生化性”问题的认识。

2. 参考本实验拟定一个有毒物质进入生物处理构筑物的允许浓度实验的方案。

实验十二　活性污泥评价指标实验

一、实验目的

1. 了解评价活性污泥性能的四项指标及其相互关系；

2. 掌握 *SV*、*SVI*、*MLSS*、*MLVSS* 的测定和计算方法。

二、实验原理

活性污泥的评价指标有混合液悬浮固体浓度（*MLSS*）、混合液挥发性悬浮固体浓度（*MLVSS*）污泥沉降比（*SV*）污泥体积指数（*SVI*）和污泥龄（θ_C）等。

混合液悬浮固体浓度（*MLSS*）又称混合液污泥浓度，它表示曝气池单位容积混合液内所含活性污泥固体物的总质量，由活性细胞（M_a），内源呼吸残留的不可生物降解的有机物（M_e）、入流水中生物不可降解的有机物（M_i）和入流水中的无机物（M_{ii}）四部分组成。混合液挥发性悬浮固体浓度（*MLVSS*）表示混合液活性污泥中有机性固体物质部分的浓度，即由 *MLSS* 中的前三项组成。活性污泥依靠活性细胞（M_a）净化废水，当 *MLSS* 一定时，M_a 越高，表明污泥的活性越好，反之越差。*MLVSS* 不包括无机部分（M_{ii}），所以用其来表示活性污泥的活性数量上比 *MLSS* 为好，但它还不真正代表活性污泥微生物（M_a）的量。这两项指标虽然在代表混合液生物量方面不够精确，但测定方法简单易行，也能够在一定程度上表示相对的生物量，因此广泛用于活性污泥处理系统的设计、运行。对于生活污水和以生活污水为主体的城市污水，*MLVSS* 与 *MLSS* 的比值在 0.75 左右。

性能良好的活性污泥，除了具有去除有机物的能力以外，还应有好的絮凝沉降性能，这是发育正常的活性污泥所应具有的特性之一，也是二沉池正常工作的前提和出水达标的保证。活性污泥的絮凝沉降性能，可用污泥沉降比（*SV*）和污泥体积指数（*SVI*）这两项指标来加以评价。

污泥沉降比是指曝气池混合液在 100mL 筒中沉淀 30min，污泥体积与混合液体积之比，用百分数（%）表示。活性污泥混合液经 30min 沉淀后，沉淀污泥可接近最大密度，因此可用 30min 作为测定污泥沉降性能的依据。一般生活污水和城市污水的 *SV* 为 15%～30%。其计算公式为：

$$SV=\frac{V_2}{V_1}\times 100\% \tag{7-11}$$

式中　V_1——混合液体积，mL；

V_2——沉淀污泥体积，mL。

污泥体积指数是指曝气池混合液经 30min 沉淀后，每克干污泥所形成的沉淀污泥所占有的容积，以 mL/g 计，但习惯上把单位略去。*SVI* 的计算式为

$$SVI=\frac{SV(\mathrm{mL/L})}{MLSS(\mathrm{g/L})} \tag{7-12}$$

在一定的污泥量下，*SVI* 反映了活性污泥的凝聚沉淀性能。如 *SVI* 较高，表示 *SV* 较大，污泥沉降性能较差；如 *SVI* 较小，污泥颗粒密实，污泥老化，沉降性能好。但如 *SVI* 过低，则污泥矿化程度高，活性及吸附性都较差。一般来说，当 $SVI<100$ 时，污泥沉降性能良好；当 $SVI=100\sim200$ 时，沉降性能一般；而当 $SVI>200$ 时，沉降性能较差，污泥易膨胀。一般城市污水的 *SVI* 在 100 左右。

三、实验仪器与材料

1. 过滤器；
2. 烘箱；
3. 马弗炉；

4. 天平；
5. 称量瓶；
6. 瓷坩埚；
7. 100mL 量筒；
8. 定时表；
9. ϕ12.5cm 定量中速滤纸。

四、实验步骤

1. 将 ϕ12.5cm 定量中速滤纸折好并放入已编号的称量瓶中，在（103～105）℃的烘箱中烘 2h，取出称量瓶，放入干燥器中冷却至室温，在电子天平上称重，记下称量瓶编号和质量 m_1（g）；

2. 将已编号的瓷坩埚放入马弗炉中，在 600℃温度下灼烧 30min，取出瓷坩埚，放入干燥器中冷却至室温，在电子天平上称重，记下坩埚编号和质量 m_2（g）；

3. 用 100mL 量筒量取曝气池混合液 100mL（V_1），静止沉淀 30min，观察活性污泥在量筒中的沉降现象，到时记录下沉淀污泥的体积 V_2（mL）；

4. 从已知编号和称重的称量瓶中取出滤纸，放置到已插在 250mL 三角烧瓶上的玻璃漏斗中，取 100mL 曝气池混合液慢慢倒入漏斗中过滤；

5. 将过滤后的污泥和滤纸放入原称量瓶中，在（103～105）℃的烘箱中烘干至恒重，取出称量瓶，放入干燥器中冷却至室温，在电子天平上称重，记下称量瓶编号和质量 m_3（g）；

6. 取出称量瓶中已烘干的污泥和滤纸，放入已编号和称重的瓷坩埚中，在 600℃温度下灼烧 30min，取出瓷坩埚，放入干燥器中冷却至室温，在电子天平上称重，记下瓷坩埚编号和质量 m_4（g）。

五、成果整理

1. 实验数据记录入表 7-15。

表 7-15　活性污泥评价指标实验记录表

混合液悬浮固体质量计算				混合液挥发性悬浮固体质量计算				
编号	m_1	m_3	m_3-m_1	编号	m_2	m_4	m_4-m_2	$(m_3-m_1)-(m_4-m_2)$

2. 计算混合液悬浮固体浓度

$$MLSS(\mathrm{g/L})=\frac{(m_3-m_1)\times 1000}{V_1}$$

3. 计算混合液挥发性悬浮固体浓度

$$MLVSS(g/L)=\frac{(m_3-m_1)-(m_4-m_2)}{V_1}\times 1000$$

4. 计算污泥沉降比及污泥体积指数。

六、思考题

1. 测污泥沉降比时，为什么要规定静止沉淀 30min？
2. 污泥体积指数 *SVI* 的倒数表示什么？为什么可以这么说？
3. 对于城市污水来说，*SVI* 大于 200 或小于 50 各说明什么问题？

实验十三　厌氧消化实验

一、实验目的

1. 掌握厌氧消化实验方法；

2. 了解厌氧消化过程 pH 值、碱度、产气量、COD 去除等的变化情况；

3. 掌握 pH 值、COD 的测定方法。

二、实验原理

厌氧消化是在无氧条件下，利用兼性细菌和专性厌氧细菌来降解有机物的处理方法。

厌氧消化过程可分为四个阶段：（1）水解阶段：高分子有机物在胞外酶作用下进行水解，被分解为小分子有机物；（2）消化阶段（发酵阶段）：小分子有机物在产酸菌的作用下转变成挥发性脂肪酸（VFA）、醇类、乳酸等简单有机物；（3）产乙酸阶段：上述产物被进一步转化为乙酸、H_2、碳酸及新细胞物质；（4）产甲烷阶段：乙酸、H_2、碳酸、甲酸和甲醇等在产甲烷菌作用下被转化为甲烷、二氧化碳和新细胞物质。

厌氧消化可用于处理有机污泥和高浓度有机废水。厌氧消化过程的影响因素包括 pH 值、碱度、温度、负荷率，产气量与操作条件、污染物种类有关。进行消化设计前，一般要经过实验来确定该废水是否适于消化处理，能降解到什么程度，确定消化池可能承受的负荷以及产气量等有关设计参数。因此，掌握厌氧消化实验方法是很重要的。

三、实验设备和材料

1. 厌氧消化实验装置（图 7-12）；

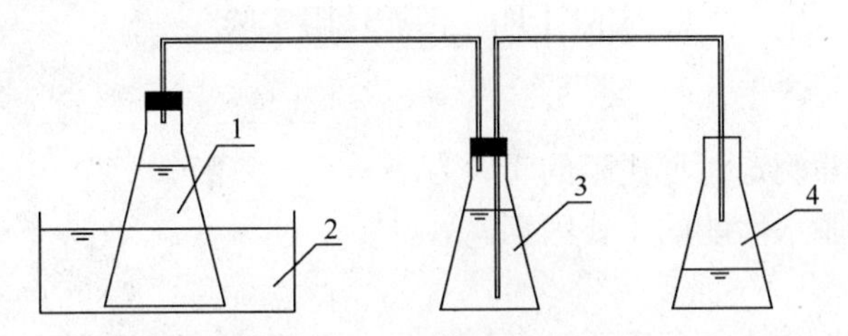

图 7-12　厌氧消化实验装置

1—消化瓶；2—恒温水浴箱；3—集气瓶；4—计量瓶

2. 酸度计；

3. COD 测定装置；

4. 已培养驯化好的厌氧污泥；

5. 模拟工业废水 400mL，本实验采用人工配制的甲醇废水，其配比为：甲醇 2%，乙醇 0.2%，NH_4Cl0.05%、甲酸钠 0.5%、$KH_2PO_4$0.025%、pH=7.0～7.5。

四、实验步骤

1. 在消化瓶内配制驯养好的厌氧污泥混合液 400mL，从消化瓶中倒出 50mL；

2. 加入 50mL 配置的人工废水，摇匀后盖紧瓶塞，将硝化瓶放进恒温水浴槽中，控制温度在 35℃左右；

3. 每隔 2h 摇动一次，并记录产气量，共记录 5 次，填入表 7-16。产气量的计量采用排水集气法。

4. 24 小时后每日取样测试出水 pH 值和 COD 值，同时测试进水的 pH 值和 COD 值。

【注意事项】

1. 消化瓶的瓶塞、出气管以及接头处都必须密闭，防止漏气，否则会影响微生物的生长和所产沼气的收集。

五、成果整理

1. 实验结果记录：

表 7-16 沼气产量记录表

时间（h）	0	2	4	6	8	10	24h 总产气量
沼气产量（mL）							

表 7-17 厌氧消化反应实验记录表

日期	投配率	进水		出水		COD 去除率（%）	沼气产量（mL）
		pH	COD（mg/L）	pH	COD（mg/L）		

2. 绘制一天内沼气产率的变化曲线；

3. 绘制消化瓶稳定运行后沼气产率曲线和 COD 去除曲线。

六、思考题

1. 针对一天内沼气产率的变化曲线，分析其原因；

2. 分析哪些因素会对厌氧消化产生影响？如何使厌氧消化顺利进行？

实验十四 污泥比阻实验

一、实验目的

1. 掌握用布氏漏斗测定污泥比阻的实验方法。

2. 了解影响污泥脱水性能的主要因素。

二、实验原理

污泥机械脱水是指以过滤介质两面的压力差作为动力，达到泥水分离、污泥浓缩的目的。根据压力差的来源不同，分为真空过滤法、压滤法、离心法等。影响污泥脱水的因素有：污泥浓度（取决于污泥性质及过滤前浓缩程度）、污泥性质、污泥预处理方法、压力差大小、过滤介质种类等。

污泥脱水性能的好坏常用污泥比阻值来衡量。污泥比阻 r 是表示污泥过滤特性的综合指标，其物理意义是：单位质量的污泥在一定压力下过滤时，在单位过滤面积上的阻力，即为单位过滤面积上单位干重的滤饼所具有的阻力。污泥比阻值愈大，过滤性能愈差。

本实验采用定压真空过滤法，即在实验过程中通过调节压力阀，使整个实验过程压力差不变。过滤时滤液体积 V 与推动力 p（过滤时的压力降）、过滤面积 A，过滤时间 t（s）呈正比；而与过滤阻力 R、滤液黏度 μ 呈反比。即：

$$V = \frac{pAt}{\mu R} \tag{7-13}$$

式中 V——滤液体积，m^3；

P——过滤压力，Pa；

A——过滤面积，m^2；

　　t——过滤时间，s；

　　μ——滤液黏度，Pa·s；

　　R——单位过滤面积上，通过单位体积的滤液所产生的过滤阻力，1/m。

R 包括滤饼阻力 R_z 和过滤介质阻力 R_f 两部分，若以单位质量的阻抗 r 代替 R_z，上式微分形式推导得到过滤基本方程式：

$$\frac{\mathrm{d}V}{\mathrm{d}t}=\frac{pA^2}{\mu(\omega Vr+R_f A)} \tag{7-14}$$

式中　ω——滤过单位体积的滤液在过滤介质上截流的固体质量，kg/m^3；

　　r——比阻，m/kg；

　　R_f——过滤介质阻抗，1/m；

其他符号同上。

定压过滤时，上式对时间积分得：

$$\frac{t}{V}=\frac{\mu r\omega}{2PA^2}\times V+\frac{\mu R_f}{PA} \tag{7-15}$$

该公式说明，在定压下过滤，t/V 与 V 呈直线关系，其斜率 $b=\frac{\mu\omega r}{2pA^2}$，因此，以定压下抽滤实验为基础，测定不同过滤时间 t 时的滤液体积 V，以滤液体积 V 为横坐标，以 t/V 为纵坐标，用图解法求得直线斜率即为 b，进而可求得 r：

$$r=\frac{2PA\times A}{\mu}\times\frac{b}{\omega}\ (\mathrm{m/kg}) \tag{7-16}$$

ω 值可根据其定义按下式计算：

$$\omega=\frac{(V_0-V_y)}{V_y}\times C_b \tag{7-17}$$

式中　V_0——原污泥体积，mL；

　　V_y——滤液体积，mL；

　　C_b——滤饼中固体物浓度，kg/m^3。

因 $V_0=V_y+V_b$，$V_0C_0=V_yC_y+V_bC_b$，则有：

$$V_y=\frac{V_0(C_0-C_b)}{C_y-C_b} \tag{7-18}$$

式中　V_b——滤饼体积，mL；其他符号同上。带入 ω 值计算式为：

$$\omega=\frac{(C_0-C_y)}{C_b-C_0}\times C_b\approx\frac{C_bC_0}{C_b-C_0}$$

因此，可求出 r 值。一般认为比阻为 $10^{12}\sim10^{13}$ cm/g 为难过滤污泥，在（0.5～0.9）× 10^{12} cm/g 范围内为中等污泥，比阻小于 0.4×10^{12} cm/g 则为易过滤污泥。

在污泥脱水过程中，往往需要进行化学调节，即向污泥中投加混凝剂的方法降低污泥比阻 r 值，达到改善污泥脱水性能的目的，而影响化学调节的因素，除污泥本身的性质外，一般还有混凝剂的种类、浓度、投加量和化学反应时间等，可以通过污泥比阻实验选择最佳条件。

三、实验仪器与材料

1. 污泥比阻实验装置（图 7-13）；

2. 秒表、滤纸；

3. 烘箱；

4. 10g/L$FeCl_3$溶液。

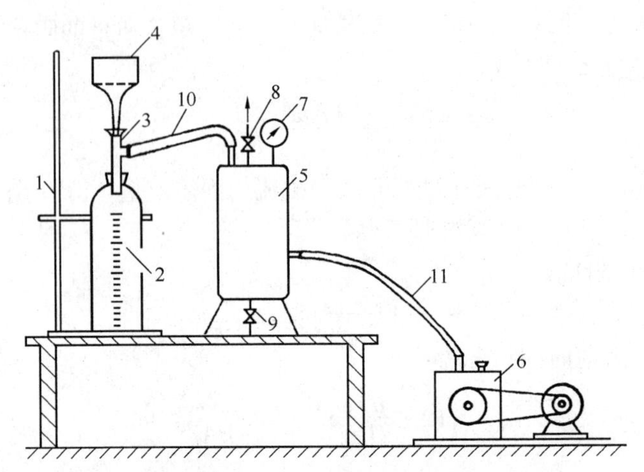

图 7-13　污泥比阻实验装置示意图

1—固定铁架；2—计量筒；3—抽气接管；4—布氏漏斗；5—吸滤筒；6—真空泵；7—压力表；8—调节阀；9—放空阀；10、11—连接管

四、实验步骤

1. 准备待测污泥（消化后的污泥）。

2. 布式漏斗中放置滤纸，用水喷湿，紧贴漏斗周边和底部。开启真空泵，使量筒中成为负压，调节真空阀，使真空度达到实验压力的1/3，说明准备成功。关闭真空泵，倒掉滤液瓶中的水。

3. 取 100mL 泥样倒入漏斗，重力过滤 1min 后，开启真空泵，调节真空度为0.035MPa，开始计时，并记录此时滤液体积。

4. 记录不同过滤时间 t 的滤液体积 V 值。

5. 记录当过滤到泥面出现龟裂，或滤液达到 85mL 时，所需要的时间 t。此指标也可以用来衡量污泥过滤性能的好坏。

6. 测定滤饼浓度：用尺子量取泥饼的直径与厚度，然后将泥饼放入烘箱在（103～105)℃下烘干至恒重，取出放入干燥器冷却至室温，称重。

7. 另取污泥 100mL，加入定量（取污泥干重的 5%～10%）$FeCl_3$溶液，重复上述实验步骤。

【注意事项】

1. 滤纸放到布式漏斗中，要先用蒸馏水润湿，而后再用真空泵抽吸一下，滤纸一定要贴紧不能漏气。

2. 污泥倒入布式漏斗中有部分滤液流入量筒，所以在正常开始实验时，应记录量筒内滤液体积 V_0 值。

3. 实验过程中应不断调节真空阀，以保证实验过程的压力差恒定。

五、成果整理

1. 将实验结果记录入表 7-18。

表 7-18　污泥比阻实验记录表

时间 t (s)	计算管内滤液体积 V_1 (mL)	滤液量 $V=V_1-V_0$ (mL)	t/V (s/mL)

2. 以 V 为横坐标，以 t/V 为纵坐标绘图，求斜率 b。
3. 计算 ω 值。
4. 计算污泥比阻 r 值。
5. 作污泥比阻 r 与 $FeCl_3$溶液投加量关系曲线。

六、思考题

1. 判断消化污泥脱水性能好坏，分析其原因。
2. 对实验中发现的问题加以讨论。

实验十五　臭氧氧化实验

一、实验目的

1. 了解臭氧制备的方法；
2. 掌握臭氧氧化废水的实验方法；
3. 考察不同时间、臭氧投加量对脱色效果的影响。

二、实验原理

臭氧是氧的同素异构体，具有很强的氧化性，不仅容易氧化废水中的不饱和有机物，而且还能使芳香族化合物开环和部分氧化，提高废水的可生化性。臭氧极不稳定，在常温下分解为氧。臭氧处理技术的最大优点是不产生二次污染，且能增加水中的溶解氧，臭氧通常用于水体的消毒，在废水脱色及深度处理中也获得了较好应用。

臭氧与水中有机物的反应有两条途径，即臭氧直接反应和臭氧分解产生羟基自由基(·OH)的间接反应。直接反应速度较慢且有选择性，是去除水中污染物的主要反应；间接反应产生的羟基自由基氧化能力更强，且无选择性。因此在处理废水时应注意控制臭氧反应途径，使臭氧能被有效利用。

臭氧的产生方法有化学法、电解法、紫外线法和无声放电法，在工业上，一般采用无声放电法制取臭氧，原料为空气，廉价易得。本实验采用无声放电法。

三、实验仪器与材料

1. 臭氧脱色实验装置：如图 7-14 所示；
2. 碱式滴定管、250mL 碘量瓶、25mL 移液管、250mL 容量瓶、试剂瓶、比色管、钢卷尺等；
3. KI（A. R)；
4. 浓 H_2SO_4；
5. $Na_2S_2O_3$（A. R)；
6. 4mol/L HCl 溶液；
7. $K_2Cr_2O_7$（基准物质)；
8. 1%淀粉指示液；

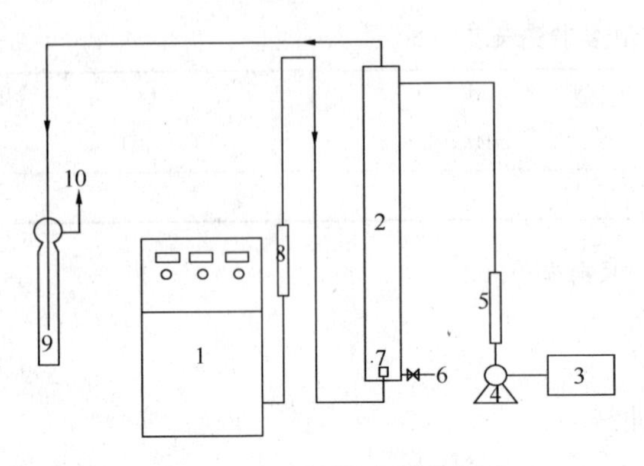

图 7-14　臭氧脱色实验流程图

1—臭氧发生器；2—反应柱；3—原水箱；4—水泵；5—液体流量计；6—出水口；7—臭氧释放器；8—湿式气体流量计；9—KI 吸收瓶；10—尾气排放口

9. 自配染料废水。

四、实验步骤

1. 熟悉实验装置工艺流程，并检查仪器设备和管路系统连接是否完好。

2. 接通臭氧发生器的冷却用水。

3. 开启电源，将调压器电压调至 100V，切记此时不能开臭氧开关，高压危险。然后开启制臭氧开关。

4. 待臭氧发生器稳定产生臭氧，将臭氧出气管插入装有 20%碘化钾溶液的吸收瓶中，取样 2L，取样后立即关闭制臭氧开关。然后测试臭氧浓度。

5. 分别将电压调至 125V、150V、175V、200V、225V，按步骤 3、4 进行。

6. 关闭反应柱的排水阀门，将配好的水样倒入反应柱内，使柱内维持一半反应柱高度。

7. 将电压调至某一数值，开启臭氧开关，在 0～20min 时间内于出水口取 7 次水样，取样完毕，立即关闭臭氧开关。测定出水的色度（或 COD 等）。

8. 变换电压数值，重复步骤 7。

9. 实验完毕后关机顺序：首先关闭臭氧开关；然后停冷却水，让无油空压机吹气 10 分钟，将放电室潮气吹出；最后再停气源，并关闭有关阀门。

【注意事项】

1. 本实验要注意安全，尤其是调压时应在关闭臭氧开关的情况下进行；

2. 通电后，制氧机和臭氧发生器后盖不准打开；

3. 要防止臭氧污染，若泄漏的臭氧浓度过高，要停机检查，防止对人体产生危害；

4. 实验过程中出现异常，首先关停发生器的电源，然后再做其他处理。

五、成果整理

1. 绘出电压与臭氧浓度关系曲线；

2. 计算不同时间的色度（或 COD）去除率，绘制时间与色度（或 COD）去除率关系曲线。

六、思考题

1. 根据实验结果进行综合评价。

2. 简述影响臭氧氧化效果的主要因素。

附：

臭氧浓度的测定

1. *方法原理*

臭氧浓度的测定一般采用化学碘量法。利用臭氧与碘化钾的氧化还原反应，置换出与臭氧等当量的碘。再用硫代硫酸钠与碘作用，以淀粉为指示剂，待完全反应生成无色碘化钠。根据硫代硫酸钠的消耗量计算出臭氧浓度。其化学反应方程式如下：

$$O_3 + 2KI + H_2O \longrightarrow I_2 + 2KOH + O_2$$

$$I_2 + 2NaS_2O_3 \longrightarrow 2NaI + Na_2S_4O_6$$

2. 试剂

(1) 20%碘化钾溶液：称200g碘化钾溶于800mL蒸馏水中。

(2) 6N的H_2SO_4溶液：以$N_1V_1 = N_2V_2$公式计算配制。或取96%浓硫酸167mL，慢慢倒入833mL蒸馏水中。

(3) 0.1000mol/L的$Na_2S_2O_3$标准溶液配制与标定：

① 在1000mL含有0.2gNa_2CO_3的新煮沸放冷的蒸馏水中加入26g $Na_2S_2O_3 \cdot 5H_2O$，使其完全溶解，放置2周后再标定。

② 称取1.2258g在120℃干燥至恒重的基准试剂$K_2Cr_2O_7$于小烧杯中，加30mL蒸馏水使之溶解，小心转移到250mL容量瓶中，加水至刻线，混匀，计算出$K_2Cr_2O_7$标液的准确浓度；用移液管准确量取25.00mL $K_2Cr_2O_7$标液两份，分别放入250mL锥形瓶中，加2g固体KI，15mL蒸馏水，的4mol/LHCl溶液5mL，密塞，摇匀，封水，在暗处放置10分钟；加30mL蒸馏水稀释，用Na_2CO_3溶液滴定至近终点，加1%淀粉指示液2mL，继续滴定至蓝色消失而显亮绿色，即达终点。根据所取的$K_2Cr_2O_7$的体积、浓度及滴定中消耗$Na_2S_2O_3$溶液的体积，计算$Na_2S_2O_3$溶液准确浓度。

(4) 1%淀粉指示剂：取1g淀粉溶解于100mL煮沸冷却的蒸馏水中，过滤后备用。

3. 臭氧浓度测定步骤

(1) 用量筒将20mL浓度为20%的碘化钾溶液加入到气体吸收瓶中，然后加入250mL蒸馏水摇匀。

(2) 从取样口通入臭氧化空气（控制转子流量计读数为500mL/min），用湿式气体流量计取气样2L，平行取两个样。

(3) 取样后，向气体吸收瓶中加5mL 6N的H_2SO_4，摇匀后静置5min。

(4) 用0.1000mol/L的$Na_2S_2O_3$滴定，待溶液呈淡黄色时，加浓度为1%淀粉指示剂数滴使溶液呈兰褐色，继续滴定至无色，记下$Na_2S_2O_3$用量。

(5) 根据上述化学反应式计算臭氧浓度。

实验十六　Fenton试剂氧化处理有机工业废水实验

一、实验目的

1. 了解Fenton试剂的组成及其氧化处理有机工业废水的基本原理；

2. 掌握Fenton试剂氧化处理有机工业废水的方法。

二、实验原理

Fenton试剂法是以过氧化氢为氧化剂、以亚铁盐为催化剂的化学氧化法。目前普遍为大家所接受的反应机理为：Fe^{2+}与H_2O_2反应生成羟基自由基（·OH）和氢氧根离子（OH^-），并引发连锁反应从而产生更多的其他自由基，然后利用这些自由基进攻有机物分子，从而破坏有机物分子并使其矿化直至转化为CO_2、H_2O等无机物。

芬顿试剂主要反应大致如下：

$$Fe^{2+} + H_2O_2 \longrightarrow Fe^{3+} + OH^- + \cdot OH$$

$$Fe^{3+} + H_2O_2 + OH^- \longrightarrow Fe^{2+} + H_2O + \cdot OH$$

$$Fe^{3+} + H_2O_2 \longrightarrow Fe^{2+} + H^+ + \cdot HO_2$$

$$\cdot OH + H_2O_2 \longrightarrow \cdot HO_2 + H_2O$$

$$\cdot HO_2 + H_2O_2 \longrightarrow H_2O + O_2 \uparrow + \cdot OH$$

$$\cdot HO_2 + Fe^{3+} \longrightarrow Fe^{2+} + \cdot O_2 + H^+$$

$$\cdot OH + Fe^{2+} \longrightarrow Fe^{3+} + OH^-$$

芬顿试剂通过以上反应，不断产生·OH（羟基自由基，电极电势2.80EV），另外，羟基自由基具有很高的电负性或亲电子性，其电子亲和能力高达569.3kJ，具有很强的加成反应特征。

根据上述Fenton试剂氧化降解有机物的机理和途径可知，·OH是氧化有机物的有效因子，而二价铁、过氧化氢及废水的酸碱性决定了·OH的产率，即决定了降解有机物的程度，因此溶液的pH值、Fe^{2+}投加量、H_2O_2的投加量、投加方式以及体系的反应时间等都影响Fenton试剂处理难降解废水的程度。同时对于不同的废水水质在相同的条件下有不同的处理效果，其最佳处理条件随着处理水质的变化而变化。

（1）水样pH值的影响

pH是影响Fenton试剂处理效果的重要因素之一，H_2O_2分解为·OH的速度与溶液中[OH^-]的浓度有关，即溶液初始pH值对H_2O_2的分解有很大的影响。H_2O_2在碱性条件下极不稳定，容易分解，在酸性条件下其分解反应动力学常数最高。针对不同的工业废水，其适宜的pH值范围不尽相同。

（2）Fe^{2+}投加量的影响

当无Fe^{2+}参与反应时，H_2O_2本身的氧化速率较慢，COD的去除率极低，当向水中投加Fe^{2+}，COD的去除率可迅速提高，但Fe^{2+}本身要消耗羟基自由基，加入过多对反应并不有利。因此，最佳投加量应该由废水中有机物的种类和浓度通过实验来确定。

（3）H_2O_2投加量的影响

采用Fenton试剂处理废水的有效性和经济性主要取决于H_2O_2的投加量。相关文献表明：随着H_2O_2用量的增加，氧化效率下降，这可能和副反应的发生有关。当H_2O_2用量较高时，使得H_2O_2发生无效分解从而降低了氧化效率。

（4）H_2O_2投加方式的影响

保持H_2O_2的总投加量不变，将H_2O_2均匀地分批投加，可提高废水的处理效果。其原因是H_2O_2分批投加时，[H_2O_2]/[Fe^{2+}]相对降低，即催化剂浓度相对提高，从而使H_2O_2的·OH产率增大，提高了H_2O_2的利用率，进而提高了总的氧化效果。

三、实验仪器与材料

1. 可加热电磁搅拌器；
2. COD测定装置；
3. 其他：250mL烧杯、250mL量筒、20mL吸液管、1000mL容量瓶等；
4. 30%的过氧化氢；
5. 1mol/L硫酸亚铁溶液：临用前配置，称取1.39g$FeSO_4 \cdot 7H_2O$溶于5mL水中；
6. 0.1mol/L高锰酸钾溶液：称取1.58g高锰酸钾溶于100mL水中，置于棕色滴瓶内；
7. 0.5mol/L硫酸；
8. 1mol/L氢氧化钠；

9. 对甲氧基苯胺（CP级）；

10. 0.2500mol/L重铬酸钾标准溶液：称取预先在120℃下烘干2h的基准或优级纯重铬酸钾12.258g，溶于蒸馏水中，移入1000mL容量瓶，稀释至标线，摇匀；

11. 试亚铁灵指示剂：称取1.485g邻菲啰啉和0.695硫酸亚铁溶于蒸馏水中，稀释至100mL，储于棕色瓶中；

12. 0.1mol/L硫酸亚铁铵溶液：称取39.5g硫酸亚铁铵溶于含有20mL浓硫酸已冷却的蒸馏水中，移至1000mL容量瓶，加蒸馏水稀释至标线，摇匀。临用前用重铬酸钾标准液标定；

13. 硫酸-硫酸银溶液：于2500mL浓硫酸中加入25g硫酸银，放置1～2d，不时摇动，使其溶解；

14. 重铬酸钾使用液：在1000mL烧杯中加约600mL蒸馏水，慢慢加入100mL浓硫酸和26.7g硫酸汞，搅拌，待硫酸汞溶解后，再加80mL浓硫酸和9.5g重铬酸钾，最后加蒸馏水使总体积为1000mL。

四、实验步骤

1. 称取0.024g对甲氧基苯胺于250mL烧杯中，加水200mL，搅拌溶解。取该溶液20mL测定其COD值；

2. 剩余溶液以0.5mol/L的硫酸调节pH至4（用pH试纸）；

3. 将烧杯置于电磁搅拌器上，在约25℃下搅拌，加入新配置的硫酸亚铁溶液0.5mL和过氧化氢溶液1.7mL，搅拌1小时；

4. 然后，在烧杯中边搅拌边滴加高锰酸钾溶液，至浅棕红色不褪为止，放置20min；

5. 再用1mol/L的氢氧化钠溶液调节pH至7，过滤，测定滤液的COD；

注：COD测试方法见本书第四章第一节实验四。

五、成果整理

1. 将实验所测得的数据填入表7-19。

表7-19　Fenton试剂氧化处理有机工业废水实验数据记录表

水样	滴定始读数 (mL)	滴定终读数 (mL)	V_1 (mL)	V_0 (mL)	C (mol/L)	COD (mg/L)
处理前水样						
处理后水样						

$$COD_{Cr}=\frac{(V_0-V_1)\times c\times 8\times 1000}{V}\quad (mg/L) \tag{7-19}$$

式中　c——硫酸亚铁铵标准溶液的浓度，mol/L；

V_0——滴定空白时硫酸亚铁铵标准溶液用量，mL；

V_1——滴定水样时硫酸亚铁铵标准溶液的用量，mL；

V——水样的体积，mL。

2. 计算COD去除率：

$$COD\text{去除率}(\%)=\frac{\text{处理前水样的}COD-\text{处理后水样的}COD}{\text{处理前水样的}COD}\times 100\% \tag{7-20}$$

六、思考题

1. 实验操作有哪些注意事项？如何提高去除率？

2. 湿式氧化、臭氧氧化、氯气氧化等氧化方法分别适用于哪些工业废水的处理？

实验十七　电渗析实验

一、实验目的

1. 了解电渗析装置的构造及工作原理；

2. 熟悉电渗析配套设备，学习电渗析实验装置的操作方法；

3. 掌握电渗析法除盐技术。

二、实验原理

电渗析法的工作原理是在外加直流电场作用下，利用离子交换膜的选择透过性，使水中阴、阳离子做定向迁移，从而达到离子从水中分离的一种物理化学过程。

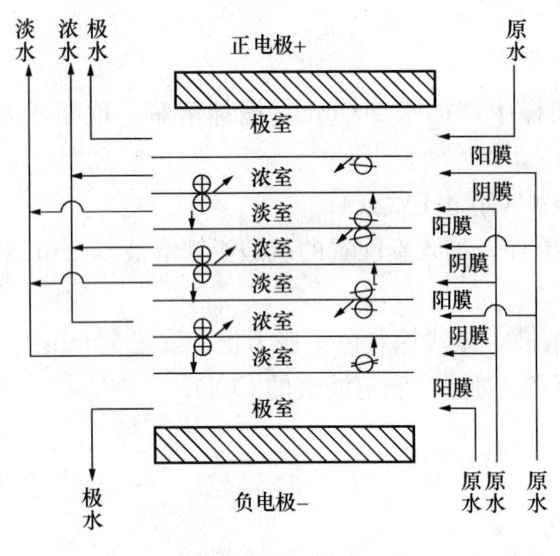

图 7-15　电渗析装置工作原理示意图

电渗析装置由许多只允许阳离子通过的阳离子交换膜和只允许阴离子通过的阴离子交换膜组成。在阴极与阳极之间将阳膜与阴膜交替排列，并用特制的隔板将两种膜隔开，隔板内有水流的通道，进入淡室的原水，在两端电极接通直流电源后，即开始了电渗析过程，水中阳离子不断透过阳膜向阴极方向迁移，阴离子不断透过阴膜向阳极方向迁移，结果是含盐水逐渐变成淡化水。而进入浓室的原水由于阳离子在向阴极方向迁移中不能透过阴膜，阴离子在向阳极方向迁移中不能透过阳膜，于是，含盐水因不断增加由邻近淡室迁移透过的离子而变成浓盐水。这样，在电渗析装置中，组成了淡水和浓水两个系统。与此同时，在电极和溶液的界面上，通过氧化、还原反应，发生电子与离子之间的转换，即电极反应。运行时，进水分别流经浓室、淡室、极室。淡室出水即为纯水，浓室出水即为浓盐水，极室出水不断排除电极过程的反应物质，以保证渗析的正常运行。(图 7-15)。

三、实验仪器与材料

1. 电渗析装置；

2. 电导仪；

3. 酸度计；

4. 烧杯；

5. 实验原水。

四、实验步骤

1. 运行前准备

(1) 用原水浸泡阴阳膜，使膜充分泡胀（一般泡 48h 以上），待尺寸稳定后洗净膜面杂质。然后清洗隔板及其他部件，安装好电渗析装置；

（2）配制水样，使其含盐量为5mol/L。

2. 开启电渗析装置正常运行

（1）先测定原水的电导率及酸度；

（2）打开电渗析进水流量计前的排放阀，关闭流量计前淡水、浓水、极水阀，打开淡水出口放空阀，注入原水；

（3）同步缓缓地开启流量计前的浓水、淡水、极水阀，关闭流量计前的排放阀，调节流量并保证压力均衡；

（4）待流量稳定后，开启整流器使之在某相运行，调整到相应的控制电压值；

（5）使用电导仪和酸度计测定淡水出口水质，待水质合格，打开淡水池阀门，然后关闭淡水出口排水阀。

3. 电渗析装置停止运行

停机前应开启淡水出口放空阀，并关闭淡水进水室的阀门，将电压调至零，切断整流器电源。停电后继续通水数分钟，一般为5min左右，然后停止供水。

【注意事项】

1. 电渗析装置开始进行时，必须先通水后供电，停止运行时，必须先断电后停水。

2. 开始和停止运行时，尽量做到同时开闭淡水、浓水、极水的阀门，以使膜两侧的压力基本相等，避免膜的破损。

3. 电渗析运行时，膜及水流都带电，应防止触电。

五、数据整理

将实验数据填入表7-20。

表7-20　电渗析实验数据记录表

实验序号	原水		电渗析出水	
	电导率	酸度	电导率	酸度

六、思考题

1. 水的纯化有哪些方法？电渗析法的特点是什么？

实验十八　光催化氧化降解染料实验

一、实验目的

1. 了解光催化氧化的原理；

2. 掌握光催化氧化降解实验的方法。

二、实验原理

半导体光催化氧化法是目前催化氧化法中研究较多的一项技术，且半导体材料TiO_2作为催化剂的研究较多。影响光降解效果的因素有光照时间（反应时间）、溶液（废水）的pH值、催化剂（TiO_2）用量、污染物初始浓度等。

TiO_2在一定波长的入射光照下被激发，其满带和导带上分别产生空穴和电子，形成氧化-还原体系。经过一系列反应后产生大量高活性自由基，利用这些高活性自由基降解各种有机物，并使之矿化。该反应过程为自由基反应。在反应过程中失去电子的主要是水分子，水分子经过上述变化后生成·OH，·OH使得溶液中有机物被氧化。

三、实验设备与材料

1. 光催化反应装置（图7-16）；
2. 紫外分光光度计；
3. 离心机；
4. 电磁搅拌器；
5. 容量瓶、量筒等。

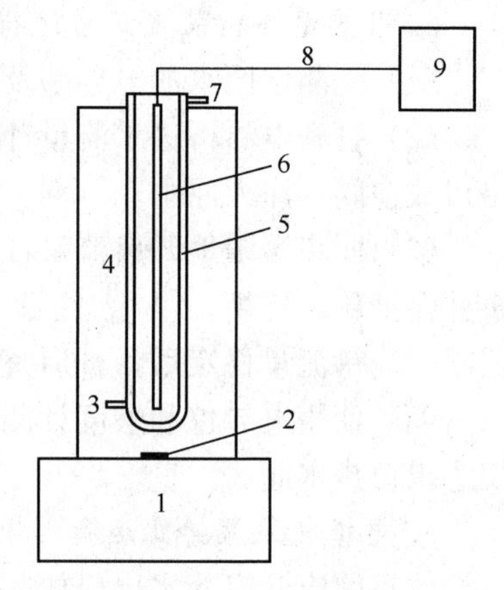

图7-16　光催化氧化实验装置示意图

1—电磁搅拌器；2—搅拌子；3—冷却水进口；4—反应器；5—石英套管；6—碘钨灯；7—冷却水出口；8—电源线；9—电源

四、实验步骤

1. 催化剂 TiO_2 用量影响实验

（1）配制浓度为1mg/L的活性艳蓝溶液。

（2）接通冷却水，再接通电源，使光源稳定3～5min，向反应器各加入1L已配好的活性艳蓝溶液，打开搅拌器开关，开始计时。

（3）反应30min后，切断电源，停止反应。

（4）将反应液离心分离后，用紫外分光光度计测吸光度。

（5）分次向反应器再加入1L已配好的活性艳蓝溶液，并分别向反应器各加入质量比为0.1%、0.15%、0.2%、0.25%、0.3%的 TiO_2，打开搅拌器开关，开始计时。依次按步骤（3）和步骤（4）重复实验。

（6）以吸光度计算降解率。

2. 溶液初始浓度影响实验

（1）分别配制浓度为0.5mg/L、1mg/L、1.5mg/L、2mg/L、2.5mg/L、3mg/L、3.5mg/L的活性艳蓝溶液各1L。

（2）接通冷却水，再接通电源，使光源稳定3～5min，分别向反应器中加入已配好的、浓度不同的活性艳蓝溶液和质量比为0.2%的 TiO_2，打开搅拌器开关，开始计时。

（3）反应30min后，切断电源，停止反应。

（4）将反应液离心分离后，用紫外分光光度计测吸光度。

（5）以吸光度计算降解率。

五、成果整理

1. 以 TiO_2 质量比为横坐标，降解率为纵坐标，作 TiO_2 质量比-降解率曲线；
2. 以溶液初始浓度为横坐标，降解率为纵坐标，作溶液初始浓度～降解率曲线。

六、思考题

1. 对实验结果进行评述。
2. 试做“反应时间影响染料降解率”实验步骤。

实验十九　电解凝聚气浮实验

一、实验目的

1. 了解电解凝聚气浮法去除污染物的原理；

2. 掌握电解凝聚气浮法的实验方法。

二、实验原理

电凝聚气浮是一项废水处理新技术，与离子交换、化学药剂法相比，具有无需添加化学药品，设备体积小，占地少，无二次污染，自动化程度高，污泥量少，后期处理简单等优点。另外，还有较好的杀菌、消毒效果。近年来，随着电化学科学的发展，使得电凝聚技术在废水处理中的成本大大降低，已成为具有竞争力的废水处理方法。

电凝聚气浮具有电凝聚、电气浮及电解氧化还原作用。

（1）电凝聚：又称电絮凝，即在外电压作用下，利用可溶性阳极（铁或铝）产生大量阳离子，对胶体废水进行凝聚沉淀。将铁或铝电极置于被处理的水中，然后通以直流电，此时金属阳极发生氧化反应，产生的铁或铝离子在水中水解、聚合，生成一系列多核水解产物而起凝聚作用，其过程和机理与化学混凝法基本相同。

（2）电气浮：主要是利用水的电解作用。在直流电场作用下，电极上发生了一系列电化学反应，阴极、阴极表面会产生大量的 H_2、O_2、Cl_2等气泡，由于这些微小气泡在上升过程中可用于附着水中大量的悬浮物和油类，是优良的浮选剂，同时这些气泡的产生增强了溶液中的传质作用。电气浮利用电解作用和初生态的微小气泡的上浮作用，破坏乳化油并使油珠附着在气泡表面，从而使其上浮被去除。

（3）电解氧化还原：在外加直流电源的作用下，电解废水产生大量的［O］、·OH 等氧化性很强的粒子，这些粒子能降解废水中的有机物，并能使无机物被氧化而改变其结构和价态，利于用其他工艺去除。

总之，电凝聚气浮靠多种过程的共同作用，而使水中的污染物得以去除。

三、实验设备与材料

1. 电解凝聚气浮实验装置：包括控制器、循环泵、刮泡电机等。

（1）电源容量 100VA；电压调节范围 0～30V；电流调节范围 0～3.3A；

（2）倒极周期调节范围 0～600s；

（3）实验最佳输出电流 25A，实验最佳输出电压：调节电流＜2.5A 的电压；

（4）实验最佳换极周期 30～360s（即 0.5～6min）；

（5）实验最佳行时间≤30min；

（6）循环泵：扬程 0.5m；流量 0.5t/h；电机电压 220V；功率 10～15W；

（7）刮泡电机：电压 12V；功率 5～10W。

2. COD 快速测定仪及化学试剂。

3. 多参数分析仪等。

四、实验步骤

1. 实验准备

（1）连接并检查实验装置的各管路及接地线等，保持完好状态。

（2）检查并调整控制器：

① 电源总开关（空气开关）置于 OFF 位置；

② 电压调节旋钮应逆时针旋至最小；

③ 将电凝聚定时时间输入定时调节器；

④ 电凝聚工作方式选择开关应置于中部 OFF 处；

⑤ 将倒极周期调节旋钮旋至所选择倒极间隔值上；

⑥ 刮泡电机开关应置于 OFF 处；

⑦ 循环泵开关应置于 OFF 处。

（3）配制实验水样。

2. 开始实验

（1）插上电源插座：

① 将总电源开关置于 ON，这时电源指示灯应当亮；

② 将循环泵开关置于 ON，这时循环泵应投入工作；

③ 将刮泡电机开关置于 ON，这时刮泡电机应投入工作；

④ 调整凝聚气浮池循环水流软管上的节流阀，使凝聚池内的液面调至适当高度（即液面既不浸入出渣槽，又能刮出浮渣）；

⑤ 将电凝聚方式选择开关置于定时（若无须定时，则置于“不定时”位置）位置，此时倒极调节器开始周期性动作，指示灯有闪烁指示，定时器亦开始计数：

⑥ 沿顺时针方向缓缓调节直流输出电压与电流，保持电流在所需电流上（一般不要超过 2.5A）；如电流过小，可以在水中加少量食盐以提高导电率。

（2）在电解凝聚过程中，由于溶液中物质的电化学作用变化，会使其电解电流发生波动，此时，请注意调整电压，使电流保持在≤2.5A 的某值上进行恒流式电解。

（3）当电解凝聚处理达到预定时间后实验结束，控制器自行切断电解电源，定时器与倒极器停止工作。澄清后，取水样做水质分析，并与原水样对比以评价处理效果。水样分析方法和指标应依据具体水样选择或设计，如测定 COD 及测定某种离子的含量。

【注意事项】

1. 由于水处理实验不可避免要与水接触，且潮湿，实验中要严防触电事故。为确保安全，实验指导老师在实验前必须检查直流控制器应可靠接地。

2. 调节直流输出电压与电流时不可过猛，否则，会使空气开关发生瞬时误动作。

五、成果整理

1. 实验记录：将实验结果汇入表 7-21。

表 7-21　电解凝聚气浮实验记录表

序号	运行时间	输出电流 A	输出电压 V	换极周期 S	处理前 C_0	处理后 C

2. 计算污染物去除率：$\eta=\dfrac{C_0-C}{C_0}\times100\%$　　(7-21)

式中　η——废水中某污染物的去除率，%；

C_0——废水中某污染物处理前的含量，mg/L；

C——废水中某污染物处理后的含量，mg/L。

六、思考题

1. 对实验结果进行评述。
2. 简述电解凝聚气浮法的优缺点。

第八章　大气污染控制实验

实验一　粉尘真密度实验

一、实验目的

1. 了解测试粉尘真密度的重要性；

2. 学会用比重瓶测定粉尘真密度的方法。

二、实验原理

在自然状态下的粉尘往往是不密实的，颗粒之间与颗粒内部都存在空隙。自然状态下单位体积粉尘的质量要比真空状态下小，我们把自然状态下单位体积粉尘的质量称为容积密度，在真空状态下，单位体积的粉尘具有的质量叫做粉尘的真密度。真密度是粉尘的一个基本物理性质，对以重力沉降、惯性沉降和离心沉降为主要除尘机制的除尘装置性能影响很大，是进行除尘理论计算和除尘器选型的重要参数。

本实验采用比重瓶测定粉尘真密度。它是将装有一定量粉尘的比重瓶内造成一定的真空，从而除去粒子间及粒子本体吸附的空气，以一种已知真密度的液体充满粒子间的空隙，通过称量计算出真密度的一种方法。称量中的数量关系可图解如图 8-1 所示。

$$(m_c + m_1) - m_2 = m_3$$

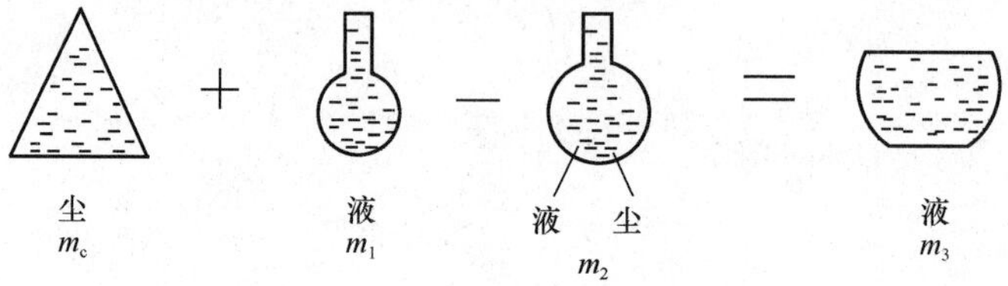

尘 m_c　　液 m_1　　液　尘 m_2　　液 m_3

图 8-1　称量中的数量关系图

从图中可以看出，从比重瓶中排出的液体的体积 V_s（cm^3）为：

$$V_s = \frac{m_3}{\rho_s} = \frac{(m_c + m_1) - m_2}{\rho_s} \tag{8-1}$$

式中　m_1——比重瓶加溶液质量，g；

m_3——排出液体的质量，g；

m_c——粉尘质量，g；

m_2——比重瓶加溶液加粉尘的质量，g；

ρ_s——溶液密度，g/cm^3。

根据阿基米德原理，比重瓶中排出的液体体积 V_s 也就是粉尘的体积 V_c，即 $V_s = V_c$，所以粉尘的真密度 ρ_c（g/cm^3）：

$$\rho_c = \frac{m_c}{V_c} = \frac{m_c}{(m_1 + m_c - m_2)} \times \rho_s \tag{8-2}$$

测出此分式中各项数值后，即可求得粉尘真密度 ρ_c。

溶液密度 ρ_s 的求法：

(1) 用温度计测出溶液温度 t（℃）。

(2) 由附表1查出温度 t（℃）下纯水的真密度 ρ_w（g/cm^3）。

(3) 由公式计算 ρ_s（g/cm^3）：$\rho_s=\frac{0.003\times 611.8}{1000}+\rho_w$

式中　0.003——溶液浓度，mol/L；

611.8——六偏磷酸钠摩尔质量，g/mol。

三、实验仪器与材料

1. 抽真空实验装置（图8-2）；

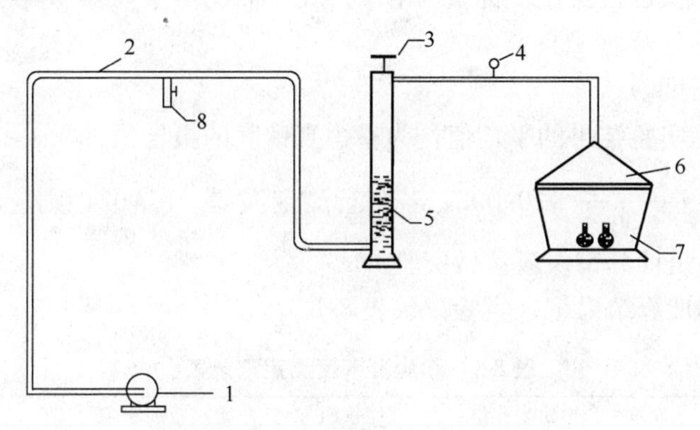

图8-2　抽真空实验装置示意图

1—真空泵；2—阀门；3—干燥塔；4—真空表；5—氯化钙；6—真空缸；7—比重瓶；8—阀门

2. 电烘箱；

3. 干燥器；

4. 分析天平，分度值为0.0001g；

5. 带有磨口毛细管的比重瓶（100mL）、烧杯（800mL）等；

6. 六偏磷酸钠水溶液（浓度为0.003mol/L）；

7. 滑石粉。

四、实验步骤

1. 将比重瓶清洗干净，放入电烘箱烘干至恒重，然后在干燥器中自然冷却至室温；

2. 取有代表性的粉体试样40～80g放入电烘箱内，在110℃±5℃下烘干2h至恒重，然后在干燥器中自然冷却至室温；

3. 取三个比重瓶编上号，分别放在天平上称量，以 m_a 表示；

4. 在每个比重瓶内放入5～10g的干燥粉体，并分别称重，以 m_b 表示；

5. 将已配好的试剂（六偏磷酸钠水溶液）盛入烧杯中；

6. 把已装有干燥粉体的比重瓶和已装有试剂的烧杯一起放入真空缸内；

7. 开启真空泵抽真空，关闭阀门8，观察实验装置的剩余压力（绝对压力），当剩余压力小于20mmHg（1mmHg=133.32Pa，下同）方可进行下一步操作，否则应找出原因；

8. 开启阀门8，关闭真空泵；

9. 打开真空缸，将烧杯中的试剂注入比重瓶，大约为比重瓶容积3/4时停止注液。注液后盖好真空缸静置5min。当液面上没有粉体漂浮时，关闭阀门8，开启真空泵，当真空缸剩余压力达到 20mmHg 以下时，再继续抽气 30min；

10. 开启阀门 8，关闭真空泵，从真空缸取出比重瓶，慢慢向比重瓶注满试剂（比重瓶口下 3～5mm 即可）；

11. 逐个盖好比重瓶的塞子（注意不可“张冠李戴”），直至塞紧，且略有水从塞子上外溢，再用滤纸吸掉比重瓶表面的水滴（但切勿将毛细管中液体吸出，略风干后立即称量，准确到 0.0001g，其质量以 m_2 表示；

12. 把比重瓶内的粉尘及液体全部倒掉，并清洗干净，再用六偏磷酸钠水溶液冲洗几次，然后向比重瓶注入试剂，使液面低于瓶口下 3～5mm 即可；

13. 按上述步骤 11 进行操作，称量出溶液加比重瓶的质量，以 m_1 表示。

五、成果整理

1. 计算粉尘真密度 ρ_c。

2. 取三个试样的实验结果的平均值作为粉尘真密度的报告值。

要求平行测定误差 $\frac{\rho_c-\bar{\rho}_c}{\bar{\rho}_\rho}<0.002$，若平行测定误差$>0.002$，则应检查记录和测定装置，找出原因。如不是计算错误应重做实验。

有关实验数据和计算结果记入实验记录表 8-1。

表 8-1　粉尘真密度测定记录表

比重瓶编号	比重瓶质量 m_a（g）	比重瓶加粉尘质量 m_b（g）	粉尘质量 $m_c=m_b-m_a$（g）	比重瓶加溶液质量 m_1（g）	比重瓶加粉尘和溶液质量 m_2（g）	真密度（g/cm³） $\rho_c=\frac{m_c}{(m_1+m_c-m_2)}\times\rho_s$
1#						
2#						
3#						
平均值						

六、思考题

1. 本实验所用粉尘为滑石粉，为什么所用的填充液体必须用六偏磷酸钠水溶液？

2. 如果实验真空不够，对最后实验结果有何影响？

3. 粉尘真密度的测定误差主要来源于哪些实验操作或步骤？

附：

附表 1　纯水的真密度 ρ_w

温度（℃）	密度（g/cm³）	温度（℃）	密度（g/cm³）	温度（℃）	密度（g/cm³）	温度（℃）	密度（g/cm³）
0	0.99987	11	0.99963	22	0.99780	33	0.99473
1	0.99993	12	0.99952	23	0.99756	34	0.99440
2	0.99997	13	0.99940	24	0.99732	35	0.99406
3	0.99999	14	0.99927	25	0.99707	36	0.99371
4	1.00000	15	0.99913	26	0.99681	37	0.99336
5	0.99999	16	0.99897	27	0.99654	38	0.99296
6	0.99997	17	0.99880	28	0.99626	39	0.99262
7	0.99993	18	0.99862	29	0.99597	40	0.99224
8	0.99988	19	0.99842	30	0.99567		
9	0.99981	20	0.99823	31	0.99537		
10	0.99973	21	0.99802	32	0.99505		

实验二　粉尘粒径分布实验

Ⅰ. 液体重力沉降法（移液管法）

一、实验目的

1. 了解液体重力沉降法测定粉尘粒径分布的基本原理；
2. 学会用液体重力沉降法（移液管法）测定粉尘粒径分布。

二、实验原理

液体重力沉降法是根据不同大小的粒子在重力作用下，在液体中的沉降速度各不相同这一原理而得到的。粒子在液体（或空气）介质中作等速自然沉降时所具有的速度，称为沉降速度。根据斯托克斯原理，在雷诺数 $R_e<1$ 时，微小尘粒在溶液中按匀速直线运动缓慢沉降，沉降速度的大小取决于尘粒的重力和溶液对尘粒的浮力及黏滞阻力。这样在一定浓度的混浊液中要沉降给定的沉降高度，不同的粉尘就需要不同的沉降时间。按其所对应的沉降时间取出一定数量的澄清液。干燥后即可计算出不同粒径的粉尘粒度分布比例。

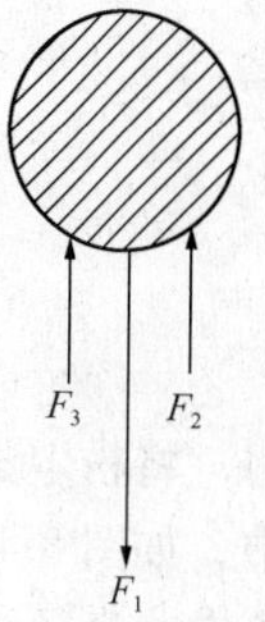

图 8-3　粉尘在水中沉降时的受力分析图

粉尘在溶液里的沉降过程中，其受力分析见图 8-3，匀速沉降时的力平衡方程如下：

$$\Sigma F=0 \qquad F_1-F_2=F_3 \tag{8-3}$$

式中　F_1——粉尘的重力，g·cm/s²

$$F_1=1/6\pi d^3\rho_1 g$$

F_2——水对粉尘的浮力，g·cm/s²

$$F_2=1/6\pi d^3\rho_2 g$$

F_3——溶液的黏滞力和压差给予粒尘的阻力，g·cm/s²

$$F_3=3\pi d\mu\nu$$

则由 $F_1-F_2=F_3$ 得：

$$1/6\pi d^3\rho_1 g-1/6\pi d^3\rho_2 g=3\pi d\mu\nu$$

$$1/6d^2 g\ (\rho_1-\rho_2)\ =3\mu\nu$$

$$\nu=\frac{g(\rho_1-\rho_2)}{18\mu}d \tag{8-4}$$

式中　ν——尘粒的沉降速度，cm/s；

ρ_1——粉尘的真密度，g/cm³；

ρ_2——溶液的真密度，g/cm³；

g——重力加速度，g=981cm/s²；

μ——溶液的黏滞系数，g/cm·s；

d——假定尘粒为球形时的尘粒直径，cm。

由式（8-4）可得：

$$d=\sqrt{\frac{18\mu\nu}{(\rho_1-\rho_2)g}} \tag{8-5}$$

因此粒径便可根据其沉降速度求得。但是，直接测得各种粒径的沉降速度是很困难的，因沉降速度是沉降高度与沉降时间的比值，以此替代沉降速度，使式（8-5）变为：

$$d=\sqrt{\frac{18\mu H}{(\rho_1-\rho_2)gt}}$$

$$或\ t=\frac{18\mu H}{(\rho_1-\rho_2)gd^2} \tag{8-6}$$

式中　H——尘粒的沉降高度，cm；

t——尘粒的沉降时间，s。

尘粒在液体中沉降情况可用图 8-4 表示。

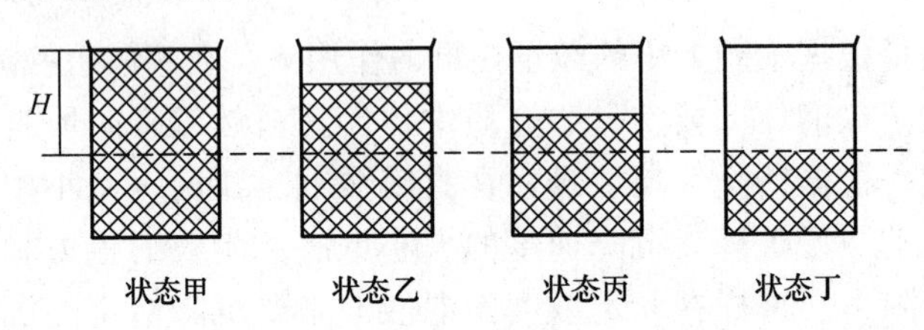

图 8-4　尘粒在液体中沉降示意图

将粉尘试样放入玻璃瓶内某种液体介质中，经搅拌后，使粉样均匀地扩散在整个液体中。如图 8-4 中状态甲。经过 t 秒钟后，因重力作用，悬浮体由状态甲变为状态乙，在状态乙中，直径为 d_1 的粒子全部沉降到虚线以下。由状态甲变到状态乙所需时间为 t_1。根据式(8-6) 应为：

$$t_1=\frac{18\mu H}{(\rho_1-\rho_2)gd_1^2}$$

同理，直径为 d_2 的粒子全部沉降到虚线以下（即达到状态丙）所需时间为：

$$t_2=\frac{18\mu H}{(\rho_1-\rho_2)gd_2^2}$$

直径为 d_3 的粒子全部沉到虚线以下（即达到状态丁）所需时间为：

$$t_3=\frac{18\mu H}{(\rho_1-\rho_2)gd_3^2}$$

根据上述关系，将粉尘试样放在一定液体介质中，自然沉降经过一定时间后，不同直径的粒子将分布在不同高度的液体介质中。根据这种情况，在不同沉降时间，不同沉降高度上取出一定量的液体，称量出所含有的粉尘质量，便可以测定粉尘的粒径分布。

根据粉尘种类不同，所用的分散液也不同，本实验所用粉尘为滑石粉，分散液为六偏磷酸钠水溶液。

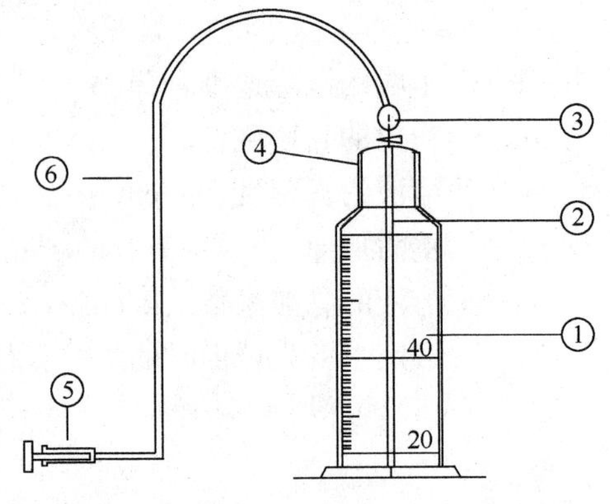

图 8-5　液体重力沉降实验装置示意图

1—沉降瓶；2—移液管；3—带三通活塞的梨形容器；4—称量瓶；5—注射器；6—乳胶管

三、实验仪器与材料

1. 液体重力沉降实验装置（图 8-5）；
2. 搅拌器；

3. 电烘箱；

4. 分析天平；

5. 秒表；

6. 滑石粉；

7. 六偏磷酸钠水溶液，浓度为 0.003mol。

四、实验步骤

1. 准备

（1）清洗实验所需玻璃仪器，并放入电烘箱内干燥至恒重，然后在干燥器中自然冷却至室温。

（2）取有代表性的粉尘试样 30～40g（如有较大颗粒需用 250 目的筛子筛分，除去大于 86μm 的颗粒），放入电烘箱中，在（110±5)℃的温度下干燥 2h 至恒重，然后在干燥器中自然冷却至室温。

（3）配制浓度为 0.003mol/L 的六偏磷酸钠水溶液作为分散液。

（4）将粉样按粒径大小分组（如 40～30μm，30～20μm，20～10μm，10～8μm，＜8μm）。按式（8-6）计算出每组内最大粉粒由液面沉降到吸液管底部所需要的时间，即为该粒径的预定吸液时间，并填入记录表。

（5）取一烧杯蒸馏水，用于冲洗每次吸液后附在容器壁上的粉粒。

2. 实验

（1）取干燥过的称量瓶分别进行编号、称重。

（2）测量沉降瓶的有效容积：将水充满至沉降瓶上面满刻度线处，用标准量筒测定水的体积。

（3）读出移液管底部刻度数值。然后把蒸馏水注入沉降瓶中到刻度线处，每吸 10mL 溶液，测量溶液液面下降高度。

（4）称取 5～10g 干燥过的粉尘（精确至 0.0001g）放入烧杯中，向烧杯中加入 50～100mL 的分散液，待粉尘全部润湿后，再加液到 400mL。

（5）将悬浮液搅拌 15min 左右，倒入沉降瓶中，将移液管插入沉降瓶中，然后由通气孔继续加分散液直到满刻度线（500mL）为止。

（6）将沉降瓶上下转动摇晃数次，使其分散均匀，停止摇晃后，开始用秒表计时，作为起始沉降时间，同时记下室温。

（7）按计算出的预定吸液时间进行吸液，匀速向外拉注射器，液体沿移液管缓缓上升，当吸到 10mL 刻度线时，立刻关闭活塞，使 10mL 液体和排液管相通，匀速向里推注射器，使 10mL 液体被压入已称量过的称量瓶中。然后由排液管吸蒸馏水冲洗 10mL 容器，冲洗水排入称量瓶中，冲洗 2～3 次。

按上述步骤，根据计算的预定吸液时间依次进行操作。

（8）将全部取样的称量瓶放入电烘箱中，在＜100℃的温度下进行烘干，待水分全部蒸发完后，再在（110±5)℃的温度下烘干至恒重，然后在干燥器中自然冷却至室温，取出称重。

【注意事项】

（1）每次吸 10mL 样品要在 15min 左右完成，则开始吸液时间应比计算的预定吸液时间提前 15/2=7.5s。

(2) 每次吸液应力求为 10mL，太多或太少的样品应作废。

(3) 吸液应匀速，不允许移液管中液体倒流。

(4) 向称量瓶中排液时应匀速，不能来回吸，应防止液体溅出。

五、成果整理

1. 计算方法

(1) 粒径小于 d_i 的粉尘的质量（在 10mL 吸液中）为：

$$m_i = m_1 - m_2 - m_3 \tag{8-7}$$

式中 m_1——烘干后称量瓶和剩余物（小于 d_i 的粉尘）的质量，g；

m_2——称量瓶的质量，g；

m_3——10mL 分散液中含分散剂的质量，g。$m_3 = 611.8 \times 0.003 \times 10/1000 = 0.0184$g；

m_i——粒径小于 d_i 的粉尘的质量，g。

(2) 粒径为 d_i 的粉尘的筛下累计分布为：

$$D_i = m_i/m_0 \times 100\%$$

式中 m_0——10mL 原始悬浮液中（沉降时间 $t=0$ 时）的粉尘质量，g。

如果最初加入的粉尘为 5g，则

$$m_0 = 5/500 \times 10 = 0.1\text{g}$$

(3) 粒径为 d_i 的粉尘筛上累计分布为：

$$R_i = 100\% - D_i$$

(4) 将各组粒径 d_i 的筛下累计分布 D_i（或筛上累计分布 R_i）的测定值标绘在特定的坐标线上（正态概率或对数正态概率或 $R-R$ 分析）。则实验点落在一条直线上。根据该直线可以方便地求出工程上需要的粒径频数分布或频率分布及中位径等。

(5) 粉尘粒径 d_i 至 d_{i+1}（$d_i > d_{i+1}$）范围的频数分布

$$\Delta R_i = R_{i+1} - R_i$$

式中 R_i=粒径为 d_i 的粉尘的筛上累计分布；

R_{i+1}=粒径为 d_{i+1} 的粉尘的筛上累计分布。

(6) 中位径 R

$D=50\%$ 时的粒径 d_{50} 即为中位径 R。

2. 有关实验数据和计算结果记入实验记录表 8-2。

3. 在正态概率纸上绘制，各组粒径 d_i 的筛下累计分布 D_i（或筛上累计分布 R_i）。

4. 在直角坐标系中绘制 $d_p \sim D_i$，$d_p \sim R_i$，$d_p \sim$ AR（粒径频数分布）。

六、思考题

1. 吸液时速度过大或过小对实验结果有何影响？

2. 影响实验误差主要因素有哪些？实验中如何减小测定误差？

表 8-2　液体重力沉降法测定粉尘粒径分布记录表

粉尘名称______粉尘真密度______大气压力______液温______测定者______测定日期______

分散剂名称______分散剂分子量______分散液浓度______分散液真密度______分散液黏度______

吸管底部刻度 H_1 (cm)	液面刻度 H_2 (cm)	沉降高度 $H=H_1-H_2$ (cm)	吸液初始时间 t_1 (分秒)	吸液停止时间 t_2 (分秒)	实际吸液时间 $t=\frac{1}{2}(t_1+t_2)$	吸液中的最大粒径 $d_i=\sqrt{\frac{18\mu H_i}{(\rho_1-\rho_2)gt_i}}$ (μm)	称量瓶编号	称量瓶+粉尘烘干后质量 m_1 (g)	称量瓶烘干后质量 m_2 (g)	10mL分散液中分散剂质量 m_3 (g)	10mL液中所含粉尘质量 $m_i=m_1-m_2-m_3$ (g)	初始时刻10mL分散液中粉尘质量 m_0 (g)	筛下累计分布 $D_i=\frac{m_i}{m_0}\times100\%$	筛上累计分布 $R_i=100\%-D_i$

Ⅱ. 激光粒度分布仪法

一、实验目的

掌握激光粒度分布仪测试样品的粒度分布的方法。

二、实验原理

激光粒度仪是根据颗粒能使激光产生散射这一物理现象来测粒度分布的。根据光学衍射和散射原理，光电探测器把检测到的信号转换成相应的电信号，在这些电信号中包含有颗粒粒径大小及分布的信息，电信号经放大后，输入到计算机，计算机根据测得的衍射和散射光能值，求出粒度分布的相关数据，并将全部测量结果打印输出。其原理示意图见图 8-6。

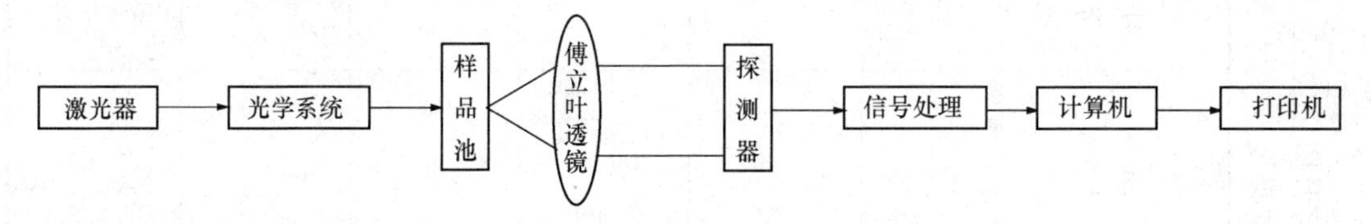

图 8-6　激光粒度测试仪原理示意图

三、实验仪器与材料

1. 激光粒度仪；
2. 超声波分散器；
3. 搅拌器；
4. 滑石粉；
5. 分散介质：六偏磷酸钠水溶液（0.2%～0.5%）。

四、实验步骤

1. 仔细检查粒度仪、电脑、打印机等，保证仪器处于完好状态。
2. 向超声波分散器中加大约 250mL 的水。
3. 准备好样品池、蒸馏水、取样勺、搅拌器、取样器等实验用品，装好打印纸。
4. 将六偏磷酸钠水溶液（约 80mL）倒入烧杯中，然后加入滑石粉，并进行充分搅拌，放到超声波分散器中进行分散。不同种类的样品以及同一种类不同粒度的样品，超声波分散时间也往往不同。表 8-3 列出不同种类和不同粒度的样品所需要的分散时间。

表 8-3　不同样品的超声波分散时间

粒度 *D*50（um）	滑石粉/高岭土/石墨	碳酸钙/锆英砂等	铝粉等金属粉	其他
＞20	1～2min	1～2min	1～2min	1～2min
20～10	3～5min	2～3min	2～3min	2～3min
10～5	5～8min	2～3min	2～3min	2～3min
5～2	8～12min	3～5min	3～5min	3～8min
2～1	12～15min	5～7min	5～7min	8～12min
＜1	15～20min	7～10min	7～10min	12～15min

5. 清洗专用微量样品池：将样品池放到水中，将专用的样品池刷蘸少许洗涤剂，将样品池的里外各面洗刷干净，清洗时手持样品池侧面，并注意不要划伤或损坏样品池。洗刷干净后用蒸馏水冲洗，再用纸巾将样品池表面擦干、擦净。

6. 使用微量样品池进行测试

测试准备：取一个干净的样品池，手持侧面（不得手持正面），加入纯净介质，使液面的高度达到样品池高度的3/4左右，装入一个洗干净的搅拌器，将有标记的面朝前，用纸巾将外表面擦干净，把样品池插入到仪器中，压紧搅拌器，盖好测试室上盖，打开搅拌器开关，启动电脑进行背景测试。

取样：将分散好的悬浮液用搅拌器充分搅拌（搅拌时间一般大于30s），用专用注射器插到悬浮液的中部边移动边连续抽取4～6mL，然后注入适量到样品池中，盖好测试室上盖，单击“测量—测试”菜单，进行浓度（遮光率）测试。并记录数据。

【注意事项】

（1）浓度调整：当浓度大于规定值时，则可以向样品池中注入少量分散介质；浓度小于规定值时，可以从烧杯里重新抽取适量样品注入样品池中；

（2）用注射器向样品池中注入样品时，应将注射器插到液面以下，这样一可以避免产生气泡，二可以避免液体溅到样品池外面；

（3）当浓度太高时，不能直接向样品池中注入介质，应重新制样。重新制样的一般步骤是取出样品池，倒掉里面的样品，重新加入介质，测试背景，并在注入样品时要适当控制注入量；

（4）开机顺序：（交流稳压电源）→粒度仪→打印机→显示器→电脑；

关机顺序：显示器→电脑→打印机→粒度仪→（交流稳压电源）；

（5）采用超声波分散器对中样品进行分散处理时，控制分散时间，尽量分散彻底；

（6）分散剂用量不宜过多，以免影响试验结果。

五、成果整理

实验结果填入表8-4。

表8-4　粉尘粒径测定结果记录表

日期	时间	分散介质	遮光率	中位径（$D50$）（μm）	体积平均径 D（μm）	面积平均径 D（μm）	比表面积（m^2/kg）	PM_{10}累计分布百分数（%）

六、思考题

1. 相同样品采用不同仪器测试，为什么结果会不一样？
2. 测试粉尘粒度分布对除尘有何意义？

实验三　旋风除尘器性能实验

一、实验目的

1. 加深对旋风除尘器结构形式和除尘机理的认识；
2. 掌握旋风除尘器主要性能的实验研究方法；
3. 掌握管道内的风量、除尘器的压力损失和除尘效率的测定方法。

二、实验原理

旋风除尘器的风量、阻力和除尘效率是表征除尘器性能的重要指标。本实验的内容包括测定指定工况下旋风除尘器的压力损失、除尘效率和风量，就旋风除尘器的除尘效率的测试方法而言，分为质量法和浓度法两种。在实验室进行测定时可用质量法。

（1）测定位置的选定

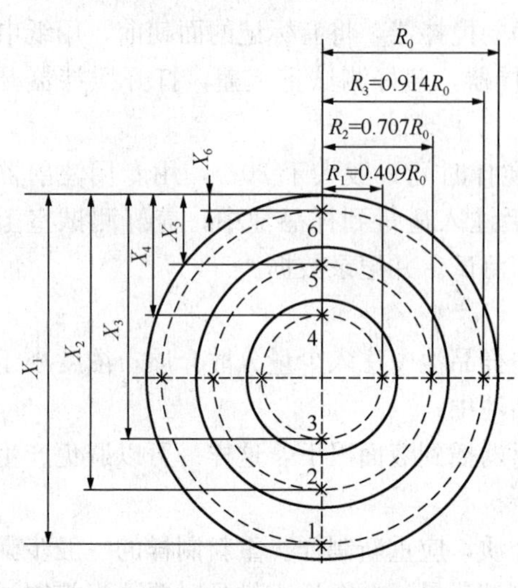

图 8-7　圆形风管测点布置图

测定断面的位置，应尽可能选在气流分布均匀平稳的直管段上，避开产生涡流的局部阻力构件（如弯头、三通、变径管、阀门等）。若测定断面之前有局部阻力构件时，则两者之间的距离最好大于 6*D*（*D* 为管道当量直径）；若测定断面之后有局部阻力构件时，则两者之间距离最好大于 3*D*，至少为 1.5*D*。同时，要求管道中气流速度在 5m/s 以上。由于水平管道中气流速度和污染物浓度分布一般不如垂直管道内均匀，所以在可能条件下应优先选择垂直管段。

（2）测点的确定

测定位置选定后，还要根据管道断面形状和大小等因素确定断点的数目，当管道较大或者其中气流和污染物分布不均匀时，测点数目应该适当多选些。

对于圆形管道，在同一断面设置两个彼此垂直的测孔，并将管道断面分成一定数量的等面积同心环，同心环的环数按表 8-5 确定。圆形风管测点布置如图 8-7 所示。

表 8-5　圆形风管的分环数

风管直径 *D*（mm）	≤300	300～500	500～800	850～1100	＞1150
划分的环数 *n*	2	3	4	5	6

同心环上各测点距中心的距离按下式计算：

$$R_i = R_0\sqrt{\frac{2i-1}{2n}} \tag{8-8}$$

式中　R_0——风管的半径，m；

R_i——风管中心到第 *i* 点的距离，m；

i——从风管中心算起的同心环顺序号；

n——风管断面上划分的同心环数量。

圆风管测点与管壁距离系数见表 8-6。

表 8-6　圆风管测点与管壁距离系数（以管径为基数）

测点序号	同心圆环				
	2	3	4	5	6
1	0.933	0.956	0.968	0.975	0.98

续表

测点序号	同心圆环				
	2	3	4	5	6
2	0.75	0.853	0.895	0.92	0.93
3	0.25	0.704	0.806	0.85	0.88
4	0.067	0.296	0.68	0.77	0.82
5		0.147	0.32	0.66	0.75
6		0.044	0.194	0.34	0.65
7			0.105	0.226	0.36
8			0.032	0.147	0.25
9				0.081	0.177
10				0.025	0.118
11					0.067
12					0.021

(3) 除尘器效率的测定

① 测定除尘器进口粉尘质量和捕集的粉尘质量，由式（8-9）计算除尘效率

$$\eta=\frac{s_c}{s_i}\times 100\% \tag{8-9}$$

式中　s_i——进入除尘器的粉末质量（即喂灰量），g；

s_c——捕集到的粉末质量（由灰斗收集），g。

此法通常称为质量法。

② 测定除尘器进口与出口管道内粉末流量，按式（8-10）计算除尘效率

$$\eta=\left(1-\frac{s_0}{s_i}\right)\times 100\%=\left(1-\frac{C_0Q_0}{C_iQ_i}\right)\times 100\% \tag{8-10}$$

在实验室测定条件下：$Q_0=Q_i$所以

$$\eta=\left(1-\frac{c_0}{c_i}\right)\times 100\%=\left(1-\frac{C_{0N}}{C_{iN}}\right)\times 100\% \tag{8-11}$$

式中　S_0——除尘器出口管道由粉尘流量，kg/h；

Q_0——除尘器出口管道内风量，m^3/h；

C_0——除尘器出口管道内粉尘浓度，mg/m^3；

C_{0N}——除尘器出口管道内标准状态下粉尘浓度，mg/Nm^3；

S_i——除尘器入口管道内粉尘流量，kg/h；

Q_i——除尘器入口管道内风量，m^3/h；

C_i——除尘器入口管道内风量，mg/m^3；

C_{iN}——除尘器入口管道内标准状态下粉尘浓度，mg/Nm^3。

通过测定入口及出口管道内粉尘浓度按式（8-11）计算粉尘效率，此法通常称为浓度法。

(4) 除尘器的压力损失及局部阻力系数的测定

除尘前后的全压差即为除尘器压力损失，也成为除尘器的阻力。

即：

$$\Delta P = P_{ti} - P_{t0} = (P_i - P_0) + \frac{1}{2} PV_i^2 \left[1 - \left(\frac{A_i}{A_0} \right)^2 \right] \tag{8-12}$$

$$\left(AV = A_i V_i \qquad V_i = \frac{A_0}{A_i} V_0 \right)$$

式中　P_{ti}——入口管道内的平均全压，Pa；

P_{t0}——出口管道内的平均全压，Pa；

P_i——入口管道内的平均静压，Pa；

P_0——出口管道内的平均静压，Pa；

V_i——入口管道风速，m/s；

A_i——入口管道测定断面面积，m^2；

A_0——出口管道测定断面面积，m^2；

ρ——入口及出口管内气体的平均密度，kg/m^3。

因为本实验装置的进口及出口断面相等，即 $A_i = A_0$，所以 $\Delta P = P_i - P_0$。为了确定气流稳定的测定断面，测定断面往往离除尘器进出口有一定的距离（如在本实验装置中的 a、b 断面），所以 ΔP 值等于从连接于 a、b 断面的压差计的读数 ΔP_{ab} 中扣除 a 断面至除尘器入口和除尘器出口到 b 断面的沿程及局部阻力，即：

$$\Delta P = \Delta P_{ab} - \Sigma \Delta P_i \tag{8-13}$$

式中　ΔP_{ab}——a、b 两侧定断面间静压差，Pa；

$\Sigma \Delta P_i$——a 断面到除尘器入口和除尘器出口到 b 断面的沿程压力损失。由于∑⊿ P 不易测定，且他与除尘器阻力损失相比，可忽略不计。故此可认为；

$$\Delta P_i \approx \Delta P_{ab}$$

除尘器局部阻力系数 ξ 的计算

$$\xi = \frac{\Delta P_{ab}}{\frac{v^2 \rho}{2}} \tag{8-14}$$

式中　ΔP_{ab}——除尘器的压力损失，即 a、b 两侧定断面间的静压差，Pa；

V——除尘器入口风速，m/s；

ρ——管内气体的平均密度，kg/m^3。

（5）风量的测定

测定动压的平均值，按下式计算

$$Q = 3600 F \Psi \sqrt{\frac{2}{\rho} \Delta hj} \quad (m^2/h) \tag{8-15}$$

式中　Q——风量，m^2/h；

F——管道断面积，m^2；

Ψ——毕托管校正系数，$\Psi = 0.98$；

ρ——气体密度，kg/m^3；

Δh_j——平均动压，p。

$$\Delta h_j = \Delta l \cdot g$$

其中：Δl——微压计读数；

$g=9.81$

三、实验仪器与材料

1. 旋风除尘器性能测定装置：见图 8-8；
2. 天平：分度值为 0.5g；
3. 干温球温度计；
4. 大气压力计；
5. 钢卷尺、秒表等；
6. 滑石粉。

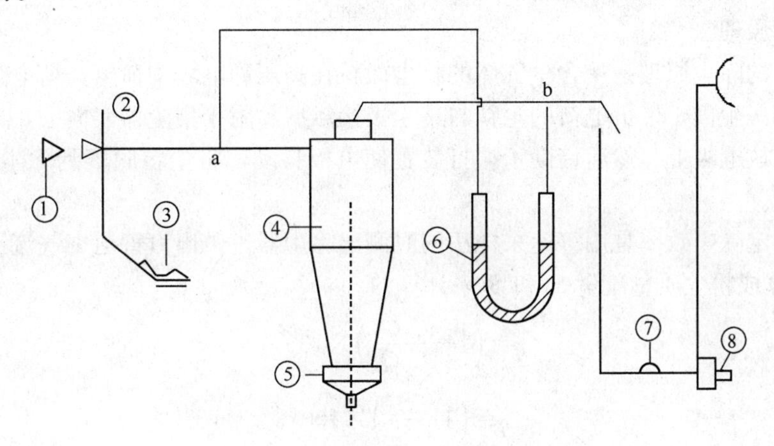

图 8-8　旋风除尘器性能实验装置示意图

1—喂灰装置；2—吸气均流管；3—微压计；4—旋风除尘器；
5—集尘箱；6—U 形压差计；7—调节阀门；8—通风机

四、实验步骤

1. 测定室温和大气压力，计算空气密度；

2. 由公式 8-8 计算测点位；

3. 根据计算所得的测点位置，分别在 a、b 两断面用微压计测出断面动压，并根据动压由公式 8-15 计算出两断面的风速及风量；

4. 用天平称取尘样约 5g，放入喂灰斗，启动鼓风机和喂灰装置，用 U 形差压计测定 ΔP_{ab}。由公式求出 ξ；

5. 待尘样全部送完，称量集尘量，并计算除尘效率 η。

五、成果整理

将测定和计算结果填入表 8-7 及表 8-8。

表 8-7　压力损失测定值

ΔP_{ab}（P_a）	$\sum\Delta P_i$（P_a）	$\Delta P=\Delta P_{ab}-\sum\Delta P_i$	除尘器入口动压（P_a）	ξ

表 8-8　重量法除尘效率测定表

喂灰量（g）c_i	除尘器收灰量（g）G_c	除尘器效率（%）η

六、思考题

1. 旋风除尘器的除尘效率和压力损失随处理气体量的变化规律是什么？应如何控制？

2. 用质量法和浓度法计算的除尘效率，哪个更准确些？为什么？

实验四　板式静电除尘器性能实验

一、实验目的

1. 熟悉板式静电除尘器实验装置工作原理及流程，观察电晕放电的外观形态；

2. 测定板式静电除尘器的除尘效率。

二、实验原理

电除尘器的除尘原理是使含尘气体的粉尘微粒在高压静电场中荷电，荷电尘粒在电场的作用下，趋向集尘极，带负电荷的尘粒与集尘极接触后黏附于集尘器表面上，为数很少的荷电尘粒沉积在放电极上。然后借助于振打装置使电极抖动，将尘粒脱落到除尘的集灰斗内，达到收尘目的。

本实验测定除尘效率是用等速采样法同时测出除尘器进、出口管道中气流平均含尘浓度 C_1 和 C_2 或换算成粉尘质量流量 S_1 和 S_2 来计算的。

即：

$$\eta=\left(1-\frac{C_2Q_2}{C_1Q_1}\right)\times100\% \tag{8-16-1}$$

或

$$\eta=\left(1-\frac{S_2}{S_1}\right)\times100\% \tag{8-16-2}$$

式中　Q_1、Q_2——分别为袋式除尘器进、出口的气体流量，m^3/s。

三、实验仪器与材料

1. 板式静电除尘器实验装置

示意图见图 8-9，主要由集尘极、电晕极、高压静电电源、高压变压器、离心风机及机械振打装置等组成。电晕极挂在两块集尘板中间，放电电压可调，集尘板与支架都必须接地。

技术参数：电晕极有效驱进速度：10m/s；电场风速：0.03m/s；气流速度：1.0m/s；处理粉尘粒径 0.1～100μm；气体含尘浓度＜30g/m³；板间距：70mm；通道数：2 个；放电极 20 根，材料高强度钼丝；集尘板：450mm×240mm，普通镀锌钢板；集尘器总面积：0.32m²；电场电压：0～20kV 电流：0～10mA；气体进、出风管：直径 90mm；压力降：＜50Pa

2. 滑石粉

四、实验步骤

1. 检查实验系统状况，一切正常后开始操作；

2. 打开电控箱总开关，合上触电保护开关；

3. 打开控制开关箱中的高压电源开关，电除尘器开始工作；

4. 在关闭调风阀的情况下通过控制箱启动风机，然后调节调风阀至所需实验风量；

5. 将一定量的粉尘加入到自动发尘装置灰斗，然后启动自动发尘装置电机，通过调节转速控制加灰速率；

6. 对除尘器进、出口气流中的含尘浓度进行测定，计算除尘效率；

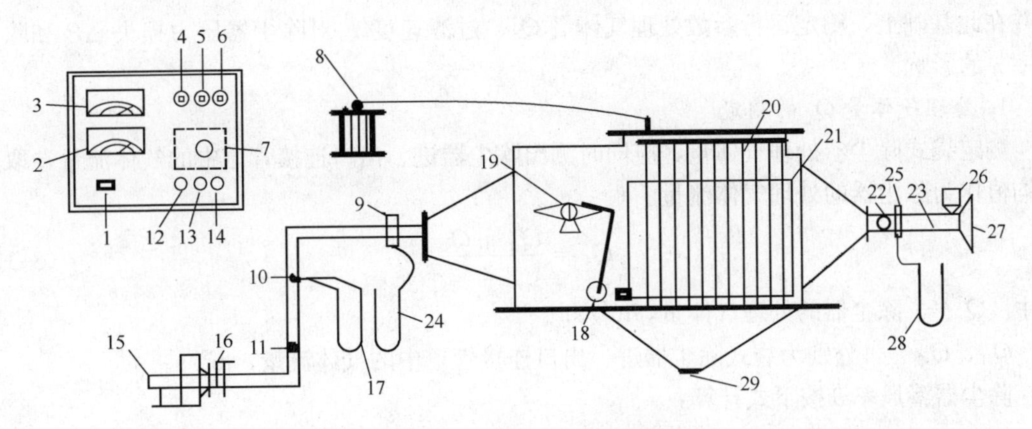

图 8-9　板式静电除尘器实验装置示意图

1—电源总开关；2—高压电流表；3—高压电压表；4—高压启动指示灯；5—高压关闭指示灯；6—振打工作指示灯；7—调压器；8—高压变压器；9—静压测口一；10—比托管；11—取样口；12—高压启动按钮；13—高压关闭按钮；14—振打工作按钮；15—高压离心风机；16—风量调节阀；17—U 形管压差计一；18—振打铁锤；19—振打电机；20—电晕极；21—集尘板；22—取样口；23—进风管；24—U 形管压差计二；25—静压测口二；26—发尘装置；27—喇叭形均流管；28—U 形管压差计三；29—卸灰口

7. 调节高压电源旋钮，改变其操作电压，重复上述实验，测定不同操作条件下除尘器的除尘效率；

8. 调节处理风量，重复上述实验，测定不同流量下除尘器的除尘效率；

9. 在发尘装置启动 5min 后，周期启动控制箱面板上振打电机开关后开始清灰。每个周期 3min，停止 5min；

10. 实验完毕后依次关闭发尘装置、主电机，并清理卸灰装置；

11. 关闭电控箱主电源，检查设备状况，没有问题后方可离开。

五、成果整理

1. 记录测试结果并计算除尘效率。

2. 绘制操作电压与除尘效率关系曲线、比集尘面积（板面积/气体流量）与除尘效率关系曲线。

六、思考题

1. 影响静电除尘器效率的因素有哪些？

2. 根据操作电压、比集尘面积与除尘效率关系曲线，分析它们之间的变化关系。

实验五　袋式除尘器性能实验

一、实验目的

1. 加深对袋式除尘器结构形式和除尘机理的认识；

2. 掌握袋式除尘器主要性能的实验研究方法；

3. 了解过滤速度对袋式除尘器压力损失及除尘效率的影响。

二、实验原理

袋式除尘器性能与结构形式、滤料种类、清灰方式、粉尘特性及其运行参数等因数有关。本装置在结构、滤料种类、清灰方式和粉尘特性一定的前提下，测定袋式除尘器性能指标并在此基础上，测定运行参数处理气体量 Q_S、过滤速度 v_F 对除尘器压力损失 ΔP 和除尘效率 η 的影响。

1. 处理气体量 Q_s 的测定

测定袋式除尘器处理气体量，应同时测出除尘器进、出口连接管道中的气体流量，取其平均值作为除尘器的处理气体流量。

$$Q_s = \frac{Q_{s1} + Q_{s2}}{2} \tag{8-17}$$

式中　Q_s——除尘器的处理气体量，m^3/s；

Q_{s1}、Q_{s2}——分别为袋式除尘器进、出口连接管道中的气体流量，m^3/s。

除尘器漏风率 δ 按下式计算：

$$\delta = \frac{Q_{s1} - Q_{s2}}{Q_{s1}} \times 100\% \tag{8-18}$$

一般要求除尘器的漏风率小于±5%。

2. 过滤速度 v_F 的计算

$$v_F = \frac{60Q_s}{F} \tag{8-19}$$

式中　v_F——袋式除尘器的除尘速度，m/s；

F——袋式除尘器总过滤面积，m^2。

3. 压力损失的测定和计算

袋式除尘器压力损失（ΔP）由通过清洁滤料的压力损失和通过颗粒层的压力损失组成。袋式除尘器的压力损失（ΔP）为除尘器进、出口管中气流的平均全压之差。当袋式除尘器进、出口管的断面面积相等时，则可采用其进、出口管中气体的平均静压之差计算，即：

$$\Delta P = P_1 - P_2 \tag{8-20}$$

式中　ΔP——除尘器的压力损失，Pa；

P_1——除尘器入口处气体的全压或静压，Pa；

P_2——除尘器出口处气体的全压或静压，Pa。

袋式除尘器的压力损失与其清灰方式和清灰制度有关。当采用新滤料时，应预先发尘运行一段时间，使新滤料在反复过滤和清灰过程中，残余粉尘基本达到稳定后再开始实验。

考虑到袋式除尘器在运行过程中，其压力损失随运行时间产生一定变化。因此，在测定压力损失时，应每隔一定时间，连续测定（一般可考虑 5 次），并取其平均值作为除尘器的压力损失（ΔP）。

4. 除尘效率的测定和计算

除尘效率采用质量浓度法测定，即用等速采样法同时测出除尘器进、出口管道中气流平均含尘浓度 ρ_1 和 ρ_2，按下式计算。

$$\eta = \left(1 - \frac{\rho_2 Q_{S2}}{\rho_1 Q_{S1}}\right) \times 100\% \tag{8-21}$$

由于袋式除尘器效率高，除尘器进、出口气体含尘浓度相差较大，为保证测定精度，在除尘器出口采样时，适当加大采样流量。

三、实验仪器与材料

1. 袋式除尘实验装置（图 8-10）主要技术参数如下：

（1）气体流动方式为内滤逆流式，动力装置布置为负压式；

（2）气体进风管：直径 75mm；气体出风管：直径 75mm；

（3）装置共有 6 个滤袋，滤袋直径为 140mm，滤袋高度为 600mm；

（4）滤袋材质为 208 涤纶绒布，透气性 $10m^3/m^2 \cdot min$，厚度 2mm，重 $550g/m^2$；

（5）过滤面积：$0.26m^2$；

（6）振打频率 50 次/min，振打电机电压：220V/25W；

（7）风机电源电压：三相 380V。

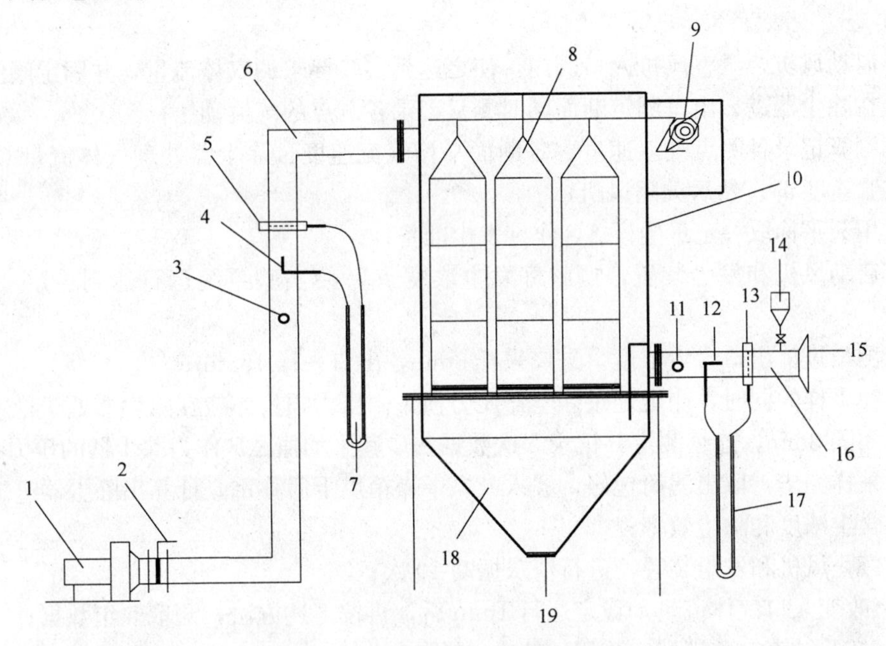

图 8-10　袋式除尘器实验装置示意图

1—高压离心风机；2—风量调节阀；3—取样口 1；4—动压测口 1；5—静压测口 1；6—出风管；7—U 形管压差计 1；8—布袋；9—振打电机；10—滤室；11—取样口 2；12—动压测口 2；13—静压测口 2；14—发尘装置；15—喇叭形均流管；16—进风管；17—U 形管压差计 2；18—集灰斗；19—卸灰口

2. 干湿球温度计；
3. 标准风速测定仪；
4. 空盒式气压表；
5. 秒表；
6. 钢卷尺；
7. 分析天平（分度值 1/1000g）；
8. 倾斜式微压计；
9. 托盘天平（分度值为 1g）；
10. 毕托管；
11. 干燥器；
12. 烟尘采样管；

13. 鼓风干燥箱；

14. 烟尘测试仪；

15. 超细玻璃纤维无胶滤筒。

四、实验步骤

1. 准备

(1) 测量记录室内空气的干球温度（即除尘系统中气体的温度）、湿球温度及相对湿度、当地大气压力、袋式除尘器型号规格、滤料种类、总过滤面积；

(2) 将除尘器进、出口断面的静压测孔与倾斜微压计连接，做好各断面气体静压的测定准备。

2. 实验

(1) 启动风机，调整风机入口阀门，使之达到实验要求的气体流量，并固定阀门；

(2) 在除尘器进、出口测定断面同时测量记录各测点的气流动压；

(3) 测算记录各测点气流速度、各断面平均气流速度、除尘器处理气体流量 Q_s、漏风率 δ 和过滤速度 v_F。然后关闭风机；

(4) 用天平称取一定量尘样 S，作好发尘准备；

(5) 启动风机和发尘装置，调整好发尘浓度 p_1，使实验系统运行达到稳定（1min 左右）；

(6) 测量进、出口含尘浓度。进口采样 3min，出口采样 15min；

(7) 在采样的同时，测定记录除尘器压力损失。压力损失亦应在除尘器处于稳定运行状态下，每间隔 3min，连续测定并记录 5 次数据，取其平均值 ΔP 作为除尘器的压力损失；

(8) 采样完毕，取出滤筒包好，置入鼓风干燥箱烘干后称重。计算出除尘器进、出口管道中气体含尘浓度和除尘效率；

(9) 停止风机和发尘装置，进行清灰振动 10 次；

(10) 改变入口气体流量，稳定运行 1min 后，再按上述方法，测取 5 组数据；

(11) 实验结束。整理好实验用的仪表、设备。

【注意事项】

1. 本实验装置采用手动清灰方式，实验应尽量保证在相同的清灰条件下进行；

2. 注意观察在除尘过程中压力损失的变化；

3. 尽量保持在实验过程中发尘浓度不变。

五、成果整理

1. 处理气体流量和过滤速度

按表 8-9 和表 8-10 格式记录和整理数据。按式（8-17）计算除尘器处理气体量，按式（8-18）计算除尘器漏风率，按式（8-19）计算除尘器过滤速度。

表 8-9 袋式除尘器实验环境参数记录表

当地大气压力 P（kPa）	烟气干球温度（℃）	烟气湿球温度（℃）	烟气相对湿度 φ（%）

表 8-10　袋式除尘器实验参数记录表

除尘器型号、规格________　除尘器过滤面积 F/m^2________

测定次数	除尘器进气管				除尘器排气管				Q_S	v_F	δ
	K_1	v_1	A_1	Q_{s1}	K_2	v_2	A_2	Q_{S2}			

注：K—微压计倾斜系数；P—静压，Pa；v—管道流速，m/s；A—横截面积，m^2；Q_S—风量，m^3/s；v_F—除尘器过滤速度，m/min；δ—除尘器漏风率。

2. 压力损失

按表 8-11 格式记录整理数据。按式（8-20）计算压力损失，并取 5 次测定数据的平均值（ΔP）作为除尘器压力损失。

3. 除尘效率

除尘效率测定数据按表 8-12 格式记录整理，除尘效率按式（8-21）计算。

4. 压力损失、除尘效率和过滤速度的关系

整理 5 组不同（v_F）下的 ΔP 和 η 资料，绘制 $v_F-\Delta P$ 和 $v_F-\eta$ 实验性能曲线，分析过滤速度对袋式除尘器压力损失和除尘效率的影响。

表 8-11　除尘器压力损失测定记录表

测定次数	每个间隔时间 t/min	静压差测定结果/Pa															除尘器压力损失 ΔP/Pa
		1（3min）			2（6min）			3（9min）			4（12min）			5（15min）			
		P_1	P_2	ΔP	P_1	P_2	ΔP	P_1	P_1	ΔP	P_1	P_2	ΔP	P_1	P_2	ΔP	

表 8-12　除尘器效率测定结果记录表

测定次数	除尘器进口气体含尘浓度						除尘器出口气体含尘浓度						除尘效率/%
	采样流量 L/min	采样时间 /min	采样体积 /L	滤筒初质量 /g	滤筒总质量 /g	粉尘浓度 mg/m^3	采样流量 L/min	采样时间 /min	采样体积 /L	滤筒初质量 /g	滤筒总质量 /g	粉尘浓度 mg/m^3	

六、思考题

1. 测定袋式除尘器压力损失，为什么要固定其清灰制度？

2. 为什么要在除尘器稳定运行状态下连续 5 次读数并取其平均值作为除尘器压力损失？

实验六　文丘里除尘器性能实验

一、实验目的

1. 加深对文丘里除尘器结构形式和除尘机理的认识；

2. 了解文丘里除尘器的实验方法及主要影响因素。

二、实验原理

文丘里除尘器是利用高速气流雾化产生的液滴捕集颗粒以达到净化气体的目的，它是一种广泛使用的高效湿式除尘器。当含尘气体由进气管进入收缩管，流速逐步增大，气流的压

力逐步转变为动能，在喉管处气体流速达到最大。洗涤液通过喉管四周均匀布置的喷嘴进入，液滴被高速气流雾化和加速，充分雾化是实现高效除尘的基本条件。由于气流曳力，液滴在喉管部分被逐步加速，在液滴加速过程中，液滴与粒子间相对碰撞，实现微细粒子的捕集。在扩散段，气流速度减小，使以颗粒为凝结核的凝聚速度加快，形成直径较大的含尘液滴，以便在后面的捕滴器中捕集下来，达到除尘目的。

文丘里除尘器性能（处理气体流量、压力损失、除尘效率及喉口速度、液气比、动力消耗等）与其结构形式和运行条件密切相关。本实验是在除尘器结构形式和运行条件已定的前提下，完成除尘器性能的测定。

1. 处理气体量及喉口速度的测定和计算

（1）管道中各点气流速度的测定

当干烟气组分同空气近似，露点温度在（35～55)℃之间，烟气绝对压力在 0.99×10^5～1.03×10^5 Pa 时，可用下列公式计算烟气管道流速：

$$v_0 = 2.77K_P\sqrt{T}\sqrt{P} \tag{8-22}$$

式中　v_0——烟气管道流速，m/s；

K_P——毕托管的校正系数，$K_P=0.84$；

T——烟气温度,℃；

$\sqrt{P}$——各动压方根平均值，Pa。

$$\sqrt{P} = \frac{\sqrt{P_1}+\sqrt{P_2}+\cdots+\sqrt{P_n}}{n} \tag{8-23}$$

式中　P_n——任一点的动压值，Pa；

n——动压的测点数。

（2）处理气体量的测定和计算

气体流量计算公式：

$$Q_s = A\cdot v_0 \tag{8-24}$$

式中　Q_s——处理气体量，m^3/s；

v_0——烟气管道流速，m/s；

A——管道横断面积，m^2。

（3）喉口速度的测定和计算

若文丘里除尘器喉口断面积为 A_T，则其喉口平均气流速度 v_T 为

$$v_T = Q_s/A_T \tag{8-25}$$

式中　v_T——文丘里除尘器喉口平均气流速度，m/s；

A_T——文丘里除尘器喉口断面积，m^2。

2. 压力损失的测定和计算

由于文丘里除尘器进、出口管的断面面积相等时，则可采用其进、出口管中气体的平均静压之差计算，即：

$$\Delta P = P_1 - P_2 \tag{8-26}$$

式中　P_1——除尘器入口处气体的全压或静压，Pa；

P_2——除尘器出口处气体的全压或静压，Pa。

应该指出，除尘器压力损失随操作条件变化而改变，本实验的压力损失的测定应在除尘

器稳定运行（v_T或液气比 L 保持不变）的条件下进行，并同时测定记录 v_T、L 数据。

3. 耗液量 Q_L及液气比 L 的测定和计算

文丘里除尘器的耗液量 Q_L，可通过设在除尘器进水管上的流量计直接读得。在同时测得除尘器处理气体量 Q_s后，即可由下式求出液气比 L（L/m³）：

$$L = Q_L/Q_S \quad (L/m^3) \tag{8-27}$$

4. 除尘效率的测定和计算

文丘里除尘器除尘效率 η 的测定，亦应在除尘器稳定运行的条件下进行，并同时记录 v_T、L 等操作指标。

文丘里除尘器的除尘效率采用质量浓度法测定，即用等速采样法同时测出除尘器进、出口管道中气流平均含尘浓度 ρ_1 和 ρ_2，按下式计算。

$$\eta = \left(1 - \frac{\rho_2 Q_2}{\rho_1 Q_1}\right) \times 100\% \tag{8-28}$$

5. 除尘器动力消耗的测定和计算

文丘里除尘器动力消耗 E（kW·h/1000m³气体）等于通过洗涤器气体的动力消耗与加入液体的动力消耗之和，计算如下。

$$E = \frac{1}{3600}\left(\Delta P + \Delta P_L \frac{Q_L}{Q_S}\right) \tag{8-29}$$

式中　ΔP——通过文丘里除尘器气体的压力损失，Pa（3600Pa=1kW·h/1000m³气体）；

ΔP_L——加入除尘器液体的压力损失，即供水压力，Pa；

Q_L——文丘里除尘器耗水量，m³/s

Q_S——文丘里除尘器处理气体量，m³/s。

上式中所列的 ΔP、Q_S、Q_L已在实验中测得。因此，只要在除尘器进水管上的压力表读得 ΔP_L，便可按式（8-29）计算除尘器动力消耗（E）。

应当注意的是，由于操作指标 v_T、L 对动力消耗（E）影响很大，所以本实验所测得的动力消耗（E）是针对某一操作状况而言的。

三、实验仪器与材料

1. 文丘里除尘器实验装置，如图 8-11 所示。其主要由文丘里凝聚器、旋风雾沫分离器、发尘装置、通风机、水泵和管道及其附件所组成；
2. 标准风速测定仪；
3. 空盒式气压表；
4. 秒表；
5. 钢卷尺；
6. 天平：分度值 1/10000g 及分度值为 1g 两种；
7. 倾斜式微压计；
8. 干湿球温度计；
9. 毕托管；
10. 干燥器；
11. 烟尘采样管；
12. 鼓风干燥箱；

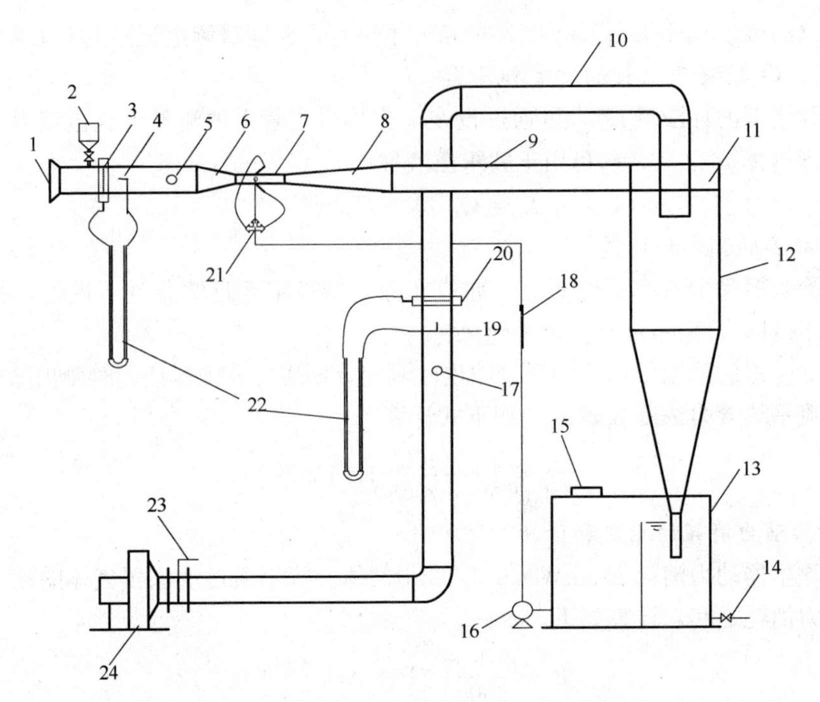

图 8-11　文丘里除尘器实验装置与流程示意图

1—喇叭形均流管；2—发尘装置；3—静压测口 1；4—动压测口 1；5—取样口 1；6—渐缩管；7—喉管；8—渐扩管；9—进风管；10—出风管；11—切入口；12—旋风分离器；13—集水槽；14—放空阀；15—加水口；16—耐腐泵；17—取样口 2；18—进水流量计；19—动压测口 2；20—静压测口 2；21—分配接头；22—U 形管压差计；23—风量调节阀；24—高压离心风机

13. 烟尘测试仪；

14. 超细玻璃纤维无胶滤筒。

四、实验步骤

1. 实验准备工作

测量记录室内空气的干球温度（即除尘系统中气体的温度）、湿球温度及相对湿度；测量记录当地大气压力；测量记录除尘器进出口测定断面直径和断面面积；测量记录喉口面积。

2. 实验

(1) 将文丘里除尘器进、出口断面的静压测孔与倾斜微压计相连接，作好各断面气体静压的测定准备；

(2) 启动风机，按实验要求的气体流量调节风机入口阀门，调好后固定阀门；

(3) 在除尘器进、出口两个测定断面同时测量记录各测点的气流动压，然后关闭风机；

(4) 计算并记录各测点气流速度、各断面平均气流速度、除尘器处理气体流量 Q_s；

(5) 用天平称好一定量尘样，作好发尘准备；

(6) 调节文丘里除尘器供水系统，保证实验系统在液气比 $L=0.7\sim1.0\text{L/m}^3$ 范围内稳定运行；

(7) 启动风机和发尘装置，调整好发尘浓度，使实验系统运行达到稳定；

（8）文丘里除尘器性能的测定和计算：在固定文丘里除尘器实验系统进口粉尘浓度和液气比 L 条件下，观察除尘系统中的含尘气流的变化情况，测算文丘里除尘器压力损失 ΔP、供水量 Q_L、供水压力 ΔP_L 和除尘效率 η；

（9）在固定进口粉尘浓度和液体量 Q_L 条件下，改变入口气体流量，稳定运行后，按上述方法测 5 组数据；

（10）在固定进口粉尘浓度和系统风量 Q_s 条件下，改变液体流量，稳定运行后，按上述方法再测 5 组数据；

（11）停止发尘，关闭水泵，再关闭风机。

五、成果整理

1. 处理气体流量和喉口速度

按表 8-13、表 8-14、表 8-15 格式记录和整理数据。按式（8-24）计算除尘器处理气体量，按式（8-25）计算除尘器喉口速度。

表 8-13　文丘里除尘器性能测定结果记录表

当地大气压 P/kPa	烟气干球温度/℃	烟气湿球温度/℃	烟气相对湿度 φ/%	除尘器管道面积 A/m²	喉口面积 A_T/m²

表 8-14　气体流量变化情况表

测定次数	除尘器进气管			除尘器排气管			ΔP	v_0	Q_S	v_T	Q_L	L	ΔP_L	E
	K_1	Δl_1	P_1	K_2	Δl_2	P_2								

表 8-15　液体流量变化情况表

测定次数	除尘器进气管			除尘器排气管			ΔP	v_0	Q_S	v_T	Q_L	L	ΔP_L	E
	K_1	Δl_1	P_1	K_2	Δl_2	P_2								

注：K—微压计倾斜系数；Δl—微压计读数，mm；P—静压，Pa；v_0—管道流速，m/s；Q_s—风量，m³/h；v_T—除尘器喉口速度，m/s；Q_L—耗水量，m³/h；L—液气比；ΔP_L—供水压力，Pa；E—除尘器动力耗能，kW · h/1000m³ 气体。

2. 除尘效率

除尘效率测定数据按表 8-16 记录整理，除尘效率按式（8-28）计算。

表 8-16　文丘里除尘器效率测定结果记录表

测定次数	除尘器进口气体含尘浓度						除尘器出口气体含尘浓度						除尘效率（%）
	采样流量 L(min)	采样时间（min）	采样体积（L）	滤筒初质量（g）	滤筒总质量（g）	粉尘浓度（mg/m^3）	采样流量（L/min）	采样时间（min）	采样体积（L）	滤筒初质量（g）	滤筒总质量（g）	粉尘浓度（mg/m^3）	

3. 压力损失、除尘效率、动力耗能和喉口速度的关系（固定 Q_L，改变气体流量情况）

整理不同喉口速度 v_T 下的 ΔP、η 和 E 资料，绘制 $v_T-\Delta P$、$v_T-\eta$ 和 v_T-E 实验性能曲线，并进行分析。

4. 压力损失、除尘效率、动力耗能和液气比的关系（固定 Q_S，改变液体流量 Q_L 情况）

整理不同液气比 L 下的 ΔP、η 和 E 资料，绘制 $L-\Delta P$、$L-\eta$ 和 $L-E$ 实验性能曲线，并进行分析。

六、思考题

1. 为什么文丘里除尘器性能测定实验应在操作指标 v_T 或 L 固定的运行状态下进行测定?

2. 根据实验结果，试分析影响文丘里除尘器除尘效率的主要因素。

3. 根据实验结果，试分析影响文丘里除尘器动力耗能的主要途径。

实验七　碱液吸收气体中的二氧化硫实验

一、实验目的

1. 了解填料塔的基本结构及其吸收净化酸雾的工作原理；

2. 了解 SO_2 自动测定仪的工作原理，掌握其测定方法。

二、实验原理

含 SO_2 的气体可采用吸收法净化，由于 SO_2 在水中的溶解度较低，故常常采用化学吸收的方法。本实验采用碱性吸收液（5%NaOH 吸收液）吸收净化 SO_2 气体。

其工作原理为：吸收液由吸收液槽经过液泵提升、转子流量计计量从填料塔上部经喷淋装置进入塔内，流经填料表面，由塔下部排出，再进入吸收液槽。空气首先进入缓冲罐，再进入进气管 SO_2 由 SO_2 钢瓶进入进气管，与空气混合，经混合后的含 SO_2 气体从塔底进气口进入填料塔内，通过填料层与 NaOH 喷淋吸收液充分混合、接触、吸收，尾气由塔顶排出。吸收过程发生的主要化学反应为：

$$2NaOH+SO_2 \longrightarrow Na_2SO_3+H_2O$$

$$Na_2SO_3+SO_2+H_2O \longrightarrow 2NaHSO_3$$

三、实验仪器与材料

1. SO_2 酸雾净化填料塔；

2. 缓冲罐；

3. 转子流量计（液相转子流量计、SO_2 转子流量计）；

4. 风机；

5. SO_2 钢瓶（含气体）；

6. SO_2自动分析仪；

7. 控制阀、橡胶连接管若干及必要的玻璃仪器等。

8. 5kg 工业纯 NaOH 试剂；

9. 空压机。

实验装置见图 8-12。

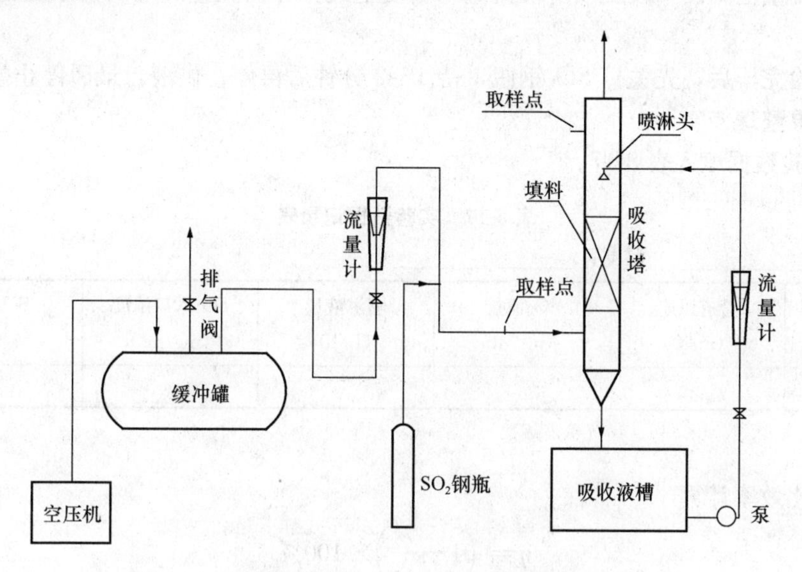

图 8-12 碱液吸收气体中的二氧化硫实验装置示意图

四、实验步骤

1. 实验准备

(1) SO_2自动分析仪准备：保证电池电量充足；查看仪器过滤器（如果发现过滤器出现潮湿或污染，应立即晾干或更换；将“POWER”（电源）开关置于“ZERO&STANDBY”（零点/待机）位置，使仪器自动校准零点（如果仪器未能达到零点，调节仪器上方的零点调整旋钮，直到显示 000±1 为止，注意调零时在距离有害气体区域较远的清洁空气中进行），学会使用 SO_2自动分析仪。

(2) 熟悉整个实验流程，检查是否漏气，并检查电、气、水各系统。

(3) 称取 NaOH 试剂 5kg 溶于 0.1m^3水中，将其注入吸收液槽，开启吸收液泵，根据液气比的要求调节喷淋流量。

2. 实验操作

(1) 开启填料塔的进液阀，并调节液体流量，使液体均匀喷布，并沿填料塔缓慢流下，以充分润湿填料表面，记录此时流量。调节各阀门使得喷淋液流量达到最大值，记录此时流量。

(2) 开启空压机，并逐渐打开吸收塔的进气阀，调节空气流量，仔细观察气液接触状况。用热球式风速计测量管道中的风速并调节配风阀使空塔气速达到 2m/s（气体速度根据经验数据或实验需要来确定）。

(3) 待吸收塔能够正常工作后，实验指导教师开启 SO_2气瓶，并调节其流量，使空气中的 SO_2含量为 0.1%～0.5%（体积百分比，具体数值由指导教师掌握，整个实验过程中保

持进口 SO_2浓度和流量不变）。

（4）经数分钟，待塔内操作完全稳定后，开始测量记录数据，包括进气流量 Q_1、喷淋液流量 Q_2、进口 SO_2浓度 C_1、出口 C_2浓度。

（5）根据测得的数据计算吸收废气中 SO_2的理论液气比，在理论液气比的喷淋液流量和最大喷淋液流量范围内，改变喷淋液流量，重复上述操作，测量 SO_2出口浓度，共测取 4～5 组数据。

（6）实验完毕后，先关掉 SO_2钢瓶，待 1～2 分钟后再停止供液，最后停止鼓入空气。

五、成果整理

1. 将实验数据填入表 8-17。

表 8-17　实验数据记录表

大气压：__________温度：__________

测定次数	管道风速 (m/s)	SO_2流量 (m^3/s)	喷淋液量 (L/h)	SO_2入口浓度 (mg/m^3)	SO_2出口浓度 (mg/m^3)

2. 计算

（1）净化效率计算

$$\eta=\left(1-\frac{c_2}{c_1}\right)\times 100\% \tag{8-30}$$

式中　η——净化效率，%；

c_1——SO_2入口浓度，mg/m^3；

c_2——SO_2出口浓度。

3. 根据所得的净化效率与对应的液气比结果绘制曲线，从图中确定最佳液气比条件。

六、结果讨论

1. 从实验结果绘制的曲线中，可以得到哪些结论？

2. 对实验有何改进意见？

实验八　干法脱除烟气中二氧化硫实验

一、实验目的

掌握干法脱硫的特点、基本工艺流程及原理。

二、实验原理

本实验以铁系氧化物、活性炭等吸附剂为脱硫剂进行干法脱硫，脱硫过程包括物理吸附和化学吸附，主要反应如下：

$$SO_2+1/2O_2\longrightarrow SO_3$$

$$Fe_2O_3+3SO_3\longrightarrow Fe_2(SO_4)_3$$

活性炭作为吸附剂吸附二氧化硫，是由于活性炭具有较大的比表面和较高的物理吸附性能，能够将气体中的二氧化硫浓集于其表面而分离出来。活性炭吸附二氧化硫的过程是可逆的，即：在一定温度和气体压力下达到吸附平衡；而在高温、减压条件下，被吸附的二氧化硫又被解吸出来，使活性炭得到再生。

本实验仅对铁系氧化物、活性炭的吸附性能进行研究，不考虑其再生。实验中采用 SO_2 自动分析仪测试 SO_2 浓度。

三、实验仪器与材料

干法脱硫实验流程图如图 8-13 所示。

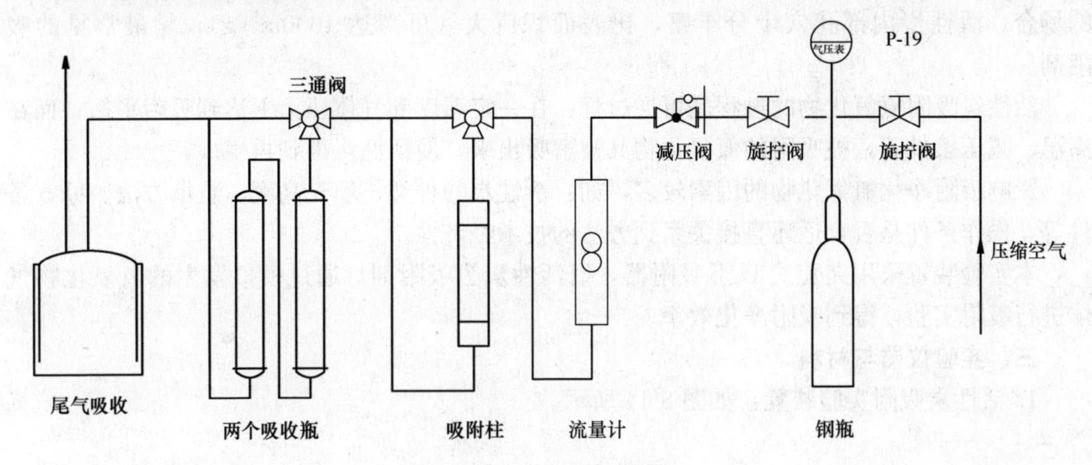

图 8-13 干法脱硫实验流程图

四、实验步骤

1. 配气：含 SO_2 烟气由纯 SO_2 和压缩空气配制而成，其中高压空气既模拟烟道气，又为反应提供动力；

2. 熟悉实验装置；

3. 开启进气装置，调节减压阀，控制一定的流量，使含 SO_2 气体进入吸附柱，连续通气，定时测定吸附柱进、出口气体中 SO_2 浓度，记录其流量、时间，计算不同时间的脱硫效率，直至脱硫率明显下降到脱硫剂失效，停止通气。

五、成果整理

1. 将实验数据填入表 8-18。

表 8-18 干法脱除烟气中二氧化硫实验数据记录表

	通气时间 t（min）	气体流速 u（L/min）	气量 Q_{nd}（L）	碘标液浓度 c（mol/L）	碘滴定体积 V（mL）	SO_2 浓度 c（mg/m³）	脱硫效率 η（%）
进气口							
出气口							

2. 据实验数据绘制脱硫效率-反应时间曲线；

3. 计算脱硫剂在实验条件下的工作硫容（$g_{SO_2}/g_{脱硫剂}$）。

六、思考题

综合评价干法脱硫剂的优缺点。

实验九 活性炭吸附气体中的氮氧化物实验

一、实验目的

1. 了解吸附法净化有害废气的原理和特点；

2. 掌握活性炭吸附法净化废气中氮氧化物的实验方法。

二、实验原理

吸附是一种常见的气态污染物净化方法，是用多孔固体吸附剂将气体中的一种或数种组分积聚或凝缩在其表面上而达到分离目的的过程，特别适用于处理低浓度废气、高净化要求的场合。活性炭内部孔穴十分丰富，比表面积巨大（可高达 $1000m^2/g$），是最常见的吸附剂。

活性炭吸附氮氧化物的过程是可逆过程：在一定温度和气体压力下达到吸附平衡；而在高温、减压条件下，被吸附的氮氧化物又被解吸出来，使活性炭得到再生。

影响吸附净化氮氧化物的因素较多，如：活性炭的种类、填充高度、装填方法、原气条件等，操作条件是否合适还直接关系到方法的技术经济性。

本实验装置采用夹套式 U 形吸附器，以活性炭为吸附剂，通过模拟发生的氮氧化物气体进行吸附实验，得到吸附净化效率。

三、实验仪器与材料

1. 活性炭吸附实验装置：如图 8-14 所示。

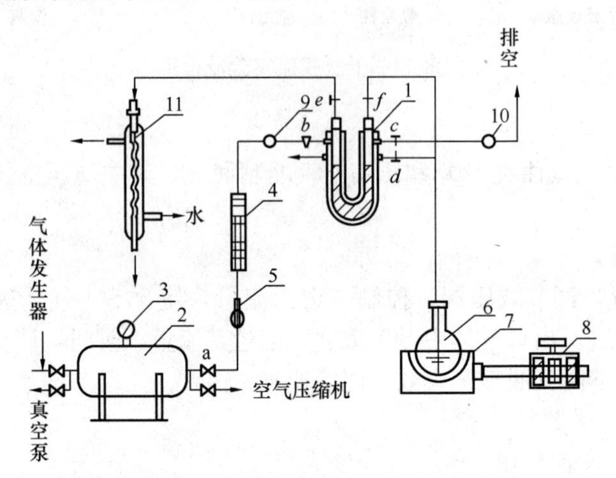

图 8-14　活性炭吸附气体中的氮氧化物实验装置示意图

1—夹套式 U 形吸附器；2—储气罐；3—真空压力表；4—转子流量计；5—稳定阀；6—蒸气瓶；7—电热套；8—调压器；9—进气取样口；10—出气取样口；11—冷凝器；a—针形阀；b～f—霍夫曼夹

技术参数如下：

夹套式 U 形吸附器：硬质玻璃，直径 d=15mm，高 H=150mm，套管外径 D=25mm；

储气罐：不锈钢，400L，最高耐压 $P=15kg/cm^3$；

空气压缩机：排气量 $Q=0.1m^3/min$，压力 $P=20kg/cm^2$；

真空泵：抽气量 Q=0.5L/min，转数 N=140r/min。

2. 分光光度计；

3. 吸气瓶；

4. 医用注射器：5mL、2mL；

5. 活性炭：粒径 200 目；

6. 对氨基苯磺酸：分析纯；

7. 盐酸萘乙二胺：分析纯；

8. 冰醋酸：分析纯；

9. 氢氧化钠：分析纯；

10. 硫酸亚铁：工业纯；

11. 亚硝酸钠：工业纯。

四、实验步骤

1. 熟悉实验装置的整体情况；

2. 检查管路系统，使阀门 e、f 和 d 关闭，系统处于吸收状态；

3. 开启阀门 a、b 和 c，同时记录开始吸附的时间；

4. 运行 10min 后取样分析，此后每隔 30min 取样一次，每次取三个平行样；

5. 当吸附净化效率低于 80％时，停止吸附操作，关闭阀门 a、b 和 c；

6. 开启阀门 e、f 和 d。置管路系统于解吸状态，打开冷却水管开关，向吸附器及其保温夹层通入水蒸气进行解吸和保温；

7. 解吸完成后，关闭阀门 e 和 f，待活性炭干燥以后再停止对保温夹层通蒸气；

8. 实验取样分析用盐酸萘乙二胺比色法。

五、成果整理

1. 将实验结果以表 8-19 格式记录整理；

表 8-19　活性炭吸附氮氧化物实验记录表

序号	取样时间（min）	气体流量（L/h）	进气浓度（ppm）	出气浓度（ppm）	净化效率（％）

2. 做取样时间与净化效率关系曲线，并进行分析。

六、思考题

1. 从吸附原理出发分析活性炭的吸附容量及操作时间的关系；

2. 随着吸附温度的变化，吸附量也发生变化，根据等温吸附原理简单分析吸附温度对吸附效率的影响，并解释吸附过程的理论依据。

第九章　固体废物处理实验

实验一　固体废物的破碎实验

一、实验目的

1. 了解固体废物破碎的目的；

2. 掌握固体废物破碎设备和流程的相关知识。

二、实验原理

固体废物破碎是利用外力克服固体废物质点间的内聚力而使大块固体废物分裂成小块的过程。磨碎是使小块固体废物颗粒分裂成细粉的过程。固体废物经破碎和磨碎后可达到如下目的：

（1）粒度变得小而均匀，可提高焚烧、热解、熔烧、压缩等作业的稳定性和处理效率；

（2）堆积密度减小，体积减小，便于压缩、运输、贮存和高密度填埋和加速复土还原；

（3）便于从中分选、拣选回收有价物质和材料；

（4）防止粗大、锋利废物损坏分选、焚烧、热解等设备或炉腔；

（5）为固体废物的下一步加工和资源化做准备。

固体废物破碎前的平均粒度与破碎后的平均粒度之比称为真实破碎比，能较真实地反映固体废物的破碎程度。通常，根据最大物料直径来选择破碎机给料口的宽度。

固体废物的破碎由破碎机来完成，常用的破碎机类型有颚式破碎机、冲击式破碎机、辊式破碎机、剪切式破碎机、球磨机及特殊破碎等。

颚式破碎机通常按照可动颚板（动颚）的运动特性来进行分类，工业中应用最广的是动颚做简单摆动的双肘板机构（简摆型）的颚式破碎机和动颚做复杂摆动的单肘板机构（复摆型）的颚式破碎机。本实验采用的是复摆型颚式破碎机。

三、实验仪器与材料

1. 复摆型颚式破碎机：其构造如图 9-1 所示。要求被破碎物料的抗压强度不超过 1500kg/cm³。EP60×100 型破碎机主要技术参数：

进料口尺寸：EP60×100；最大进料尺寸：50mm；排料口尺寸：1～8mm；主轴转速：360r/min；生产能力：0.15～0.5t/h；配套动力：1.5kW；额定电压：380V。

2. 垃圾样品：自备典型城市生活垃圾、工业垃圾、建筑垃圾等 0.5kg 左右。

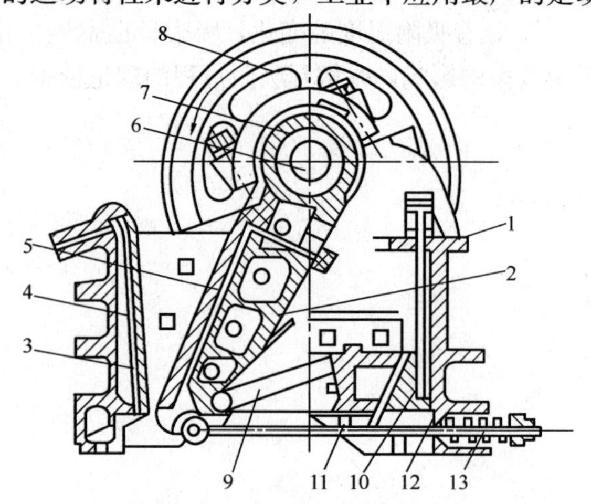

图 9-1　复摆型颚式破碎机示意图

1—机架；2—可动板；3—固定颚板；4、5—破碎齿板；6—偏心转动轴；7—轴孔；8—飞轮；9—肘板；10—调节楔；11—楔块；12—水平拉杆；13—弹簧

四、实验步骤

1. 熟悉颚式破碎机的构造及使用说明，测量垃圾样品的堆积体积及质量。

2. 启动破碎机数分钟后，将垃圾投入破碎机进行破碎。

3. 将破碎样品收集，用孔径 2mm 的筛子进行筛分、称重，并测量堆积体积。

五、成果整理

1. 根据实验过程的数据记录，对固体废物堆积密度、体积减少百分比、破碎比进行计算。

2. 计算筛下物质量占总质量的百分比。

六、思考题

1. 简述颚式破碎机的特点。

2. 分析固体废物破碎前后的变化情况。

实验二　固体废物三成分和热值分析实验

一、实验目的

1. 了解固体废物性质分析的目的和意义；

2. 掌握固体废物三成分和热值分析的方法。

二、实验原理

固体废物的物理性质与废物成分组成有密切的关系，它常用组分、含水率和容重三个物理量来表示。废物的物理性质是选择压实、破碎、分选等预处理方法的主要依据。

固体废物的化学性质包括挥发分、灰分、元素组成和发热值等参数，是选择堆肥、发酵、焚烧、热解等处理方法的重要依据。其中三成分（水分、挥发分、灰分）和热值是最基本的参数。

含水率是指单位质量垃圾含有的水分量（质量分数,%）。即：

$$C_w = \frac{M_1 - M_2}{M_1} \times 100 \qquad (\%) \tag{9-1}$$

式中　C_w——含水率,%；

M_1——垃圾试样烘干前质量，g；

M_2——垃圾试样烘干后质量，g。

垃圾灰分是指垃圾试样在 815℃下灼烧而产生的灰渣量占试样质量的百分数，反映垃圾中无机物的含量。

$$A = \frac{M_3}{M_2} \times 100 \qquad (\%) \tag{9-2}$$

式中　A——灰分,%；

M_2——烘干垃圾试样的质量，g；

M_3——烧灼后的残留量，g。

挥发分（V_s）是指单位质量垃圾含有的挥发性固体含量（质量分数,%），反映垃圾中有机物含量。

$$V_s = \frac{M_2 - M_3}{M_2} \times 100 \qquad (\%) \tag{9-3}$$

式中　V_s——挥发分，%；

M_2——烘干垃圾试样的质量，g；

M_3——烧灼后的残留量，g。

发热值是指单位质量的垃圾完全燃烧时所放出的热量。发热值测定原理是根据能量守恒定律，样品完全燃烧时放出的能量将促使氧弹热量计本身及周围的介质温度升高，通过测量介质燃烧前后温度的变化，就可以求出该样品的热值。即，先用已知质量的标准苯甲酸在热量计弹筒内燃烧，求出热量计的热容量（即在热值上等于热体系温度升高 1K 所需的热量，以 J/K 表示），然后使被测物质在同样条件下，在热量计氧弹内燃烧，测量出热体系温度升高值，根据所测温度升高值及热体系的热容量，即可求出被测物质的发热量。

三、实验仪器与材料

1. 恒温干燥箱：由室温到 200℃；
2. 架盘天平（精度：5g）；
3. 分析天平（精度：0.0001g）；
4. 240 目标准筛；
5. 氧弹热量计；
6. 马弗炉：由室温到 1000℃；
7. 坩埚若干个；
8. 干燥器、研钵等；
9. 苯甲酸：恒容燃烧热 26460J/g；
10. 作点火用的金属丝（铁、镍、铂、铜）：直径小于 0.2mm，将其切成 80～120mm 的线段（长度依据氧弹内部构造和点火系统确定），再把等长的 10～15 根线段同时放在天平上称重，并计算出每根的平均质量；

(11) 氧气：不应有氢和其他可燃物，禁止使用电解氧；

(12) 酸洗石棉等。

四、实验步骤

1. 三成分分析

(1) 含水率：将垃圾试样破碎至粒径小于 15mm 后，置于干燥箱中，在 (105±10)℃ 条件下烘 4～8 小时，取出冷却后称量。重复烘 1～2 小时，再称量，直至质量恒定。

(2) 灰分和挥发分含量

① 称取并记录所需坩埚质量。

② 在每个坩埚中加入适量的粉碎后的垃圾试样，称取并记录质量。

③ 将盛有试样的坩埚放入到马弗炉，在 (815±10)℃下灼烧 1h，然后取下冷却。

④ 分别称量并计算灰分及挥发分含量，取平均值作为最终结果。

2. 发热值分析

(1) 热量计热容量的测定

① 用研钵将苯甲酸研细，在 (60～70)℃烘箱中烘干 3～4 小时冷却到室温。称取此苯甲酸 1.0～1.2g，压成片状，再用天平准确称重（称准至 0.0002g）后放入内垫有酸洗石棉的坩埚中；

②在氧弹中加入 10mL 蒸馏水，把盛有苯甲酸的坩埚固定在坩埚架上，再将一根点火线

的两端固定在两个电极上，其中段放在苯甲酸片上。点火线勿接触坩埚，拧紧氧弹上的盖，然后通过进气管缓慢地通入氧气，直到弹内压力为25～30个大气压为止；

③ 将充有氧气的氧弹放入量热容器中，并在量热容器中加入蒸馏水约3000g（称准至0.5g），加入的水应淹到氧弹进气阀螺帽高度的2/3处；

④ 将测温探头插入内筒，测温探头和搅拌器均不可接触氧弹和内筒；

⑤ 实验初期即试样燃烧以前的阶段，每隔半分钟读取温度一次，共读取十一次；

⑥ 在初期的最末一次读取温度的瞬间，按下点火键点火，开始读取主期的温度，每隔半分钟读取温度一次，直到温度不再上升而开始下降的第一次温度为止；

⑦ 在主期读取最后一次温度后，每半分钟读取温度一次，共读取十次；

⑧ 停止观测温度后，从热量计中取出氧弹，用放气帽缓缓压下放气阀，在1min左右放尽气体，拧开并取下氧弹盖，量出未燃完的引火线长度，计算其实际消耗的质量。随后仔细检查氧弹，如弹中有烟黑或未燃尽的试样微粒，此试样应作废。如果未发现这些情况，用蒸馏水洗涤弹内各部分、坩埚和进气阀，将全部洗弹液和坩埚中的物质收集在洁净的烧杯中，洗弹液量为150～200mL。然后用干布将氧弹内外表面和弹盖拭净、风干待用。

⑨ 将盛洗弹液的烧杯加盖微沸5min，加两滴1%酚酞，以0.1N氢氧化钠液滴到粉红色，保持15秒不变为止；

⑩ 热容量应进行5次重复标定，计算5次重复标定结果的平均值e及标准差s，其相对标准差不应超过0.20%；若超过0.20%，再补做一次，取符合要求的5次结果的平均值（修约至1J/℃）作为该仪器的热容量。

（2）试样热值的测定

① 准确称取粒度小于0.2mm的分析试样1.0～1.2g（称准至0.0002g），放在垫有酸洗石棉的坩埚中。

② 其余实验步骤同（1）中的②～⑨。

【注意事项】

1. 氧弹不应漏气，如有漏气现象，应找出原因，予以修理。

2. 点火时的电压应根据点火线的粗细试验确定。在点火线与两极连接好后，不放入氧弹内，通电实验以点火线烧断为适宜。

3. 试样的测定应与热容量的测定在完全相同的条件下进行。当操作条件有变化时，如更换或修理热容计上的零件、更换温度计，室温与上次测定热容量时室温相差超过5℃以及热量计移到别处等，均应重新测定热容量。

4. 当测定低热值的试样不易燃烧完全时，可加入少量已知热量的苯甲酸；当挥发大的试样燃烧时，可能溅出，可用镜头纸包样燃烧（计算时必须减去纸的热值），或先将试样压成片（压力不宜过大），碎成4～5块，粒度约1～3mm，然后进行测定。

五、成果整理

1. 计算垃圾试样含水率；

2. 计算垃圾试样的灰分和挥发分含量；

3. 热量计热容量测定结果按下列公式计算：

$$E=\frac{Q_1G_1+0.0015Q_1G_1+Q_2G_2}{t_n-t_0+\Delta t} \tag{9-4}$$

式中　E——热量计的热容量，J/K；

Q_1——苯甲酸的热值，J/g；苯甲酸的恒容燃烧热 Q=26460J/g；

G_1——苯甲酸质量，g；

Q_2——点火线的燃烧热，J/g；铁丝为6700J/g，镍铬丝为1400J/g，铜丝为2500J/g，棉线为17500J/g；

G_2——实际消耗的点火线质量，g；

0.0015——硝酸生成热校正系数；

t_n——主期终点温度，℃；

t_0——点火温度温度，℃；

Δt——热量计热交换校正值，℃。

4. 垃圾试样发热量测定结果计算：

$$Q_3 = \frac{ET - \sum Q_2 G_2}{G_3} \tag{9-5}$$

式中　T——温度升高值，K；

Q_3——用弹筒法测定的分析试样的发热量，J/g；

G_3——分析试样的质量，g。

其余符号的意义同前。

六、思考题

1. 为何氧弹每次工作之前加水10mL蒸馏水?

2. 影响热值测定的因素有哪些?

实验三　土柱（或有害废弃物）淋滤实验

一、实验目的

1. 掌握土柱淋滤的实验方法；

2. 了解含污地表水通过土壤层或雨水淋溶固体废物对土壤层、地下水的影响程度。

二、实验原理

淋滤指水连同悬浮或溶解于其中的土壤表层物质向地下周围渗透的过程。淋滤实验是确定土壤中污染物质迁移转化规律的基本实验。本实验中采用模拟天然雨水对土壤（或有害废弃物）进行淋滤，根据虹吸原理控制水层高度，由土柱筒底部的排水口接取渗出液，渗出液携带出有害物质，且有害物质随淋滤原水条件变化而变化。

三、实验仪器与材料

1. 淋滤实验装置：包括淋滤柱（内径100mm，有效高度1000m）；高位原水箱；出水箱。实验流程如图9-2所示。

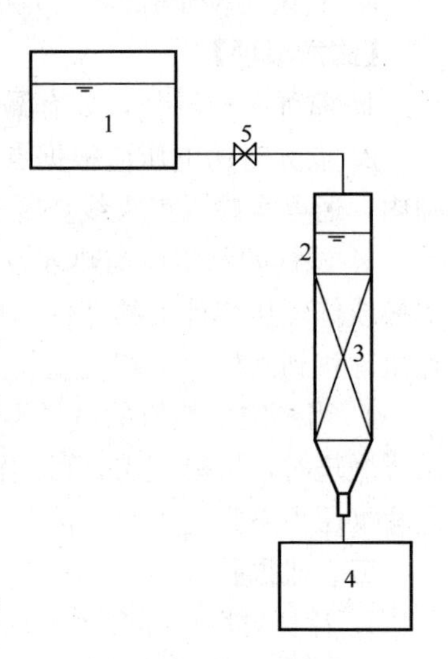

图9-2　淋滤实验流程图

1—高位原水箱；2—淋滤柱；3—土或粉煤灰柱；4—出水箱；5—控制阀

2. 土柱：选自本地区地表垂直深度2米内的土层，模拟实际土壤密度装填在内径100mm的有机玻璃柱内，装填高度800mm。

3. 粉煤灰柱：取电厂粉煤灰适量，装填在内径 100mm 的有机玻璃柱内，装填高度 800mm。

4. 模拟含氟废水：选用氟化钠配制浓度为 4～7mg/L 的高氟水作为原水。

5. 模拟天然雨水：以 0.25mg/L H_2SO_4 和 0.05mg/L HNO_3 溶液按 SO_4^{2-} ：NO_3^- ＝5：1 的比例配制成原液，用蒸馏水稀释成 pH＝5.6 的模拟雨水。

四、实验步骤

1. 按图 9-2 所示流程连接实验装置，控制淋滤柱内水层高度保持在滤层上 8～12cm；

2. 于淋滤柱底部的排水口接取渗滤液，定时记录出水量，测量出水中污染物浓度、淋出液 pH 值、液固比（即淋溶液体积与土柱或渣质量比值，单位：mL/g）、出水速度及吸附率。

五、成果整理

1. 将实验结果填入表 9-1。

表 9-1　淋滤实验结果记录表

序号		淋滤原水		淋滤液						吸附率（渗透率）%
		pH	浓度 mg/L	出水时间 min	出水体积 mL	液固化	pH	浓度 mg/L	出水速度 mL/h	
土柱淋滤	1									
	…									
粉煤灰淋滤	1									
	…									

2. 绘制吸附曲线或淋滤曲线（淋滤液中氟离子浓度、pH 值随液固比的变化曲线）。

六、思考题

1. 分析含氟污水对土壤、地下水的污染规律。

2. 预测固体废物露天堆放时，渣中污染物对水环境的影响程度。

附：离子选择电极法测定氟化物

1. 仪器

(1) 氟离子电极和饱和甘汞电极；

(2) 精密酸度计；

(3) 电磁搅拌器。

2. 试剂

所用水为去离子水或无氟蒸馏水。

(1) 氟化物标准储备液

称取 0.2210g 基准氟化钠（NaF）（预先于（105～110)℃干燥 2h，或者于（500～650)℃干燥约 10min，冷却），用水溶解后转入 1000mL 容量瓶中，稀释至标线，摇匀，贮存在聚乙烯瓶中。此溶液每 1mL 含氟离子 100μg。

(2) 氟化物标准溶液

用无分度吸管吸取氟化钠标准储备液 10.00mL，注入 100mL 容量瓶中，稀释至标线，摇匀。此溶液每 1mL 含氟离子 10μg。

(3) 总离子强度调节缓冲溶液：于 1000mL 烧杯中，加入 500mL 去离子水和 57mL 冰醋酸、58gNaCl、12g 柠檬酸钠（$Na_3C_6H_5O_7 \cdot 2H_2O$），搅拌至溶解。将烧杯放在冷水浴中，缓缓加入 6NNaOH 溶液，直至 pH 值在 5.0～5.5 之间，冷至室温，转入 1000mL 容量瓶中，用去离子水稀释至刻度。

3. 测定

取 10mL 水样，置于 50mL 容量瓶中，加入 10mL 总离子强度调节缓冲溶液，用去离子水稀释至标线，摇匀。将其移入 100mL 聚乙烯杯中，放入一只搅拌子，插入电极，连续搅拌溶液，待电位稳定后，在继续搅拌下读取电位值（E）。在每一次测量之前，都要用去离子水充分洗涤电极，并用滤纸吸去水分。根据测得的毫伏数，由校准曲线上查得氟化物的含量。

4. 空白实验

用去离子水代替试液，按测定样品的条件和步骤进行测定。

5. 校准曲线制作

用分度吸管分别取 1.00mL、3.00mL、5.00mL、10.00mL、20.00mL 氟化物标准溶液，置于 50mL 容量瓶中，加入 10mL 总离子强度调节缓冲溶液，用水稀释至标线，摇匀。分别移入 100mL 聚乙烯杯中，各放入一只搅拌子，以浓度由低到高为顺序，分别依次插入电极，连续搅拌溶液，待电位稳定后，在继续搅拌下读取电位值（E）。在每一次测量之前，都要用去离子水将电极冲洗净，并用滤纸吸去水分。在半对数坐标纸上绘制 E(mV) - $\log C_F$（mg/L）校准曲线。浓度标于对数分格上。

【注意事项】

1. 电极使用前仍应洗净，并吸去水分。电极用后应用水充分冲洗干净，并用滤纸吸去水分，放在空气中，或者放在稀的氟化物标准溶液中。如果短时间不再使用，应冲洗、吸去水分，用保护帽套在保护电极敏感部位。

2. 不得用手触摸电极的膜表面，如果电极的膜表面被有机物等玷污，必须先清洁干净后才能使用。

实验四　浸出毒性实验

一、实验目的

1. 了解市政污泥脱水泥饼处理工艺；

2. 掌握浸出毒性的实验方法。

二、实验原理

污泥中含有大量的重金属，包括生物毒性显著的 Cr、Cd、Pb、Hg 以及类金属 As，以及具有毒性的重金属 Zn、Cu、Co、Ni、Sn、V 等。其中 Cr、Cd、Pb、Cu、Hg、As、Be、Ni、Tl 被列入“中国环境优先污染物黑名单”，它们会对人体和环境造成严重危害。

污泥中含有大量有机物，在填埋场厌氧环境下容易发生厌氧消化产生有机酸，加之酸雨等酸性介质的存在，容易造成污泥中重金属的溶出。因此，固化/稳定化作为一种重要的重金属处理方法，被广泛应用于污泥填埋的研究中。

本实验采用脱水污泥及强度破坏实验后的固化体碎片用来进行重金属的浸出特性实验，参照美国环保局（U.S.EPA）的 TCLP（Toxicity Characteristic Leaching Procedure）方法，对固化体开展翻转振荡的标准浸出测试，以醋酸溶液为浸提剂，模拟污泥固化体在进入填埋场后，其中的重金属在填埋场渗滤液的影响下从污泥固化体中浸出的过程。

三、实验仪器与材料

1. 密封式振动粉碎机；

2. 压力机；

3. 成型模具；

4. 烘箱；

5. 立式压力蒸汽灭菌器；

6. 翻转式振荡仪；

7. 原子吸收光谱仪；

8. 提取瓶；

9. 压力过滤器；

10. 天平；

11. 振荡设备；

12. 筛；

13. 脱水泥饼、蒸馏水；

14. 冰醋酸：优级纯；

15. 浸提剂：按照液固比为 20：1 计算出所需浸提剂（醋酸溶液，pH＝2.88±0.05，配制方法为试剂水稀释 5.7ml 冰醋酸至 1L）的体积；

16. 滤膜：微孔滤膜，孔径 0.45μm。

四、实验步骤

1. 预处理

（1）脱水泥饼在 105℃烘箱烘干 24h 以上，烘干后泥饼放入密封式振动粉碎机，破碎后泥饼收集保存。

（2）取 300g 样品，加入 60g 水，混匀，放入模具中压力成型，得到样品试块。

2. 毒性浸出

（1）将一部分样品试块破碎，置于 2L 提取瓶中，按液固比为 20：1（L/kg）计算出所需浸提剂的体积，加入浸提剂，盖紧瓶盖后固定在翻转式振荡装置上，调节转速为（30±2）r/min，于（23±2）℃下振荡（18±2）h。在振荡过程中有气体产生时，应定时在通风橱中打开提取瓶，释放过度的压力。

（2）将另一部分样品试块放入立式压力蒸汽灭菌器，120℃蒸汽养护 3h，取出样品，其后处理方法同上。

（3）将上述两部分样品在压力过滤器中，用 0.45μm 滤膜过滤，滤液用原子吸收光谱仪分析，以浓度值是否超过允许值来判断其毒害性。

【注意事项】

需要考虑浸出液与浸出容器的相容性，在某些情况下，可用类似形状与容器的玻璃瓶代替聚乙烯瓶。

五、成果整理

整理记录实验测试结果。

六、思考题

1. 评述实验结果。

2. 分析污泥填埋场重金属浸出浓度的影响因素。

实验五　好氧堆肥模拟实验

一、实验目的

1. 加深对好氧堆肥化的了解；

2. 了解好氧堆肥化过程的各种影响因素和控制措施。

二、实验原理

有机固体废物的堆肥化技术是一种最常用的固体废物生物转化技术，是对固体废物进行稳定化、无害化处理的重要方式之一。

好氧堆肥化是在有氧条件下，依靠好氧微生物的作用来转化有机废物。有机废物中的可溶性有机物质可透过微生物的细胞壁和细胞膜被微生物直接吸收，不溶性的胶体有机物质则先吸附在微生物体外，依靠微生物分泌的胞外酶分解为可溶性物质，再渗入细胞。微生物通过自身的生命活动进行分解代谢和合成代谢，把一部分被吸收的有机物氧化成简单的无机物，并释放生物生长、活动所需要的能量；把另一部分有机物转化合成新的细胞物质，使微生物增殖。

三、实验仪器与材料

实验装置与设备如图 9-3 所示。

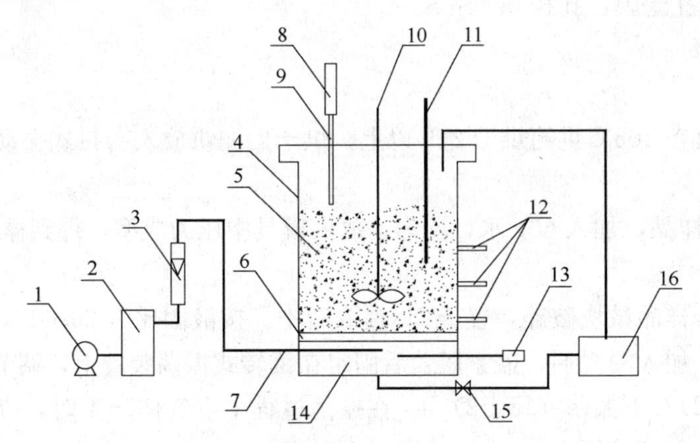

图 9-3　好氧堆肥实验装置示意图

1—空压机；2—缓冲器；3—流量计；4—反应器主体（带保温）；5—堆料；6—渗滤层；7—进气管；8—取样器；9—气体收集管；10—搅拌装置；11—测温装置；12—取样口；13—温控仪；14—集水区；15—渗滤液阀门；16—渗滤液收集槽

1. 空气压缩机：Z-0.29/7；

2. 缓冲器：H/Φ=380mm/260mm，最高压力 0.5MPa；

3. 转子流量计：LZB-6，量程 0～0.6m^3/h，20℃，101.3MPa；

4. 温度计：量程 0～100℃；

5. 注射器；

6. 反应器主体：有机玻璃 H/Φ=480mm/390mm；

7. 温控仪：0～50℃。

四、实验步骤

1. 将约 40kg 厨余垃圾进行破碎。

2. 取少量厨余垃圾称重后，沥除水分，放入烘箱中烘干。再称重后，计算垃圾含水率。

3. 另将破碎后的垃圾投加到反应器中，一组控制供气流量 $1m^3$/（h·t），另一组控制供气流量 $2m^3$/（h·t）。

4. 在堆肥开始第 1、5、9、13 天，分别取样测定堆体的含水率，记录堆体中央的温度，从气体取样口取样测定 O_2、CO_2 的浓度。

五、成果整理

1. 将实验结果填入表 9-2；

表 9-2　好氧堆肥模拟实验实验结果记录表

项目	供气流量 $1m^3$/（h·t）				供气流量 $2m^3$/（h·t）			
	含水率	温度	O_2	CO_2	含水率	温度	O_2	CO_2
第 1 天								
第 5 天								
第 9 天								
第 13 天								

2. 绘制堆体温度随时间变化的曲线。

六、思考题

1. 分析影响堆肥过程堆体含水率的主要因素。

2. 分析堆肥中通气量对堆肥过程的影响。

实验六　热解焚烧条件实验

一、实验目的

1. 了解热解的概念；

2. 熟悉热解过程的控制参数。

二、实验原理

热解是有机物在无氧或缺氧状态下受热而分解为气、液、固三种形式的混合物的化学分解过程。其中气体是以氢气、一氧化碳、甲烷等低分子碳氢化合物为主的可燃性气体；液体是在常温下为液态的包括乙酸、丙酮、甲醇等化合物在内的燃料油；固体为纯碳与玻璃、金属、土砂等混合物形成的炭黑。

热解反应可表示如下：

$$\text{有机物}+\text{热}\xrightarrow{\text{无氧或缺氧}} gG\text{（气体）}+lL\text{（液体）}+sS\text{（固体）}$$

式中　g——气态产物的化学计量；

G——气态产物的化学式；

l——液态产物的化学计量；

L——液态产物的化学式；

s——固态产物的化学计量；

S——固态产物的化学式。

固体废物的热解与焚烧相比有以下优点：

（1）可以将固体危险废物中的有机物转化为以燃料气、燃料油和炭黑为主的贮存性能源；

（2）由于是缺氧分解，排气量少，有利于减轻对大气环境的二次污染；

（3）废物中的硫、重金属等有害成分大部分被固定在炭黑中；

（4）NO_x的产生量少。

三、实验仪器与材料

1. 热解实验装置：主要由控制柜、热解炉（耐受800℃的高温）和气体净化收集系统三部分组成。气体净化收集系统主要由旋风分离器、冷凝器、过滤器、煤气表组成。

2. 烘箱；

3. 破碎机；

4. 电子天平；

5. 量筒（1000mL）、漏斗、漏斗架等；

6. 实验试样：可以选取混合收集的有机生活垃圾，也可以选取纸张、秸秆等单类别的有机垃圾。

四、实验步骤

1. 称取1000g试样，采用破碎机或其他破碎方法将物料破碎至粒度小于10mm。

2. 从投料口将试样装入热解炉。

3. 接通电源，升高炉温，升温速度为25℃/min，将炉温升到400℃。

4. 恒温，并每隔15min记录产气流量，总共记录8h。

5. 在可能的条件下收集气体进行气相色谱分析。

6. 收集并测定焦油量。

7. 测定热解后固体残渣的质量。

【注意事项】

1. 原料不同，产气率会有很大差别，因此，应根据实际情况，适当调整记录气体流量的时间间隔。

2. 气体必须安全收集，避免煤气中毒。

五、实验结果整理

1. 记录实验设备基本参数及实验测试结果。

2. 根据实验数据，以产气流量为纵坐标、热解时间为横坐标作图，分析产气量与时间的关系。

六、思考题

1. 分析不同炉温对产气量的影响。

2. 简述热解与焚烧的特点。

实验七 危险废物固化处理实验

一、实验目的

1. 掌握固体废物固化处理的工艺操作过程；

2. 了解我国危险废物鉴别标准中规定的危险特性和鉴别方法；

3. 掌握固化体浸出率测试方法。

二、实验原理

危险废物指具有腐蚀性、急性毒性、浸出毒性、反应性、传染性、放射性等一种或一种以上危险特性的废物。危险废物的污染危害具有长期性和潜伏性，可以延续很长时间，因此国内外废物管理都将危险废物作为重点管理对象。固化/稳定化技术是目前被广泛应用于处理电镀污泥、铬渣、砷渣和汞渣的有效的危险废物处理手段。固化处理的效果常采用浸出率、增容比、抗压强度等指标加以衡量。其中浸出率是评价固化处理效果和衡量固化体性能的一项重要指标。了解浸出率有助于比较和选择不同的固化方案，有利于估计各类固化体贮存、运输等条件下与水接触所引起的危险大小。

汞、砷、铅、铬、铜等有害物质及化合物遇水通过浸沥作用，从危险废物中迁移转化到水溶液中。延长接触时间，采用水平振荡器等强化可溶解物质的浸出，测定强化条件下浸出的有害物质浓度可以表征危险废物的浸出毒性。浸出率测定依据《危险废物鉴别标准——浸出毒性鉴别》（GB 5085.3）和浸出液的制备《固体废物浸出毒性浸出方法水平振荡法》（GB 5086.2）。

三、实验仪器与材料

1. 固化块自制模具；

2. 电子天平；

3. 激光粒度分析仪；

4. 恒温振动器；

5. 鼓风干燥箱；

6. 可控温电热板；

7. 原子吸收分光光度计；

8. 混凝土搅拌机；

9. 固化实验台；

10. 压力试验机；

11. 空压机；

12. 含重金属污泥；

13. 普通硅酸盐水泥，石灰；

14. 粉煤灰：电厂一等级；

15. 2000mL 广口聚乙烯瓶、量筒 1000mL、0.45μm 微孔滤膜；

16. 氢氧化钠和盐酸溶液。

四、实验步骤

1. 固化操作

（1）制定固化材料配比，计算并称取每搅拌罐所需物料，投加至混凝土搅拌机中，初次加入设计用水量的 50%～60%后，打开搅拌机工作电源，并边搅拌边缓缓投加剩余水量，调整搅拌刀片顺次、逆次交替搅拌若干次，直至搅拌机中物料均匀混合成可塑性并稍有黏性的半固体后停止。

（2）将物料转移至工作台上后，将 100mm×100mm×100mm 塑料模具中均匀涂满润滑油并垫好贴纸并编号。

(3) 开始往塑料模具填加50%～60%物料，并用铁锨适度捣搅25次以上，再将剩余物料分两次填满剩余空间，并在每次添加后分别戳搅和抹平。

(4) 以同样方法将物料填满φ40mm×80mm自制模具中制成毒性浸出测试固化块，与前100mm×100mm×100mm抗压强度测试固化块一同放置定型等待脱模。

(5) 脱模后的固化块需养护，固化效果受固化龄期的影响，采取脱模后养护3d、10d、14d、28d作龄期的考察点，然后对φ40mm×80mm固化块做浸出性测试。

固化操作的流程如图9-4所示。

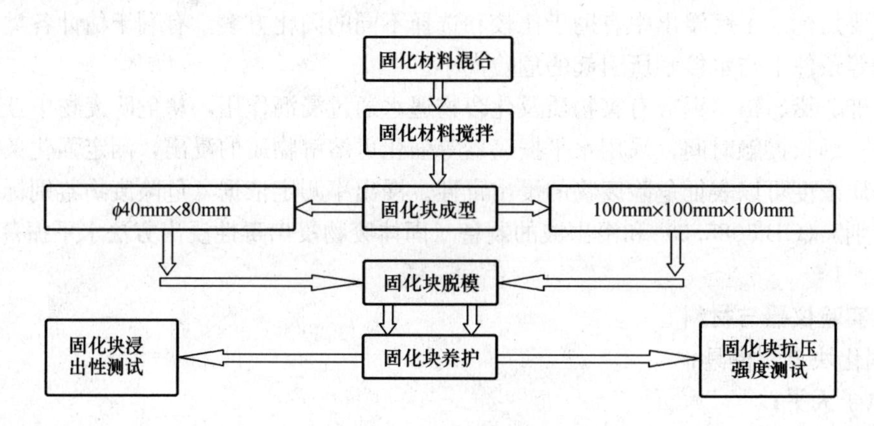

图9-4　固化操作流程图

2. 浸出率测试

(1) 取粉碎的固化体100g（干基）试样（无法采用干基质量的样本则先测水分加以换算），放入2L具塞广口聚乙烯瓶中；

(2) 将蒸馏水用氢氧化钠或盐酸调pH至5.8～6.3，取1L加入前述聚乙烯瓶中；

(3) 盖紧瓶盖后固定于水平振荡机上，室温下振荡8h〔(110±10) r/min，单向振幅20mm〕；

(4) 取下广口瓶静置16h；

(5) 用0.45μm微孔滤膜抽滤（0.035MPa真空度），收集全部滤液即浸出液，供分析用；

(6) 用原子吸收火焰分光光度计测定浸出液的Cd、Cr、Cu、Ni、Pb和Zn浓度；

(7) 取一个2L广口聚乙烯瓶，按照步骤（2）～步骤（6）同时操作，进行空白实验；

(8) 记录分析结果并分析整理。

五、实验结果整理

1. 将实验结果填入表9-3。

表9-3　危险废物固化处理实验记录表

项目	Cd	Cr	Cu	Ni	Pb	Zn
空白浓度（mg/L）						
样本浓度（mg/L）						

2. 评述本实验方法和实验结果。

六、思考题

1. 以单因素实验设计法拟定一个测定不同浸取时间的实验方案。
2. 分析哪些因素会影响危险废物浸出浓度。

第十章　物理性污染控制实验

实验一　声级计的使用及频谱分析实验

一、实验目的

1. 了解声级计的声学原理；

2. 学会使用声级计测量噪声源，加强对噪声频谱概念的理解。

二、实验原理

声压级的定义是：声压与参考声压之比的常用对数乘以 20，单位是 dB（分贝）。其表达式为：

$$L_p = 20\log\frac{p}{p_0} \tag{10-1}$$

式中　L_p——声压级，dB；

p——声压，Pa；

p_0——声压，Pa，它是人耳刚刚可以听到的声音。

声压级只反映声音的强度对人耳的响度感觉的影响，而不能反映声音频率对响度感觉的影响。利用具有一个频率计权网络的声学测量仪器，对声音进行声压级测量，所得到的读数称为计权声压级，简称声级，单位为 dB。声学测量仪器中，模拟人耳的响度感觉特性，一般设置 A、B 和 C 三种计权网络。声压级经 A 计权网络后就得到 A 声级，用 A 声级来评价噪声对语言的干扰，对人们的吵闹程度以及听力损伤等方面都有很好的相关性。另外，A 声级测量简单、快速，还可以与其他评价方法进行换算，所以是使用最广泛的评价尺度之一。

实际测量中，除了被测声源产生噪声外，还有其他噪声存在，这种噪声叫做背景噪声。背景噪声会影响测量的准确性，需要对结果进行修正。粗略的修正方法是：先不开启被测声源测量背景噪声，然后再开启声源测量，若两者之差为 3dB，应在测量值中减去 3dB，才是被测声源的声压级；若两者之差为 4～5dB，减去数应为 2dB；若两者之差为 6～9dB，减去数应为 1dB；当两者之差大于 10dB 时，背景噪声可以忽略。但如果两者之差小于 3dB，那么最好是采取措施降低背景噪声后再测量，否则测量结果无效。

测量环境中风、气流、磁场、振动、温度、湿度等因素都会给测量结果带来影响，应使用防风罩或鼻锥等测量附件来减少影响。

声级计一般都是由传声器单元、放大分析单元、显示仪表单元三大部分组成。

1. 传声器单元。传声器单元由传声器和前置放大器组成。传声器是将声信号转换成电信号的换能器，要求频率范围宽、频率响应平直、失真小、动态范围大、尤其是稳定性要好。前置放大器起阻抗变换作用，要求具有输入阻抗高，输出阻抗低，以便与长延伸电缆连接。

2. 放大分析单元。放大分析单元应具有放大器和频率计权网络等。放大器电路将来自传声器单元的微弱信号进行放大以达到一定幅度，要求有一定的放大量、一定的动态范围、频率范围宽等，并确保放大器在整个测量范围内均不失真地反映输入信号的大小变化，以保证测量的准确性和可靠性。计权网络是用有电网络来模拟人耳的响度感觉特性。国家规定了三条曲线对应不同的响度级，其中 A 计权是模拟人耳对 40 方纯音的响应，B 计权是模拟人耳对 70 方纯音的响应，C 计权是模拟人耳对 100 方纯音的响应。由于 A 计权网络测量的噪声声级值较为接近人耳对噪声的感觉，因此在噪声测量中往往用 A 声级来表示噪声级的大小。有些声级计中还有 D 计权，主要是用于航空噪声的测量。

3. 显示仪表单元。包括检波电路、指示器电路等。检波电路是将来自交流放大器的对应交流信号进行检波，使直流放大器输出对应于被测声级的线性变化的直流电压。检波电路有峰值、平均值和有效值检波电路，声级测量中，用的最多的是有效值检波电路。声级计测量的结果都是在指示器上指示出来，指示器有模拟指示器和数字指示器两种。指示电路还应具有“快”和“慢”时间计权特性。

噪声是由许多频率成分组成的。在很多场合，光知道它的总声级是不够的，还需要知道它的频率成分分布，也就是说要知道它的频谱。一般的噪声分析工作，利用倍频程滤波器已可获得较满意的结果，如果要更精细的对噪声进行分析，可选用 1/3 倍频程滤波器。将滤波器的输入端接到声级计的交流输出端，就可以进行声音的频谱分析。操作滤波器选择相应的中心频率点，声级计上显示就是在此滤波器内通过的噪声级。将每一个倍频程噪声级读数在相应的频率坐标上画出来，就可以得到所分析的噪声的频谱曲线。

本实验测量设备的噪声频谱，测试时需正确选择测点位置。测点的位置与数量一般根据设备外形尺寸按以下原则进行：

（1）外形尺寸长度小于 30cm 的设备，测点距其表面 30cm。

（2）外形尺寸长度为 30100cm 的设备，测点距其表面 50cm。

（3）外形尺寸长度大于 100cm 的设备，测点距其表面 100cm。

（4）特大设备或有危险性的设备，可根据具体情况选择较远位置为测点。

（5）各类型设备噪声的测量，均需按规定距离在设备周围均匀选取测点，测点数目视设备的尺寸大小和发声部位的多少而定，可取 4 个、6 个或 8 个。

（6）对通风机、鼓风机、压缩机等空气动力设备以及内燃机、燃气轮机的进、排风噪声进行测量时，进气噪声测点应在进风口轴向，与管口平面距离不能小于管口直径，也可选在距离管口平面 0.5m 或 1m 的位置；排气噪声测点应取在与排风口轴线成 45°角的方向上，或在管口平面上距离管口中心 0.5m、1m 或 2m 处。

测点的高度以设备高度的一半为准，或者选择在设备水平轴的平面上。测量时，传声器应对准设备表面，并在相应测点上测量背景噪声。

三、实验仪器与材料

1. 噪声频谱分析仪：其性能符合《声级的电、声性能及测试方法》（GB 3785）的要求；

2. 声级校准器。

四、实验步骤

1. 校准声级计：采用声级校准器对声级计校准；

2. 测点选择：选定被测设备，根据实验原理部分给出的原则，确定测点个数及位置。

3. 测量噪声源：打开噪声源，传声器对准声源，分别在 5 个测点在不同频率下 1min 积

分测量 L_{Aeq}；

4. 噪声修正：关闭噪声源测量背景噪声，然后再开启噪声源测量。

五、成果整理

1. 将实验数据记入表10-1。

表10-1　声级计的使用及频谱分析实验数据记录表

背景噪声＿＿＿＿＿＿　　设备噪声＿＿＿＿＿＿

频率/Hz \ L_{Aeq}/dB	31.5	63	125	250	500	1K	2K	4K	8K
测点1									
测点2									
测点3									
测点4									
测点5									

（1）当各测点间的最大值与最小值之差小于等于5dB时，取算术平均值：

$$\overline{L_P}=\frac{L_{p1}+L_{p2}+,\cdots,L_{pm}}{n}$$

（2）当各测点间最大值与最小值之差大于5dB时，取对数平均值。其平均公式推导如下：

$$\overline{L_p}=20\log\frac{\bar{p}}{p_0}=20\log\frac{\sqrt{(p_1^2+p_2^2+,\cdots,p_n^2)/n}}{p_0}$$

$$=10\log\left(\frac{(p_1^2+p_2^2+,\cdots,p_n^2)}{np_0^2}\right)$$

$$=10\log\left(\log^{-1}\frac{L_{p1}}{10}+\log^{-1}\frac{L_{p2}}{10}+\log^{-1}\frac{L_{p3}}{10}+,\cdots,+\log^{-1}\frac{L_n}{10}\right)-10\log n$$

2. 画出频谱图。

六、思考题

1. 为何要测试背景噪声？

2. 根据所作的频谱图，做出频谱分析。

实验二　城市道路交通噪声测量实验

一、实验目的

1. 加深对道路交通噪声特征的理解；

2. 掌握等效连续声级及累计百分数声级的概念；

3. 掌握道路交通噪声的评价指标与评价方法。

二、实验原理

交通噪声是城市环境噪声的主要噪声源。等效连续A声级又称等能量A计权声级，它等效于在相同的时间T内与不稳定噪声能量相等的连续稳定噪声的A声级。在同样的采样时间间隔下测量时，测量时段内的等效连续A声级可通过以下表达式计算：

$$L_{\mathrm{Aeq}} = 10\lg\left[\frac{1}{T}\sum_{i=1}^{N} 10^{0.1L_{\mathrm{A}i}}\tau_i\right] \tag{10-2}$$

式中　L_{Aeq}——等效连续声级，dB；

T——总的测量时段，s；

$L_{\mathrm{A}i}$——第 i 个 A 计权声级，dB；

τ_i——采样间隔时间，s；

N——测试数据个数。

道路交通噪声除了可采用等效连续 A 声级来评价外，还可以采用累计百分声级来评价噪声的变化。在规定测量时间内，有 $N\%$时间的 A 计权声级超过某一噪声级，该噪声级就称为累计百分声级，用 L_{N}表示，单位为 dB。累计百分声级用来表示随时间起伏的无规则噪声的声级分布特性，最常用的是 L_{10}、L_{50}、L_{90}。

L_{10}——在测量时间内，有 10%时间的噪声级超过比值，相当于峰值噪声级。

L_{50}——在测量时间内，有 50%时间的噪声级超过比值，相当于中值噪声级。

L_{90}——在测量时间内，有 90%时间的噪声级超过比值，相当于底值噪声级。

如果数据采集是按等时间间隔进行的，则 L_{N}也表示有 $N\%$的数据超过的噪声级。一般 L_{N}和 L_{Aeq}之间有如下近似关系：

$$L_{\mathrm{Aeq}}(\mathrm{dB}) \approx L_{50} + \frac{(L_{10} - L_{90})^2}{60} \tag{10-3}$$

道路交通噪声测量的测点应选在两路口之间道路边的人行道上，离车行道的路沿 20cm 处，此处与路口的距离应大于 50m，这样该测点的噪声可以代表两路口间的该段道路交通噪声。

本实验要在规定的测量时间段内，在各测点取样测量 20min 的等效连续 A 声级 L_{Aeq}以及累计百分声级 L_{10}、L_{50}、L_{90}，同时记录车流量（辆/h）。

三、实验要求与材料

1. 积分式声级计：测量精度为 2 型以上，其性能符合《声级的电、声性能及测试方法》(GB 3785）的要求。

2. 声级校准器。

四、实验步骤

1. 测点选择：选定某一交通干线作为测量路段，测点选在两路口之间道路边的人行道上，离车行道的路沿 20cm 处，此处与路口的距离应大于 50m。

2. 采用声级校准器对测量仪器进行校准，并记录校准值。

3. 设定积分测量时间为 20min。

4. 开始积分测量，同时，等时间间隔（选取 5 秒），人工读取各时间间隔内 A 声级，连续测量 200 个数据（在测量开始时同时进行车辆种类、车流量计数）。待仪器连续进行 20min 积分测量完毕，记录积分 L_{eq}，关闭电源开关。

五、成果整理

1. 将测量数据排列并标出 L_{10}、L_{50}、L_{90}的值，计算 L_{eq}值。即，将测量得到的 200 个 A 声级数据按从大到小的顺序排列，读出第 20 个、第 100 个、第 180 个数据的声级值，它们依次分别为累计百分声级 L_{10}、L_{50}、L_{90}，再按公式 10-3 计算得到 L_{eq}。实验结果填入表

10-2。

表 10-2　城市道路交通噪声测量实验记录表

测量点	仪器积分 L_{Aeq}（dB）	计算 L_{Aeq}（dB）	L_{10}（dB）	L_{50}（dB）	L_{90}（dB）	车流量/（辆·h^{-1}）	
						大型车	小型车

2. 以时间为横坐标（单位：秒，以 5 秒为间隔），A 声压级为纵坐标（单位：dB），做时间～声压级的变化曲线。

【注意事项】

1. 测量应选在无雨、无雪的天气下进行，噪声计应保持传声器膜片清洁，风力在三级以上必须加风罩（以避免风噪声干扰），风速达到 5m/s 以上时停止测量。

2. 手持仪器测量，传声器距离地面 1.2m（或以上），并尽可能避开周围的反射物（离反射物至少 3.5m）。

3. 要求测量前后仪器校准偏差不大于 2dB。

六、思考题

1. 对测试路段、环境状况（周围的建筑、树木、草坪分布情况）、测试时段车流量、车流特征等进行简单描述（大车、小车出现情况、其他干扰情况），并根据测量及计算结果分析噪声达标情况。

2. 分析等效声级与累计百分声级之间的关系，说明 L_{10}、L_{50}、L_{90} 分表代表的声级的意义。验证仪器积分 L_{Aeq} 与计算 L_{Aeq} 的符合程度。

实验三　驻波管法之驻波比法测量吸声系数实验

一、实验目的

1. 加深对垂直入射吸声系数的理解；

2. 驻波管法之驻波比法测量吸声系数的方法。

二、实验原理

在驻波管中传播平面波的频率范围内，声波入射到管中，再从试件表面反射回来，入射波和反射波叠加后在管中形成驻波。由此形成沿驻波管长度方向声压极大值与极小值的交替分布。用试件的反射系数 r 来表示声压极大值与极小值，可写成：

$$p_{max} = p_0(1+|r|) \tag{10-4}$$

$$p_{min} = p_0(1-|r|) \tag{10-5}$$

根据吸声系数的定义，吸声系数与反射系数的关系可写成：

$$\alpha_0 = 1-|r|^2 \tag{10-6}$$

驻波管中吸声系数的测量包括驻波比法和传递函数法，本实验采用驻波比法。

定义驻波比 S 为：

$$S = \frac{|p_{min}|}{|p_{max}|} \tag{10-7}$$

吸声系数可用驻波比表示为：

$$\alpha_0 = \frac{4s}{(1+s)^2} \tag{10-8}$$

因此，只要确定声压极大和极小的比值，即可计算出吸声系数。如果实际测得的是声压级的极大值和极小值，设两者之差为 L_p，则根据声压和声压级之间的关系，可由下式计算吸声系数：

$$\alpha_0 = \frac{4 \times 10^{(L_p/20)}}{(1+10^{(L_p/20)})^2} \tag{10-9}$$

典型的驻波管法测量系统如图 10-1 所示。其主要部分为驻波管（内壁坚硬光滑、截面均匀的管子），一端安装测试材料样品，另一端为扬声器。其工作原理为：平面声波传播到材料表面时被反射回来，这样入射波与反射波在管中叠加而形成驻波声场。从材料表面位置开始，驻波管中出现了声压极大值与极小值的交替分布。利用可移动的探管传声器接收管中的驻波声场的声压，即可通过测试仪器测出声压极小值与极大值之比（即驻波比），或声压极大值与极小值之差 L_p，根据式（10-8）或式（10-9）即可计算出所测材料的垂直入射吸声系数。

三、实验仪器与材料

1. AWA6122 型智能电子声测试仪；
2. AWA6122A 驻波管测试软件；
3. 待测吸声材料。

测量系统如图 10-1 所示。

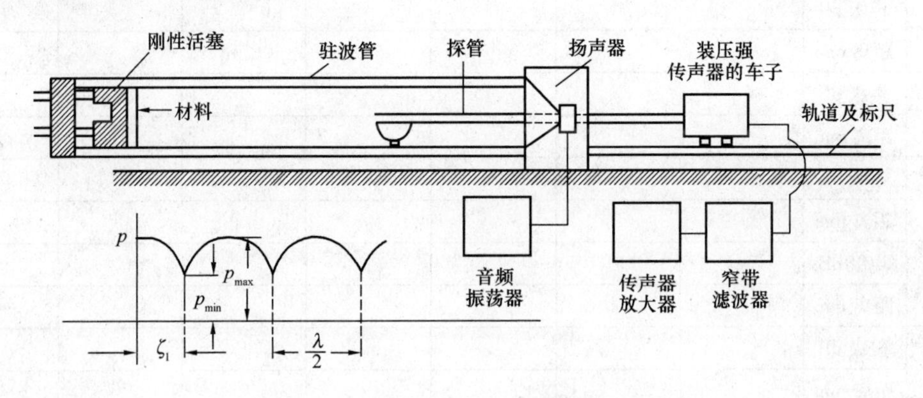

图 10-1　驻波管结构及测量装置示意图

四、实验步骤

1. 将固定驻波管的滑块移到最远处。安装好吸声材料，调整单频信号发生器的频率及输出，以得到适宜的音量。

2. 移动仪器屏幕上的光标，到所要测量的频率第一个峰值处，缓慢移动固定驻波管的滑块，同时读取光标位置显示的声压级，将滑块停在声压级为一个极大值的位置，此位置即为峰值位置，输入此时滑块所在位置的刻度。

3. 移动仪器屏幕上的光标，到所要测量的频率第一个谷值处，缓慢移动固定驻波管的滑块，同时读取光标位置显示的声压级，将滑块停在声压级为一个极小值的位置，此位置即为谷值位置，输入此时滑块所在位置的刻度。

4. 移动仪器屏幕上的光标，到所要测量频率的第二个峰值位置、第二个谷值位置，或到所要测量的第三个峰值位置、第三个谷值位置，重复步骤 2 与步骤 3 操作。可以测量到第二个峰谷值和第三个峰谷值。

5. 重复步骤1至步骤4操作，可以测量到各个频率点的声压级峰谷值。

【注意事项】

1. 测过数据后，光标不要返回，驻波管的瞬时数据会覆盖原有记录数据。

2. 为避免扬声器密封不严造成的测量误差，标尺首尾数据不要记录。

五、成果整理

1. 将实验结果填入表10-3。

表10-3　被测材料____实验记录表

频率		1		2		3		吸声系数
		峰	谷	峰	谷	峰	谷	
31.5Hz	声级 dB							
	距离 mm							
63Hz	声级 dB							
	距离 mm							
125Hz	声级 dB							
	距离 mm							
250Hz	声级 dB							
	距离 mm							
500Hz	声级 dB							
	距离 mm							
1kHz	声级 dB							
	距离 mm							
2kHz	声级 dB							
	距离 mm							
4kHz	声级 dB							
	距离 mm							
8kHz	声级 dB							
	距离 mm							

2. 计算材料的平均吸声系数，并做出材料吸声系数频率特性曲线。

六、思考题

1. 比较不同种类吸声材料的吸声原理有何不同？

2. 吸声系数的测量除了驻波管法外，还有什么方法？

实验四　阻抗管法之传递函数法测量材料吸声系数实验

一、实验目的

1. 掌握用阻抗管法测量吸声材料吸声系数、声阻抗率的原理及操作方法；

2. 了解AWA8551阻抗管的结构原理及功能；

3. 掌握1/3OCT分析软件、FFT分析软件、传递函数吸声系数测量软件的程序。

二、实验原理

本实验采用传递函数法测量材料的法向入射吸声系数。测试样品装在一支平直、刚性、气密的阻抗管的一端。管中的平面声波由（无规噪声、伪随机序列噪声或线性调频脉冲）声源产生。在靠近样品的两个位置上测量声压，求得两个传声器信号的声传递函数，由此计算试件的法向入射吸声系数和声阻抗率。是较之驻波比法更为快捷的测量方法。

上述这些量都是作为频率的函数确定的。频率分辨率取决于采样频率和数字频率分析系统的测量记录长度。有用的频率范围与阻抗管的横向尺寸或直径及两个传声器之间的间距有关。用不同尺寸或直径和间距作组合，可得到宽的测量频率范围。采用双传声器法测量。

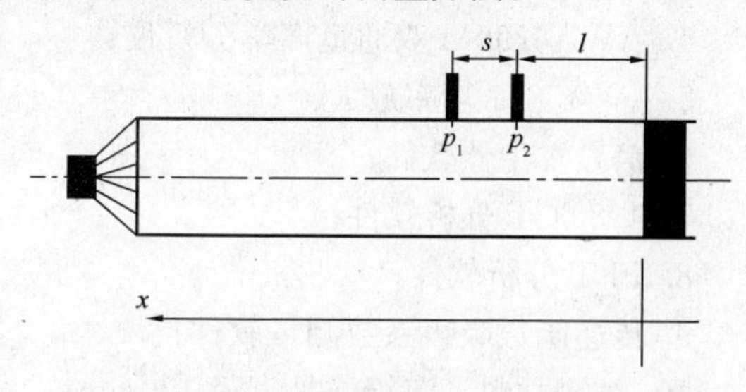

图 10-2　阻抗管测量原理示意图

其原理是：将宽带稳态随机信号分解成入射波 p_i 和反射波 p_r，p_i和 p_r 大小由安装在管上的两个传声器测得的声压决定，如图 10-2 所示。其中 s 为双传声器的间距，l 为传声器 2 至基准面（测量表面）的距离。入射波声压和反射波声压分别可写为：

$$p_i = P_I e^{jk_0 x}$$

$$p_r = P_R e^{-jk_0 x}$$

式中　P_I——基准面上 p_i的幅值；

P_R——基准面上 p_r的幅值；

$k_0 = k'_0 - jk''_0$——复波数。

两个传声器位置处的声压分别为：

$$p_1 = P_I e^{jk_0(s+l)} + P_R e^{-jk_0(s+l)} \tag{10-10-1}$$

$$p_2 = P_I e^{jk_0 l} + P_R e^{-jk_0 l} \tag{10-10-2}$$

入射波的传递函数 H_i 为：

$$H_i = \frac{p_{2i}}{p_{1i}} = e^{-jk_0 s}$$

反射波的传递函数 H_r 为：

$$H_r = \frac{p_{2r}}{p_{1r}} = e^{jk_0 s}$$

总声场的的传递函数 H_{12} 可由 p_1、p_2 获得，并有 $P_R = rP_I$，其中 r 是法向反射系数

$$H_{12} = \frac{p_2}{p_1} = \frac{e^{jk_0 l} + re^{-jk_0 l}}{e^{jk_0(s+l)} + re^{-jk_0(s+l)}} \tag{10-11}$$

使用 H_i、H_r 改写上式

$$r = \frac{H_{12} - H_i}{H_r - H_{12}} e^{zjk_0(s+l)} \tag{10-12}$$

法向反射系数 r 可通过测得的传递函数、距离 s、l 和波数 k_0 确定。因此，法向入射吸声系数 α 和阻抗率 z 分别为：

$$\alpha = 1 - |r|^2 \tag{10-13}$$

$$z = \frac{1+r}{1-r}\rho c_0 \tag{10-14}$$

式中 ρc_0——空气的特性阻抗。

三、实验仪器与材料

1. AWA8551 阻抗管；
2. 1/4″测量传声器一对；
3. AWA14614E 前置放大器；
4. AWA6290M 双通道声学分析仪；
5. AWA5871 功率放大器；
6. 信号发生器软件；
7. 1/3OCT 分析软件；
8. FFT 分析软件；
9. 传递函数吸声系数测量软件；
10. 被测材料：海绵样品直径 100mm；
11. 电脑；
12. AWA6223 声级校准器。

测量系统如图 10-3 所示。

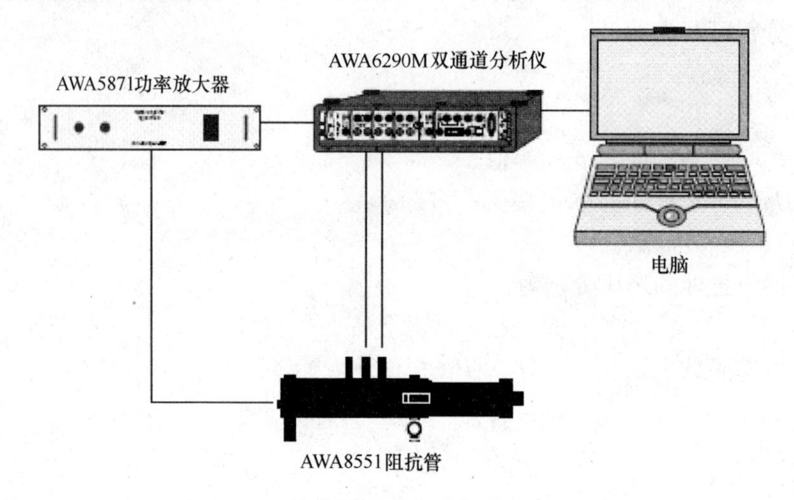

图 10-3 阻抗管测量吸声系数系统连接示意图

四、实验步骤

1. 准备工作

（1）连接硬件

① AWA6290M 的信号发生器端口通过 BNC 线与 AWA5871 的“Input”端口相连；

② AWA5871 的“Output”端口（功率放大）通过功放线与阻抗管的扬声器相连；

③ AWA6290M 的信号采集通道 1 通过 BNC 线与传声器 1 相连；AWA6290M 的信号采集通道 2 通过 BNC 线与传声器 2 相连；

④ AWA6290B/AWA6290M 的 USB 口通过 USB 线与计算机相连。

（2）对两个传声器进行校准，校准设备采用 AWA6223 校准器。同时记录下当前的室温和气压（这两个参数要输入到软件中，作为声速的计算参数）；

（3）打开计算机上信号发生器软件，单通道 0，白噪声发声。为了提高信噪比，建议白噪声各频率点的声压值比对应的本底高 30dB，调节 AWA5871 功率放大器增益按钮，调节白噪声声压，一般调到总值为 130dB 左右就可以满足信噪比要求（AWA5871 功放的指针指向 7V）。测量前扬声器至少先工作 10min，以使工作状态稳定。

2. 测量

（1）打开 AWA6290 型信号分析软件。

（2）AWA6290 型信号分析软件硬件属性设置：

① 硬件属性设置：选中通道 1 或者通道 2，并设置如下：

前置供电：根据传声器类型选择，10mA，量程：10 硬件耦合：AC（10Hz 高通），高通滤波：单选框选中。

② 传感器设置：在软件主菜单，选择插入 1/3OCT 分析软件，连续操作两次并点击软件“Start”按钮，数据开始采集。

校准传声器 1：鼠标点到设备下的通道 1，打开声校准器并发声，调整传声器灵敏度级，使得 1kHz 上的声压幅值调到约 93.8dB，即光标 X 为 1000.0Hz，光标 Y 为 93.8dB。

校准传声器 2：鼠标点到设备下的通道 2，打开声校准器并发声，调整传声器灵敏度级，使得 1kHz 上的声压幅值调到约 93.8dB，即光标 X 为 1000.0Hz，光标 Y 为 93.8dB。

校准完毕，将两个传声器安装到阻抗管的指定位置（通道 1 的传声器安装到靠近声源位置，通道 2 的传声器安装到靠近被测材料端）。

（3）插入吸声系数测量软件

点击软件菜单栏下的“Stop”按钮，停止软件数据采集。在主菜单上选择“插入”——“吸声系数测量”，并点击主工具图标栏“Start”按钮，启动软件采集数据。

（4）吸声系数测量基本属性设置

点击软件左边属性栏的“吸声系数测量－1”，设置如下：

通道号：G12

平均次数：500 次（建议值，可以修改）

输入通道号：0（默认不可以修改）

输出通道号：1（默认不可以修改）

测量模式：交换通道法

校准因素：如果选择“交换通道法”，这个选项就没有意义：

传声器间距：根据传声器安装位置来确定，有 20mm、40mm、80mm、70mm、140mm 和自定义

数据重叠率：0、50、75 和 87.5。根据计算机处理速度，性能好的建议选择 87.5

温度：通过声校准器 AWA6223 或者其他测温设备测得，并填入：

大气压强：通过声校准器 AWA6223 或者其他测压设备测得，并填入。（该属性设置需要在启动吸声系数测量之前设置好）。

（5）传递函数 1 测量

首先打开多功能音频信号发声器，单通道，信号选择为“白噪声”，信号衰减为 0，在保证信号总值很大的情况下，可以不设置“均衡器设置”。调节 AWA5871 功率放大器，使得软件 1/3OCT 的噪声总值为 130dB（推荐值），再设置吸声测量参数，然后点击吸声系数分析窗下的“Start”按钮，开始第一次传递函数测量。第一次传递函数测量完毕后，弹出

对话框，提示用户交换两个传声器的位置。

（6）传递函数2测量

上述步骤（5）测量完毕，（先点击“确定”），继续点击“Start”，开始测量传递函数2，测完后，软件自动提示，依次点击确定，得到传递函数结果界面。

（7）结果分析

测量结果显示设置在软件左边“显示属性”——“显示方式”（分为“传递函数”、“声反射因素”、“吸声系数”、“声导纳率”和“声阻抗率”）、“横坐标”（分别为“线性显示”和“对数显示”）。

（8）数据比较和合并

点击吸声系数窗下的 Save 按钮，保存本次测量结果。重复上述步骤（5）～步骤（7），得到下一组测量结果，然后点击 Save 按钮，保存第二组测量结果。保存两组后，吸声系数窗下看到两条曲线，分别为两个样本的吸声系数。如果点击左边属性栏的“合并样品记录”，并在后面的单选框选择打勾，则合并成功，若要显示合并的结果，则在“显示记录结果”后面打勾。

（9）数据保存。

五、成果整理

Save 保存当前测量结果值，包括传递函数、吸声系数、反射因素、声导纳率和声阻抗率。

Save 保存当前测量结果的传递函数到硬盘，用作数据对比。

Copy 复制当前窗口的数据，保存时需要打开excel文件，然后鼠标右键，选择粘贴。

Copy 复制当前窗口的图形，保存时需要打开excel文件，然后鼠标右键，选择粘贴。

Save 保存当前测量结果到内存，用于数据对比保存合并后的数据。

Save 保存合并后的数据。

六、思考题

这种方法测量的吸声系数和混响室法测量的吸声系数有什么区别？各有什么优缺点？

实验五　混响室法吸声材料无规入射吸声系数的测量实验

一、实验目的

1. 理解混响时间的概念；

2. 掌握混响室法测量材料的无规入射吸声系数的方法。

二、实验原理

声源在封闭空间启动后，就产生混响声，而在声源停止发声后，室内空间的混响声逐渐衰减，声压级衰减60dB的时间定义为混响时间。当房间的体积确定后，混响时间的长短与房间内的吸声能力有关。根据这一关系，吸声材料或物体的无规入射吸声系数就可以通过在混响室内的混响时间的测量来进行。

在混响室中未安装吸声材料前，空室时总的吸声量 A_1 表示为：

$$A_1 = \frac{55.3V}{c_1 T_{60-1}} + 4m_1 V \tag{10-15}$$

在安装了面积为 S 的吸声材料后，总的吸声量 A_2 可表示为：

$$A_2 = \frac{55.3V}{c_2 T_{60-2}} + 4m_2 V \tag{10-16}$$

式中　A_1、A_2——空室时和安装材料后室内总的吸声量，m^2；

T_{60-1}、T_{60-2}——安装材料前后混响室的混响时间，s；

V——混响室体积，m^3；

c_1、c_2——安装材料前后测量时的声速，m/s；

m_1、m_2——安装材料前后室内空气吸收衰减系数。

如果两次测量的时间间隔比较短或室内温度及湿度相差较小，可近似认为 $c_2=c_1=c$，$m_2=m_1$。由此计算出被测试件的无规入射吸声系数 α_s 为（其中 S 为被测试件面积，m^2）：

$$\alpha_s = \frac{55.3V}{cS}\left(\frac{1}{T_2} - \frac{1}{T_1}\right) \tag{10-17}$$

式中　c——空气中声速（m/s），$c=331.5+0.5t$（t：空气温度℃）其余符号同前。

三、实验仪器与材料

1. AWA6290A 型多通道噪声与振动频谱分析仪；

2. AWA 吸声系数测量软件包；

3. 十二面发声体；

4. 混响室：应具有光滑坚硬的内壁，其无规入射吸声系数应尽量小，壁面常用瓷砖、水磨石、大理石等材料。混响室要具有良好的隔声和隔振性能。按标准要求，混响室体积应大于 $200m^3$。

四、实验步骤

1. 安装测试系统，测试空室混响时间。

2. 将测试传声器放置在第一个测点，打开信号源并调整到所需测试的频率范围，调整功率放大器使得在室内获得足够声级。

3. 在室内建立稳态声场所需的时间大致与室内的混响时间接近。选择测量系统工具栏中的录音功能，系统会自动在录音结束后关闭声源。然后选择混响时间，系统会自动显示室内声压级衰减过程，得到衰减曲线并由此确定混响时间。

4. 多次重复以上第 3 步过程，获得同一测点的多次混响时间测量结果。

5. 改变信号源频率，重复第 2～4 步过程，获得不同测点在不同频率下的混响时间。

6. 将各测点在不同频率下各次测得的混响时间进行算术平均，作为各频带空室的平均混响时间 T_1。

7. 将被测试件安装到混响室中，重复以上第 2～6 步过程，得到装入材料后的各频带的平均混响时间 T_2。

8. 根据混响室体积和测试件面积，计算无规入射吸声系数。

五、成果整理

1. 空室状态下：$T_{60-1}=$＿＿＿＿；

2. 放入吸声材料，将实验结果填入表 10-4。

表 10-4　混响室法吸声材料无规入射吸声系数的测量实验记录表

频率	平均混响时间（s）				算术平均值
	A点	B点	C点	D点	
125Hz					
250Hz					
500Hz					
1kHz					
2kHz					
4kHz					

注：表中 A、B、C、D 代表混响室中四处不同地点。

3. 计算吸声系数

吸声系数计算结果填入表 10-5。

表 10-5　吸声系数计算结果表

频率（Hz）	125	250	500	1000	2000	4000
吸声系数						

4. 实验截图

声衰减曲线，混响时间频率特性曲线，吸声系数频率特性曲线。

六、思考题

1. 比较扩散声场、直达声场与混响声场三者的区别。
2. 简述本实验中室内声衰减的过程。

实验六　射频电磁辐射测量实验

一、实验目的

1. 了解射频电磁场按照辐射频率的划分及按照辐射区域的划分；
2. 掌握射频电磁辐射的测量方法。

二、实验原理

射频辐射场的频率范围从 3kHz～300GHz，在上述频率范围内电磁能量可以向周围空间辐射。射频电磁场可以按照辐射频率划分，具体见表 10-6。

表 10-6　射频电磁场按照辐射频率划分表

频率范围	波长范围	频段名称	波段名称
3～30kHz	100～10km	甚低频（VLF）	超长波
30～300kHz	10～1km	低频（LF）	长波
0.3～3MHz	1～0.1km	中频（MF）	中波
3～30MHz	100～10m	高频（HF）	短波
30～300MHz	10～1m	甚高频（VHF）	超短波（米波）
0.3～3GHz	1～0.1m	超高频（UHF）	分米波
3～30GHz	10～1cm	特高频（SHF）	厘米波
30～300GHz	10～1mm	极高频（EHF）	毫米波

射频电磁场也可以按照辐射区域划分为近区场和远区场。由于远场和近场的划分相对复杂，要具体根据不同的工作环境和测量目的进行划分。一般而言，以场源为中心，在三个波长范围内的区域，通常称为近区场，也可称为感应场；在以场源为中心，半径为三个波长之外的空间范围称为远区场，也可称为辐射场。

近区场的特点：近区场内，电场强度与磁场强度的大小没有确定的比例关系。一般情况下，对于电压高、电流小的场源（如发射天线、馈线等），电场要比磁场强得多；对于电压低、电流大的场源（如某些感应加热设备的模具），磁场要比电场大得多。近区场的电磁场强度比远区场大得多。近区场的电磁场强度随距离的变化比较快，在此空间内的不均匀度较大。

远区场的特点：在远区场中，所有的电磁能量基本上均以电磁波形式辐射传播，这种场辐射强度的衰减要比感应场慢得多。电场与磁场的运行方向互相垂直，并都垂直于电磁波的传播方向。远区场为弱场，其电磁场强度均较小。

在远区场可引入功率密度矢量，电场矢量、磁场矢量、功率密度矢量三者方向互相垂直，功率密度矢量的方向为电磁波传播方向，在数值上，有如下关系：

$$s=\frac{E^2}{Z} \tag{10-18}$$

$$E=ZH \tag{10-19}$$

式中　s——功率密度，W/m^2；

E——电场强度，V/m；

Z——自由空间的阻抗，取值 377Ω；

H——磁场强度，A/m。

本实验选取一电视发射塔，对发射塔附近电磁辐射进行监测。

三、实验仪器与材料

电磁辐射仪 1 台。

四、实验步骤

1. 远场辐射强度测量

1GHz 以下远场辐射强度的测量，可用远区场强仪，也可用干扰场强仪。首先按指导教师的指导及仪器使用说明学会仪器的操作，然后按拟定的布点方案进行测试，并记录实验数据。

2. 150kHz～30MHz 辐射场强的测量方法

（1）环境条件：环境温度 10～40℃，相对湿度<80%。测量应在无雨、无雪、无浓雾，风力不大于三级的情况下进行。无关人员应远离测量仪器 3m 以外。

（2）测量时间：由于本测量频段主要为中波广播频段，因此测量应在广播电台工作时间，对于每一个测点，一般在上午、下午及晚上分频率各测量一次，条件允许时，可连续测量数天。

（3）由于广播电台发射天线在水平内辐射通常是各向同性的，因此仅测量环境条件（地形、建筑物分布等）差别比较大的几个方向即可。对于定向发射天线，可在最大辐射方向选点。

3. 30～30MHz（VHF 频段）辐射场强的测量方法

（1）仪器准备：按技术要求说明书的要求安装仪器，调节对称振子天线的长度等于被测频率的半波长，按照测量要求架设天线高度和极化方向，使天线最大接收方向对准来波方向，并使用配套的电缆连接至主机上。对主机进行预热，若使用机内直流电源，应先检查电源电压是否正常，按顺序对主机进行调零、频率调谐、主机增益校准等调试工作。

（2）测量内容：通常电视和调频广播共用一个广播发射塔，测量内容上应包括：各频道电视广播（包括图像信号和声音信号）的水平极化波场强和垂直极化波场强。各种频率调频广播辐射的水平极化波场强和垂直极化波场强。

五、成果整理

1. 将实验数据记入表 10-7。

表 10-7　射频电磁辐射测量实验记录表

测点序号	距离（m）	E_y（kV/m）	E_x（kV/m）	H_y（A/m）	H_x（A/m）	备注
1						
2						
3						
…						

2. 对数据进行处理，对实验结果进行分析。

六、思考题

1. 常见的射频电磁辐射源有哪些？如何进行测量？
2. 请通过上网检索，比较中美两国射频电磁辐射标准的差异。

第四篇　创新与拓展篇

第十一章　综合拓展性实验

实验教学是抽象思维与形象思维相结合的桥梁，是培养学生直觉能力、创造思维、探索未知的最有效途径之一。“创新精神和实践能力的培养”是高校培养人才的重点，传统的验证性、演示性实验教学在帮助学生加深对基本理论知识的理解，培养学生的动手能力与基本实验技能方面，起到了有效的作用，但不利于充分发挥学生的能动性及主动性。因此，在开设验证性、演示性基础实验的同时还应开设一部分注重培养学生思维、观察及分析能力的综合拓展性实验。通过综合拓展实验，进一步提高学生的实验技能，培养学生综合解决问题的能力，挖掘学生潜在的创新意识，使实验教学紧密结合当下的科研技术水平，达到培养创新人才的目的。

由于各个院校的特色定位不同、发展情况有差异，综合拓展性实验项目的开设也不尽相同，综合拓展实验的开设可根据环境科技发展的方向、本院校已有的基础实验条件、科研能力以及当地的资源等条件进行。综合拓展性实验的操作形式也是多种多样的。如：既可以是教师根据本实验室的条件或自身的科研项目拟定题目及主要的实验内容及方法，学生查找相关文献，弄清实验原理，编写实验步骤进行实验并完成实验报告的形式；也可以是兴趣小组根据已学过的理论知识及具备的实验技能自选题目，自己组织素材，查找相关文献，在本科生导师或实验指导老师的指导下完成；既可以是分班分批集中进行，也可以是业余时间单独进行。

一、实验总体目标

使学生在加深对基本概念及原理理解、掌握各种指标的检测方法和基本实验手段的基础上，针对不同的污染源、污染物及处理要求，选择不同的工艺组合形式，设计综合实验。通过综合拓展性实验，学会查找相关文献资料，了解当前的先进技术及处理现状；学会实验方案的设计、组织及安排；熟悉多种处理工艺流程的运行和操作过程以及各种设备、材料、仪器、仪表及自动化控制系统；了解多种处理工艺的处理效果；提高对实验结果的综合分析能力。

二、实验思路及方法

1. 提出问题：根据所学的专业理论知识及污染现状，提出欲研究探讨的问题。此过程，需要学生通过查找相关文献资料，了解本专业领域的研究现状及发展方向，并与实验指导教师取得沟通后确定。

2. 实验设计：针对污染种类及处理要求，并结合本校实验平台条件，提出可行的处理工艺方案。实验设计时要根据实验目的、污染种类及污染物情况、实验平台条件、自身能力等，综合各方面因素来选择合适的处理工艺方案，并选取所需要的实验装置及材料。

3. 实验准备：包括确定测试指标及测试方法，准备测试仪器、测试试剂、测试材料等，实验工艺装置的连接及调试，人员分工等。

4. 进行实验：根据设计的实验方案进行实验。实验过程中，要认真观察实验现象，按时取样进行测试，并认真详细记录实验数据及出现的问题等情况，及时分析处理。

三、成果整理

1. 记录实验数据及实验现象，整理实验各个阶段出现的问题及解决措施。

2. 按要求编制完成实验报告。实验报告应包括以下内容：

（1）实验的目的及意义；

（2）实验工艺原理；

（3）实验仪器及材料；

（4）实验方法；

（5）实验结果与讨论；

（6）参考文献。

第一节　水处理综合设计性实验

示例一　混凝沉淀影响因素实验

一、实验目的与意义

混凝过程是水处理中最基本也是极为重要的处理过程，混凝沉淀与其他物理化学方法相比具有出水水质好、工艺运行稳定可靠、经济实用、操作简便等优点。影响混凝沉淀效果的因素有很多，包括：混凝剂的种类和用量、混凝剂的投加方法、搅拌强度和反应时间、水温、水的pH值和碱度、水中悬浮粒子的性质和含量、水中溶解性有机物的成分与含量等，各因素之间也会产生相互影响，因此，采用正交实验法对混凝沉淀影响因素进行探讨对工程设计及生产运行具有指导意义。通过本实验，可达到以下目的：

1. 了解混凝沉淀的主要影响因素；

2. 学会正交实验方案设计方法；

3. 探讨影响因素的主次关系及较佳运行条件。

二、实验工艺原理

混凝沉淀法是向污水投加药剂，进行污水与药剂的混合，从而使水中的胶体物质产生凝聚或絮凝，经沉淀后去除污染物的水处理方法。

混凝沉淀处理流程包括混合、反应及沉淀分离三部分。

（1）混合：混合的作用是通过药剂在污水中发生水解并产生异电荷胶体，然后与水中胶体和悬浮物接触使其脱稳形成细小的絮凝体。混合过程大约在10～30s内完成。

（2）反应：混合后，水中已经产生细小絮体，但还未达到自然沉降的粒度，反应阶段的作用就是使细小絮体逐渐絮凝成大絮体以便于沉淀。

（3）沉淀分离：废水经过混合、反应后，完成絮凝过程，进入沉淀阶段进行泥水分离。

三、实验仪器与材料

1. 混凝搅拌机；

2. 浊度仪（或分光光度计）；

3. COD 快速测定仪及所需化学药剂；

4. pH 计；

5. 烧杯、量筒、移液管等；

6. 混凝剂($FeCl_3$、$Al_2(SO_4)_3$、PAC、PFS、PAM 等)、HCl、NaOH 等。

四、实验方法

1. 获取或配制实验水样，配制混凝剂溶液及所需化学药剂；

2. 确定实验研究的主要因素（如原水浓度、混凝剂种类、混凝剂用量、pH 等）；

3. 根据单因素实验及文献确定每个因素的水平；

4. 选定正交表，列出实验方案；

5. 按实验方案进行实验；

6. 自主设计实验。

方案参考：改变实验水质或废水种类，模拟实际工程的混凝搅拌强度等参数重复实验。

五、成果整理

1. 整理实验结果，用多因素的正交实验直观分析法进行分析，对实验结果进行讨论。

2. 按要求编制实验研究报告。

【相关基础储备】

1. 掌握混凝沉淀机理等相关理论知识；

2. 掌握多因素的正交实验设计及直观分析法；

3. 掌握混凝沉淀实验技能；

4. 掌握 COD 值、pH 值、浊度的测试方法。

示例二　活性污泥法处理工业废水实验

一、实验目的与意义

活性污泥法是向废水中连续通入空气，经一定时间后因好氧性微生物繁殖而形成的污泥状絮凝物，其上栖息着以菌胶团为主的微生物群，具有很强的吸附与氧化有机物的能力。活性污泥法是发展历史久长、应用广泛的污水处理方法。由于工业废水的成分更复杂，有机物浓度高，可生化性差，有些还有毒性，给活性污泥法处理造成干扰，使污水处理效率降低。因此，采用活性污泥法对工业废水进行实验研究，获得实验参数对实际工程设计及运行具有重要意义。通过本实验可达到以下目的：

1. 了解和掌握活性污泥的生长规律及培养驯化的方法。

2. 了解和掌握污水水质的评价指标（水质指标）及其测定方法。

3. 掌握生物处理系统的运行条件、监测项目、管理方法。

二、实验工艺原理

活性污泥法是利用活性污泥中的好氧细菌及其原生动物对污水中的有机物进行吸附、氧化、分解，最终将有机物变成二氧化碳和水的方法。其过程由物理化学作用和生物化学作用来完成。物理化学作用是利用活性污泥对有机物的吸附能力使污水得到净化，吸附作用进行得十分迅速，一般在 10～30min 即可完成。生物化学作用是在有氧的条件下进行，好氧细菌借助其分泌的体外酶，将污水中的胶体性有机物分解为溶解性有机物，连同污水中原有的溶解性有机物渗透过好氧细菌的细胞膜进入其细胞内部，然后通过细菌的生物活动，将有机物氧化、分解并合成新细胞，最后在细菌体内酶的作用下，使有机物分解成二氧化碳和水。此过程称为氧化阶段。

另外，物理化学作用和生物化学作用同时进行。当吸附阶段活性污泥的吸附力达到饱和后，就会失去活性。但通过氧化阶段，所吸附和吸收的大量有机物被氧化分解，活性污泥又将重新呈现活性，恢复它的吸附氧化能力。

三、实验仪器与材料

1. 曝气筒；
2. 多参数水质分析仪及相关药剂；
3. 显微镜；
4. 营养物质：葡萄糖、硫酸铵、磷酸氢二钠；
5. 量筒、烧杯等；
6. 城市污水或生活污水污泥菌种；
7. 工业废水（如制革废水或印染废水）。

四、实验方法

1. 活性污泥的培养

(1) 取城市污水或生活污水及污泥菌种；

(2) 为加快菌种培养速度，根据废水中营养物的配比关系计算葡萄糖、硫酸铵、磷酸氢二钠的量，以使废水中的COD_{Cr}达1000mg/L左右；

(3) 将污水盛入曝气筒中至淹没叶轮上约20mm，并加入少许污泥；

(4) 加入营养物，连接好曝气头和曝气设备并把曝气头放入曝气筒中，进行连续曝气。每天早晚观察、监测水样各一次，包括：水温、pH值、溶解氧、沉降比等，同时可通过显微镜观察微生物相；

(5) 经过连续曝气几天后，污水中就会出现模糊状的活性污泥绒粒，在显微镜下可看到一些菌胶团，曝气筒混合液经30分钟沉淀后，澄清液仍较浑浊，此时要进行换水；

(6) 换水时，先停止曝气，使混合液静置沉淀1～1.5小时后放出上清液约占混合液部体积的60%～70%。然后往曝气筒中投加新生活污水和营养物。以后每天换一次水，方法同上。当混合液30分钟沉降比达到15%～30%，培菌结束。

2. 驯化

培菌结束后，针对工业废水（制革废水或印染废水）要进行驯化。开始时，可加入10%的工业废水，达到较好的处理效果后再继续增加工业废水占比，每次增加的百分比以进水流量的10%～20%为宜。以此比例逐渐增加，直至满负荷为止。

3. 活性污泥法处理工业废水

在第2部分内容基础上用制革废水或印染废水进行实验。

(1) 将曝气筒混合液，静止30分种，倾去上清液（约为总体积的2/3)；

(2) 取剩余污水若干，测pH值、COD_{Cr}、氨氮；

(3) 将曝气筒中加入同体积的工业废水（制革废水、印染废水)；

(4) 分别取加入前的原废水和加入废水后的混合废水若干，沉淀30分钟，及在好氧-缺氧过程的水样测定其pH值、COD_{Cr}、氨氮、TP。

4. 自主设计实验

方案参考：改变进水水质、进水流量、曝气强度等参数重复实验。

五、成果整理

1. 记录整理活性污泥培养及驯化过程实验结果；
2. 文字描述活性污泥生物相；
3. 根据实验结果分析评价活性污泥法处理实验废水能力；
4. 按要求编制实验研究报告。

【相关基础储备】

1. 活性污泥培养及驯化方法；
2. 活性污泥的微生物组成及生长规律；
3. 显微镜的使用；
4. 活性污泥降解有机物的过程等相关理论知识；
5. pH 值、COD_{Cr}、氨氮、TP 的测试方法。

示例三　SBR 法处理污水实验

一、实验目的与意义

SBR 是序批式活性污泥法的简称，是一种按间歇曝气方式来运行的活性污泥污水处理技术。SBR 法具有生化反应推动力增大、效率提高；池内厌氧、好氧处于交替状态，脱氮除磷效果好，可有效控制活性污泥膨胀；运行效果稳定，耐冲击负荷、处理能力强；运行方式灵活，处理设备少，构造简单，便于操作和维护管理；工艺流程简单、造价低、占地面积省等优点。因此，SBR 法得到广泛应用，如：中小城镇生活污水和厂矿企业的工业废水，尤其是间歇排放和流量变化较大的地方；风景游览区、湖泊和港湾等需要较高出水水质的地方；水资源紧缺的地方（SBR 系统可在生物处理后进行物化处理，不需要增加设施，便于水的回收利用）；用地紧张的地方；对已建连续流污水处理厂的改造等领域。因此，掌握 SBR 法处理污水技术很有必要。

通过本实验将达到以下目的：

1. 了解 SBR 实验装置的基本构造；
2. 了解活性污泥的培菌和驯化的过程；
3. 了解 SBR 的运行周期；
4. 观察活性污泥生物相，学会采集工艺设计参数（如：溶解氧、COD 浓度的变化等）；
5. 学会 SBR 法处理污水的工艺操作。

二、实验工艺原理

SBR 技术集均化、初沉、生物降解、二沉等功能于一池，无污泥回流系统。在 SBR 反应器内预先培养驯化一定量的活性污泥，当废水进入反应器与活性污泥混合接触并有氧存在时，微生物利用废水中的有机物进行新陈代谢，将有机物降解并同时使微生物细胞增殖，通过静置沉淀进行泥水分离，废水即得到净化。其处理过程主要由初期的去除与吸附作用、微生物的代谢作用、絮凝体的形成与絮凝沉淀性能几个净化过程完成。

SBR 工艺的一个完整的操作过程包括如下 5 个阶段：①进水期；②反应期；③沉淀期；④排水排泥期；⑤闲置期。SBR 的运行工况以间歇操作为特征，其中自进水、反应、沉淀、排水排泥至闲置期结束为一个运行周期。在一个运行周期中，各个阶段的运行时间、反应器内混合液体积的变化及运行状态等都可以根据具体污水的性质、出水水质及运行功能要求等灵活掌握。

三、实验仪器与材料

1. SBR 实验装置；
2. COD 测定仪；
3. 取样管；
4. pH 计；
5. 溶解氧测定仪。

四、实验方法

1. 准备水样。
2. 活性污泥的培养、驯化，具体方法参见活性污泥的培养与驯化实验。
3. 运行 SBR 实验装置

（1）进水期：采用限量曝气的短时间进水方式（进水时也可不曝气）；

（2）反应期：开始曝气，使活性污泥处于悬浮状态，曝气时间 3h。当反应器内污泥均匀分布时，取一定的水样测定活性污泥浓度；

（3）沉淀期：停止曝气，静置 1h；

（4）排水排泥期：利用滗水器排水到反应器约 1/2 处，用排泥管排出适量污泥，用时 0.5h；

（5）闲置期：0.5h。

4. 反应时间对 DO 值及 COD 去除的影响

短时间进水以后开始计时，每隔 0.5h 测一次水样 COD 值和 DO 值，并分析反应时间对 COD 去除的影响规律。

5. 曝气量对 COD 去除的影响

在曝气阶段采用不同的曝气量，测试一个周期完成后实验装置出水的 COD 值，分析曝气量对污水处理效果的影响。

6. 出水水质指标检测：包括 pH 值、COD 值、悬浮物（SS）
7. 观察活性污泥生物相：在闲置期取少量剩余污泥制成涂片，在显微镜下观察活性污泥生物相。
8. 自主设计实验

方案参考：改变进水水质、曝气量、反应时间等参数重复实验。

五、成果整理

1. 绘制溶解氧浓度与反应时间之间的变化关系曲线；
2. 绘制反应时间与 COD 值去除率或者出水浓度的关系曲线；
3. 绘制曝气量与 COD 值去除率或者出水浓度的关系曲线；
4. 计算反应器的污泥负荷和容积负荷；
5. 文字描述活性污泥生物相；
6. 按要求编制实验研究报告。

【相关基础储备】

1. SBR 法处理废水的原理、方法等相关知识。

2. 活性污泥的培养和驯化、活性污泥的微生物组成及生长规律等相关知识。

3. COD 值、pH 值、溶解氧、悬浮物（SS）的测试方法。

示例四　氧化沟工艺实验

一、实验目的与意义

氧化沟污水处理工艺是一种典型的活性污泥法处理工艺，被广泛应用于城市及城镇污水的二级处理中，Carrousel 氧化沟是其中很重要的一种形式。通过本实验将达到以下目的：

1. 了解氧化沟的形式，特别是 Carrousel 氧化沟污水处理厂主流程的运行状态；
2. 就某种污水进行动态试验，以确定工艺参数和处理水的水质；
3. 掌握运用氧化沟去除 BOD_5 及生物脱氮的工艺方法。

二、实验工艺原理

本实验采用 Carrousel 氧化沟处理工艺。工艺流程如图 11-1 所示。

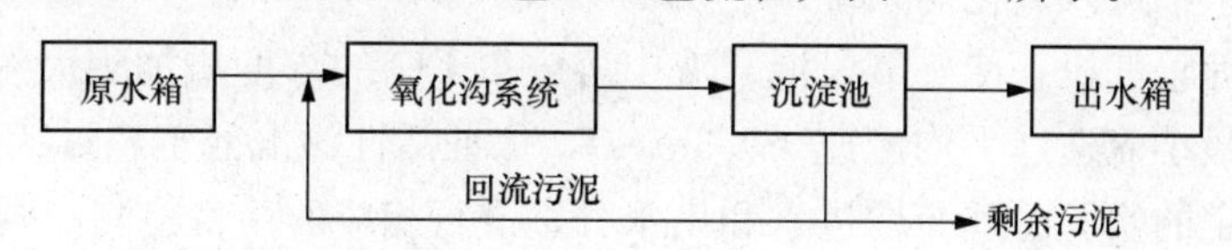

图 11-1　Carrousel 氧化沟工艺流程示意图

Carrousel 氧化沟使用定向控制的曝气和搅动装置，向混合液传递水平速度，从而使被搅动的混合液在氧化沟闭合渠道内循环流动。因此氧化沟具有特殊的水力学流态，既有完全混合式反应器的特点，又有推流式反应器的特点，沟内存在明显的溶解氧浓度梯度，形成厌氧区、好氧区、缺氧区交替运行的状态。

污水与回流污泥一起进入氧化沟系统，表面曝气机使混合液中溶解氧的浓度增加到大约 2～3mg/L，此时，混合液处于有氧状态，微生物得到足够的溶解氧来降解有机物，同时，氨也被氧化成硝酸盐和亚硝酸盐。在曝气机下游，水流由曝气区的湍流状态变成之后的平流状态，水流维持在最小流速，保证活性污泥处于悬浮状态（平均流速＞0.3m/s）。因为微生物的氧化过程消耗了水中溶解氧，因此，混合液呈缺氧及厌氧状态，经过缺氧区的反硝化作用，混合液进入有氧区，进一步去除 BOD、脱氮和除磷，完成一次循环，达到同时去除 BOD、COD 和脱氮除磷的效果。

三、实验仪器与材料

1. Carrousel 氧化沟实验装置；
2. COD 快速测定仪与化学药品；
3. 氨氮、总氮测定仪与化学药品；
4. DO 仪；
5. 测定污泥浓度的仪器与化学药品；
6. 原水箱（配水泵）；
7. 出水箱；
8. 活性污泥种源；
9. 活性污泥培养液；
10. 实验污水。

四、实验方法

1. 按照工艺流程图正确连接各单体构筑物、管件及管线，并进行检验。

2. 确定测试方案，包括 DO 浓度、进水流量、反应时间、进水和出水的检测项目和方法等。

3. 活性污泥的培养与驯化：将活性污泥种源 1～2L 直接倒入氧化沟反应器中，将每日所需的活性污泥培养液倒入进水箱，每日添加。开启机械曝气器，调节曝气强度，用 DO 仪来测定并决定曝气强度的大小。打开进水泵的控制开关，调节进水流量计的流量至 10～20L/h 左右。在上述条件基础上，连续培养若干天，当 SV 达到 15%～30%时，活性污泥培养完毕。

4. 进行实验

（1）对原水水质进行检测，初步设定运行参数；

（2）废水经水泵进入氧化沟系统；

（3）开启表面曝气机，使好氧段混合液中溶解氧 DO 的浓度增加到大约 2～3mg/L；缺氧段水流维持在最小流速（平均流速>0.3m/s），保证活性污泥处于悬浮状态；

（4）经过一定的实验时间，取进水和出水分别进行相应的项目检测，判断实验效果。

5. 自主设计实验

方案参考：（1）改变进水水质、进水流量、反应时间等参数重复实验。

（2）优化 DO 控制条件。

五、成果整理

1. 将实验结果用图表形式整理完成，对实验结果进行讨论；

2. 按要求编制实验研究报告。

【相关基础储备】

1. 氧化沟工艺技术的相关理论基础；

2. COD、氨氮、总氮、DO 测定方法与仪器使用；

3. 活性污泥的培养与驯化方法。

示例五　UASB＋接触氧化工艺处理高浓度有机废水实验

一、实验目的与意义

工业的迅速发展，造成水体的污染也日趋广泛和严重。由于工业废水的成分更复杂，有些还有毒性，因此，工业废水处理比城市污水处理更困难也更重要。高浓度有机废水的特点是有机物浓度高，而 BOD 有时较低、成分复杂（含有芳香族化合物和杂环化合物、硫化物、氮化物、重金属等有毒性物质）、色度高、有异味、具有强酸强碱性等。UASB（Upflow Anaerobic Sludge Blanket）是目前国内外对高浓度有机废水处理广泛采用的处理装置，生物接触氧化法也是工业废水处理的常用可靠的处理工艺。

通过本实验，可达到以下目的：

1. 了解高浓度有机废水的特点、处理难点；

2. 熟悉 UASB 及接触氧化处理构筑物的结构及操作；

3. 了解工艺流程的运行及管理。

二、实验工艺原理

本实验采用UASB＋接触氧化工艺处理高浓度有机废水。工艺流程如图11-2所示。

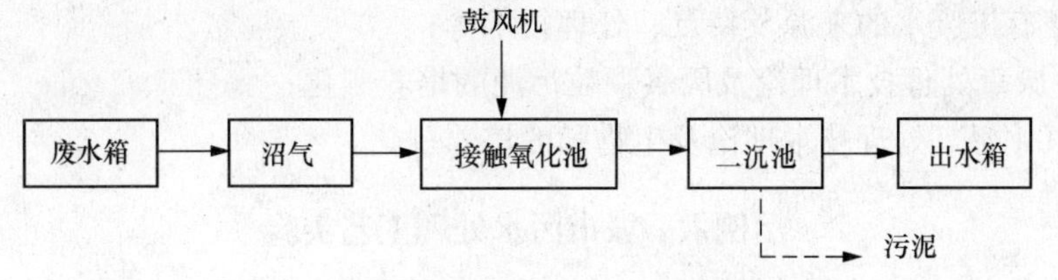

图11-2　UASB＋接触氧化工艺流程示意图

废水经污水泵提升至UASB厌氧罐，废水经底部穿孔管配水系统分配后，废水以一定流速自下向上流动以及厌氧过程产生的大量沼气的搅拌作用，废水与厌氧污泥充分混合，有机质被污泥吸附及厌氧微生物降解；所产沼气经由UASB上部三相分离器的集气室排出，含有悬浮污泥的废水进入三相分离器的沉降区，沉淀性能良好的污泥经沉降面返回反应器主体部分，含有少量较轻污泥的废水从反应器上部排出。UASB出水进入生物接触氧化池，生物接触氧化池内设置填料，将其作为生物膜的载体，由鼓风机供气，待处理的废水经充氧后以一定流速流经填料，与生物膜接触，生物膜与悬浮的活性污泥共同作用，达到净化废水的作用。生化后进入二沉池进行泥水分离。

三、实验仪器与材料

1. UASB实验装置；

2. 接触氧化实验装置：包括填料、鼓风曝气系统等；

3. 原水箱（配水泵）；

4. 出水箱；

5. 辐流式沉淀池；

6. COD测试仪与化学试剂；

7. 实验废水。

四、实验方法

1. UASB实验装置的启动及参数确定。

（1）颗粒污泥驯化；

（2）确定参数（停留时间、温度、污泥负荷等）。

2. 根据UASB实验装置的出水水质情况确定接触氧化实验装置参数（停留时间、鼓风量、污泥负荷等）。

3. 按照实验工艺流程图正确连接各单体构筑物、管件及管线，并进行检验。

4. 进行工艺实验：根据确定的运行参数进行实验，运行正常后，分别取原水、接触氧化实验装置的进口水样及出水分别进行测试CODcr。

5. 自主设计实验。

方案参考：（1）改变UASB实验装置的停留时间、污泥负荷等重复实验；

（2）改变接触氧化实验装置的鼓风量、停留时间等重复实验。

五、成果整理

1. 将实验结果用图表形式整理完成，对实验结果进行讨论。

2. 按要求编制实验研究报告。

【相关基础储备】

1. 高浓度有机废水的来源及特点、处理技术等；

2. UASB 厌氧处理技术理论及厌氧颗粒污泥的培养驯化；

3. 接触氧化好氧处理技术理论及生物膜的培养驯化。

示例六　城市污水处理工艺实验

一、实验目的与意义

厌氧、缺氧、好氧（A^2/O）工艺是污水除磷、脱氮技术的主流工艺，是典型的城市污水处理工艺之一。同常规活性污泥法相比，它能在生物降解 BOD 的同时去除氮和磷，这对于防止水体富营养化的加剧具有重要的意义。通过实验希望达到以下目的：

1. 加深理解 A^2/O 工艺降解有机物、脱氮除磷的原理；

2. 了解 A^2/O 工艺的组成，运行操作要点；

3. 确定去除率高、能量省的运行参数，指导生产运行。

二、实验工艺原理

A^2/O 处理工艺是英文 Anaerobic-Anoxic-Oxic 第一个字母的简称（厌氧-缺氧-好氧法），是一种常用的污水处理工艺，具有良好的脱氮除磷效果。各反应单元功能如下：

（1）厌氧反应器：原污水与从沉淀池排出的含磷回流污泥同步进入，回流污泥中的聚磷菌释放磷，并吸收低级脂肪酸等易降解的有机物，同时对部分有机物进行氨化；

（2）缺氧反应器：首要功能是脱氮，反硝化细菌利用污水中的有机物作为碳源，将内回流混合液带入的硝基氮和亚硝基氮通过反硝化作用转为氮气，从而达到脱氮的目的，并使 BOD 继续下降；

（3）好氧反应器：主要是去除 BOD、硝化和吸收磷，在充足供氧条件下，有机物进一步氧化分解，氨氮被硝化菌转化为硝基氮，而在厌氧池中充分释磷的聚磷菌则可以在好氧池中过量吸收磷，形成高磷污泥，通过剩余污泥排出以达到除磷的目的；

（4）沉淀池：功能是泥水分离，污泥一部分回流至厌氧反应器，剩余污泥排走。上清液为处理出水。

其工艺特点是：A^2/O 工艺在去除有机污染物的同时，能够实现脱氮除磷效果，其在系统上可以说是最简单的同步脱氮除磷工艺，总水力停留时间少于其他同类工艺，且反应流程上厌氧、缺氧、好氧交替运行，不利于丝状菌生长，污泥膨胀较少发生，生物除磷过程运行中无需投药，运行费用低，且污泥中含磷浓度高，具有较高的肥效，是实现污水回用和资源化的有效途径。

其工艺流程如图 11-3 所示。

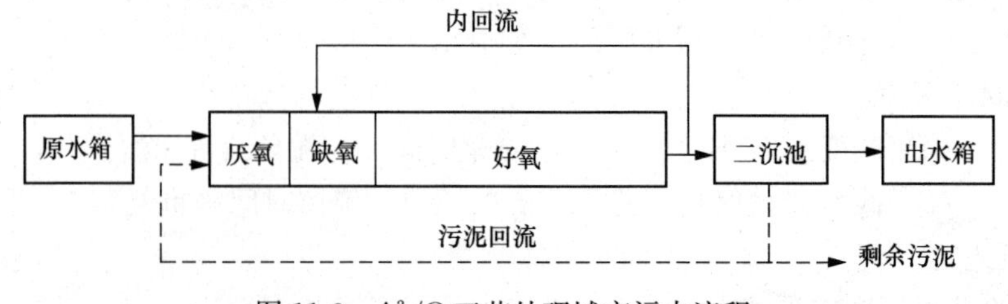

图 11-3　A^2/O 工艺处理城市污水流程

三、实验仪器与材料

1. A^2/O 工艺实验装置：包括厌氧反应器、缺氧反应器、好氧反应器、沉淀池、原水箱、出水箱、小型进水蠕动泵、进水流量计、静音充氧泵、气体流量计、厌氧缺氧搅拌器、可控硅无板搅拌调速器、污泥回流蠕动泵、污泥回流流量计、混合液回流蠕动泵、混合液回流流量计、控制箱等；

2. COD 快速测定仪与所需化学药剂；

3. 测试氨氮、总氮所需仪器与化学药剂；

4. 测试总磷所需仪器与化学药剂；

5. 溶解氧测试仪；

6. pH 仪；

7. 城市污水水样等。

四、实验方法

1. 确定测试指标及测试方法，包括 CODcr、氨氮、总氮、总磷等。

2. 按测试方法准备实验仪器、化学药剂及其他所需物品。

3. 检查工艺流程各单体构筑物、管件及管线，保证流程处于完好状态，学会正确操作。

4. 活性污泥的培养与驯化：如果是首次实验系统，需进行活性污泥的培养与驯化，具体方法见活性污泥的培养与驯化实验。如果是连续实验，本环节可省略。

5. 进行实验

(1) 初步确定运行参数：一般厌氧池 DO 在 0.2mg/L 以下，缺氧池 DO 在 0.5mg/L 以下，而好氧池 DO 在 2.0mg/L 左右；污泥混合液的 pH 值大于 7；SRT 为 8～15d，混合液回流比 300%～400%，污泥回流比 60%～100%。

(2) 废水经水泵进入 A^2/O 工艺系统，按设定的运行参数进行调试运行。

(3) 经过一段时间，取进水和出水分别进行相应的项目检测，判断实验效果。

6. 自主设计实验

方案参考：变更进水水质、混合液回流比、污泥回流比、HRT 等参数重复实验。

五、成果整理

1. 将实验结果用图表形式整理完成，对实验结果进行讨论；

2. 按要求编制实验研究报告。

【相关基础储备】

1. 城市污水的特点、处理难点、常用的处理工艺等理论；

2. A^2O 工艺技术理论；

3. 活性污泥的培养与驯化方法。

示例七　印染废水回用处理实验

一、实验目的与意义

印染行业是我国重点污染行业之一。印染废水一直以排放量大、处理难度高而成为废水治理工艺研究的重点和难点。随着我国经济的飞速发展，水资源紧缺已成为制约我国印染行业进一步发展的限制因素。因此，印染废水的资源化回用对实现印染行业的可持续发展具有重要意义。本实验采用高级氧化＋膜处理技术对印染厂二级处理出水进行实验。

通过本实验希望达到以下目的：

1. 了解印染废水的特点、回用处理难点，以及工业废水回用的重要性；
2. 了解高级氧化技术去除污染物的原理及方法；
3. 了解膜处理技术去除污染物的原理及方法；
4. 学会高级氧化＋膜处理技术对印染厂二级处理出水进行回用处理的实验方法。

二、实验工艺原理

印染废水具有水量大、有机污染物含量高、碱性大、水质变化大等特点，属难处理的工业废水之一，废水中含有染料、浆料、助剂、油剂、酸碱、纤维杂质、砂类物质、无机盐等。印染废水处理的最突出问题是色度和难降解有机物的去除问题。主要处理方法有生化法、物化法及几种方法的联合使用。

印染废水经过生化或物化二级处理后，出水中的悬浮物、CODcr 得到有效去除，但还达不到回用要求，必须进行进一步处理。本实验采用高级氧化＋膜分离工艺对印染厂生化处理尾水进行实验。高级氧化法采用臭氧氧化法或 Fenton 法；膜分离法采用超滤＋纳滤。其原理如下：

(1) 臭氧氧化法：臭氧是良好的氧化剂，不仅能氧化水中的无机物，如 Mn^{2+}、Fe^{3+}、CN^- 等，而且能氧化难以生物降解的有机物，如芳烃化合物等。臭氧化反应的途径有两条：一是臭氧通过亲核或亲电作用直接参与反应；二是臭氧在碱等因素作用下，通过活泼的自由基（主要有 ·OH）与印染废水中的污染物反应。臭氧能与许多有机物或官能团发生反应：C=C、C≡C，芳香化合物、杂环化合物、碳环化合物、=NN、=S、C≡N、C−N、C−Si、−OH、−SH、−NH、−CHO、−N=N−等。研究表明，臭氧化产物主要是一元醛、二元醛、醛酸、一元羧酸、二元羧酸类有机小分子。

(2) Fenton 法：Fenton 试剂法是以过氧化氢为氧化剂、以亚铁盐为催化剂的化学氧化法。Fenton 试剂法可用于处理难生物降解的有机废水和染料废水的脱色，对处理含烷基苯磺酸盐、酚类、表面活性剂、水溶性高分子的废水特别有效。具体反应过程如下：

在含有 Fe^{2+} 的酸性溶液中投加过氧化氢时，会发生下列反应：

$$Fe^{2+} + H_2O_2 \longrightarrow Fe^{3+} + \cdot OH + OH^-$$

$$Fe^{3+} + H_2O_2 \longrightarrow Fe^{2+} + \cdot HO_2 + H^+$$

$$Fe^{2+} + \cdot OH \longrightarrow Fe^{3+} + OH^-$$

$$Fe^{3+} + \cdot HO_2 \longrightarrow Fe^{2+} + \cdot O_2 + H^+$$

$$\cdot OH + H_2O_2 \longrightarrow H_2O + \cdot HO_2$$

$$\cdot HO_2 \longrightarrow O_2^- + H^+$$

$$O_2^- + H_2O_2 \longrightarrow O_2 + \cdot OH + OH^-$$

在 Fe^{2+} 的催化作用下，过氧化氢能够产生两种活泼的羟基自由基，从而引发和传递自由基链式反应，加快有机物和还原剂物质的氧化。

(3) 膜处理法：膜处理是在某种推动力的作用下，利用特定膜的透过选择性分离水中离子、分子和杂质的技术。超滤（UF）和纳滤（NF）以压力为推动力的处理技术。膜处理法几乎可完全脱除原水中的悬浮物、一般的细菌、病毒、大肠杆菌等，且可脱色，出水水质优良。

三、实验仪器与材料

1. 臭氧氧化装置：包括臭氧发生器、反应柱、原水箱、出水箱、小型进水蠕动泵、进水流量计、气体流量计等；

2. 膜处理装置：包括超滤膜组件、纳滤膜组件、增压水泵、流量计等；

3. COD 快速测定仪与所需化学药剂；

4. pH 仪；

5. 电导率仪；

6. 比色管；

7. 印染废水二级出水水样等。

四、实验方法

1. 确定测试指标及测试方法，包括 CODcr、色度、电导率等。

2. 按测试方法准备实验仪器、化学药剂及其他所需物品。

3. 臭氧氧化参数的确定。

（1）臭氧氧化时间：在固定臭氧量及其他条件的情况下，在不同时间取样并测试。

（2）臭氧量：在固定臭氧时间及其他条件情况下，通入不同量的臭氧，取样测试。

4. 根据确定的臭氧氧化参数进行氧化实验，出水进入超滤及纳滤处理，分别取超滤出水及纳滤出水进行测试。

5. 自主设计实验

方案参考：

（1）用正交实验设计法确定臭氧氧化参数。

（2）将上述臭氧氧化换成 Fenton 法氧化，并确定氧化参数（如：反应时间、亚铁离子与过氧化氢的配比、Fenton 试剂的投加量等）。

（3）臭氧氧化法＋膜分离的组合实验。

（4）Fenton 法＋膜分离的组合实验。

五、成果整理

1. 将实验结果用图表形式整理完成，对实验结果进行讨论。

2. 按要求编制实验研究报告。

【相关基础储备】

1. 印染废水特点、回用处理难点及处理技术等相关知识；

2. 高级氧化技术理论；

3. 膜分离技术理论；

4. CODcr、色度、电导率的测试方法。

第二节　大气综合设计性实验

示例一　室内空气质量监测治理实验

一、实验目的与意义

室内空气污染对人体健康的影响最为显著，与大气环境相比又有其特殊性。室内空气污染监测是评价居住环境的一项重要工作。

本实验选择刚装修完和装修已久的不同房间，或者在一个刚装修完房间的不同通风条件下，进行采样分析。通过本实验应达到以下目的：

1. 认识室内空气污染物的种类及危害；

2. 掌握空气中甲醛、二氧化氮、可吸入颗粒物（PM_{10}）等监测分析方法。

3. 提高对室内空气中污染物的综合分析能力和对室内空气污染的治理能力。

二、实验工艺原理

根据《室内空气质量标准》（GB/T 18883）中的规定，甲醛（HCHO）测定选择《公共场所中甲醛测定方法》（GB/T 18204.26）酚试剂分光光度法或室内空气甲醛快速测定法；二氧化氮（NO_2）测定选择《环境空气二氧化氮的测定》（GB/T 15435）盐酸萘乙二胺分光光度法；可吸入颗粒物（PM_{10}）测定可选择《室内空气中可吸入颗粒物卫生标准》（GB/T 17095）重量法。

按照《室内空气质量标准》（GBT 18883）附录 A 中“室内空气监测技术导则”要求，在房间内布点，甲醛和二氧化氮测定取 1 小时均值；可吸入颗粒物 PM_{10} 测定取日平均浓度。

三、实验仪器与材料

1. 空气中的甲醛浓度测试仪器与材料参见本书第四章第二节实验六。

2. 空气中的二氧化氮浓度测试仪器与材料参见本书第四章第二节实验二。

3. 空气中的可吸入颗粒物（PM_{10}）浓度测试仪器与材料参见《环境空气 PM_{10} 和 $PM_{2.5}$ 的测定重量法》（HJ 618—2011）。

四、实验方法

1. 根据“室内空气质量标准（GB/T 18883）”和《环境空气 PM_{10} 和 $PM_{2.5}$ 的测定重量法》（HJ 618—2011）准备测试仪器及材料，配制化学试剂。

2. 根据“室内空气质量标准（GB/T 18883）”附录 A 中“室内空气监测技术导则”要求，在房间内布设 3 个点。

3. 根据“室内空气质量标准（GB/T 18883）”规定的技术方法监测室内空气中的甲醛、二氧化氮浓度，根据《环境空气 PM_{10} 和 $PM_{2.5}$ 的测定重量法》（HJ 618—2011）监测可吸入颗粒物（PM_{10}）浓度。

4. 将采集样品按照标准方法进行分析，将分析结果与“室内空气质量标准（GBT 18883）”进行对照，指出室内主要污染源和主要污染物，并提出可行性治理方案。

5. 自主设计实验

方案参考：（1）增加或改变测试项目，如：$PM_{2.5}$，苯系物等。

（2）改变测试地点等。

五、成果整理

1. 整理实验结果，对实验结果进行分析，提出可行性治理方案。

2. 按要求编制实验研究报告。

【相关基础储备】

1. 室内空气污染及危害等相关知识；

2. 室内空气质量标准（GB/T 18883）《环境空气 PM_{10} 和 $PM_{2.5}$ 的测定重量法》（HJ 618—2011）及相关要求。

示例二　催化转化法去除汽车尾气中的氮氧化物实验

一、实验目的与意义

汽车尾气中的碳氢化合物和氮氧化合物在阳光作用下发生化学反应，生成臭氧，它和大气中的其他成分结合形成光化学烟雾，其对人体的影响远大于氮氧化物和碳氢化合物，因此，氮氧化物是汽车尾气中的主要污染物。随着汽车保有量的持续增长，国际上排放法规的日趋严格，而其中最有效易行的就是发动机外催化转化法。通过本实验，将达到以下目的：

1. 深入了解该研究领域，了解汽车尾气中 NO_x 的去除方法及原理；

2. 学会氮氧化物分析仪的测试操作；

3. 掌握发动机外催化转化法的实验方法与技能。

二、实验工艺原理

发动机外催化转化法去除汽车尾气中的氮氧化物，是通过在尾气排放管上安装的催化转化器将 NO_x 转化为无害的氮气（N_2），采用催化剂对汽车尾气进行治理的催化反应器技术。

本实验以钢瓶气为气源，以高纯氮气为平衡气，模拟汽车尾气一氧化氮（NO）和氧气（O_2）浓度设定其流量，在多个温度下，通过测量催化剂反应器进出口气流中 NO_x 的浓度，评价催化剂（Ag/Al_2O_3）对 NO_x 的去除效率。

$$NO_x\ 去除效率（\%）=（入口浓度-出口浓度）/入口浓度\times 100\%$$

通过改变气体总流量改变反应的空速（气体量与催化剂样品量之比），通过调节 NO 的进气量改变其入口浓度，通过钢瓶气加入二氧化硫（SO_2），评价催化剂在不同空速、不同 NO 入口浓度及毒剂 SO_2 存在条件下的活性。

三、实验仪器与材料

（1）汽车尾气后处理实验系统；

（2）氮氧化物分析仪；

（3）实验用高压钢瓶气 N_2、NO、O_2、丙烯（C_3H_6）、SO_2；

（4）Ag/Al_2O_3 催化剂样品。

四、实验方法

1. 称取催化剂样品约 500mg 填装于反应器中，调节流量计设置各气体流量，使总流量约为 350mL/min，NO 浓度约为 2000ppm，O_2 约为 5%，C_3H_6 约为 1000ppm，先测量不经催化转化的 NO_x 的浓度，即入口浓度，再在反应器不同温度（在 150℃～550℃内取几个点）下，测量经催化转化后的出口 NO_x 浓度，对催化剂活性进行评价；

2. 在催化剂活性最高的两个温度下，通过改变总气量改变反应空速，测定催化剂的活性；

3. 在催化剂活性最高的两个温度下，通过改变 NO 的流量改变其入口浓度，测定催化剂对 NO_x 的去除效率；

4. 在催化剂活性最高的两个温度下，通入不同浓度的 SO_2，测定催化剂的活性；

5. 自主设计实验

方案参考：改变催化剂类型或采用正交实验设计完成实验。

五、成果整理

1. 整理实验结果；

2. 绘制去除效率-温度、去除效率-空速、去除效率-NO入口浓度或去除效率-SO_2浓度图；

3. 计算最佳条件下催化剂的活性；

4. 对实验中测定条件下的催化剂去除氮氧化物的性能进行评价；

5. 按要求编制实验研究报告。

【相关基础储备】

1. 汽车尾气的成分及危害等相关知识；

2. 氮氧化物的测试技术；

3. 催化转化法净化汽车尾气的技术理论。

示例三　活性炭吸附净化废气实验

一、实验目的与意义

吸附法广泛应用于中低浓度废气治理，不仅可以较彻底地净化废气，而且在不使用深冷、高压等手段下，可以有效地回收有价值的组分。活性炭作为吸附剂具有吸附效率高、能力强、能够同时处理多种混合废气、活性炭吸附装置具有构造紧凑、占地面积小、维护管理简单方便、运转成本低、易于实现自动化控制等优点而被广泛应用。

通过本实验将达到以下目的：

1. 深入理解吸附法净化有害气体的原理和特点。

2. 掌握活性炭吸附法的工艺流程和吸附装置的特点。

3. 掌握主要仪器设备的安装与使用，学会工艺实验的操作。

二、实验工艺原理

吸附是利用多孔性固体吸附剂将气体混合物中的一种或几种组分被浓集于固体表面，而与其他组分分离的过程。根据吸附剂与吸附质间的吸附作用力的性质不同，吸附过程分可为物理吸附与化学吸附。物理吸附是由于气相吸附质的分子与吸附剂的表面分子间存在的范德华力所引起的，它是一个可逆过程；化学吸附是由于吸附质分子与吸附剂表面的分子发生化学反应而引起的，是不可逆的。

活性炭吸附气体中的污染物是基于其巨大的比表面积和较高的物理吸附性能，是可逆过程，在一定温度和压力下达到吸附平衡，而在高温减压下被吸附的气体组分又被解吸出来，使活性炭得到再生而被重复使用。

三、实验仪器与材料

1. 活性炭吸附柱；

2. 模拟废气发生系统（SO_2钢瓶、气体流量计、气泵、混合缓冲器等）；

3. 尾气处理装置；

4. SO_2测定仪等。

四、实验方法

1. 实验

称取一定量的活性炭装填到吸附柱内，通过旁路系统预配SO_2浓度（体积分数约200～400×10^{-6}）的气流（流量25L/min）。然后切换三通阀门到吸附柱管线“通”位置，在气流稳定流动的状态下，定时测量净化后的气体浓度。在吸附后气体中污染物浓度升高到进气浓度 70%以上时停机。

2. 自主设计实验

方案参考：改变气体浓度或气体流速完成实验。

五、成果整理

1. 整理实验结果；

2. 绘制吸附效率-时间曲线图，确定等温操作条件下活性炭的吸附穿透曲线；

3. 由实验结果定出穿透时间（设穿透点浓度为进口浓度的 10%）和饱和时间（设饱和点浓度为进口浓度的 70%）；

4. 根据吸附穿透曲线，确定实验所用床层的传质区高度、到达破点时该吸附装置的吸附饱和度以及该吸附床的动活性；

5. 按要求编制实验研究报告。

【相关基础储备】

1. 活性炭吸附相关理论知识；

2. 低浓度 SO_2废气的处理技术理论；

3. SO_2测定仪的使用。

示例四 生物法净化有机气体实验

一、实验目的与意义

生物净化法是一种新兴的有机气体处理方法，该法具有净化效率高、低能耗、无二次污染、低成本等优点，广泛用于处理大通量、低浓度、回收利用价值不高的工业有机废气。其净化工艺分为生物过滤、生物洗涤和生物滴滤。当遇到亨利系数较低（$H_c<0.01$）、易溶于水的污染物，多采用生物洗涤法进行处理；当遇到亨利系数较高（$H_c>1$）、难溶于水的污染物，多采用生物过滤法进行处理；当溶解度介于两者之间的污染物质（（$0.01<H_c<1$），多采用选用生物滴滤塔进行处理。而当污染物的亨利系数大于 10，极难溶于水时，则不适宜于用生物法处理。

本实验采用生物过滤法净化有机气体，通过实验达到：

1. 了解生物法净化有机废气的工作原理；

2. 掌握生物净化技术的工艺及适应的范围；

3. 掌握生物过滤法净化有机气体的方法及净化效率。

二、实验工艺原理

生物法净化气体是附着在滤料介质中的微生物在适宜的环境条件下，利用废气中的有机成分作为碳源和能源，维持其生命活动，并将有机物分解为二氧化碳、水、无机盐和生物质等无害的物质，主要适用于低浓度有机废气的治理。

生物过滤法是将湿化的有机废气通入填充有填料如土壤、堆肥、泥煤、树皮、珍珠岩、活性炭等的生物过滤器中，与在填料上所附着生长的生物膜（微生物）接触，被微生物所吸附降解，最终转化为简单的无机物（如 CO_2、H_2O、SO_4^{2-}、NO_3^- 和 Cl^- 等）或合成新细胞物质的过程，处理后的气体从生物过滤器的另一端排出。

三、实验仪器与材料

1. 生物过滤实验装置；

2. 电子显微镜及配件；

3. 压缩有机气体钢瓶；

4. 尾气净化装置。

四、实验方法

1. 首先检查实验装置系统外况和全部电气连接线，保证实验装置处于完好状态。

2. 打开电控箱总开关，合上触电保护开关，启动数据采集系统。

3. 初次试验时，若储液槽内无溶液，先关闭储液底部的排水阀并打开排水阀上方的溢流阀，再打开吸收塔下方储液槽进水开关打进溶液，当液量达到总容量约3/4时，启动循环水泵并混合均匀。通过开启连接增湿塔的流量计阀门，形成喷淋循环并正常运转，通过阀门调节可控制循环液流量。待溢流口开始溢流时，关闭储液箱进水开关。

4. 将待进行试验的生物塔按实验设计的气流方向开启各阀门，将风机出口处的分流排气管路阀门开度开至最大，关闭文丘里喉管处的两个污染气体接管阀门，然后启动风机开关，调节排气管路阀门和各生物过滤器气流入口流量计上游的阀门至各生物过滤器所需的风量。

5. 在风机运行的情况下，将一股或两股污染气体接入系统的文丘里喉管处的接口，根据实验所需的污染物浓度、各生物过滤器的集合流量和所需的稀释比例进行集合流量下入口浓度的初调，然后通过数据采集系统对通过文氏管下气体采样口进行监测显示，并根据得到的结果进行入口浓度的细调，达到设定浓度后注意记录各流量计的读数。

6. 通过数据采集系统在气体采样口采样分析，得到气相中污染物浓度变化的数据；测定各塔段的压降变化情况；通过生物采样口测试不同阶段生物种类或数量变化情况。

7. 自主设计实验

方案参考：可进行相同污染和水力负荷条件下不同载体的性能比选，或同一载体不同操作条件对性能的影响等方面的实验（后者需要统一进行生物驯化或挂膜）。

五、成果整理

1. 整理实验结果。

2. 计算生物净化效率（η）：

$$\eta=\left(1-\frac{C_2}{C_1}\right)\times 100\%$$

式中　C_1——生物塔入口处气体中某有机物的质量浓度，mg/m^3；

C_2——生物塔出口采样口处气体中某有机物的质量浓度，mg/m^3。

3. 计算生物塔压降（Δp）：

$$\Delta p=p_1-p_2$$

式中　p_1——生物塔入口处气体的全压或静压，Pa；

p_2——生物塔出口处气体的全压或静压，Pa。

4. 绘出净化效率-压降变化曲线，并描述对应的生物菌种状况。

5. 按要求编制实验研究报告。

【相关基础储备】

1. 微生物基础知识；

2. 生物净化废气技术的相关理论知识；

3. 生物净化设备工艺的运行。

示例五 道路交通环境中颗粒物污染特性实验

一、实验目的与意义

机动车保有量的快速增长对环境空气质量的影响日益加重。颗粒物是环境空气的首要污染物，交通环境中颗粒物污染更为严重。因此，对交通环境颗粒物污染特征评价可为未来城市交通发展规划和环境保护政策的制定提供科学依据。本实验选取典型交通环境及远离道路交通（如校内）采样点进行采样分析。

通过本实验，达到以下目的：

（1）掌握质量法测定环境空气中颗粒物浓度的方法；

（2）掌握粒度分布仪测定颗粒物中粒度分布的方法；

（3）对道路交通环境中与远离道路交通环境（如校内）颗粒物污染特性进行对比评价。

二、实验工艺原理

通过具有一定切割器特性的采样器，以恒速抽取一定体积的空气，空气中粒径小于 100μm 的悬浮颗粒物被截留在已恒重的滤膜上。根据采样前后滤膜质量之差及采样体积，计算总悬浮颗粒物的浓度。滤膜经处理后，通过激光粒度仪可测定颗粒物的粒度分布。本实验采用中流量采样法。

三、实验仪器与材料

（1）中流量采样器：流量 50～150L/min，滤膜直径 8～10cm；

（2）流量校准装置：经过罗茨流量计校准的孔口校准器；

（3）气压计；

（4）滤膜：超细玻璃纤维滤膜或聚氯乙烯滤膜。滤膜贮存袋及贮存盒；

（5）分析天平：感量 0.1mg；

（6）激光粒度分布仪；

（7）超声波分散器。

四、实验方法

1. 环境空气中颗粒物的采集与浓度测定

参考本书（环境空气中总悬浮颗粒物浓度的测定）进行，地点分别选在道路交通环境中及远离道路交通环境中（如校内、居住区等）。

2. 颗粒物的粒度分布测试

采用 BT－9300H 型激光粒度分布仪进行粒度测试，测试前先要将样品分成两分（十字法），分别与纯净水和乙醇（约 40mL）配合配置成悬浮液，加入适量分散剂（乙醇中不必放分散剂），搅拌均匀，放入超声波分散器中进行分散。具体参考本书（粉尘粒径分布的测定——激光粒度分布仪法）进行颗粒物的粒度分布测试，打印出颗粒物样品的粒度分布仪测试结果报告单，并对测试结果进行对比分析，得出道路交通及远离道路交通（如校内、居住区等）环境中颗粒物污染特性。

五、成果整理

1. 整理实验结果。

2. 道路交通与远离道路交通环境（如校内）中颗粒物的浓度是否超标（二级标准）？对

比二者的大小，并分析其原因。

3. 对比分析道路交通与远离道路交通环境（如校内）中颗粒物的粒度分布特征。

4. 总结测试区域道路交通环境中颗粒物的污染特性。

【相关基础储备】

1. 大气采样方法；

2. 质量法测定环境空气中颗粒物浓度的方法；

3. 粒度分布仪测定颗粒物中粒度分布的方法。

第三节　噪声综合设计性实验

示例一　校园环境噪声监测分析实验

一、实验目的与意义

校园是学生在校内进行学习和生活的场所，良好的校园环境可以促进学生的身心健康，保证学习任务的高质量完成。噪声是影响校园环境的重要因素。随着校园建设和周边市政道路的发展，环境噪声尤其是交通噪声对校园环境产生了污染，干扰了校园住宅区和宿舍及学生们的学习、工作和生活。所以，对校园噪声进行测量和评价是非常必要的。通过本实验，达到以下目的：

1. 掌握环境噪声的监测方法。

2. 熟悉声级计的使用。

3. 掌握对非稳态的无规噪声监测数据的处理方法。

4. 了解城市区域环境噪声的分类标准。

二、实验工艺原理

根据《声环境质量标准》（GB 3096—2008）附录B《声环境功能区监测方法》中的网格布点法布点，并根据实地环境选取具有代表性的点。由于仪器数量的限制整个校区共分为八个点，监测点选在网络中心。

评价采用等效连续声级法。等效连续声级法就是把实地监测所得到的 L_{eq} 值做算术平均运算，所得到的平均值代表该区域的噪声水平，该平均值可以对照《声环境质量标准》（GB 3096—2008），评价该区域的声环境质量是否符合标准。

城市区域环境噪声分类标准见表 11-1。

表 11-1　城市区域环境噪声分类标准（dB）

类别	0	1	2	3	4
昼间	50	55	60	65	70
夜间	40	45	50	55	55

0 类标准适用于疗养区、高级别墅区、高级宾馆区等特别需要安静的区域，位于城郊和乡村的这一类区域分别按严于 0 类标准 5dB 执行。

1 类标准适用于以居住、文教机关为主的区域。乡村居住环境可参照执行该类标准。

2 类标准适用于居住、商业、工业混杂区。

3类标准适用于工业区。

4类标准适用于城市中的道路交通干线道路两侧区域，穿越城区的内河航道两侧区域，穿越城区的铁路主、次干线两侧区域的背景噪声（指不通过列车时的噪声水平）限值也执行该类标准。

三、实验仪器与材料

积分声级计。

四、实验方法

1. 在校园内选取四个比较典型的能够测量的点。

2. 读数方式用慢挡，积分时间为20min。读数同时要判断和记录附近主要噪声来源（如交通噪声、施工噪声、工厂或车间噪声、锅炉噪声等）和天气条件。

五、成果整理

整理各点的测试数据，对测试结果进行分析评价。

【相关基础储备】

1. 了解《声环境质量标准》（GB 3096—2008）及其他相关标准。

2. 环境噪声监测过程中应注意的问题及监测数据的处理方法等相关知识。

第四节　固废综合设计性实验

示例一　生活垃圾厌氧堆肥产气实验

一、实验目的与意义

随着我国经济的发展，城市垃圾的数量逐年增加，垃圾围城现象日益突出。城市生活垃圾的处理方式主要有填埋、焚烧和堆肥。填埋占地面积大，而且对土壤、地下水和大气都会造成危害；焚烧是对资源的极大浪费，而且易产生烟尘及有害气体；好氧堆肥可以将生活垃圾中的有机可腐物转化为腐殖土，但需要供给氧气，有一定的能源消耗；厌氧堆肥不仅可以得到腐殖土，不用供给氧气，能源消耗小，而且可以得到可观的可燃气体甲烷，因此厌氧堆肥具有重要的社会及环境意义。通过本实验，可达到以下目的：

1. 了解生活垃圾厌氧发酵产甲烷的生物学原理；

2. 了解影响厌氧发酵产甲烷的各主要因素；

3. 学会使用奥氏气体分析仪定量测定甲烷和二氧化碳。

二、实验工艺原理

由于厌氧发酵的原料成分复杂，参加反应的微生物种类繁多，使得厌氧发酵过程中物质的代谢、转化和各种菌群的作用等非常复杂，最终，碳素大部分转化为甲烷。氮素转化为氨和氮，硫素转化为硫化氢。目前，一般认为该过程可划分为三个阶段。

（1）水解酸化阶段：水解细菌与发酵细菌将碳水化合物、蛋白质、脂肪等大分子有机化合物水解与发酵转化成单糖、氨基酸、脂肪酸、甘油等小分子有机化合物。

（2）产乙酸阶段：在产氢产乙酸菌的作用下把第一阶段的产物转化成氢气、二氧化碳和乙酸等。

（3）产甲烷阶段：在厌氧菌产甲烷菌的作用下，把第二阶段的产物转化为甲烷和二氧化碳。

前两个阶段称为酸性发酵阶段，体系的pH值降低，后一个阶段称为碱性发酵阶段，由于产甲烷菌对环境条件要求苛刻（尤其是pH值控制在6.8～7.2），所以控制好碱性发酵阶段体系的条件是实验能否成功的关键。

三、实验仪器与材料

1. 切割及破碎工具；
2. 温度计；
3. 恒温水浴锅；
4. 简易厌氧消化实验装置（图11-4）；
5. 奥氏气体分析仪。

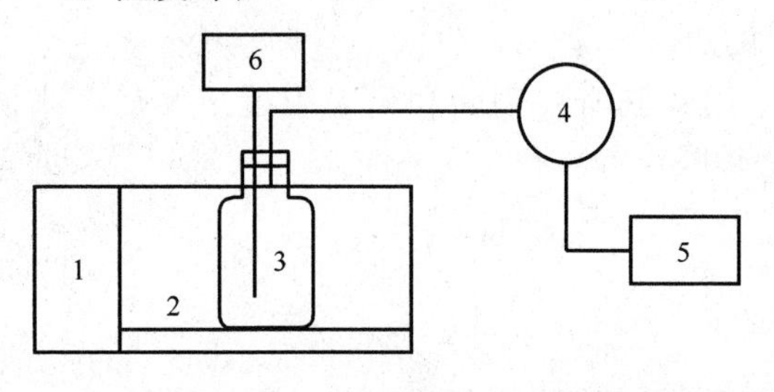

图11-4 分类垃圾厌氧消化实验装置示意图
1—温控仪；2—水浴；3—反应器；4—集气瓶；5—气体分析仪；6—采样口

四、实验方法

1. 采集制备堆肥原料；
2. 检查实验装置的气密性；
3. 掌握奥氏气体分析仪使用方法；
4. 合理地设定实验温度，合理地设定测量产气量的时间间隔及实验总时间，模拟消化过程进行实验。

五、成果整理

1. 整理实验数据，绘制产气速率曲线，讨论厌氧产气规律；
2. 求出所产气体中二氧化碳和甲烷的含量；
3. 与未经过堆肥过程的相同成分垃圾物进行比较，观察其颜色、气味的不同；
4. 讨论不同的堆肥原料和操作条件可能会对实验结果有什么影响。

【相关基础储备】

1. 厌氧堆肥的原理等相关知识；
2. 所用原料的主要特性分析以及混合原料碳氮比的计算方法；
3. 奥氏气体分析仪使用方法。

示例二 电镀污泥水泥固化实验

一、实验目的与意义

电镀污泥主要来源于工业电镀厂各种电镀废液和电解槽液通过液相化学处理后所产生的固体废料，由于各电镀厂家的生产工艺及处理工艺不同，电镀污泥的化学组分相当复杂，主要含有铬、铁、镍、铜、锌等重金属化合物及可溶性盐类。电镀污泥被列入国家危险废物名单中的第十七类危险废物。固化/稳定化技术是目前被广泛应用于处理电镀污泥的有效处理手段。

因此，通过本实验要达到以下目的：

1. 掌握固体废物固化处理的工艺操作过程；
2. 了解我国危险废物鉴别标准中规定的危险特性和鉴别方法；
3. 掌握固化体浸出率测试方法。

二、实验工艺原理

固化处理的效果常采用浸出率、增容比、抗压强度等指标加以衡量。其中浸出率是评价固化处理效果和衡量固化体性能的一项重要指标。了解浸出率有助于比较和选择不同的固化方案，有利于估计各类固化体贮存、运输等条件下与水接触所引起的危险大小。

电镀污泥固化体中的铬、铁、镍、铜、锌等有害物质及化合物遇水通过浸沥作用，将迁移转化到水溶液中，实验中延长接触时间，采用水平振荡器等强化可溶解物质的浸出，测定强化条件下浸出的有害物质浓度可以表征危险废物的浸出毒性。浸出率测定依据《危险废物鉴别标准——浸出毒性鉴别》(GB 5085.3) 和浸出液的制备《固体废物浸出毒性浸出方法 水平振荡法》(GB 5086.2)。

三、实验仪器与材料

实验设备主要包括混合搅拌机、振动台、成型机（模具)、压力机、天平、烧杯等。

四、实验方法

实验流程如图 11-5 所示。

图 11-5 实验流程图

采用不同配方的水泥、电镀污泥进行实验，测定固化体强度，考察固化体中有害重金属离子浸出情况。

五、成果整理

1. 描述电镀污泥固化处理的工艺过程及参数；
2. 对各种配方的水泥、电镀污泥固化物浸出实验测试结果进行整理分析；
3. 评价实验方法，并提出改进措施。

【相关基础储备】

1. 电镀污泥的来源、特点及危害；
2. 目前电镀污泥的处理技术方法及原理；
3. 固化体应用。

第十二章　工艺模拟实验

实验一　普通快滤池实验

一、实验目的

1. 了解普通快滤池实验装置的组成与构造；

2. 观察与了解普通快滤池的工作过程；

3. 观察过滤及反冲洗现象，加深理解过滤及反冲洗原理；

4. 了解滤池运行的主要技术参数。

二、实验原理

滤池净化的主要作用是接触凝聚作用，水中经过絮凝的杂质截留在滤池之中，或者有接触絮凝作用的滤料表面粘附水中的杂质。滤层去除水中杂质的效果主要取决于滤料的总表面积。

随着过滤时间的增加，滤层截留的杂质增加，滤层的水头损失也随之增长，其增长速度随滤速大小、滤料颗粒的大小和形状、过滤进水中悬浮物含量及截留杂质在垂直方向的分布而定。当滤速大、滤料颗粒粗、滤料层较薄时，滤过水水质将很快变差，过滤水质的周期变短；如滤速大、滤料颗粒细，滤池中的水头损失增加很快，当阻力或过滤水质超过一定界限时，滤池需进行反冲洗。

滤料层在反冲洗时，当膨胀率一定，滤料颗粒越大，所需冲洗强度越大；水温越高（即水的黏滞系数越小），所需冲洗强度也越大。对于不同的滤料来说，同样颗粒大小的滤料，要达到相同的膨胀率，密度大的比密度小的滤料所需冲洗强度要大。要确定在一定的水温下冲洗强度与膨胀率的关系，最可靠的方法是进行反冲洗实验。反冲洗的方式很多，其原理是一致的。反冲洗开始时承托层、滤料层未完全膨胀，相当于滤池处于反向过滤状态，当反冲洗速度增大后，滤料层完全膨胀，处于流态化状态。根据滤料层前后的厚度按式（7-3）便可求出膨胀率。

普通快滤池指的是传统的快滤池布置形式，滤料一般为单层细砂级配滤料或煤、砂双层滤料，冲洗采用单水冲洗，冲洗水由水塔（箱）或水泵供给。

普通快速滤池主要由以下几个部分组成：

（1）滤池本体：它主要包括进水管渠、排水槽、过滤介质（滤料层），过滤介质承托层（垫料层）和配（排）水系统。

（2）管廊：主要设有五种管（渠），即浑水进水管、清水出水管、冲洗进水管、冲洗排水管及初滤排水管，以及阀门、一次监测表设施等。

（3）冲洗设施：它包括冲洗水泵及辅助冲洗设施等。

三、实验仪器与材料

1. 普通快滤池演示实验装置（图 12-1）；

2. 浊度仪；

3. 玻璃仪器等。

四、实验步骤

在实验中控制滤料层上的工作水深保持基本不变。

1. 了解实验装置构造及操作程序；

2. 配制原水，浓度在 20～40mg/L 范围内，以最佳投药量将混凝剂 $Al_2(SO_4)_3$ 或者 $FeCl_3$ 投入原水箱中，经过搅拌，启动水泵进行过滤实验；

3. 列表记录每隔半小时测定或校对一次的运行参数；

4. 观察杂质绒粒进入滤层深度的情况，以及绒粒在滤料层中的分布；

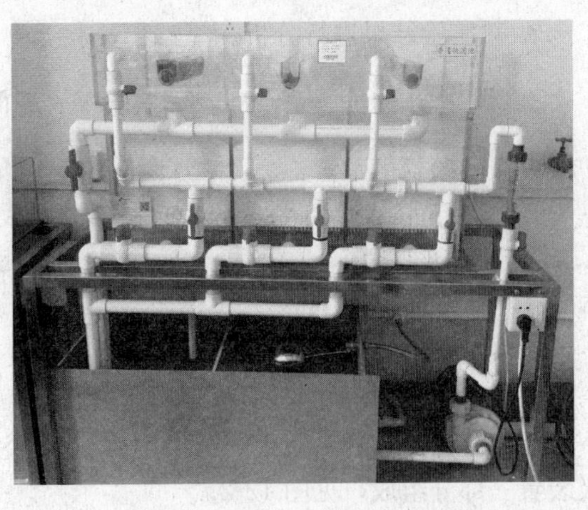

图 12-1　普通快滤池实验装置图

5. 打开反冲洗水泵，调整膨胀度 e，分别在 $e=20\%$、40%、80%时，测出反冲洗强度值。每个反冲洗强度应连续测三次，取平均值。

五、成果整理与分析

1. 将实验结果填入表 12-1、表 12-2、表 12-3。

表 12-1　普通快滤池过滤实验记录表

工作时间（min）	原水浊度（NTU）	投药量（mg/L）	流量（L/s）	水头损失（cm）	工作水深（m）	滤后水浊度（NTU）

表 12-2　普通快滤池反冲洗实验记录表 1

滤池尺寸 $L\times B$（m）	滤层面积 F（m^2）	滤料名称	滤料直径（mm）	原始滤料厚度 L_0（cm）

表 12-3　普通快滤池反冲洗实验记录表 2

实验次数	流量 Q（L/s）	膨胀后滤层厚度 L（cm）	$e=\left(\frac{L-L_0}{L_0}\right)\times 100\%$	反冲洗强度 $q=Q/F$ L/s·m^2

2. 对实验结果进行分析。

实验二　无阀滤池实验

一、实验目的

1. 了解无阀滤池的构造，熟悉各部件的作用及设计原理；

2. 了解无阀滤池的工作过程（过滤过程、虹吸形成过程、反冲洗过程及冲洗终止过程）；

3. 掌握无阀滤池的运转方法。

二、实验原理

无阀滤池是一种不用阀门切换过滤与反冲洗过程的快滤池，由滤池本体、进水装置、虹吸装置三部分组成，见图 12-2。

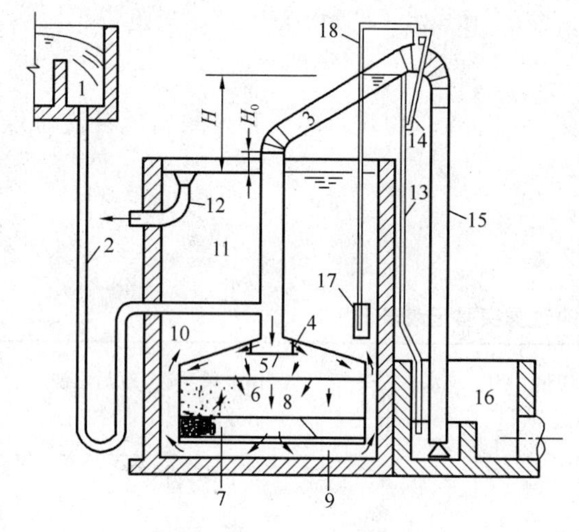

图 12-2　无阀滤池示意图

1—进水槽；2—进水管；3—虹吸上升管；4—顶盖；5—挡板；6—滤料层；7—承托层；8—格栅；9—集水区；10—连通渠；11—清水箱；12—出水管；13—虹吸辅助管；14—抽气管；15—虹吸下降管；16—排水井；17—虹吸破坏斗；18—虹吸破坏管

其工作过程为：浑水由进水泵打入高位水箱，由进水管进入虹吸上升管后下行，再经中央虹吸管的挡板均匀地分布在滤料层上，浑水通过承托层、小阻力配水系统进入底部空间。滤后清水从底部空间经连通渠进入清水箱，当水箱水位达到出水管管顶时，清水流入管内，然后流入清水池。开始过滤时，虹吸上升管与清水箱中的水位差为过滤起始水头损失。随着过滤时间的延续，滤料层水头损失逐渐增加，虹吸上升管中水位相应逐渐升高，当水位上升到虹吸辅助管的管口时，水从辅助管流下。由于下降水流的携气作用，虹吸管中形成负压，因而虹吸下降管中的水位也被吸至一定高度。当管中负压达到一定程度时，两股水流汇成一股冲出虹吸下降管管口，并把管中残留空气全部带走，形成连续虹吸水流。这时，由于滤层上部压力骤降，促使水箱内的水顺着过滤时的相反方向进入虹吸管，滤料层因而得到反冲洗。冲洗废水由排水水封排走。当清水箱水位降至虹吸管管口时，虹吸破坏，停止反冲洗，过滤重新开始。当有特殊情况时，可采取强制反冲洗，即在虹吸辅助管上连接进水管，人为造成虹吸连续流，达到反冲洗的目的。

三、实验仪器与材料

1. 无阀滤池实验装置（图 12-3）：包括池体、进水槽、进水管、虹吸上升管、顶盖、滤料层、承托层、配水系统、连通渠、冲洗水箱、出水管、虹吸辅助管、抽气管、虹吸下降管、水封井、虹吸破坏斗、虹吸破坏管；

技术指标：环境温度 5～40℃；处理水量 1～1.5m^3/h；过滤速度 8～10m/h；反冲洗强度 14～15L/s・m^2；电源 220V 单相三线制，功率 200W。

2. 浊度仪；

3. 酸度计；

4. 玻璃烧杯；

5. 钢卷尺。

四、实验步骤

1. 了解实验装置各部件的作用及操作方法；

2. 启动泵通水检查实验装置是否有漏气、漏水；

3. 运行前测定其原水浊度及 pH 值；

4. 按滤速为 8～12m/h 计算流量，启动水泵调整转子流量计及阀门，按计算流量进行过滤实验；

5. 运行时观察虹吸上升管的水位变化情况，连续运行 30min 即可停止；

6. 30min 后测出水浊度及 pH 值；

7. 利用人工强制冲洗法做反冲洗实验，观察实验现象；

8. 实验完毕关闭水泵。

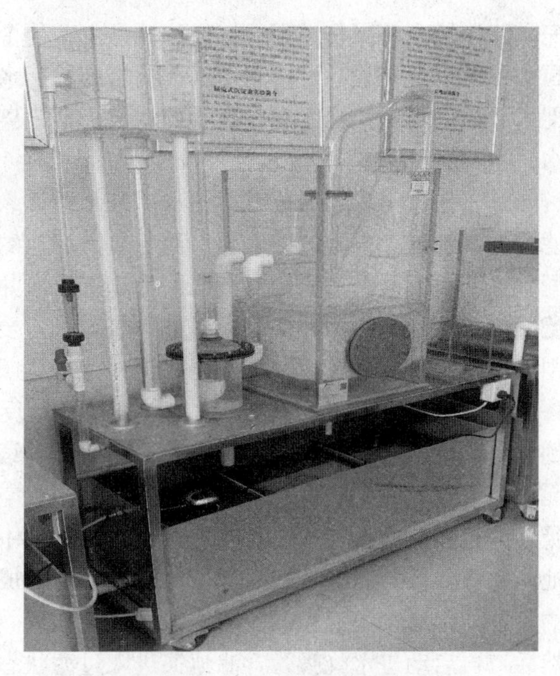

图 12-3　无阀滤池实验装置图

五、成果整理与分析

1. 将实验结果填入表 12-4。

表 12-4　无阀滤池实验结果记录表

过滤面积（m^2）	滤层高度（m）	进水浊度（NTU）	出水浊度（NTU）	作用水头		冲洗历时（min）	膨胀率 e（%）
				开始（m）	终点（m）		

2. 通过实验中技术指标的测定，列表计算冲洗强度与膨胀率，每组最少 2 组数据。按公式（7-3）计算膨胀率 e。

实验三　虹吸滤池实验

一、实验目的

1. 加深对虹吸滤池工作原理的理解；

2. 了解虹吸滤池的工作过程及技术参数；

3. 掌握虹吸滤池的操作方法。

二、实验原理

虹吸滤池是采用真空系统来控制进水虹吸管、排水虹吸管，并采用小阻力配水系统的一种新型滤池。因完全采用虹吸真空原理，省去了各种阀门，只在真空系统中设置小阀门即可完成滤池的全部操作过程。虹吸滤池是由若干个单格滤池组成为一组，滤池底部的清水区和配水系统彼此相通，可以利用其他滤格的滤后水来冲洗其中一格；又因为这种滤池是小阻力配水系统，可利用出水堰口高于排水槽一定距离的滤后水位能作为反冲洗的动力（即反冲洗水头），此种滤池不需专设反冲洗泵。

其工作过程为：经过澄清的水由进水槽流入滤池上部的配水槽。经进水虹吸管流入单元滤池的进水槽，再经过进水堰（调节单元滤池的进水量）和布水管流入滤池。水经过滤层和配水系统而流入清水槽，再经出水管流入出水井，通过控制堰流出滤池。滤池在过滤过程中滤层的含污量不断增加，水头损失不断增长，要保持出水堰上的水位，即维持一定的滤速，则滤池内的水位不断地上升。当滤池内水位上升到预定的 高度时，水头损失达到了最大允许值（一般采用 1.5～ 2.0m），滤层需要进行反冲洗。滤池反冲洗时，首先破坏进水虹吸管的真空，则配水槽的水不再进入滤池，滤池继续过滤。起初滤池内水位下降较快，但很快就无显著下降，此时就可以开始反冲洗。利用真空系统抽出冲洗虹吸管中的空气，使它形成虹吸，并把滤池内的存水通过冲洗虹吸管抽到池中心的下部，再由反冲洗排水管排走。此时滤池内水位降低，当清水槽的水位与池内水位形成一定的水位差时，反冲洗正式开始。反冲洗的流程与普通快滤池相似。当滤料冲洗干净后，破坏冲洗虹吸管的真空，反冲洗立即停止，然后，再启动进水虹吸管，滤池又进入过滤状态。

虹吸滤池具有不需要设置反冲洗水塔或水泵、操作管理方便、易于自动化控制、降低运转费用等优点。适用于中小型给水处理，处理水量一般在 4000～5000t/d。其缺点是：与普通快滤池相比，池深较大（5～6m）；采用小阻力配水系统，单元滤池的面积不宜过大，因冲洗水头受池深的限制，最大在 1.3m 左右，没有富余的水头调节，有时冲洗效果不理想。其构造参见图 12-4。

三、实验仪器及材料

虹吸滤池实验装置（图 12-5）：包括池体、小阻力配水系统、滤料层、进水虹吸管、进

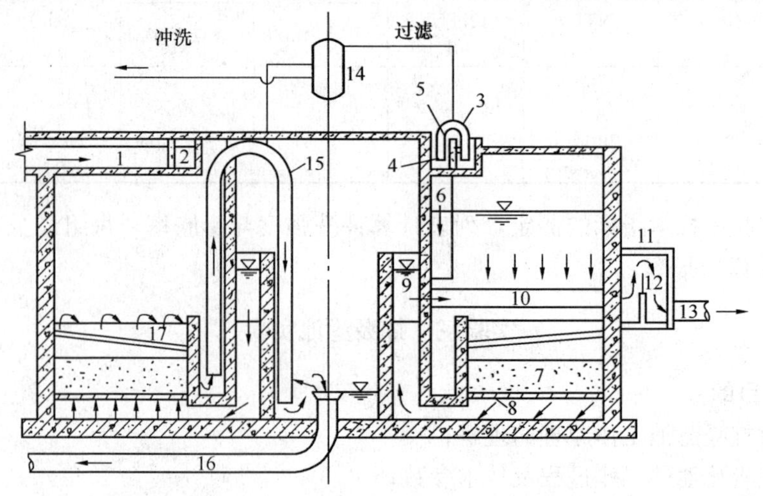

图 12-4　虹吸滤池构造示意图

1—进水槽；2—配水槽；3—进水虹吸管；4—单个滤池进水槽；5—进水堰；6—布水管；7—滤层；8—配水系统；9—集水槽；10—出水管；11—出水井；12—控制堰；13—清水管；14—真空系统；15—冲洗虹吸管；16—冲洗排水管；17—冲洗排水槽

水槽、进水堰、集水槽、出水堰、真空系统、冲洗虹吸管、冲洗排水槽等。

技术参数：过滤水量 0.7～1.2m^3/h；过滤滤速 8～10m/h；功率 750W（220V）。

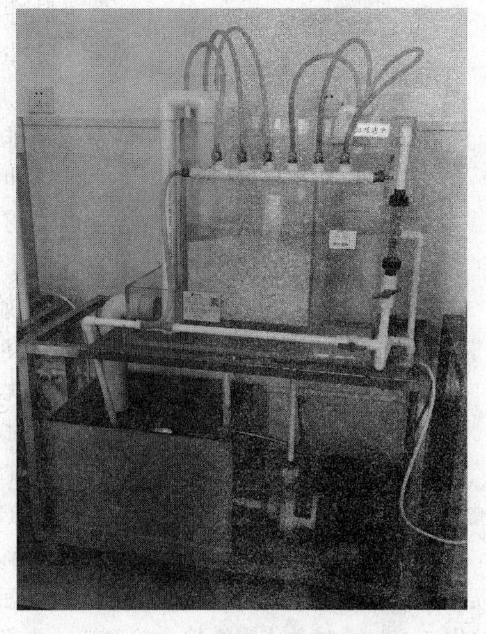

图 12-5　虹吸滤池实验装置图

四、实验步骤

1. 过滤

（1）打开进水虹吸管上抽气阀门，启动真空泵（形成真空后即关闭）；

（2）启动原水泵调整流量 Q=500～800L/h，原水自进水槽通过进水虹吸管流入单元滤池的进水槽，再经过进水堰和布水管流入滤池进行过滤，滤后水通过滤池底部空间经连通渠、连通管、出水槽、出水管送至清水池。

2. 反冲洗

（1）打开进水虹吸管上放气阀，破坏虹吸作用停止进水；

（2）打开冲洗虹吸管上抽气阀门，启动真空泵开始抽气，形成真空后即可关闭阀门，池内水位迅速下降。冲洗水是由几个滤格供给。经底部空间通过砂层，使砂层得到反冲洗。反冲洗后的水经冲洗排水槽、冲洗虹吸管、冲洗排水管以及排水井、排水管排出；

（3）冲洗完毕后，打开冲洗虹吸管上放气阀门，虹吸破坏。

五、成果整理及分析

1. 图示过滤滤速与进出水浊度关系。

2. 图示过滤时间与过滤水头头系。

实验四　脉冲澄清池实验

一、实验目的

1. 了解脉冲澄清池的构造及工作原理；

2. 观察矾花形成悬浮层的作用和特点；

3. 掌握脉冲澄清池运行方法。

二、实验原理

澄清池是利用悬浮层中的矾花对原水中悬浮颗粒的接触絮凝作用去除原水中的悬浮杂质。接触絮凝的机理包括：矾花与矾花、矾花与原水中悬浮杂质之间的碰撞作用，矾花对原水悬浮颗粒及其他杂质的吸附作用等。在完成接触絮凝作用后，矾花从原水中分离出来进入集泥斗中，在澄清池一个构筑物中分别完成混合、反应、沉淀分离等过程，使原水得到澄清。由于较好地利用了有吸附絮凝能力的矾花来处理原水，所以澄清的效率提高了，并节约了混凝剂的用量。

脉冲澄清池的关键设备是脉冲发生器，脉冲发生器的形式很多，有虹吸式、真空式、钟罩式、皮膜切门式以及浮向切门式等。本实验采用结构简单而广为使用的钟罩式脉冲发生

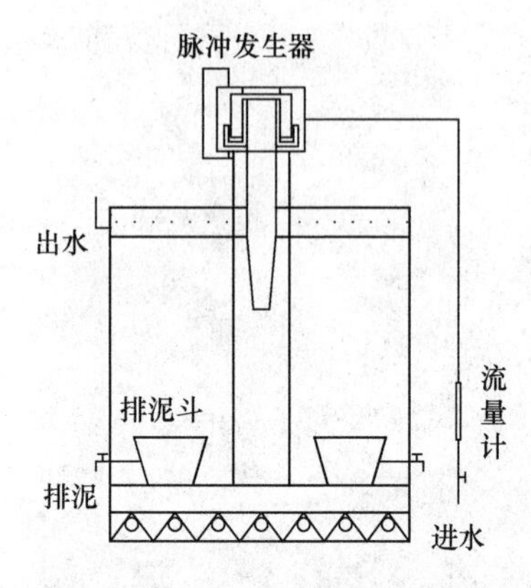

图 12-6　脉冲澄清池结构示意图

器。脉冲澄清池的结构如图 12-6 所示。

脉冲澄清池主要由两部分组成：上部为进水室和脉冲发生器；下部为澄清池池体，包括配水区、澄清区、集水系统和排泥系统等。

脉冲澄清池的工作原理如下：经过加药的原水从进水管道均匀地进入进水室，室内水位逐步上升，使钟罩内的空气也逐渐被压缩，当水位超过中央管道顶时（到达高水位），开始从中央管内壁溢流而下，并因此将被压缩在钟罩顶部的空气带走，从而造成了真空，发生了虹吸。进水室里的水就迅速从中央管流下，水位下降，直至低于虹吸破坏器口时（到达低水位），空气迅速进入钟罩内，并破坏真空，使虹吸停止。这时，进水室水位重新上升，到达高水位后，虹吸又发生，如此进行周期性的脉冲循环。

进水室的水通过钟罩，从中央管、落水井进入配水渠道，然后经过穿孔配水管孔，高速喷出（一般流速 2～4m/s），在稳流板下面进行剧烈的混合反应，然后从稳流板的缝隙流出，并以 1.0m/s 左右速度缓慢向上流动，使泥渣层浮起来。由于悬浮泥渣层具有一定的吸附活性，同时在脉冲水流的作用下，悬浮层时而膨胀上升，时而稳定下降，有利于水中杂质和矾花颗粒的相互碰撞而凝聚。当水流上升至泥渣浓缩室顶部时，断面突然扩大，流速迅速减小，这种流速由大到小的变化，改善了泥水分离的条件。清水上升通过穿孔集水槽进入集水总槽，而悬浮层中不断增加的泥渣，流入泥渣浓缩室（占澄清池面积 15%～20%），定期予以排除。

三、实验仪器与材料

脉冲澄清池实验装置（图 12-7）。

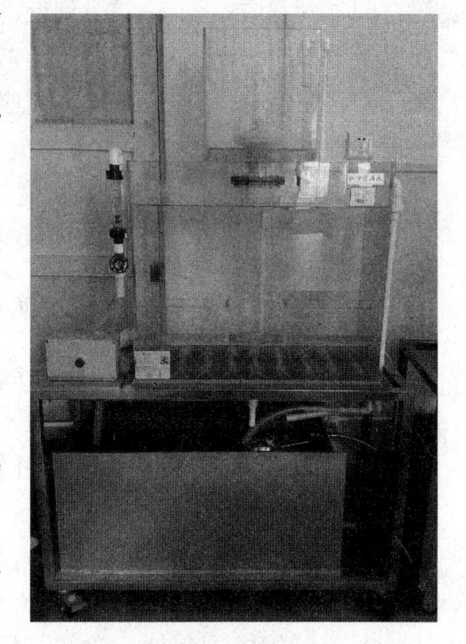
图 12-7　脉冲澄清池实验装置图

四、实验步骤

1. 熟悉脉冲澄清池的结构及工艺流程。

2. 向原水箱内充满清水，开启进入泵向脉冲澄清池内打入清水试运行，检查各部件及阀门是否正常。

3. 向原水箱内投加混凝剂，混凝剂的种类及投加量可参考混凝实验的最佳结果，并搅拌均匀。

4. 重新开启水泵，当脉冲澄清池内矾花悬浮层形成并能正常运行时，调节流量计，选择几个流量运行。

5. 分别测出各流量下运行时的进出水浊度。

6. 当排泥斗中泥位升高，或澄清池内泥位升高时应及时排泥。

五、成果整理及分析

1. 整理记录实验数据，计算各流量下的浊度去除率。

2. 以进水流量为横坐标，浊度去除率为纵坐标作图，并加以分析。

实验五　水力循环澄清池实验

一、实验目的

1. 了解水力循环澄清池的构造和工作原理；

2. 通过观察矾花和悬浮层的形成，进一步明确悬浮层的作用和特点；

3. 熟悉水力循环澄清池运行的操作方法。

二、实验原理

澄清池是将絮凝和沉淀这两个单元过程综合于一个构筑物中完成，主要依靠活性泥层达到澄清的目的。当脱稳杂质随水流与泥渣层接触时，便被泥渣层阻留下来，使水得到澄清。泥渣层的形成方法是在澄清池开始运行时，在原水中加入较多的混凝剂，并适当降低负荷，逐步形成。澄清池的种类和形式很多，基本上可分为泥渣悬浮型和泥渣循环型，水力循环澄清属泥渣循环型。

水力循环澄清池的构造如图 12-8 所示。

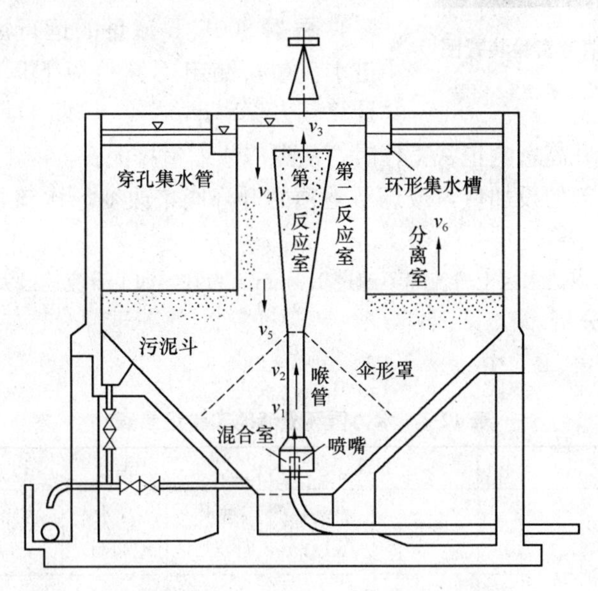

图 12-8　水力循环澄清池结构示意图

原水从池底进入，先经喷嘴高速喷入喉管，在喉管下部喇叭口附近造成真空而吸入回流泥渣，原水与回流泥渣在喉管中剧烈混合后，被送入第一絮凝池（反应室）和第二絮凝（反应室）。从第二絮凝池流出的泥水混合液，在分离室中进行泥水分离。清水向上，经穿孔集水管收集后进入环形集水槽排出。泥渣则一部分进入泥渣浓缩室，经排泥管排出；一部分被吸入喉管重新循环。原水流量与泥渣回流量之比，一般为 1∶2～1∶4。喉管和喇叭口的高低可用池顶的升降阀调节。

三、实验仪器与材料

1. 水力循环澄清池实验装置（见图 12-9）；

2. 浊度仪；

3. pH 计；

图 12-9　水力循环澄清池实验装置图

4. 投药设备；
5. 玻璃仪器；
6. 混凝剂 $Al_2(SO_4)_3$；
7. 化学试剂等。

四、实验步骤

首先熟悉水力循环澄清池的构造与工作原理，检查其各部件是否漏水，水泵与闸阀等是否完好。

1. 在原水中加入混凝剂，若原水浊度较低时，为加速泥渣层的形成，也可加入一些黏土；
2. 待泥渣层形成后，参考混凝沉淀实验的最佳投药量结果，向原水中投加混凝剂，搅拌均匀后再重新启泵开始运行；
3. 开始进水流量控制在 800L/h 左右；
4. 根据 800L/h 流量的运行情况，分别加大或减小进水流量，测出不同负荷下运行时的进出水浊度，并计算其去除率；
5. 当悬浮泥渣层升高影响正常工作时，从泥渣浓缩室排泥；
6. 也可改变混凝剂的投加量，或调节池顶的升降阀来改变原水流量与泥渣回流量的比值，来寻求最优运行工况。

注：在流量选定时，以清水区上升流速不超过 1.1mm/s 为宜，如上升流速过大，效果不好。

五、成果整理与分析

1. 实验记录填入表 12-5 中。

表 12-5　水力循环澄清池实验记录表

序号	原水			投药		浊度			观察悬浮矾花层的变化情况
	pH	水温（℃）	流量（L/h）	名称	投药量（mg/L）	进水（NTU）	出水（NTU）	去除率（%）	

2. 绘制清水区上升流速与浊渡去除率的关系曲线。
3. 绘制混凝剂投加量与浊度去除率的关系曲线。

实验六　辐流式沉淀池实验

一、实验目的

1. 了解辐流式沉淀池的构造；
2. 掌握辐流式沉淀池中水的流向，了解其沉淀的原理。

二、实验原理

本实验装置为向心辐流式沉淀池。向心辐流式沉淀池流入区设在池周边，流出槽设在沉淀池中心部位的 R/4、R/3、R/2 或设在沉淀池的周边，称为周边进水中心出水向心辐流式沉淀池或周边进水周边出水向心辐流式沉淀池。向心辐流式沉淀池可分为 3 个功能区，见图 12-10。

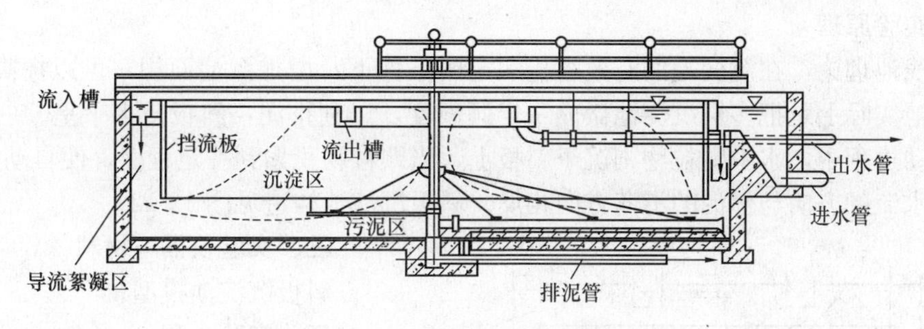

图 12-10　辐流式沉淀池结构示意图

(1) 流入槽：沿向心辐流式沉淀池的周边设置流入槽，槽底均匀地开设布水孔及短管，供布水用。

(2) 导流絮凝区：使进水导向沉淀区并使布水均匀；在区内形成紊流，可促使活性污泥絮凝，同时，导流絮凝区的过水面积较大，向下流的流速小，对池底沉泥无冲击现象，使沉淀效率达到提高。

(3) 沉淀区：沉淀区的功能主要是起沉淀作用，此外，由于沉淀区下部的水流方向是向心流，故可将沉淀污泥推向池中心的污泥斗，便于排泥。

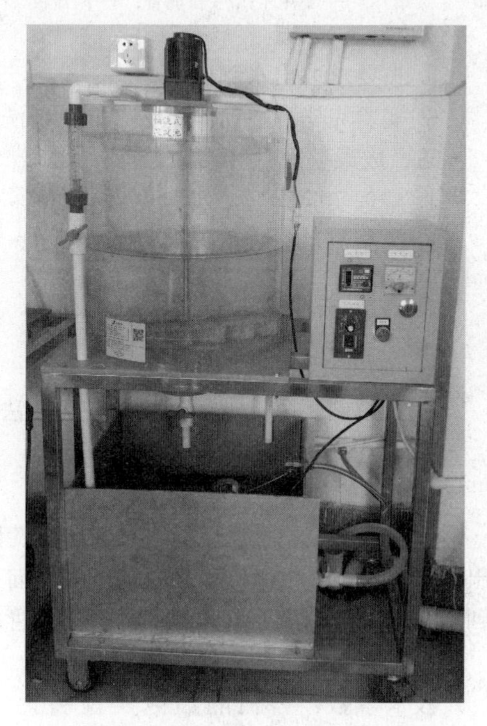

图 12-11　辐流式沉淀池实验装置图

三、实验仪器与材料

辐流式沉淀池如图 12-11 所示。其参数如下：

处理水量：0～40L/H；表面负荷：2～3.6 $m^3/h \cdot m^2$；沉淀时间：1.5～2h；机械刮泥，转速为 1～2r/min；中央污泥斗的坡度为 0.05 左右；本体外形尺寸约：直径×高＝ϕ500mm×500mm。

四、实验步骤

1. 开启提升泵，将原水箱中的废水提升到沉淀池中，通过液体流量计调节进水的速度；

2. 当底部有污泥沉积时，开启刮泥机，将沉淀在底部的污泥刮入泥斗，并开启排泥阀排泥；

3. 在不同的进水速度下测进出、水的 sS。

4. 实验完毕，关闭按钮开关，拔掉电源。

五、成果整理

1. 记录整理实验数据，包括：进水流量、表面负荷、沉淀时间、进出水 sS 及去除率。

2. 绘制表面负荷与 sS 去除率的关系曲线。

实验七　斜板沉淀池实验

一、实验目的

观察斜板沉淀池处理水的过程，加深理解其工作原理以及影响因素，熟悉运行操作方法。

二、实验原理

根据浅池理论，在沉淀池的有效容积一定的条件下，增加沉淀面积，可以提高沉淀率。斜板沉淀池实际上是把多层沉淀池做成一定倾斜度，以利排泥，斜板与水平呈60°角。水在斜板中流动过程中，水中颗粒物则沉于斜板上，当颗粒物积累到一定程度，便自动滑下，在沉淀池中水流的方向与污泥的滑落方向相反。斜板沉淀池构造见图12-12。

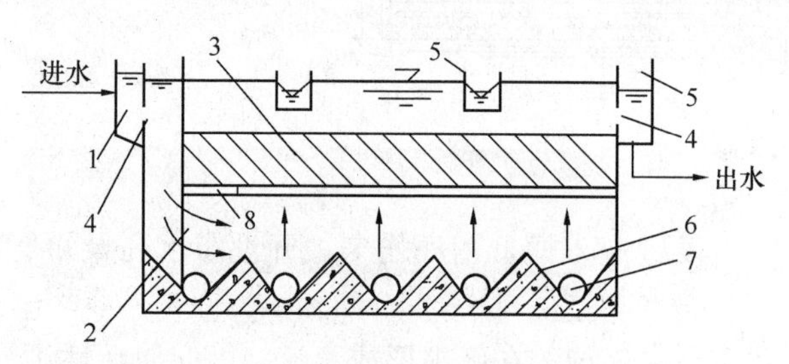

图12-12　斜板沉淀池构造示意图

1—配水槽；2—穿孔墙；3—斜板；4—配水孔；5—集水槽；6—集泥斗；7—排泥管；8—阻流板

三、实验仪器与材料

斜板沉淀池模型。

四、实验步骤

1. 熟悉并检查实验装置，使其处于正常状态。

2. 测量原水的pH、*sS*。

3. 将混凝剂投入混凝池中，搅拌至出现矾花。

4. 开启水泵，将混凝池水样打入斜板沉淀池，并适当调整流量。

5. 按要求取出水测试*sS*。

6. 实验完毕，手动停机，并开泵清洗内腔。

五、成果整理

1. 整理实验数据，列出实验参数。

2. 绘制流量与进、出水*sS*关系曲线。

实验八　斜板隔油池实验

一、实验目的

1. 了解斜板隔油池的结构和使用方法；

2. 掌握斜板隔油池的除油原理。

二、实验原理

含油废水经絮凝反应后进入斜板沉淀区，废水沿板面向下流动，进入上清区，上清液从出水堰排出。水中油珠沿斜板的下表面向上流动，由集油管进入集油槽排出。水中悬浮物沉到斜板上表面，沿下落入池底部经排泥管排出。其工艺如图12-13所示。

三、实验仪器与材料

技术参数：斜板隔油池实验装置（图12-14）包括：刮油机、微型减速电机、小型进水泵、浮油槽、60°斜板、刮油装置、PVC配水箱等。

工作电压：AC220V±20V，50Hz±0.5Hz。

设备功率：150W。

运行控制方式：开关控制。

搅拌转速：125r/min。

刮油电机转速：9r/min。

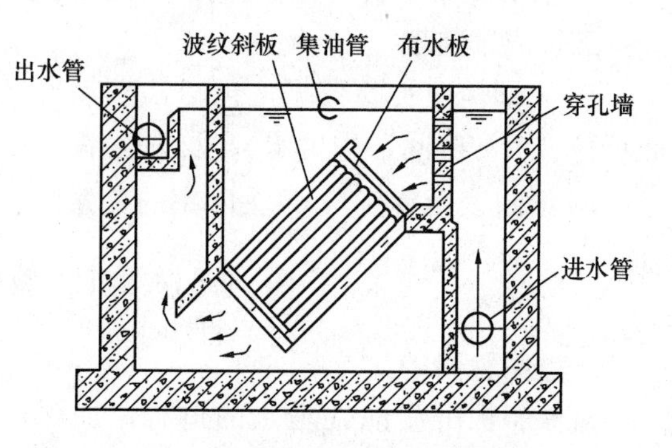

图12-13　斜板隔油池构造示意图

除油效率：>80%。

处理能力：50～80L/h。

隔板油池装置如图 12-14 所示。包括：1. 刮油机 1 台；2. 微型减速电机 1 个；3. 小型进水泵 1 台；4. 浮油槽 1 套；5. 60°斜板 1 套；6. 刮油装置 1 套；7. PVC 配水箱 1 个；8. 不锈钢实验台架 1 套；9. 控制开关、电源线、连接的管道与阀门等 1 套。

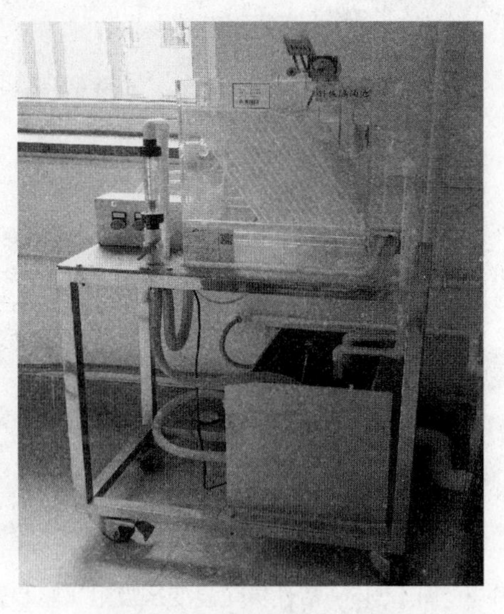

图 12-14　斜板隔油池装置图

四、实验步骤

1. 全面检查设备，看各部件是否正常；

2. 将待处理的含油废水加入 PVC 水箱内；

3. 在控制面板上开启电源开关，开启水泵，将废水提升到斜板隔油池；

4. 调整流量计流量，达到进水、出水与油面动态平衡；

5. 待设备停机后，取水样化验，并再开泵清洗设备；

6. 测进出水油含量。

五、成果整理

1. 整理实验数据，按式（12-1）计算油的去除率 $\eta_{油}$。

$$\eta_{油}=\frac{C_1-C_2}{C_1}\times 100\% \tag{12-1}$$

式中　C_1——进水油浓度，mg/L；

C_2——出水油浓度，mg/L。

2. 简述斜板隔油池的工作过程。

实验九　活性炭变温变压吸附实验

一、实验目的

1. 加深对吸附基本原理的理解；

2. 掌握吸附等温线的物理意义及其功能；

3. 掌握用连续流法确定活性炭吸附处理污水设计参数的实验方法。

二、实验原理

活性炭具有良好的吸附性能和稳定的化学性质，是目前国内外应用比较多的一种非极性吸附剂。与其他吸附剂相比，活性炭具有微孔发达、比表面积大的特点。活性炭水处理工艺是运用吸附的方法，去除水和废水中异味、某些离子及难生物降解的有机物。在吸附过程中，活性炭比表面积起着主要作用。被吸附物质在水中的溶解度也直接影响吸附的速度。此外，溶液的 pH 值、压力、温度和被吸附物质的分散程度也对吸附速度有一定的影响。

三、实验仪器与材料

活性炭变温变压吸附实验装置（图 12-15）

图 12-15　活性炭变温变压吸附实验装置图

设备装备及技术性能：

（1）吸附罐容积：D120mm×230mm；

（2）吸附罐材质：不锈钢；

（3）水泵：Q=1.5m^3/h　　370W；

（4）流量计：0～60L/h；

（5）温度调整范围：室温～80℃；

（6）COD 测定装置；

（7）酸度计 1 台；

（8）温度计 1 只。

四、实验步骤

1. 配制水样或取实际废水水样，使原水样中含 COD_{Cr} 约 100mg/L，测出具体 COD_{Cr}、pH 值、水温等数值；

2. 打开进水阀门，使原水进入加热装置进行加温（通过温控系统控制温度），然后通过增压泵将加温后的废水压入活性炭柱，并控制为 3 个不同滤速（建议滤速分别为 5m/h，10m/h，15m/h）；

3. 运行稳定 5min 后测定各活性炭出水 COD_{Cr} 值；

4. 连续运行 2～3h，每隔 30min 取样测定各活性炭柱出水 COD_{Cr} 值一次；

5. 反冲洗：关闭进水泵，开启反冲洗气泵、水泵，调节流量计，可进行反冲洗；

6. 变换不同的温度及压力重复实验。

五、成果整理

1. 列表记录整理实验数据及测定结果；

2. 对实验结果进行分析，得出结论。

实验十　SBR 法计算机自动控制系统实验

一、实验目的

了解 SBR 法处理污水的计算机自动控制模型的组成，熟悉其工作原理以及运行方法。

二、实验原理

SBR 工艺作为活性污泥法的一种，其去除有机物的机理与传统的活性污泥法相同，即微生物利用水中的有机物合成新的细胞物质，并为合成提供所需的能量，同时通过活性污泥的絮凝、吸附、沉淀等过程来实现有机污染物的去除，所不同的只是其运行方式。

SBR 法系统的运行分五个阶段，即进水阶段、反应阶段、沉淀澄清阶段、排放处理水阶段和待进水阶段。从进水到待进水的整个过程称为一个运行周期，在一个运行周期内，底物浓度、污泥浓度、底物的去除率和污泥的增长速率等都随时间不断地变化，因此，间歇式活性污泥法系统属于单一反应器内非稳定状态的运行。

三、实验仪器与材料

SBR 法计算机自动控制系统实验装置（图 12-16）本实验装置为手动和全自动两用型。

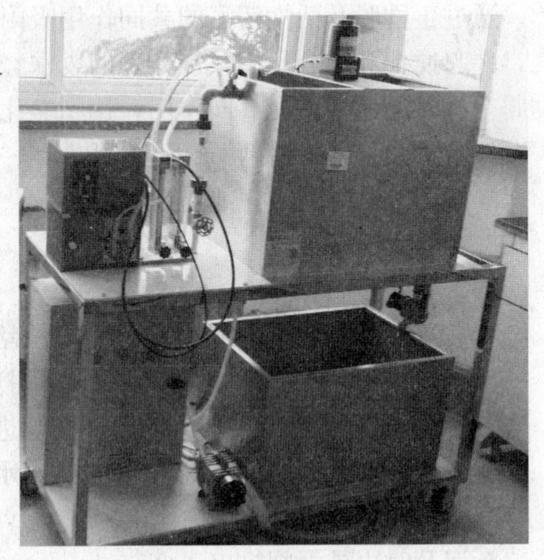

图 12-16　SBR 系统实验装置图

四、实验步骤

1. 当采用手动模式，开启水泵，将水送入反应器中，直到达到所要求的最高水位；

2. 水泵关闭，气阀打开，压缩空气进入反应器中，开始曝气，此即反应阶段；

3. 经过一段时间的曝气后，关闭气阀，使反应器内的混合液静置；

4. 静置一段时间后，打开出水阀门，排水至最低水位；

5. 关闭排水阀门；

6. 至此，SBR 工艺的一个运行周期结束，进入下一周期的准备阶段。

7. 当采用全自动模式，只需将五个阶段的运行参数设置好，启动程序即可。

五、成果整理

1. 列出实验参数。

2. 描述 SBR 法处理污水的工艺流程及运行特征。

实验十一　生物接触氧化池实验

一、实验目的

1. 了解生物接触氧化池处理水的过程；

2. 加深理解其工作原理以及影响因素；

3. 熟悉运行操作方法。

二、实验原理

生物接触氧化法属于好氧生物膜法工艺，接触氧化池内设有填料，部分微生物以生物膜的形式固着生长在填料表面，部分则是絮状悬浮生长于水中。该工艺兼有活性污泥法与生物滤池法二者的特点，池内的生物固体浓度（5～10g/L）高于活性污泥法和生物滤池法，具有较高的容积负荷（可达 2.0～3.0kgBOD_5/m^3·d），另外接触氧化工艺不需要污泥回流，无污泥膨胀问题，运行管理较活性污泥法简单，对水量水质的波动有较强的适应能力。

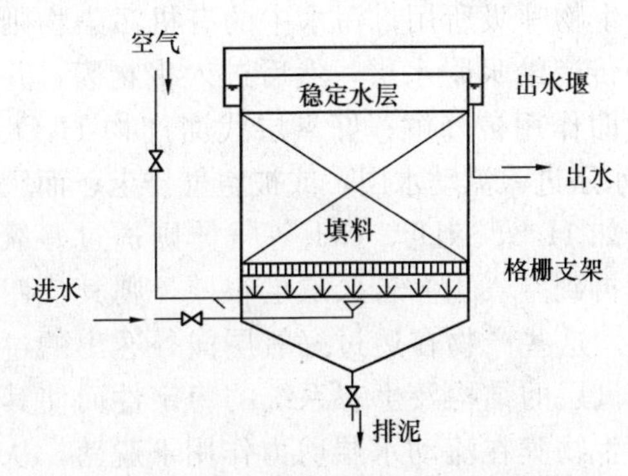

图 12-17　生物接触氧化池结构示意图

生物接触氧化池结构包括池体、填料、布水装置、曝气装置、沉淀区，见图 12-17。

生物接触氧化池处理污水的基本原理：生物接触氧化池内设填料，在填料上生长生物膜，由于内部的缺氧环境造成生物膜内层供氧不足甚至处于厌氧状态，这样在生物膜中形成了由厌氧菌、兼性菌和好氧菌以及原生动物和后生动物形成的长食物链的生物群落，其对有机物的去除能力得以增强，同时水中存在悬浮的活性污泥絮体，通过生物膜及活性污泥的共同作用吸附、降解废水中的有机物。曝气装置向水中提供氧气，并起搅拌和混合作用。待处理的废水经充氧后以一定流速流经填料，与生物膜接触，生物膜与悬浮的活性污泥共同作用，达到净化废水的作用。

三、实验仪器与材料

1. 生物接触氧化池实验装置；

2. 实验原水水样。

四、实验步骤

1. 实验准备：参考活性污泥培养方法培养生物膜，生物膜培养成功后方可进行实验；

2. 开启进水阀门，打开水泵，将原水打入生物接触氧化池内；

3. 待池内达到稳定水层水位后，打开进气阀，开始进行曝气；

4. 在不同的运行时间取上清液测试出水水质；

5. 然后，调节进水流量做连续性实验，在不同的运行时间取处理过的出水测试出水水质。污泥及时由排泥阀排出。

五、成果整理

1. 整理实验数据，对实验结果进行分析；

2. 说明生物接触氧化池处理污水的优缺点。

实验十二　生物滤池实验

一、实验目的

1. 进一步认识生物膜法对污水处理的机理及特征；

2. 了解塔式生物滤池构造及运行特点。

二、实验原理

生物滤池是污水处理生物膜法的一种形式。生物膜法是与活性污泥法相并列的一种污水好氧生物处理技术，是指使微生物附着在载体上，并形成生物膜（如图 12-18 所示），污水在与生物膜接触过程中，水中有机污染物作为营养物质被膜上微生物摄取而得到降解，同时膜上微生物得到增殖的过程。

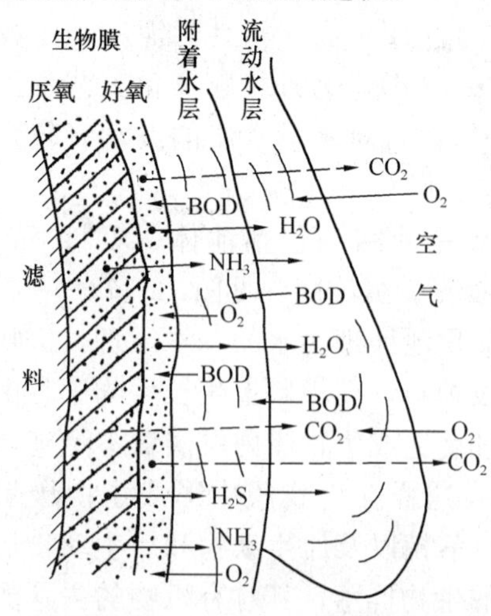

图 12-18　膜的构造（剖面图）

生物膜对水体的净化过程实质上就是生物膜内外、生物膜与水层之间多种物质的传递过程。其过程是空气中氧溶解于流动水层，并通过吸附水层传递给生物膜，供膜上微生物呼吸所用；污水中的有机污染物则通过流动水层传递给吸附水层，然后进入生物膜，并通过细菌的代谢作用被降解；好氧层代谢产物 H_2O、CO_2通过吸附水层进入流动水层，或被空气排走；而厌氧层代谢产物如 H_2S、NH_3、CH_4等气体则透过好氧层、吸附水层再到空气中。若厌氧层很厚，则其代谢产物必然增多，这些产物在透过好氧层向外逸出的过程中破坏了好氧层的结构及生态系统的稳定性而使其老化，老化的生物膜在流动水层剪力作用下脱落，从而使生物膜得到更新。

塔式生物滤池是生物滤池的一种，属于第三代生物滤池。它是由：塔身、载体（或滤料）、布水装置（一般采用旋转布水器、多孔管、喷嘴等）、通风装置（通常采用自然通风）、集水设备组成。如图 12-19 所示。

容积负荷是生物滤池的一个重要参数，它是指每 $1m^3$ 滤料在每日内所能接受（降解）有机物量，由下式计算

$$N_v = \frac{Q(S_0 - S_t)}{V} \tag{12-2}$$

式中：N_v——容积负荷，$gBOD_5/(m^3 \cdot d)$；

Q——污水量，m^3/d；

S_0——进水的 BOD 或 COD 值，mg/L；

S_t——出水的 BOD 或 COD 值，mg/L；

V——滤料（载体）的体积，m^3。

通常塔滤的容积负荷可以达到 $1000 \sim 3000gBOD_5/(m^3 \cdot d)$。

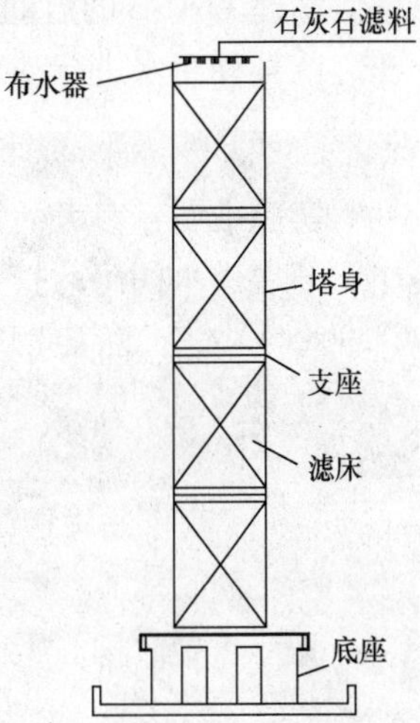

图 12-19　塔式生物滤池示意图

三、实验仪器与材料

1. 塔式生物滤池实验装置，ϕ150mm×1500mm 内部设有滤料，以及配水、集水系统；
2. 贮水池、水泵、转子流量计、二沉池；
3. 温度计；
4. pH 试纸；
5. 测 COD 所需药品及仪器。

四、实验步骤

1. 生物膜的培养：最好采用接种培养法，即采取污水处理厂曝气池内活性污泥与水样混合液，由旋转布水器连续由塔滤上部向塔内喷洒，大约经 15d 左右，载体上就可出现透明生物膜，若无此条件，也可用生活污水由塔滤上部向塔内连续喷洒，但相比之下时间较长，20℃大约需要 30d 左右。当生物膜成熟后，便可进行实验应用。
2. 选定容积负荷率，打开水泵调定流量，将污水由旋转布水管喷洒到塔内。
3. 测定水温、pH 值及进、出水 COD 值，记录在表 12-6 中。

五、成果整理

1. 将实验结果填入表 12-6。

表 12-6　生物滤池实验原始数据

进水水温（℃）	进水 pH 值	进水 COD_{Cr}（mg/L）	出水 COD_{Cr}（mg/L）

2. 计算 COD 去除率

$$\eta = \frac{S_0 - S_e}{S_0} \times 100\% \tag{12-3}$$

式中　S_0——进水 COD_{Cr}，mg/L；

S_e——出水 COD_{Cr}，mg/L。

实验十三　复合 UASB(UASB＋AF)反应器实验

一、实验目的

1. 了解 UASB 的内部结构；

2. 掌握 UASB 的启动方法、颗粒污泥的形成机理；

3. 就某种污水进行动态实验，以掌握工艺参数和处理水的水质。

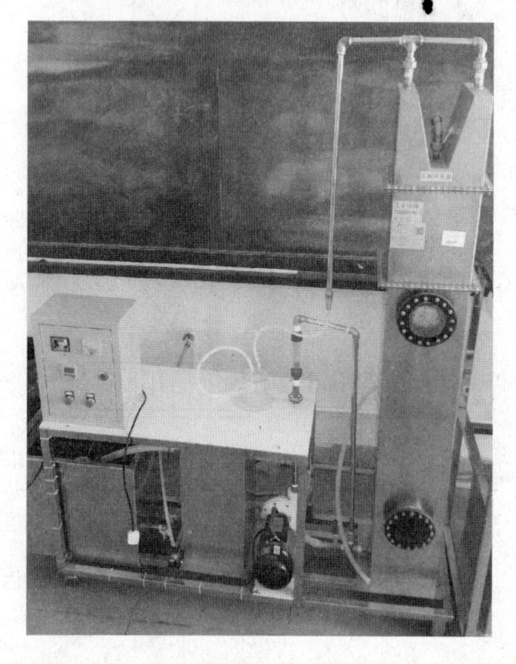

图 12-20　复合 UASB（UASB＋AF）反应器实验装置图

二、实验原理

上流式厌氧复合床反应器(UASB＋AF)是近年来开发的一种新型反应器，兼有上流式厌氧污泥床(UASB)和厌氧滤池(AF)的优点，该反应器高效稳定运行的关键在于培养生成颗粒污泥和高活性的生物膜。

三、实验仪器与材料

上流式厌氧复合床反应器（UASB＋AF）实验装置（图 12-20），包括：

1. 复合型 UASB 反应器 1 个：不锈钢（带有机玻璃观察孔），D400mm×H580mm，容积 72.6L（其中，生物膜滤层 12.1L，厌氧污泥层 53.2L，贮气空间 7.26L），最大进水流量 7L/min；

2. 原水箱 1 只：48L；

3. 压力水箱 1 只：48L；

4. 进水提升泵 1 台，$Q=4m^3/h$，$H=8m$，0.75kW；

5. 流量计 1 个；

6. 布水系统 1 套；

7. 生物膜填料 1 套；

8. 三相分离器 1 套；

9. 管、阀件若干；

10. 漏电保护开关 1 个；

11. 控制柜、连接电缆 1 套；

12. 不锈钢支架 1 套。

四、实验步骤

1. 在启动总电源之前，首先使电源控制箱上所有的控制开关均处于“关”状态。

2. 检查反应器各电器的电源插头和与之相连的插座功能是否一致。检查无误，插上总电源插头，开启总电源空气开关。

3. 恒温水循环系统的操作：

(1) 打开数显控温仪，在面板下方有一排温度设置小窗口，通过按动“＋”、“－”小按钮来设定所需要的恒温循环水温度（一般反应温度应保持在 20～45℃之间）；

（2）打开恒温水箱盖，检查里面的水位情况，要求水位达到4/5水箱的水平。开启恒温循环水泵，水箱中的水进入反应器夹套，并从夹套的上端回流至水箱。此时再检查水箱中的水位情况，要求水箱中的加热管和温度传感器探头都能浸没于水中；

（3）开启加热器开关，开始进行恒温加热，控温仪将显示温度的变化情况。

4. 进水方式和进水量的选择

（1）如果要选择手动连续进水，请将可编程时间控制器设置到手动开状态（ON），手动开状态指示灯亮。按下进水泵开关，此时进水泵连续地将水样注入反应器。

（2）如果要选择定时、定量进水样，请将可编程时间控制器设置到自动开状态（OF-FAT），并在可编程时间控制器上设定所需要的时间控制程序。

（3）可编程时间控制器的设定

该时间控制器以一天（或以一周）为一个控制周期进行循环，每天可以在8次“开”与“关”以内任意设置。详细见可编程时间控制器的使用说明书。

5. 厌氧污泥的放入与培养

将反应器顶端三相分离器的气罩打开，将厌氧污泥酌量倒入反应器，再加入培养液至三相分离器处，盖上气罩，便可进行厌氧污泥的培养和驯化。驯化好的厌氧污泥进行污水处理时，建议采用手动连续进水方式进行。

6. 代谢气体的计量

厌氧消化所产生的代谢气体，经三相分离器分离后进入沼气水封槽，再由湿式气体流量计进行累计式计量。通过湿式气体流量计的机械计数器和人工读数的方法，最终求出某一时间段的产气量。

7. 进水与出水

调节进水流量至3～5L/h左右（处理能力可根据进水污染物的浓度负荷等各种因素而进行相应调整），废水由下而上流进厌氧污泥床后，进入顶部三相分离器，进行水气固的三相分离，出水流至水封槽后排出。定时对出水水质进行检测并对各项数据进行整理与分析。

【注意事项】

1. 程序控制器如长时间不用，则内部会无电，不能正常工作。此时，需按一下复位按钮，并将电源插上后，即能正常使用；

2. 加热器加热时，必须保证内部充满水，不能空烧；

3. 沼气水封槽的水位必须低于出水水封槽的水位，否则沼气会从压力低的出水水封槽中溢出，造成计量不准。

五、成果整理

1. 将实验结果用图表形式整理完成，对实验结果进行评价；

2. 编制实验研究报告。

实验十四　氧化沟污水处理工艺实验

一、实验目的

1. 了解氧化沟的构造和主要组成；

2. 了解氧化沟生物脱氮除磷的机理；

3. 掌握氧化沟处理工艺动态实验的方法，确定工艺参数和处理水的水质。

二、实验原理

Carrousel 氧化沟是当前具有代表性的氧化沟水处理工艺之一。主要流程包括表面曝气、曝气沉沙、厌氧区、缺氧区、好氧区、污泥沉淀。氧化沟污水处理工艺是典型的活性污泥法处理工艺，被广泛应用于城镇污水的处理中。其主要由沉砂池、氧化沟、二沉池及污泥回流系统所组成。本氧化沟实验系统由二组相同氧化沟组建在一起，作为一个单元运行，氧化沟之间相互双双连通，每个沟都配有可供污水环流（混合）与曝气作用的机械曝气器。

其工作流程为：废水经水泵进入氧化沟系统，表面曝气机使混合液中溶解氧 DO 的浓度增加到大约 2～3mg/L，在充分掺氧的条件下，微生物得到足够的溶解氧来去除 BOD，同时，氨也被氧化成硝酸盐和亚硝酸盐，此时，混合液处于有氧状态。在曝气机下游，水流由曝气区的湍流状态变成之后的平流状态，水流维持在最小流速，保证活性污泥处于悬浮状态（平均流速＞0.3m/s）。微生物的氧化过程不断消耗水中溶解氧，直到 DO 值降为零，混合液呈缺氧状态。经过缺氧区的反硝化作用，混合液又进入有氧区，完成一次循环。该系统中，BOD 降解是一个连续过程，硝化作用和反硝化作用发生在同一池中。参见图 12-21。

三、实验仪器与材料

1. 氧化沟污水处理装置（图 12-22）。包括：不锈钢原水箱；110V 直接电机表曝，转速可调；控制器可实现程序控制和 DO 无级调节；污泥回流泵 Q=5L/h，H=70cm；剩余污泥泵 Q=1L/h，H=90cm；进水泵；流量计；氧化沟；二沉池等。

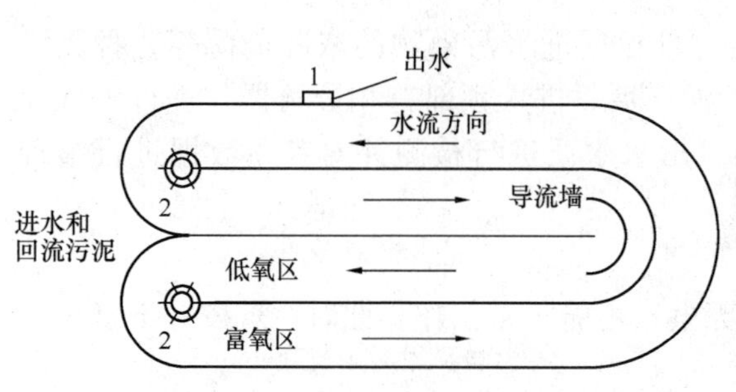

图 12-21　氧化沟污水处理工艺示意图

图 12-22　氧化沟污水处理工艺装置图

2. 溶解氧测定仪。

3. COD 测定仪及所需化学药剂。

4. 污泥浓度的测定仪。

四、实验步骤

1. 检查实验装置，熟悉实验设备，进行实验前准备。

2. 活性污泥的培养与驯化

（1）将活性污泥种源 1～2L 直接倒入氧化沟反应器中；

（2）将每日所需的活性污泥培养液倒入进水箱（需每日按量添加）；

（3）开启机械曝气器，调节曝气强度；

(4) 打开进水泵的控制开关，调节进水流量计的流量至 10～20L/h 左右；

(5) 连续培养若干天以后，当活性污泥体积达到 0～30%时，活性污泥培养完毕。

3. 配制一定量的城市污水，并对进水水质进行检测。

4. 制定实验方案，包括 DO 浓度、进水流量、反应时间、进水和出水的检测项目和方法等。

5. 开始实验，经过一定的反应时间，取进水和出水样，分别进行相应的项目检测，以判断是否达到实验效果。

五、成果整理

记录实验数据及实验参数，并对实验结果进行分析。

实验十五　多阶完全混合曝气污水处理工艺实验

一、实验目的

1. 了解活性污泥法水处理的具体工艺及原理；

2. 通过对处理过程中溶解氧的测定，评价曝气设备的充氧能力。

二、实验原理

普通活性污泥法处理工艺流程如下：

进水→粗格栅→提升泵→细格栅→沉沙池→初沉池→曝气池→二沉池→出水

曝气处理过程是普通活性污泥法的核心，是通过空气、活性污泥和污染物三者充分混合，使活性污泥处于悬浮状态，促使氧气从气相转移到液相，从液相转移到活性污泥上，保证微生物有足够的氧进行物质代谢。本实验的曝气过程是通过多阶完全混合曝气微型污水处理系统完成的。

三、实验仪器与材料

1. KL-1 型微型表曝机（单机共 8 台）组成的污水处理系统；

2. 快速 DO 测定仪；

3. 移液管；

4. 烧杯等。

四、实验步骤

1. 启动微型污水处理系统，调节系统至稳定工作状态。

2. 系统稳定运行 30min 后测定各模型曝气池内的溶解氧，此后每隔 1min 测定一次，共测十次，并记录测定结果。

【注意事项】

1. 因此实验系统电线较多，操作时注意安全。

2. 溶解氧的测定点（或取样点）应在距池面 20cm 处。

五、成果整理

1. 绘制普通活性污泥法工艺流程图。

2. 将实验数据填入表 12-7。

表 12-7　多阶完全混合曝气污水处理工艺实验记录表

曝气池 / DO值	一阶	二阶	三阶	四阶	五阶	六阶	七阶	八阶

实验十六　颗粒物排放浓度的在线监测系统实验

一、实验目的

1. 了解光学法连续监测烟道内颗粒物排放浓度的原理；

2. 了解光学法连续监测烟道内颗粒物排放浓度的方法。

二、实验原理

颗粒物浓度的测量一般采用光学跨烟道式或单端式监测技术。本实验采用单端式监测技术。单端式监测方式是指探测器所接收的光为颗粒物所散射的光，如图 12-23 所示。激光二极管 1 发出红外光，经透镜 2 准直后穿过转向了棱镜 3，射入烟道气流中。由于颗粒物对光的散射，一部分散射光将通过物镜 4 汇聚到光探测器 5 的敏感面上。显然，粒子数浓度越高，所接收的散射光就越强。理论和实验证明，浓度 ρ 与散射光平均值呈线性关系，即：

$$\rho = \beta \cdot I_{\mathrm{m}} \tag{12-4}$$

式中　β——一个与颗粒物粒度分布和颜色有关的常数。

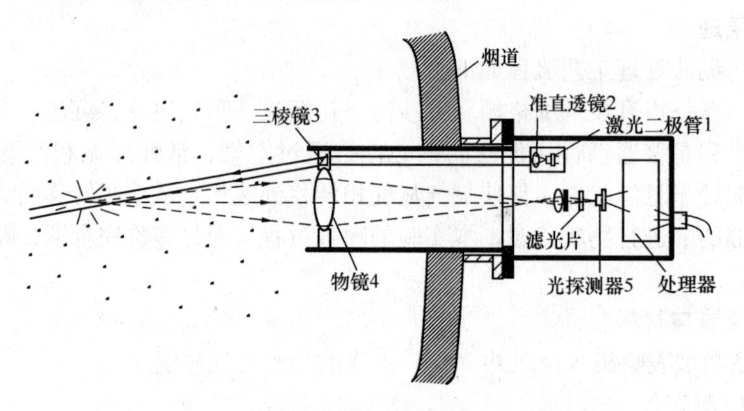

图 12-23　后向散射法测量颗粒物浓度原理示意图

该法安装简单、不怕烟道振动和烟道变形，但镜头污染会使测量结果产生较大误差，另外粒子颜色变化也会导致测量误差。

采用特殊的信号处理方法可以避免镜头污染和颗粒物颜色变化带来的误差。光探测器输出的信号实际上是由许许多多的光脉冲叠加而得到的。每个光脉冲是由一个颗粒物的散射所致。所以探测器的输出信号实际上是一个像噪声一样的信号。理论和实验证明，用这个噪声信号平均值的平方 I_{m}^2，除以其方差 I_{ms}（交流有效值），其商正比于颗粒物的浓度 ρ，即：

$$\rho = \eta \cdot \frac{I_{\mathrm{m}}^2}{I_{\mathrm{rms}}} \tag{12-5}$$

式中　η——一个与颗粒物粒度分布和颜色有关的常数。

从上式看出，如果光学镜头被污染而造成光强衰减，则光探测器输出的支流成分和交流成分同时按相同的比例降低，结果相互抵消，不影响测量结果。

本实验装置是将有机玻璃管安装在一个袋式除尘器上，除尘器工作时，在玻璃管道内形成气流，模拟烟道内的流场。在有机玻璃管入口处安装一个吸管，吸管与发尘盘相连接，发尘盘的 V 形槽内均匀地放满粉尘。当发尘盘转动时，吸管把到达的粉尘吸进玻璃管道内，在管道内形成一定的颗粒物浓度。不同的转速导致管道内不同颗粒物浓度。在测量区安装了一段水平玻璃管道，其一端与颗粒物浓度监测仪（按图 12-23 所示原理制造）相连，另一端密封。

实验用的粉尘是以除尘器收集的微粒作为原料，经研磨、筛分、烘干后而得到的微粒。微粒的粒度由标准筛控制，微粒的质量由天平称量。

三、实验仪器与材料

1. 颗粒物排放浓度的在线监测；
2. 示波器；
3. 数字万用表；
4. 烟气浓度测量仪等。

四、实验步骤

1. 打开示波器电源，把万用表置于电压测量挡上；
2. 打开颗粒物浓度监测仪的电源开关；
3. 在发尘盘上的 V 形槽均匀地铺满粉尘，使发尘盘的步进电机处于第一挡转速；
4. 打开除尘器的电源开关，玻璃管道内形成空气流场；
5. 用示波器观察玻璃管道内由颗粒物所引起的光信号变化；
6. 用万用表测量平均光强 I_m 和光信号的交流有效值 I_{rms}，并记录；
7. 在采样孔测量烟气含尘浓度；
8. 分别把发尘盘转速调在第二挡和第三挡，并记录含尘浓度和电压值。

五、成果整理

1. 画出实际浓度与平均光强的关系曲线，计算比例常数 β。
2. 画出实际浓度与 $\frac{I_m^2}{I_{rms}}$ 的关系曲线，计算比例常数 η。

实验十七　脉冲电晕放电等离子体烟气脱硫脱氮工艺实验

一、实验目的

1. 了解影响脱硫脱氮装置运行状态和效果的主要因素，掌握装置脱硫脱硝效率的测定方法；
2. 了解脉冲电压电流及功率的测定方法，掌握脱硫脱硝装置烟气成分的分析方法。

二、实验原理

脉冲电晕放电烟气治理技术（简称脉冲电晕法）的主要特点是能够同时脱硫脱硝，副产物为硫酸铵、硝酸铵及少量杂质的混合物，可以作为肥料。该技术是具有应用前景的烟气治理技术之一。

脉冲电晕法一般采用的工艺流程如图 12-24 所示，烟气经过静电除尘后，进入喷雾冷却塔，从塔顶喷射的冷却水在落到塔底部之前完全蒸发汽化，将烟气的温度冷却到接近其饱和温度的温度值（60～70)℃，然后烟气进入脉冲电晕反应器，脉冲高压作用于反应器中的放电极，在放电极和接地极之间产生强烈的电晕放电，产生 5～20eV 高能电子、大量的带电离子、自由基、原子和各种激发态原子、分子等活性物质，如 OH 自由基、O 原子、O_3 等，在有氨注入的情况下，它们将烟气中的 SO_2 和 NO_x 氧化，最终生成硫酸铵和硝酸铵，而硫酸铵和硝酸铵被收集器收集，处理后的干净空气经烟囱排放。

影响脱硫效率的主要参数为脉冲电电压峰值、脉冲重复频率、脉冲平均功率、反应器进

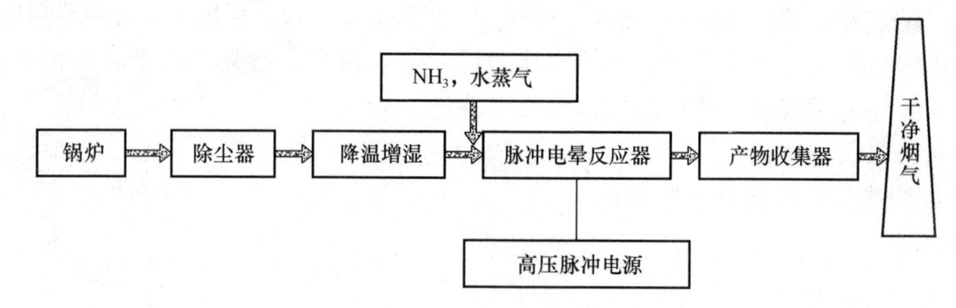

图 12-24　脉冲电晕等离子体烟气脱硫脱硝一般工艺流程示意图

口烟气温度、烟气流速、氨气的化学计量比、反应器进口烟气中 SO_2 体积分数，以及烟气相对湿度。

影响脱硝效率的主要参数为脉冲电电压峰值、脉冲重复频率、脉冲平均功率、反应器进口烟气温度、烟气流速、氨气的化学计量比、反应器进口烟气中 SO_2 体积分数，以及反应器进口烟气中 NO_x 体积分数等。

工业实验装置平面布置如图 12-25 所示。

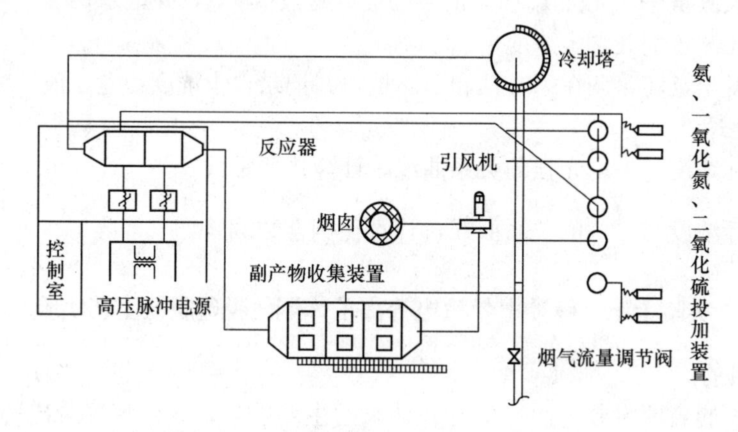

图 12-25　脉冲电晕等离子体烟气脱硫实验装置图

三、实验仪器与材料

1. 脉冲电晕反应器：烟气处理量 12000～20000m^3/h，运行温度（65～80)℃，烟气停留时间 8s，总体积 37.44 m^3，同极间距 260mm，极板面积 357.6 m^2，静态电容～10nF×2；

2. 高压脉冲电源：设计最大输出功率 200kW，最高电压 150kV，最大电流 4kA，脉冲宽度 600～700ns，最大重复频率 700Hz；

3. 烟气在线监测系统；

4. 烟气参数测试仪器等。

四、实验步骤

1. 实验准备

（1）工艺管道（包括烟气管道、氨气管道、水蒸气管道及二氧化硫调节管道等）的调试；

（2）电源和反应器的调试，保持最佳状态。

2. 实验

（1）根据要求调整电除尘器的极板距、线间距，断开脉冲电源和反应器的连接，用兆欧表检查反应器的绝缘状况，记录放电电极和平板电极的尺寸、形式、间距等详细参数；

（2）恢复脉冲电源和反应器的连接，并连接好示波器、高压探头等测量仪器，注意示波器采用隔离变压器供电，准备好调整示波器使用的绝缘手套；

（3）启动风机，测试基本烟气参数，包括烟气流量、温度、湿度；

（4）固定烟气流量、烟气温度、NH_3化学计量比、烟气相对湿度及重复频率，改变不同的电压峰值，测进、出口的SO_2、NO_x浓度；

（5）固定烟气流量、烟气温度、NH_3化学计量比、烟气相对湿度及电压峰值，改变不同的重复频率，测进口、出口的SO_2、NO_x浓度；

（6）固定烟气流量、NH_3化学计量比、烟气相对湿度、电压峰值及重复频率，改变不同的烟气温度，测进口、出口的SO_2、NO_x浓度；

（7）固定烟气流量、烟气温度、电压峰值、烟气相对湿度及重复频率，改变不同的NH_3化学计量比，测进口、出口的SO_2、NO_x浓度；

（8）固定烟气流量、烟气温度、电压峰值、NH_3化学计量比及重复频率，改变不同的烟气相对湿度，测进口、出口的SO_2、NO_x浓度；

（9）固定烟气流量、烟气温度、相对湿度、电压峰值、NH_3化学计量比、重复频率，改变不同的SO_2浓度，测进口、出口的NO_x浓度。

五、成果整理

1. 电压峰值对SO_2、NO_x脱除率的影响；
2. 重复频率对SO_2、NO_x脱除率的影响；
3. 烟气温度对SO_2、NO_x脱除率的影响；
4. 化学计量比对SO_2、NO_x脱除率的影响；
5. 烟气相对湿度对SO_2、NO_x脱除率的影响；
6. 不同SO_2浓度对NO_x脱除率的影响。

实验十八　垃圾填埋场稳定化过程模拟实验

一、实验目的

1. 了解垃圾填埋的过程及垃圾填埋场的构造；
2. 了解垃圾填埋场产生的污染物种类与成分。

二、实验原理

填埋处置就是在陆地上选择合适的天然场所或人工改造出合适的场所，把固体废物用土层覆盖起来的技术。这种处置方法可以有效地隔离污染物、保护环境，并且具有工艺简单、成本低的优点。目前土地填埋处置在大多数国家已成为固体废弃物最终处置的一种重要方法。

填埋分为厌氧填埋、好氧填埋和准好氧填埋三种类型。其中厌氧填埋是国内采用最多的填埋形式，具有结构简单、操作方便、工程造价低、可回收甲烷气体等优点。本实验采用厌氧填埋，其原理如下：

厌氧消化是在无分子氧的条件下，通过兼性细菌和专性厌氧细菌的作用，使污水或污泥中各种复杂有机物分解转化成甲烷和二氧化碳等物质的过程。其最终产物的碳素大部分转化为甲烷，氮素转化为氨，硫素转化为硫化物，中间产物除同化合成细胞质外，还合成复杂而稳定的腐殖质。

厌氧消化过程是一个极其复杂的生物化学过程。伯力特（Bryant）等人提出的厌氧消化三阶段理论，是当前较为公认的理论模式，即水解酸化阶段、产氢产乙酸阶段和产甲烷阶段。

（1）水解酸化阶段：复杂的大分子、不溶性有机物先在细胞外酶的作用下水解为小分子、溶解性有机物，然后渗入细胞体内，分解产生挥发性有机酸、醇类、醛类等。这个阶段主要产生较高级的脂肪酸。

（2）产氢产乙酸阶段：在产氢产乙酸细菌的作用下，第一阶段产生的各种有机酸被分解转化成乙酸、CO_2 和 H_2。

（3）产甲烷阶段：产甲烷细菌将乙酸、乙酸盐、CO_2 和 H_2 等转化为甲烷。此过程有两组生理上不同的产甲烷细菌，一组把氢和二氧化碳转化为甲烷，另一组从乙酸或乙酸盐脱氢产生甲烷。由于产甲烷细菌世代周期长、繁殖速度慢，所以这一阶段控制了整个厌氧消化过程。

在厌氧反应器中，三个阶段是同时进行的，并保持某种程度的动态平衡。

三、实验仪器与材料

1. 垃圾填埋实验装置（图 12-26）；

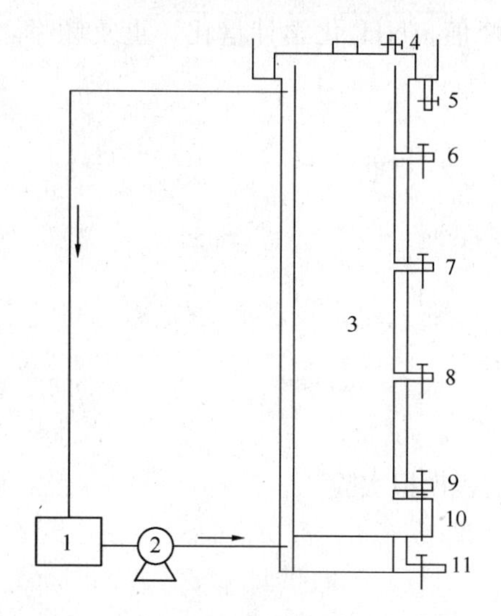

图 12-26　垃圾填埋实验装置示意图

1—循环水加热锅；2—循环泵；3—垃圾填埋柱体；4—排气口；5—水封水排放口；6、7、8、9—取样口；10—垃圾排放口；11—循环水排放口；12—渗滤液出口

2. 气相色谱仪；
3. 湿式气体流量计；
4. COD 测试仪及相关药剂等；
5. 用于填埋的有机物。

四、实验步骤

1. 检查设备有无异常（漏电、漏水等），保证设备完好正常；
2. 将有机物分层填埋至填埋柱内，并在顶部盖上一层黏土；
3. 加入恒温水，打开温度控制开关与循环泵开关，对系统进行加热保温；
4. 反应时间一般为 10～60d，根据实际情况，在不同反应时间段，对其取样测试；
5. 反应结束后，卸除余料，关闭所有电源，检查设备状况，没有问题后离开。

五、成果整理

1. 记录实验设备和操作基本参数，包括：实验开始日期、实验结束日期、填埋柱容积、垃圾填埋高度、覆土层厚、实验温度；
2. 记录不同时段的产气量、渗滤液水量；
3. 采用气相色谱仪测试气体的成分；
4. 测定渗滤液 CODcr 值；
5. 绘制填埋柱内产气量和气体组分随时间变化的曲线；
6. 绘制填埋柱渗滤液水量和水质随时间变化的曲线。

附录一 常用正交表

(1) L_4 (2^3)

试验 \ 列	1	2	3
1	1	1	1
2	1	2	2
3	2	1	2
4	2	2	1

(2) L_8 (2^7)

试验 \ 列	1	2	3	4	5	6	7
1	1	1	1	1	1	1	1
2	1	1	1	2	2	2	2
3	1	2	2	1	1	2	2
4	1	2	2	2	2	1	1
5	2	1	2	1	2	1	2
6	2	1	2	2	1	2	1
7	2	2	1	1	2	2	1
8	2	2	1	2	1	1	2

(3) L_8 ($4^1 \times 2^4$)

试验 \ 列	1	2	3	4	5
1	1	1	1	1	1
2	1	2	2	2	2
3	2	1	1	2	2
4	2	2	2	1	1
5	3	1	2	1	2
6	3	2	1	2	1
7	4	1	2	2	1
8	4	2	1	1	2

(4) L_{12} (2^{11})

试验＼列	1	2	3	4	5	6	7	8	9	10	11
1	1	1	1	2	2	1	2	1	2	2	1
2	2	1	2	1	2	1	1	2	2	2	2
3	1	2	2	2	2	2	1	2	2	1	1
4	2	2	1	1	2	2	2	2	1	2	1
5	1	1	2	2	1	2	2	2	1	2	2
6	2	1	2	1	1	2	2	1	2	1	1
7	1	2	1	1	1	1	2	2	2	1	2
8	2	2	1	2	1	2	1	1	2	2	2
9	1	1	1	1	2	2	1	1	1	1	2
10	2	1	1	2	1	1	1	2	1	1	1
11	1	2	2	1	1	1	1	1	1	2	1
12	2	2	2	2	2	1	2	1	1	1	2

(5) L_{16} (2^{15})

试验＼列	1	2	3	4	5	6	7	8	9	10	11	12	13	14	15
1	1	1	1	1	1	1	1	1	1	1	1	1	1	1	1
2	1	1	1	1	1	1	1	2	2	2	2	2	2	2	2
3	1	1	1	2	2	2	2	1	1	1	1	2	2	2	2
4	1	1	1	2	2	2	2	2	2	2	2	1	1	1	1
5	1	2	2	1	1	2	2	1	1	2	2	1	1	2	2
6	1	2	2	1	1	2	2	2	2	1	1	2	2	1	1
7	1	2	2	2	2	1	1	1	1	2	2	2	2	1	1
8	1	2	2	2	2	1	1	2	2	1	1	1	1	2	2
9	2	1	2	1	2	1	2	1	2	1	2	1	2	1	2
10	2	1	2	1	2	1	2	2	1	2	1	2	1	2	1
11	2	1	2	2	1	2	1	1	2	1	2	2	1	2	1
12	2	1	2	2	1	2	1	2	1	2	1	1	2	1	2
13	2	2	1	1	2	2	1	1	2	2	1	1	2	2	1
14	2	2	1	1	2	2	1	2	1	1	2	2	1	1	2
15	2	2	1	2	1	1	2	1	2	2	1	2	1	1	2
16	2	2	1	2	1	1	2	2	1	1	2	1	2	2	1

(6) L_9 (3^4)

试验＼列	1	2	3	4
1	1	1	1	1
2	1	2	2	2
3	1	3	3	3
4	2	1	2	3
5	2	2	3	1
6	2	3	1	2
7	3	1	3	2
8	3	2	1	3
9	3	3	2	1

(7) L_{27} (3^{13})

试验＼列	1	2	3	4	5	6	7	8	9	10	11	12	13
1	1	1	1	1	1	1	1	1	1	1	1	1	1
2	1	1	1	1	2	2	2	2	2	2	2	2	2
3	1	1	1	1	3	3	3	3	3	3	3	3	3
4	1	2	2	2	1	1	1	2	2	2	3	3	3
5	1	2	2	2	2	2	2	3	3	3	1	1	1
6	1	2	2	2	3	3	3	1	1	1	2	2	2
7	1	3	3	3	1	1	1	3	3	3	2	2	2
8	1	3	3	3	2	2	2	1	1	1	3	3	3
9	1	3	3	3	3	3	3	2	2	2	1	1	1
10	2	1	2	3	1	2	3	1	2	3	1	2	3
11	2	1	2	3	2	3	1	2	3	1	2	3	1
12	2	1	2	3	3	1	2	3	1	2	3	1	2
13	2	2	3	1	1	2	3	2	3	1	3	1	2
14	2	2	3	1	2	3	1	3	1	2	1	2	3
15	2	2	3	1	3	1	2	1	2	3	2	3	1
16	2	3	1	2	1	2	3	3	1	2	2	3	1
17	2	3	1	2	2	3	1	1	2	3	3	1	2
18	2	3	1	2	3	1	2	2	3	1	1	2	3
19	3	1	3	2	1	3	2	1	3	2	1	3	2
20	3	1	3	2	2	1	3	2	1	3	2	1	3
21	3	1	3	2	3	2	1	3	2	1	3	2	1
22	3	2	1	3	1	3	2	2	1	3	3	2	1
23	3	2	1	3	2	1	3	3	2	1	1	3	2
24	3	2	1	3	3	2	1	1	3	2	2	1	3
25	3	3	2	1	1	3	2	3	2	1	2	1	3
26	3	3	2	1	2	1	3	1	3	2	3	2	1
27	3	3	2	1	3	2	1	2	1	3	1	3	2

(8) L_{16} (4^5)

试验＼列	1	2	3	4	5
1	1	1	1	1	1
2	1	2	2	2	2
3	1	3	3	3	3
4	1	4	4	4	4
5	2	1	2	3	4
6	2	2	1	4	3
7	2	3	4	1	2
8	2	4	3	2	1
9	3	1	3	4	2
10	3	2	4	3	1
11	3	3	1	2	4
12	3	4	2	1	3
13	4	1	4	2	3
14	4	2	3	1	4
15	4	3	2	4	1
16	4	4	1	3	2

(9) L_{25} (5^6)

试验＼列	1	2	3	4	5	6
1	1	1	1	1	1	1
2	1	2	2	2	2	2
3	1	3	3	3	3	3
4	1	4	4	4	4	4
5	1	5	5	5	5	5
6	2	1	2	3	4	5
7	2	2	3	4	5	1
8	2	3	4	5	1	2
9	2	4	5	1	2	3
10	2	5	1	2	3	4
11	3	1	3	5	2	4
12	3	2	4	1	3	5
13	3	3	5	2	4	1
14	3	4	1	3	5	2
15	3	5	2	4	1	3
16	4	1	4	2	5	3
17	4	2	5	3	1	4
18	4	3	1	4	2	5
19	4	4	2	5	3	1
20	4	5	3	1	4	2
21	5	1	5	4	3	2
22	5	2	1	5	4	3
23	5	3	2	1	5	4
24	5	4	3	2	1	5
25	5	5	4	3	2	1

(10) L_{18} ($2^1 \times 3^7$)

试验＼列	1	2	3	4	5	6	7	8
1	1	1	1	1	1	1	1	1
2	1	1	2	2	2	2	2	2
3	1	1	3	3	3	3	3	3
4	1	2	1	1	2	2	3	3
5	1	2	2	2	3	3	1	1
6	1	2	3	3	1	1	2	2
7	1	3	1	2	1	3	2	3
8	1	3	2	3	2	1	3	1
9	1	3	3	1	3	2	1	2
10	2	1	1	3	3	2	2	1
11	2	1	2	1	1	3	3	2
12	2	1	3	2	2	1	1	3
13	2	2	1	2	3	1	3	2
14	2	2	2	3	1	2	1	3
15	2	2	3	1	2	3	2	1
16	2	3	1	3	2	3	1	2
17	2	3	2	1	3	1	2	3
18	2	3	3	2	1	2	3	1

(11) L_{16} ($4^4 \times 2^3$)

试验＼列	1	2	3	4	5	6	7
1	1	1	1	1	1	1	1
2	1	2	2	2	1	2	2
3	1	3	3	3	2	1	2
4	1	4	4	4	2	2	1
5	2	1	2	3	2	2	1
6	2	2	1	4	2	1	2
7	2	3	4	1	1	2	2
8	2	4	3	2	1	1	1
9	3	1	3	4	1	2	2
10	3	2	4	3	1	1	1
11	3	3	1	2	2	2	1
12	3	4	2	1	2	1	2
13	4	1	4	2	2	1	2
14	4	2	3	1	2	2	1
15	4	3	2	4	1	1	1
16	4	4	1	3	1	2	2

(12) L_{16} ($4^1 \times 2^{12}$)

试验＼列	1	2	3	4	5	6	7	8	9	10	11	12	13
1	1	1	1	1	1	1	1	1	1	1	1	1	1
2	1	1	1	1	1	2	2	2	2	2	2	2	2
3	1	2	2	2	2	1	1	1	1	2	2	2	2
4	1	2	2	2	2	2	2	2	2	1	1	1	1
5	2	1	1	2	2	1	1	2	2	1	1	2	2
6	2	1	1	2	2	2	2	1	1	2	2	1	1
7	2	2	2	1	1	1	1	2	2	2	2	1	1
8	2	2	2	1	1	2	2	1	1	1	1	2	2
9	3	1	2	1	2	1	2	1	2	1	2	1	2
10	3	1	2	1	2	2	1	2	1	2	1	2	1
11	3	2	1	2	1	1	2	1	2	2	1	2	1
12	3	2	1	2	1	2	1	2	1	1	2	1	2
13	4	1	2	2	1	1	2	2	1	1	2	2	1
14	4	1	2	2	1	2	1	1	2	2	1	1	2
15	4	2	1	1	2	1	2	2	1	2	1	1	2
16	4	2	1	1	2	2	1	1	2	1	2	2	1

(13) L_{16} ($4^2 \times 2^9$)

试验＼列	1	2	3	4	5	6	7	8	9	10	11
1	1	1	1	1	1	1	1	1	1	1	1
2	1	2	1	1	1	2	2	2	2	2	2
3	1	3	2	2	2	1	1	1	2	2	2
4	1	4	2	2	2	2	2	2	1	1	1
5	2	1	1	2	2	1	2	2	1	2	2
6	2	2	1	2	2	2	1	1	2	1	1
7	2	3	2	1	1	1	2	2	2	1	1
8	2	4	2	1	1	2	1	1	1	2	2
9	3	1	2	1	2	2	1	2	2	1	2
10	3	2	2	1	2	1	2	1	1	2	1
11	3	3	1	2	1	2	1	2	1	2	1
12	3	4	1	2	1	1	2	1	2	1	2
13	4	1	2	2	1	2	2	1	2	2	1
14	4	2	2	2	1	1	1	2	1	1	2
15	4	3	1	1	2	2	2	1	1	1	2
16	4	4	1	1	2	1	1	2	2	2	1

(14) L_{16} $(4^3 \times 2^6)$

试验＼列	1	2	3	4	5	6	7	8	9
1	1	1	1	1	1	1	1	1	1
2	1	2	2	1	1	2	2	2	2
3	1	3	3	2	2	1	1	2	2
4	1	4	4	2	2	2	2	1	1
5	2	1	2	2	2	1	2	1	2
6	2	2	1	2	2	2	1	2	1
7	2	3	4	1	1	1	2	2	1
8	2	4	3	1	1	2	1	1	2
9	3	1	3	1	2	2	2	2	1
10	3	2	4	1	2	1	1	1	2
11	3	3	1	2	1	2	2	1	2
12	3	4	2	2	1	1	1	2	1
13	4	1	4	2	1	2	1	2	2
14	4	2	3	2	1	1	2	1	1
15	4	3	2	1	2	2	1	1	1
16	4	4	1	1	2	1	2	2	2

(15) L_{16} $(8^1 \times 2^8)$

试验＼列	1	2	3	4	5	6	7	8	9
1	1	1	1	1	1	1	1	1	1
2	1	2	2	2	2	2	2	2	2
3	2	1	1	1	1	2	2	2	2
4	2	2	2	2	2	1	1	1	1
5	3	1	1	2	2	1	1	2	2
6	3	2	2	1	1	2	2	1	1
7	4	1	1	2	2	2	2	1	1
8	4	2	2	1	1	1	1	2	2
9	5	1	2	1	2	1	2	1	2
10	5	2	1	2	1	2	1	2	1
11	6	1	2	1	2	2	1	2	1
12	6	2	1	2	1	1	2	1	2
13	7	1	2	2	1	1	2	2	1
14	7	2	1	1	2	2	1	1	2
15	8	1	2	2	1	2	1	1	2
16	8	2	1	1	2	1	2	2	1

(16) L_{18} ($6^1 \times 3^6$)

试验＼列	1	2	3	4	5	6	7
1	1	1	1	1	1	1	1
2	1	2	2	2	2	2	2
3	1	3	3	3	3	3	3
4	2	1	1	2	2	3	3
5	2	2	2	3	3	1	1
6	2	3	3	1	1	2	2
7	3	1	2	1	3	2	3
8	3	2	3	2	1	3	1
9	3	3	1	3	2	1	2
10	4	1	3	3	2	2	1
11	4	2	1	1	3	3	2
12	4	3	2	2	1	1	3
13	5	1	2	3	1	3	2
14	5	2	3	1	2	1	3
15	5	3	1	2	3	2	1
16	6	1	3	2	3	1	2
17	6	2	1	3	1	2	3
18	6	3	2	1	2	3	1

(17) L_{12} ($3^1 \times 2^4$)

试验＼列	1	2	3	4	5
1	2	1	1	1	2
2	2	2	1	2	1
3	2	1	2	2	2
4	2	2	2	1	1
5	1	1	1	2	2
6	1	2	1	2	1
7	1	1	2	1	1
8	1	2	2	1	2
9	3	1	1	1	1
10	3	2	1	1	2
11	3	1	2	2	1
12	3	2	2	2	2

（18）L_{36}（$2^{11}\times3^{12}$）

试验＼列	1	2	3	4	5	6	7	8	9	10	11	12	13	14	15	16	17	18	19	20	21	22	23
1	1	1	1	1	1	1	1	1	1	1	1	1	1	1	1	1	1	1	1	1	1	1	1
2	1	1	1	1	1	1	1	1	1	1	1	2	2	2	2	2	2	2	2	2	2	2	2
3	1	1	1	1	1	1	1	1	1	1	1	3	3	3	3	3	3	3	3	3	3	3	3
4	1	1	1	1	1	2	2	2	2	2	2	1	1	1	1	2	2	2	2	3	3	3	3
5	1	1	1	1	1	2	2	2	2	2	2	2	2	2	2	3	3	3	3	1	1	1	1
6	1	1	1	1	1	2	2	2	2	2	2	3	3	3	3	1	1	1	1	2	2	2	2
7	1	1	2	2	2	1	1	1	2	2	2	1	1	2	3	1	2	3	3	1	2	2	3
8	1	1	2	2	2	1	1	1	2	2	2	2	2	3	1	2	3	1	1	2	3	3	1
9	1	1	2	2	2	1	1	1	2	2	2	3	3	1	2	3	1	2	2	3	1	1	2
10	1	2	1	2	2	1	2	2	1	1	2	1	1	3	2	1	3	2	3	2	1	3	2
11	1	2	1	2	2	1	2	2	1	1	2	2	2	1	3	2	1	3	1	3	2	1	3
12	1	2	1	2	2	1	2	2	1	1	2	3	3	2	1	3	2	1	2	1	3	2	1
13	1	2	2	1	2	2	1	2	1	2	1	1	2	3	1	3	2	1	3	3	2	1	2
14	1	2	2	1	2	2	1	2	1	2	1	2	3	1	2	1	3	2	1	1	3	2	3
15	1	2	2	1	2	2	1	2	1	2	1	3	1	2	3	2	1	3	2	2	1	3	1
16	1	2	2	2	1	2	2	1	2	1	1	1	2	3	2	1	1	3	2	3	3	2	1
17	1	2	2	2	1	2	2	1	2	1	1	2	3	1	3	2	2	1	3	1	1	3	2
18	1	2	2	2	1	2	2	1	2	1	1	3	1	2	1	3	3	2	1	2	2	1	3
19	2	1	2	2	1	1	2	2	1	2	1	1	2	1	3	3	3	1	2	2	1	2	3
20	2	1	2	2	1	1	2	2	1	2	1	2	3	2	1	1	1	2	3	3	2	3	1
21	2	1	2	2	1	1	2	2	1	2	1	3	1	3	2	2	2	3	1	1	3	1	2
22	2	1	2	1	2	2	2	1	1	1	2	1	2	2	3	3	1	2	1	1	3	3	2
23	2	1	2	1	2	2	2	1	1	1	2	2	3	3	1	1	2	3	2	2	1	1	3
24	2	1	2	1	2	2	2	1	1	1	2	3	1	1	2	2	3	1	3	3	2	2	1
25	2	1	1	2	2	2	1	2	2	1	1	1	3	2	1	2	3	3	1	3	1	2	2
26	2	1	1	2	2	2	1	2	2	1	1	2	1	3	2	3	1	1	2	1	2	3	3
27	2	1	1	2	2	1	1	2	2	1	1	3	2	1	3	1	2	2	3	2	3	1	1
28	2	2	2	1	1	1	1	2	2	1	2	1	3	2	2	2	1	1	3	2	3	1	3
29	2	2	2	1	1	1	1	2	2	1	2	2	1	3	3	3	2	2	1	3	1	2	1
30	2	2	2	1	1	1	1	2	2	1	2	3	2	1	1	1	3	3	2	1	2	3	2
31	2	2	1	2	1	2	1	1	1	2	2	1	3	3	3	2	3	2	2	1	2	1	1
32	2	2	1	2	1	2	1	1	1	2	2	2	1	1	1	3	1	3	3	2	3	2	2
33	2	2	1	2	1	2	1	1	1	2	2	3	2	2	2	1	2	1	1	3	1	3	3
34	2	2	1	1	2	1	2	1	2	2	1	1	3	1	2	3	2	3	1	2	2	3	1
35	2	2	1	1	2	1	2	1	2	2	1	2	1	2	3	1	3	1	2	3	3	1	2
36	2	2	1	1	2	1	2	1	2	2	1	3	2	3	1	2	1	2	3	1	1	2	3

附录二　格拉布斯（Grubbs）临界值检验表

m	显著性水平 α				
	0.1	0.05	0.025	0.01	0.005
3	1.148	1.153	1.155	1.155	1.155
4	1.425	1.463	1.481	1.492	1.496
5	1.602	1.672	1.715	1.749	1.764
6	1.729	1.822	1.887	1.944	1.973
7	1.828	1.938	2.020	2.097	2.139
8	1.909	2.032	2.126	2.22	2.274
9	1.977	2.110	2.215	2.323	2.387
10	2.036	2.176	2.290	2.410	2.482
11	2.088	2.234	2.355	2.485	2.564
12	2.134	2.285	2.412	2.550	2.636
13	2.175	2.331	2.462	2.607	2.699
14	2.213	2.371	2.507	2.659	2.755
15	2.247	2.409	2.549	2.705	2.806
16	2.279	2.443	2.585	2.747	2.852
17	2.309	2.475	2.620	2.785	2.894
18	2.335	2.501	2.651	2.821	2.932
19	2.361	2.532	2.681	2.954	2.968
20	2.385	2.557	2.709	2.884	3.001
21	2.408	2.580	2.733	2.912	3.031
22	2.429	2.603	2.758	2.939	3.060
23	2.448	2.624	2.781	2.963	3.087
24	2.467	2.644	2.802	2.987	3.112
25	2.486	2.663	2.822	3.009	3.135
26	2.502	2.681	2.841	3.029	3.157
27	2.519	2.698	2.859	3.049	3.178
28	2.534	2.714	2.876	3.068	3.199
29	2.549	2.730	2.893	3.085	3.218
30	2.583	2.745	2.908	3.103	3.236
31	2.577	2.759	2.924	3.119	3.253

续表

m	显著性水平 α				
	0.1	0.05	0.025	0.01	0.005
32	2.591	2.773	2.938	3.135	3.270
33	2.604	2.786	2.952	3.150	3.286
34	2.616	2.799	2.965	3.164	3.301
35	2.628	2.811	2.979	3.178	3.316
36	2.639	2.823	2.991	3.191	3.330
37	2.650	2.835	3.003	3.204	3.343
38	2.661	2.846	3.014	3.216	3.356
39	2.671	2.857	3.025	3.228	3.369
40	2.682	2.866	3.036	3.240	3.381
41	2.692	2.877	3.046	3.251	3.393
42	2.700	2.887	3.057	3.261	3.404
43	2.710	2.896	3.067	3.271	3.415
44	2.719	2.905	3.075	3.282	3.425
45	2.727	2.914	3.085	3.292	3.435
46	2.736	2.923	3.094	3.302	3.445
47	2.744	2.931	3.103	3.310	3.455
48	2.753	2.940	3.111	3.319	3.464
49	2.760	2.948	3.120	3.329	3.474
50	2.768	2.956	3.128	3.336	3.483
51	2.775	2.943	3.136	3.345	3.491
52	2.783	2.971	3.143	3.353	3.500
53	2.790	2.978	3.151	3.361	3.507
54	2.798	2.986	3.158	3.388	3.516
55	2.804	2.992	3.166	3.376	3.524
56	2.811	3.000	3.172	3.383	3.531
57	2.818	3.006	3.180	3.391	3.539
58	2.824	3.013	3.186	3.397	3.546
59	2.831	3.019	3.193	3.405	3.553
60	2.837	3.025	3.199	3.411	3.560
61	2.842	3.032	3.205	3.418	3.566
62	2.849	3.037	3.212	3.424	3.573
63	2.854	3.044	3.218	3.430	3.579
64	2.860	3.049	3.224	3.437	3.586

续表

m	显著性水平 α				
	0.1	0.05	0.025	0.01	0.005
65	2.866	3.055	3.230	3.442	3.592
66	2.871	3.061	3.235	3.449	3.598
67	2.877	3.066	3.241	3.454	3.605
68	2.883	3.071	3.246	3.460	3.610
69	2.888	3.076	3.252	3.466	3.617
70	2.893	3.082	3.257	3.471	3.622
71	2.897	3.087	3.262	3.476	3.627
72	2.903	3.092	3.267	3.482	3.633
73	2.908	3.098	3.272	3.487	3.638
74	2.912	3.102	3.278	3.492	3.643
75	2.917	3.107	3.282	3.496	3.648
76	2.922	3.111	3.287	3.502	3.654
77	2.927	3.117	3.291	3.507	3.658
78	2.931	3.121	3.297	3.511	3.663
79	2.935	3.125	3.301	3.516	3.669
80	2.940	3.130	3.305	3.521	3.673
81	2.945	3.134	3.309	3.525	3.677
82	2.949	3.139	3.315	3.529	3.682
83	2.953	3.143	3.319	3.534	3.687
84	2.957	3.147	3.323	3.539	3.691
85	2.961	3.151	3.327	3.543	3.695
86	2.966	3.155	3.331	3.547	3.699
87	2.970	3.160	3.335	3.551	3.704
88	2.973	3.163	3.339	3.555	3.708
89	2.977	3.167	3.343	3.559	3.712
90	2.981	3.171	3.347	3.563	3.716
91	2.984	3.174	3.350	3.567	3.720
92	2.989	3.179	3.355	3.570	3.725
93	2.993	3.182	3.358	3.575	3.728
94	2.996	3.186	3.362	3.579	3.732
95	3.000	3.189	3.365	3.582	3.736
96	3.003	3.193	3.369	3.586	3.739
97	3.006	3.196	3.372	3.589	3.744
98	3.011	3.201	3.377	3.593	3.747
99	3.014	3.204	3.380	3.597	3.750
100	3.017	3.207	3.383	3.600	3.754

附录三　F 分布表

(1) $\alpha=0.05$

n_2	n_1															
	1	2	3	4	5	6	7	8	9	10	12	15	20	60	120	∞
1	161.4	199.5	215.7	224.6	230.2	234.0	236.8	238.9	240.5	241.9	243.9	245.9	248.0	252.2	253.3	254.3
2	18.51	19.00	19.16	19.25	19.30	19.33	19.35	19.37	19.38	19.40	19.41	19.43	19.45	19.48	19.49	19.50
3	10.13	9.55	9.28	9.12	9.01	8.94	8.89	8.85	8.81	8.79	8.74	8.70	8.66	8.57	8.55	8.53
4	7.71	6.94	6.59	6.39	6.26	6.16	6.09	6.04	6.00	5.96	5.91	5.86	5.80	5.69	5.66	5.63
5	6.61	5.79	5.41	5.19	5.05	4.95	4.88	4.82	4.77	4.74	4.68	4.62	4.56	4.43	4.40	4.36
6	5.99	5.14	4.76	4.53	4.39	4.28	4.21	4.15	4.10	4.06	4.00	3.94	3.87	3.74	3.70	3.67
7	5.59	4.74	4.35	4.12	3.97	3.87	3.79	3.73	3.68	3.64	3.57	3.51	3.44	3.30	3.27	3.23
8	5.32	4.46	4.07	3.84	3.69	3.58	3.50	3.44	3.39	3.35	3.28	3.22	3.15	3.01	2.97	2.93
9	5.12	4.26	3.86	3.63	3.48	3.37	3.29	3.23	3.18	3.14	3.07	3.01	2.94	2.79	2.75	2.71
10	4.96	4.10	3.71	3.48	3.33	3.22	3.14	3.07	3.02	2.98	2.91	2.85	2.77	2.62	2.58	2.54
11	4.84	3.98	3.59	3.36	3.20	3.09	3.01	2.95	2.90	2.85	2.79	2.72	2.65	2.49	2.45	2.40
12	4.75	3.89	3.49	3.26	3.11	3.00	2.91	2.85	2.80	2.75	2.69	2.62	2.54	2.38	2.34	2.30
13	4.67	3.81	3.41	3.18	3.03	2.92	2.83	2.77	2.71	2.67	2.60	2.53	2.46	2.30	2.25	2.21
14	4.60	3.74	3.34	3.11	2.96	2.85	2.76	2.70	2.65	2.60	2.53	2.46	2.39	2.22	2.18	2.13
15	4.54	3.68	3.29	3.06	2.90	2.79	2.71	2.64	2.59	2.54	2.48	2.40	2.33	2.16	2.11	2.07
16	4.49	3.63	3.24	3.01	2.85	2.74	2.66	2.59	2.54	2.49	2.42	2.35	2.28	2.11	2.06	2.01
17	4.45	3.59	3.20	2.96	2.81	2.70	2.61	2.55	2.49	2.45	2.38	2.31	2.23	2.06	2.01	1.96
18	4.41	3.55	3.16	2.93	2.77	2.66	2.58	2.51	2.46	2.41	2.34	2.27	2.19	2.02	1.97	1.92
19	4.38	3.52	3.13	2.90	2.74	2.63	2.54	2.48	2.42	2.38	2.31	2.23	2.16	1.98	1.93	1.88
20	4.35	3.49	3.10	2.87	2.71	2.60	2.51	2.45	2.39	2.35	2.28	2.20	2.12	1.95	1.90	1.84
21	4.32	3.47	3.07	2.84	2.68	2.57	2.49	2.42	2.37	2.32	2.25	2.18	2.10	1.92	1.87	1.81
22	4.30	3.44	3.05	2.82	2.66	2.55	2.46	2.40	2.34	2.30	2.23	2.15	2.07	1.89	1.84	1.78
23	4.28	3.42	3.03	2.80	2.64	2.53	2.44	2.37	2.32	2.27	2.20	2.13	2.05	1.86	1.81	1.76
24	4.26	3.40	3.01	2.78	2.62	2.51	2.42	2.36	2.30	2.25	2.18	2.11	2.03	1.84	1.79	1.73
25	4.24	3.39	2.99	2.76	2.60	2.49	2.40	2.34	2.28	2.24	2.16	2.09	2.01	1.82	1.77	1.71
26	4.23	3.37	2.98	2.74	2.59	2.47	2.39	2.32	2.27	2.22	2.15	2.07	1.99	1.80	1.75	1.69
27	4.21	3.35	2.96	2.73	2.57	2.46	2.37	2.31	2.25	2.20	2.13	2.06	1.97	1.79	1.73	1.67
28	4.20	3.34	2.95	2.71	2.56	2.45	2.36	2.29	2.24	2.19	2.12	2.04	1.96	1.77	1.71	1.65
29	4.18	3.33	2.93	2.70	2.55	2.43	2.35	2.28	2.22	2.18	2.10	2.03	1.94	1.75	1.70	1.64
30	4.17	3.32	2.92	2.69	2.53	2.42	2.33	2.27	2.21	2.16	2.09	2.01	1.93	1.74	1.68	1.62
40	4.08	3.23	2.84	2.61	2.45	2.34	2.25	2.18	2.12	2.08	2.00	1.92	1.84	1.64	1.58	1.51
60	4.00	3.15	2.76	2.53	2.37	2.25	2.17	2.10	2.04	1.99	1.92	1.84	1.75	1.53	1.47	1.39
120	3.92	3.07	2.68	2.45	2.29	2.17	2.09	2.02	1.96	1.91	1.83	1.75	1.66	1.43	1.35	1.25
∞	3.84	3.00	2.60	2.37	2.21	2.10	2.01	1.94	1.88	1.83	1.75	1.67	1.57	1.32	1.22	1.00

(2) α=0.01

n_2	n_1															
	1	2	3	4	5	6	7	8	9	10	12	15	20	60	120	∞
1	4052	4999.5	5403	5625	5764	5859	5928	5982	6022	6056	6106	6157	6209	6313	6339	6366
2	98.50	99.00	99.17	99.25	99.30	99.33	99.36	99.37	99.39	99.40	99.42	99.43	99.45	99.48	99.49	99.50
3	34.12	30.82	29.46	28.71	28.24	27.91	27.67	27.49	27.35	27.23	27.05	26.87	26.69	26.32	26.22	26.13
4	21.20	18.00	16.69	15.98	15.52	15.21	14.98	14.80	14.66	14.55	14.37	24.20	14.02	13.65	13.56	13.46
5	16.26	13.27	12.06	11.39	10.97	10.67	10.46	10.29	10.16	10.05	9.89	9.72	9.55	9.20	9.11	9.02
6	13.75	10.93	9.78	9.15	8.75	8.47	8.26	8.10	7.98	7.87	7.72	7.56	7.40	7.06	6.97	6.88
7	12.25	9.55	8.45	7.85	7.46	7.19	6.99	6.84	6.72	6.62	6.47	6.31	6.16	5.82	5.74	5.65
8	11.26	8.65	7.59	7.01	6.63	6.37	6.18	6.03	5.91	5.81	5.67	5.52	5.36	5.03	4.95	4.86
9	10.56	8.02	6.99	6.42	6.06	5.80	5.61	5.47	5.35	5.26	5.11	4.96	4.81	4.48	4.40	4.31
10	10.04	7.56	6.55	5.99	5.64	5.39	5.20	5.06	4.94	4.85	4.71	4.56	4.41	4.08	4.00	3.91
11	9.65	7.21	6.22	5.67	5.32	5.07	4.89	4.74	4.63	4.54	4.40	4.25	4.10	3.78	3.69	3.60
12	9.33	6.93	5.95	5.41	5.06	4.82	4.64	4.50	4.39	4.30	4.16	4.01	3.86	3.54	3.45	3.36
13	9.07	6.70	5.74	5.21	4.86	4.62	4.44	4.30	4.19	4.10	3.96	3.82	3.66	3.34	3.25	3.17
14	8.86	6.51	5.56	5.04	4.69	4.46	4.28	4.14	4.03	3.94	3.80	3.66	3.51	3.18	3.09	3.00
15	8.68	6.36	5.42	4.89	4.56	4.32	4.14	4.00	3.89	3.80	3.67	3.52	3.37	3.05	2.96	2.87
16	8.53	6.23	5.29	4.77	4.44	4.20	4.03	3.89	3.78	3.69	3.55	3.41	3.26	2.93	2.84	2.75
17	8.40	6.11	5.18	4.67	4.34	4.10	3.93	3.79	3.68	3.59	3.46	3.31	3.16	2.83	2.75	2.65
18	8.29	6.01	5.09	4.58	4.25	4.01	3.94	3.71	3.60	3.51	3.37	3.23	3.08	2.75	2.66	2.57
19	8.18	5.93	5.01	4.50	4.17	3.94	3.77	3.63	3.52	3.43	3.30	3.15	3.00	2.67	2.58	2.49
20	8.10	5.85	4.94	4.43	4.10	3.87	3.70	3.56	3.46	3.37	3.23	3.09	2.94	2.61	2.52	2.42
21	8.02	5.78	4.87	4.37	4.04	3.81	3.64	3.51	3.40	3.31	3.17	3.03	2.88	2.55	2.46	2.36
22	7.95	5.72	4.82	4.31	3.99	3.76	3.59	3.45	3.35	3.26	3.12	2.98	2.83	2.50	2.40	2.31
23	7.88	5.66	4.76	4.26	3.94	3.71	3.54	3.41	3.30	3.21	3.07	2.93	2.78	2.45	2.35	2.26
24	7.82	5.61	4.72	4.22	3.90	3.67	3.50	3.36	3.26	3.17	3.03	2.89	2.74	2.40	2.31	2.21
25	7.77	5.57	4.68	4.18	3.85	3.63	3.46	3.32	3.22	3.13	2.99	2.85	2.70	2.36	2.27	2.17
26	7.72	5.53	4.64	4.14	3.82	3.59	3.42	3.29	3.18	3.09	2.96	2.81	2.66	2.33	2.23	2.13
27	7.68	5.49	4.60	4.11	3.78	3.56	3.39	3.26	3.15	3.06	2.93	2.78	2.63	2.29	2.20	2.10
28	7.64	5.45	4.57	4.07	3.75	3.53	3.36	3.23	3.12	3.03	2.90	2.75	2.60	2.26	2.17	2.06
29	7.60	5.42	4.54	4.04	3.73	3.50	3.33	3.20	3.09	3.00	2.87	2.73	2.57	2.23	2.14	2.03
30	7.56	5.39	4.51	4.02	3.70	3.47	3.30	3.17	3.07	2.98	2.84	2.70	2.55	2.21	2.11	2.01
40	7.31	5.18	4.31	3.83	3.51	3.29	3.12	2.99	2.89	2.80	2.66	2.52	2.37	2.02	1.92	1.80
60	7.08	4.98	4.13	3.65	3.34	3.12	2.95	2.82	2.72	2.63	2.50	2.35	2.20	1.84	1.73	1.60
120	6.85	4.79	3.95	3.48	3.17	2.96	2.79	2.66	2.56	2.47	2.34	2.19	2.03	1.66	1.53	1.38
∞	6.63	4.61	3.78	3.32	3.02	2.80	2.64	2.51	2.41	2.32	2.18	2.04	1.88	1.47	1.32	1.00

附录四　相关系数检验表

自由度	显著性水平		自由度	显著性水平		自由度	显著性水平	
($n-2$)	0.05	0.01	($n-2$)	0.05	0.01	($n-2$)	0.05	0.01
1	0.997	1.000	16	0.468	0.590	35	0.325	0.418
2	0.950	0.990	17	0.456	0.575	40	0.304	0.393
3	0.878	0.959	18	0.444	0.561	45	0.288	0.372
4	0.811	0.917	19	0.433	0.549	50	0.273	0.354
5	0.754	0.874	20	0.423	0.537	60	0.25	0.325
6	0.707	0.834	21	0.413	0.526	70	0.232	0.302
7	0.666	0.798	22	0.404	0.515	80	0.217	0.283
8	0.632	0.765	23	0.396	0.505	90	0.205	0.267
9	0.602	0.735	24	0.388	0.496	100	0.195	0.254
10	0.576	0.708	25	0.381	0.487	125	0.174	0.228
11	0.553	0.684	26	0.374	0.478	150	0.159	0.208
12	0.532	0.661	27	0.367	0.470	200	0.138	0.181
13	0.514	0.641	28	0.361	0.463	300	0.113	0.148
14	0.497	0.623	29	0.355	0.456	400	0.098	0.128
15	0.482	0.606	30	0.349	0.449	1000	0.062	0.081

参考文献

[1] 高廷耀，顾国维．水污染控制工程．第二版［M］．北京：高等教育出版社，1999.

[2] 严煦世，范瑾初．给水工程（第四册）［M］．北京：中国建筑工业出版社，1999.

[3] 张自杰．排水工程下册．第四版［M］．北京：中国建筑工业出版社，2000.

[4] 高廷耀，顾国维，周琪主编．水污染控制工程．第三版 下册［M］．北京：高等教育出版社，2007.

[5] 张自杰．环境工程手册（水污染防治卷）［M］．北京：高等教育出版社，1996

[6] 国家环境保护总局等编．水和废水监测分析方法（第四版）（增补版）［M］，北京：中国环境科学出版社，2006.

[7] 吴忠标．环境监测［M］．北京：化学工业出版社，2003.

[8] 聂麦茜．环境监测与分析实践教程［M］．北京：化学工业出版社，2003.

[9] 周群英，王士芬．环境工程微生物学．第三版［M］．北京：高等教育出版社，2008.

[10] 中国环境监测总站，中国科学院生态环境研究中心，北京市环境监测中心译．固体废弃物实验分析手册［M］．北京：中国环境科学出版社，1992.

[11] 聂永丰．三废处理工程技术手册（固体废物卷）［M］．北京：化学工业出版社，2000.

[12] 章非娟，徐竟成．环境工程实验［M］．北京：高等教育出版社，2006.

[13] 吴俊奇，李燕诚．水处理实验技术．第三版［M］．北京：中国建筑工业出版社，2009.

[14] 王淑莹，曾薇．水质工程实验技术与应用［M］．北京：中国建筑工业出版社，2009.

[15] 李桂柱．给水排水工程水处理实验技术［M］．北京：化学工业出版社，2004.

[16] 林肇信，郝吉明，马广大．大气污染控制工程实验［M］．北京：高等教育出版社，1990.

[17] 郝吉明，马广大．大气污染控制工程．第二版［M］．北京：高等教育出版社，2002.

[18] 郝吉明，段雷主编．大气污染控制工程实验［M］．北京：高等教育出版社，2004.

[19] 崔九思，王钦源，王汉平主编．大气污染检测方法．第二版［M］．北京：化学工业出版社，1997.

[20] 黄学敏，张承中．大气污染控制工程实践教程［M］．北京：化学工业出版社，2003.

[21] 马大猷．噪声与振动控制工程手册［M］．北京：机械工业出版社，2002.

[22] 胡洪营．环境工程原理［M］．北京：高等教育出版社，2005.

[23] 陈杰瑢．环境工程原理［M］．北京：高等教育出版社，2011.